普通高等教育"十一五"国家级规划教材

北京高等教育精品教材
BEIJING GAODENG JIAOYU JINGPIN JIAOCAI

U0292604

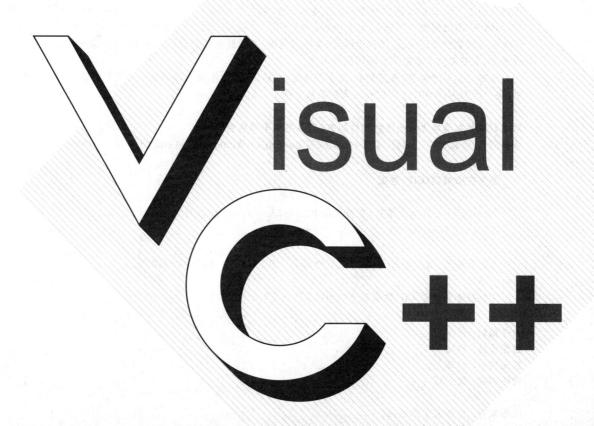

Visual C++

王育坚 编著

面向对象编程

（第4版）

清华大学出版社
北京

内 容 简 介

本书的第 1 版被评为"北京高等教育精品教材",第 2 版被评为普通高等教育"十一五"国家级规划教材,第 3 版受到了更多读者的欢迎和高度评价。本书是在第 3 版的基础上重新编写而成的。全书系统地介绍了 Visual C++ 面向对象编程的基本原理和方法,按照 C++ 程序设计、Visual C++ 编程基础和 Visual C++ 高级编程 3 个框架组织内容,主要内容包括 Visual C++ 集成开发环境、C++ 语言基础、C++ 面向对象程序设计、应用程序向导、文档与视图、对话框和控件、MFC、图形处理、编程深入。为了配合教学,本书提供了非常丰富的例题和习题。

全书内容循序渐进、重点突出,文字叙述准确、精练,适合作为高等学校相关课程的教材或教学参考书,也可作为 Visual C++ 应用开发人员的自学读本或培训教材。

图书在版编目(CIP)数据

Visual C++ 面向对象编程/王育坚编著. —4 版. —北京:清华大学出版社,2018(2024.7重印)
ISBN 978-7-302-49854-4

Ⅰ. ①V… Ⅱ. ①王… Ⅲ. ①C++ 语言－程序设计 Ⅳ. ①TP312.8

中国版本图书馆 CIP 数据核字(2018)第 046957 号

责任编辑:张瑞庆
封面设计:傅瑞学
责任校对:时翠兰
责任印制:沈 露

出版发行:清华大学出版社
   网 址:https://www.tup.com.cn,https://www.wqxuetang.com
   地 址:北京清华大学学研大厦 A 座   邮 编:100084
   社 总 机:010-83470000   邮 购:010-62786544
   投稿与读者服务:010-62776969,c-service@tup.tsinghua.edu.cn
   质量反馈:010-62772015,zhiliang@tup.tsinghua.edu.cn
   课件下载:https://www.tup.com.cn,010-83470236
印 装 者:三河市铭诚印务有限公司
经 销:全国新华书店
开 本:185mm×230mm   印 张:27   字 数:548 千字
版 次:2003 年 9 月第 1 版 2018 年 8 月第 4 版 印 次:2024 年 7 月第 6 次印刷
定 价:69.00 元

产品编号:076470-02

第4版前言

移动互联、人工智能、大数据和云计算为计算机科学与技术的发展带来了持续的动力，高等学校计算机类专业的发展进入新的阶段。C、C++ 和 Java 等编程语言已经群雄逐鹿多年，如今 Python、Ruby、HTML 5 等编程语言开始崭露头角。 但是，不管编程语言如何推陈出新，面向对象程序设计的方法至今没有发生实质性改变，且日臻完美。 社会发展日新月异，对人才的要求不断提高。 程序设计类课程是高等学校计算机类专业的核心课程，该课程的教学质量也列入工程教育专业认证的重要指标，掌握面向对象程序设计技术是对计算机类专业毕业生最基本的要求。

本书第 1 版被评为"北京高等教育精品教材"，第 2 版被评为普通高等教育"十一五"国家级规划教材。 本书第 3 版出版后受到了更多教师、学生和其他读者的欢迎，很多同行和读者提出了一些建设性意见。 为了适应当前程序设计类课程的教学改革，我们结合近几年的教学和实践体会，对教材进行了修订改编。 本书第 4 版进一步精选内容，突出重点和要点，兼顾广大学生的学习特点，以适应不同课程、不同专业的教学需要。 本书第 4 版共分为 10 章，第 1 章介绍 Visual C++ 集成开发环境，第 2 章介绍 C++ 语言基础知识，第 3 章介绍 C++ 程序设计中的类和对象，第 4 章介绍继承与多态的编程方法，第 5 章介绍 MFC 应用程序框架，第 6 章介绍 MFC 文档与视图，第 7 章介绍 Visual C++ 对话框和控件编程，第 8 章介绍 MFC 原理与方法，第 9 章介绍图形绘制方法，第 10 章介绍异常处理、动态链接库等高级编程方法。

一些老师参加了本书第 4 版的修订工作，刘晓晓修订了第 2、3 章，骆曦修订了第 4 章，李冬云修订了第 5 章，张敬尊修订了第 6 章，刘治国修订了第 8 章, 刘振恒修订了第 9 章。 王育坚修订了第 1、7、10 章, 并负责全书的组稿和定稿。 王骁参加了程序调试工作。 很多高校教师和学生对本书的再版提出了宝贵的意见和建议, 对作者给予了莫大的鼓励, 在此一并表示感谢。

因作者水平有限, 书中难免存在疏漏, 敬请广大读者批评指正。

王育坚

2018 年 1 月

Visual

C++ 面向对象编程(第4版)

第3版前言

　　面向对象的方法日趋完善，其倡导的封装性、继承性和多态性等特性在应用中不断被人们所领悟，并得以提升和推广。 在有了 Java和.NET 的时代，尽管新的编程技术和工具不断涌现，但无论程序设计技术如何发展，面向对象程序设计方法仍是当前编程技术的根本和基础，以 MFC 为主的 Visual C++ 在桌面应用程序开发方面仍然具有很大的优势。

　　本书的第 1 版被评为"北京高等教育精品教材"，第 2 版被评为普通高等教育"十一五"国家级规划教材。 面向对象程序设计类课程是计算机科学与技术学科的专业基础课，也是其他电类专业的选修课。 本书自 2003 年出版以来，受到了广大教师、学生和其他读者的欢迎，被很多开设相关课程的学校采用。 自本书第 2 版出版以来的近 6 年中，教学方法和内容的改革不断深入，很多同行和读者提出了一些建设性意见，并指出了书中存在的一些问题。 为了适应当前程序设计类课程的教学需要，我们认真听取了读者的意见，对《Visual C++ 面向对象编程教程》进行了修订，更名为《Visual C++ 面向对象编程（第 3 版）》。

　　在进行第 3 版的修订时，我们仍然遵循第 1 版和第 2 版的编写原则，继续体现简明与实用的特点，从面向实际应用的教学定位出发。在内容选择上，进一步精选，突出重点和要点，并补充了一些新的内容。 与第 2 版相比，第 3 版修正了差错，叙述也更准确，尽力避免歧义和疏漏，提高了教材的可读性。 在内容的广度和深度上兼顾广大学生的学习特点，以适应不同课程、不同专业的教学需要。 力求使不同专业的学生通过课程的学习，能够掌握 Visual C++ 面向对象编程的方法。

　　本书按照 C++ 程序设计、Visual C++ 编程基础和 Visual C++ 高级编程 3 个框架组织内容。 作者认真分析了国内外同类教材的特点，并结合多年来授课的经验，进一步完善了第一部分的内容，重点改写了第 2、3、4 章，加大了 C++ 程序设计的内容。此外，对第二部分和第三部分进行了修订，并精简了第 11 章的内容和应用实例，以压缩教材的篇幅。对教材中的部分例题和习题也进行了改编，增强了教材的实用性。为配合教学，拟编写配套的习题解析和实验指导书。

近年来，虽然 Microsoft 公司针对 Visual C++ 不断推出新版本，但从教学的角度来看，其编程原理和方法没有根本改变，它们是完全兼容的。因此，本书仍然以 Visual C++ 6.0 为教学平台，读者在学习时应以掌握 Visual C++ 面向对象编程的基本原理与应用方法为主。对不同开发工具的使用，可根据需要查阅其帮助文档或者一些工具参考书。

本书得到了很多教师的指导和帮助，张睿哲、刘治国、刘畅、王郁昕、刘宏哲、黄静华、袁家政、王骁等参加了第 3 版的编写和程序调试工作。很多同仁和读者对本书的再版提出了意见和建议，对作者给予了莫大的鼓励。本次再版也得到了清华大学出版社的支持，在此一并表示诚挚的感谢。

由于作者水平有限，书中难免存在一些疏漏和不当之处，敬请同行和各位读者批评指正，并欢迎来信共同探讨相关问题。

王育坚
vcplus@aliyun.com
http://www.51Labor.cn
2013 年 8 月

第 2 版序

随着知识化和信息化新经济时代的到来，作为信息技术龙头的计算机及软件技术突飞猛进，呈现出平台网络化、方法对象化、系统构件化、开发工程化、过程规范化的发展趋势，信息技术的应用与专业领域的结合更加紧密。

为了培养和造就高素质的计算机应用人才，以满足社会的需求，我们需要深入进行教学改革。从目前情况看，高校计算机教学的改革仍落后于计算机及软件技术的发展，课程内容仍然只偏重理论知识的讲授，而忽视实践能力的培养，学生毕业后难以适应实际工作。

计算机的许多课程实践性极强，不动手是学不会的。程序设计课的主要任务是培养学生的编程能力。编程需要掌握基本理论和基本方法，更为重要的是能够利用人类通用智力工具去解决实际问题，因此编程能力的培养必须强化动手实践。通过实践培养计算思维能力，养成良好的编程习惯；通过实践学会如何调试程序，如何优化程序代码，如何对程序的运行结果进行分析，如何提高程序的规范性和可读性。科学和艺术是相通的。编程是技术，也是艺术，给编程者留有较大的发挥创造性的空间。优化的程序代码中凝聚着理性思维之美、算法艺术之妙，使编程者在付出艰辛的努力之后，会获得成就感，增强自信心。

当今，国内许多高等院校的相关专业开设了 C++ 程序设计课程，不少院校的教学内容偏重于一般的 C++ 程序设计方法，没有强调如何结合 Visual C++ 开发环境进行 Windows 应用程序的开发，去解决各类实际问题，而实际上这一点对于计算机专业的学生来说尤为重要。

本书作者王育坚老师认真分析了高校程序设计课程的现状和发展趋势，对编程理论和技术进行了深入的研究，参阅了大量的 Visual C++ 编程教材和文献资料，在第 1 版的基础上完成了这本《Visual C++ 面向对象编程教程》。作者长期从事程序设计课程教学和软件研发工作,能够将教材内容与当今编程技术紧密结合,提高了教材的实用性。

全书教学内容设计合理,涵盖了 C++ 、Visual C++ 、MFC 和 Windows 编程内容,既有原理性的讲解,也有实例说明和分步骤的编程实现,深入浅出地引导读者思维和实践,注重培养学生实际的应用软件开发能力。本书适合作为 Visual C++ 程序设计类课程的教材或教学参考书,对 Visual C++ 应用开发人员也大有裨益。

计算机应用正沿着硬件和软件两条主线相互促进,不断发展。如果说硬件是计算机的躯体,那么软件就是计算机的灵魂,软件的地位举足轻重。软件和信息服务业将成为世界第一大产业,中国软件业能否赶上国际水平,关键在于是否拥有一大批不同层次的高素质的软件人才。相信有志于中国软件业的读者阅读本书后会有所收获。

全国高等院校计算机基础教育研究会副理事长
清华大学计算机科学与技术系教授、博士生导师
吴文虎
北京·清华园
2007 年 7 月

第 2 版前言

　　软件技术发展的一个主要体现是程序设计方法的不断改进。 如今我们正处于程序设计方法的变革之中，从结构化程序设计到面向对象程序设计，再到基于组件程序设计。 面向对象语言不断推出，从最早的 Smalltalk 到目前广泛使用的 C++ 和 Java，再到 Microsoft 公司推出的 C#。 作为 C 语言继承者的 C++ 语言仍然是目前应用最广泛的面向对象程序设计语言，而 Visual C++ 是使用人数最多的 C++ 编程工具。

　　程序设计是计算机专业或其他信息类专业学生的一项基本技能。 随着程序设计技术的不断发展，社会对软件人才的要求也越来越高。工欲善其事，必先利其器，要想成为一个高水平的程序员，需要在以下 4 个方面进行认真的学习：算法设计与分析、程序设计语言、程序设计方法学和程序设计环境与工具。 基于这 4 个方面的需要，高校都开设了相关的课程，如很多高校的计算机及相关专业都开设了 "Visual C++ 程序设计" 课程。

　　本书第 1 版自 2003 年出版以来，得到了教师、学生和其他读者的广泛认同，先后重印了 9 次，并被很多高校作为教材或教学参考书使用。 本书第 1 版的出版时间已过去近 4 年，从服务教学、服务读者的角度考虑，教材内容应该跟上技术发展的步伐。 就作者本人感受，第 1 版还有不少不甚满意之处，有些内容不太实用，编排上也不尽合理，学习时会产生一些理解上的障碍。 很多教师和学生也通过 E-mail 与作者进行交流，提出了改进意见和建议。 这些都促使作者在两年前就着手编写本书的第 2 版。

　　根据作者的教学经验和读者建议，第 2 版保留了第 1 版的基本风格、基本框架和基本内容，一般还是首先进行原理性的介绍，然后通过实例来讲解技术细节。 全书共 10 章。 与第 1 版相比，第 2 版在大的方面做了如下改动：重写了第 2 章和第 3 章，考虑到很多高校将本书作为面向对象程序设计课程的教材，加大了第 3 章 C++ 面向对象程序设计的份量；为了有利于教学，将原第 7 章分成了两章（即第 6 章和第 9 章）；删去了原第 9 章中不实用的内容。 在具体细节方面，对第 1 版所有文字内容进行了改写，力求叙述更加准确，更加符合学习的特点和教学的要求。 读者仔细阅读第 2 版后可以体会到其中的任何改变都经过了作者的深思熟虑和认真推敲。

Visual C++ 是基于 Windows 的可视化开发环境，同时还提供了一些 C++ 类库，其中最重要的是 MFC。 随着技术的发展，MFC 已不是 Visual C++ 中唯一的类库，其他的还有 ATL、STL 等。 Microsoft 公司还推出了 Visual C++ .NET，但考虑作为专业基础课教材，重点是介绍程序设计技术，而不是讲解具体的开发环境，因此第 2 版仍然以 Visual C++ 6.0 作为开发环境。

Visual C++ 程序设计内容广泛，本书包含了 C++ 、Visual C++ 、MFC 和 Windows 编程内容，很多学生反映学习难度大，学时数不够，教师可以根据具体情况和学时数合理取舍内容，提出不同的教学要求。 例如，如果学生没有 C++ 基础，可以将教学重点放在前 6 章。 如果已开设过 C++ 程序设计课程，可以将教学重点放在第 1 章、第 4~8 章。 限于篇幅，对于较复杂的技术（如第 10 章内容），本书只进行了基本的介绍，如果读者希望进行深入的研究，需要查阅 MSDN Library 或其他参考文献。

清华大学吴文虎教授阅读了本书，并为本书作序。 鲍有文教授也对本书提出了修改意见。 参加第 2 版编写和程序调试工作的还有张睿哲、刘治国、刘畅、王郁昕、刘宏哲、黄静华、袁家政。 本书再版过程中，清华大学出版社给予了很大的帮助，在此一并表示衷心的感谢！

由于计算机及软件技术发展很快，加之作者水平有限，书中难免有不足和疏漏之处，希望广大读者与同行不吝赐教。

王育坚

vcplus2@yahoo.com.cn

http://www.51Labor.com

2007 年 6 月

第1版序

我一直对程序库/框架（libraries/frameworks）之类的产品和技术有着深厚的兴趣。 在我的技术探索地图中，程序库/框架一直是最大的板块。 MFC（Microsoft Foundation Classes），这个曾经最重要、最为全世界广泛使用的先驱框架产品之一，一直是我关注的焦点。 由于 MFC 附含于 Microsoft Visual C++ 之中，导致我们常把学习 MFC 和学习 Visual C++ 并谈。 名称其实无所谓，学习 Visual C++ 主要就是学习如何运用 MFC。 Visual C++ 本身只是个编译器，并不需要太多学习（当然它丰富的集成环境需要多加熟练，但这种学习很简单）。 这里真正要学习的是 C++ 语言，以及以 C++ 语言写就的庞大复杂的应用框架 MFC。

所谓框架，是一种以 classes 集体力量为用户完成工作，并允许用户在特定协议下注入新血完成扩张的大型程序库。 个别 class 有自己明确的目标，集体行动的 classes 当然也必须有一致的明确目标，因此各式各样的框架有聚焦于数据结构/算法者（如 STL），有聚焦于网络通信者（如 ACE），有聚焦于设计模式者（如 Loki）。 其中，聚焦于应用程序骨干者（通常包含 GUI、文档视图、打印、预视、数据交换能力……）技术位阶极高，我们特别称为应用框架（application framework）。 MFC 就是一种"应用框架"，帮助你模塑、建构自己的 Windows 应用程序骨干。

除非我们是框架开发者或研究者，或者是为了学术目的与纯粹技术钻研，否则学习框架只是为了应用，不是为了其中展现的技术，更不是为了摸清楚其中每一个环节和每一个流动。 但是，正因为我们对事物的运用娴熟度随着我们对事物原理的更多理解而增强，又因为 MFC 如此庞大繁复（框架无不如此），管中窥豹、盲人摸象的情况时有所闻，失控失准的现实例子屡见不鲜，所以才需要 Dissecting MFC、

Internal MFC 之类的书籍，由它们以各自的定位为读者进行一场外科手术，剖析 MFC 的肌理与神经。

为了流畅地运用 MFC 框架，我们还需要大量的实例和良好的解说，并且最好能够与 MFC 的肌理和神经关联起来。 这方面，在 MFC 问世多年的今天，有了很多好书，例如 *Inside Visual C++* 和 *Programming Windows with MFC*。

王育坚老师以十分认真严谨的态度，完成了《Visual C++ 面向对象编程教程》的编写工作。 我结识王育坚老师于网络虚拟空间，迄今未曾见面，却很荣幸有机会在本书出版之前阅读定稿。 从这些原稿中，我体会到本书在选题、内容上的优越，以及作者的认真、用心与自信。 任何技术都有明日黄花的一天，MFC 也不可能例外，但是从一本优秀书籍中所学到的技术、知识乃至态度，是可以延续的。

中国的信息产业教育非常需要坚实并富有实际作用的教材。 这需要一批对技术、对教育、对写作都有足够实力与热情的人参与，也需要出版大环境提供更优渥的吸引力。 技术书籍谈的是技术，技术书籍的写作本身就是一门极不容易的技术。基于我对本书原稿的印象以及对王育坚老师的认识，我很乐意向读者推荐本书。

侯　捷

中国台湾·新竹

http://www.jjhou.com

Visual C++面向对象编程(第4版)

第1版前言

　　当本书准备交付出版社之际，编写过程中的烦躁和劳累全被拂去。 我以前曾写过书，深知写书过程中的痛苦。 因此，当着手写这本书时，面对 Visual C++ 类书籍汗牛充栋的局面，真有些惶惶不安。甚至在正式动笔撰稿时，还有过放弃的念头，但我最终坚持下来了。近两年的辛勤耕耘，最终瓜熟蒂落。 就像中国台湾 Windows 编程著作家和专栏评论家侯捷先生在《深入浅出 MFC》一书中所说， "学习过往的艰辛，模糊而明亮，是学成冠冕上闪亮的宝石。 过程愈艰辛，宝石愈璀璨。"艰辛永远是与幸福愉悦相伴相随的。

　　本书是根据北京高等教育精品教材建设项目的要求而编写的，目的是为相关课程的教学提供一本教材或参考书。 毋庸置疑，高等教育改革的一个重要方向就是使教学真正面向社会需要。 作者有一个深刻的感受，就是当前大学计算机课程的教学落后于计算机技术的飞速发展，知识的讲授仍然停留在理论基础上，培养的人才无法较快地适应实际的软件开发工作。 教学实践证明，Visual C++ 作为一个应用非常广泛的 Windows 程序开发工具，在高校相关专业开设其编程课程是必要且有效的。

　　市面上介绍 Visual C++ 的书籍很多，但要真正找到适合大学专业课程教学的教材却不易。 本书的特色是：读者如果真正读懂了本书，就能够成为一名合格的 Visual C++ 程序员，因为本书浓缩了作者多年来软件开发和教学实践的经验和体会。 作者通过多次讲授 Visual C++ 编程，能够深刻理解 Visual C++ 编程的基本学习要求。 本书主要面向 Visual C++ 的初、中级用户，读者阅读本书前最好具有 C 语言基础。

　　比较 Visual Basic、C++ Builder 和 Delphi 等编程工具，用 Visual C++ 编写 Windows 应用程序最富于挑战性和艰巨性。有些人学习了很长时间也只能长期在 Visual C++ 的门口徘徊，究其根源，是由于他们采取一种蜻蜓点水的学习方式,而没有系统地学习。 要想在使用 Visual C++ 编程时游刃有余,在学习过程中必须解决所面临的 4 个主要困难: C++ 语言的面向对象机制、MFC 类库功能的庞大、Windows 编程的复杂性以及向导所建立的应用程序框架的透明性。

Visual C++ 编程的内容广泛并相互交织,如何编排见仁见智。 本书在编写过程中充分考虑了 Visual C++ 的学习特点和教学过程中的基本思路,将重点放在 Visual C++ 基础和实用的知识点上,力求让读者按照一个循序渐进的过程来学习,提高学习效率。

为了突出教学重点,对书中用到的实例进行了一些简化,这样既节约了篇幅,又避免了喧宾夺主。 区别于一般的技术读物,本书提供的习题非常丰富,并且都是围绕书中例题而展开的,使读者能够马上学有所用。

如果将本书作为教材使用,可将课程的教学分为课堂讲授、教师指导上机和学生课余上机 3 个层次。 课堂讲授和教师指导上机的教学课时为 72~90 学时,教师可根据不同教学对象或教学大纲的要求安排学时数和教学内容。 上机编程是本课程的重要环节,建议教师指导学生上机的课时为每周 2 学时。 此外,学生必须花大量时间自己上机,一般学生课余自己上机的时间不少于每周 3 学时。 每章习题中都提供了专门用于上机的习题,教师可根据具体情况酌情选择。

本书凝聚了很多同仁的劳动和智慧,李启隆、宋一中、陈贻昆和王琦等老师参加了部分章节的编写,中国台湾的侯捷先生仔细阅读了本书,并义务为本书作序。在此,对他们表示衷心的感谢!

感谢阅读本书的读者! 感谢将本书作为教材的老师! 恳请读者惠予批评指正。

王育坚
vcplus2@yahoo.com.cn
http://www.51Labor.com
2003 年 7 月

目 录

第 **1** 章

Visual C++ 集成开发环境

    Visual C++ 是软件开发者常用的一种 Windows 编程工具,是 Microsoft 公司日益成熟的可视化软件开发平台,可用于编写 C、C++ 和 C++ /CLI 程序。使用 Visual C++ 编程,首先要熟练掌握 Visual C++ 可视化集成开发环境(Integrated Development Environment, IDE)。Visual C++ IDE 由很多工具和向导组成,要完全掌握它们的使用方法必须结合具体的编程内容。本章简要介绍 Visual C++ 集成开发环境的一般特点、界面风格、编辑器和常用命令。通过本章的学习,初学者可对 Visual C++ IDE 有一个基本的了解。

1.1　Visual C++ 概述

    Visual C++ 功能强大,可用于编制多种类型的 Windows 应用程序。Visual C++ 不是一个简单的 C++ 编译器,而是一个由编辑器、编译器、调试器以及程序向导 AppWizard、类向导 ClassWizard 等组件集成的一个可视化开发环境。

1.1.1　Visual C++ 的特点

    Visual C++ 源程序可以采用标准 C++ 和扩展 C++ /CLI 语言编写,它支持面向对象程序设计方法,并能够使用微软基础类库(Microsoft Foundation Class, MFC)、公共语言运行库(Common Language Runtime, CLR)和. NET Framework 类库,充分体现了Microsoft 公司的技术精华。利用 Visual C++ 可以创建 Win32 控制台应用程序、基于 MFC的应用程序和基于. NET Framework 框架的 Windows Forms 应用程序,可以编写单文档程序、多文档程序、对话框程序以及复杂的组合界面程序。由于 Microsoft 公司 Windows 操作系统的普及,利用 Visual C++ 开发出来的软件具有稳定性好、可移植性强的特点。

    Visual C++ 作为 Visual Studio 可视化家族中最重要的一个成员,与其他可视化开发组件 Visual Basic. NET、Visual J♯、Visual C♯ 以及 Windows Forms 紧密集成。Visual

Studio 为开发人员提供了相关的工具和框架支持，可进行不同类型和综合软件项目的开发，适用于开发专业的 Windows、Web 和企业级应用程序。Visual Studio 不同组件和框架的结合使用，减少了公用管道代码的开发，使开发人员能够集中精力去设计与业务和具体应用相关的代码。

Visual C++ 源代码编辑器具有"语法高亮"和语句自动完成功能，编辑输入源程序时能自动显示当前对象的成员变量和成员函数，并表明函数的参数类型。Visual C++ 的编译器除了能够编译 C/C++ 程序，还增加了对 Microsoft 公司 ANSI C++ /CLI 的支持。编译器采用了 Microsoft 公司的代码优化技术，使生成的目标代码更精练，运行速度更快。比较其他程序调试工具，Visual C++ 程序调试器 Debug 功能更强大，它提供了诊断映射机制、无须重编译的调试、远程调试和实时调试等功能。

为了帮助开发人员利用 Visual C++ Studio 开发软件，Microsoft 公司提供了微软开发帮助系统(Microsoft Developer Network，MSDN)。MSDN 是 Microsoft 公司面向软件开发者的一种信息服务，是一个以 Visual Studio 和 Windows 平台为核心整合的开发虚拟社区。MSDN 包括技术文档、在线电子教程、网络虚拟实验室、微软产品下载，以及博客、BBS、MSDN 杂志等一系列服务。其中，最多的信息来自 MSDN Library。MSDN Library 可以称得上是一本内容非常丰富的电子参考书，它涵盖了 Microsoft 公司可开发产品的技术文档、科技文献和部分源代码，也包括 MSDN 杂志节选和部分经典书籍的节选。

Visual Studio 为用户提供了很多实用工具，如 Spy++ 查看器、ActiveX Control Test Container 控件测试容器及 Register Control 控件注册程序，扩展了 Visual C++ 的功能，方便了程序的开发。

除了 Visual C++ ，一些公司也推出了自己的 C++ 集成开发环境，如 Borland 公司的 C++ Builder 和 Borland C++ ，IBM 公司的 VisualAge C++ ，Sun 公司的 NetBean，以及开放源码软件 Code∷Blocks、CodeLite IDE。迄今为止，Visual C++ 可以说是一个功能强大、使用范围广泛的软件开发工具。

当然，由于 Windows 编程的困难和 MFC 类库功能的庞大，加之应用程序向导创建的程序框架的复杂，使得学习 Visual C++ 比学习其他软件开发工具更困难。但当熟练掌握 Visual C++ 编程技术后，就会感受到作为 Visual C++ 程序员的优越性。

1.1.2　集成开发环境窗口

Visual C++ 集成开发环境 IDE 由编辑器、编译器、调试器以及程序向导 AppWizard、类向导 ClassWizard 等组件组成，这些组件通过一个名为 Developer Studio 的组件集成为一个和谐的开发环境，用户可以利用 Developer Studio 编写应用程序。下面通过一个例子说明 Developer Studio 的组成。

例 1-1 利用 Visual C++ 6.0 编写一个名为 Mysdi 的 Windows 应用程序。

【编程说明与实现】

(1) 启动 Visual C++ 6.0，打开 File 菜单，执行 New 菜单命令，打开 New 对话框，如图 1-1 所示。在 Project 页面选择 MFC AppWizard [exe]项，在 Project Name 框输入应用程序项目名称 Mysdi，在 location 框选择保存应用程序项目的路径；然后单击 OK 按钮，打开 MFC AppWizard-Step1 应用向导对话框。

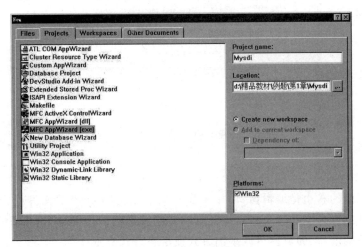

图 1-1 创建一个应用程序

(2) 在 MFC AppWizard-Step1 对话框首先设置应用程序的类型。本例要创建一个单文档程序，因此选择 Single document 项，单击 Finish 按钮，出现 New Project Information 对话框。单击 OK 按钮后将生成应用程序的框架文件，并在工作区窗口打开生成的应用程序的项目。

编写应用程序时 Visual C++ 集成开发环境窗口 Developer Studio 一般的结构如图 1-2 所示。Developer Studio 由标题栏、菜单栏、工具栏、工作区窗口、编辑窗口、输出窗口和状态栏组成。当打开或创建一个项目以及进行具体的操作时，Developer Studio 各窗口将显示相应的信息。

Developer Studio 窗口最顶端为标题栏，标明当前项目的名称和当前编辑文档的名称，如"Mysdi - Microsoft Visual C++ - [MysdiView.cpp]"。名称的后面有时会显示一个星号(*)，表示当前文档在修改后还没有保存。

标题栏下面是菜单栏和工具栏，菜单栏中的菜单项包括了 Visual C++ 的全部操作命令。工具栏以图标的形式列出常用的操作命令。有一些工具栏不出现在主窗口中，只有在需要使用时它们才会自动弹出。Developer Studio 中的菜单栏和工具栏均为停靠式，但可以用鼠标拖动它们到屏幕的任何位置。

标题栏
菜单栏
工具栏

工作区窗口

编辑窗口

输出窗口

状态栏

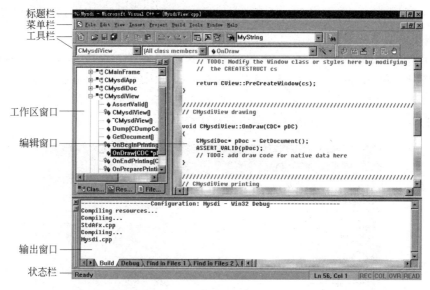

图 1-2　Visual C++ 6.0集成开发环境

　　工具栏下面的右边是编辑窗口,用于显示当前编辑的 C++ 源文件或程序资源,在打开一个源文件或资源文件时会自动打开其对应的编辑器。在 Developer Studio 中可以同时打开多个编辑窗口,编辑窗口以平铺方式或层叠方式出现。

　　工具栏下面的左边是工作区(Workspace)窗口,其中包括 ClassView、ResourceView 和 FileView 三个页面,分别用于列出当前应用程序项目的类、资源和源文件,其详细使用方法将在 1.2 节介绍。

　　编辑窗口和工作区窗口下面是输出(Output)窗口,当编译、链接程序时,Output 窗口会显示编译和链接信息。如果进入程序调试状态,主窗口中还会出现一些调试窗口。

　　主窗口的最底端是状态栏,显示内容包括当前操作或所选择命令的一般性提示信息、当前光标所在的位置以及当前的编辑状态等。

　　Developer Studio 中的窗口分为浮动窗口和停靠窗口两种类型。浮动窗口是带边框的子窗口,用来显示源代码或图形资源。浮动窗口能以平铺方式或层叠方式显示在集成开发环境中,其大小可以调整。图 1-2 中的编辑窗口就是一个浮动窗口。

　　除了浮动窗口,Developer Studio 中的其他窗口都是停靠窗口,包括工具栏和菜单栏。Workspace 窗口和 Output 窗口是 Developer Studio 常用的两个停靠窗口,另外还有一个 Debugger(调试器)窗口,在调试时会自动打开。

　　停靠窗口可以固定在 Developer Studio 的顶端、底端或侧面,也可以浮动在屏幕的任何位置。并且,一个停靠窗口的固定和浮动形式可以相互转换。当拖动一个固定窗口的边缘区域至主窗口的中间位置时,该固定窗口就转换成浮动窗口。反之,当拖动一个浮动窗口的标题栏至主窗口的边缘时,该浮动窗口就转换成固定窗口。单击窗口上的关闭按钮就关闭窗口,若想重新打开窗口,可在 View 主菜单中选择相应的菜单命令。

1.1.3　编译器和链接器

传统计算机高级语言的程序执行方式分为编译执行和解释执行两种。编译执行是指源程序代码先由编译器和链接器编译、链接成可执行的机器代码,然后再执行。解释执行是指源程序代码被解释器直接读取执行。自从推出 Java 语言后,产生了一种"中间码+虚拟机"的执行方式。在这种执行方式下,源程序代码需要被编译成一种特殊的中间码,这种中间码不能直接在机器上执行,需要一个叫虚拟机(Virtual Machine,VM)的系统来管理和执行。中间码在虚拟机中可以解释执行,也可以编译执行。

编译器是将高级语言程序编译为机器语言程序的程序。编译器在编译过程中可以检测各种因无效或不可识别的程序代码而引起的错误,还可以检测程序的结构性错误。如果没有错误,编译器会生成一个扩展名为 obj 的目标文件。

链接器对编译器生成的各种模块进行组合,并从系统提供的程序库(如标准 C++ 库、MFC 类库、.NET Framework 类库等)中添加所需的代码模块,最终将所有模块整合成可执行的整体,生成一个扩展名为 exe 的可执行文件。链接器也能检测并报告错误,如程序缺少某个组成部分,或者引用了不存在的库。

本书介绍的基于 MFC 的应用程序、Win32 控制台应用程序和 Win32 应用程序都是编写在本地计算机上执行的应用程序,这些应用程序被称为本地 C++ 程序。本地 C++ 程序都需要编译、链接后才能执行。此外,利用 Visual C++ .NET 还可以编写在托管环境 CLR 中运行的应用程序,这种托管 C++ 程序采用 C++ 的扩展版本——C++/CLI 编写,执行方式为"中间码+虚拟机"的执行方式。CLR 类似于管理和执行中间码的虚拟机,但需要注意的是,CLR 与 Java 虚拟机(Java Virtual Machine,JVM)不完全相同。JVM 是解释执行的,CLR 是编译执行的。

利用 Visual C++ 编写基于 MFC 的应用程序,链接器需要把 MFC 类库与应用程序链接,MFC 封装了 Windows 图形界面功能。利用 Visual C++ .NET 编写在 CLR 中运行的 Windows Forms 应用程序,链接器需要把.NET Framework 类库与应用程序链接。.NET Framework 在功能上与 MFC 类似,并提供了用户代码在 CLR 中执行时所需的功能支持,这种功能支持与所使用的编程语言无关。因此,可以选择任何一种支持.NET 的编程语言开发应用程序,如 C++、C# 和 Visual Basic.NET 等。

1.1.4　编写 Win32 控制台应用程序

Win32 控制台应用程序是基于字符的命令行应用程序,用户在字符模式下只须通过键盘和屏幕与程序进行交互,完全不需要 Windows 应用程序的图形界面元素。在第 2、

3、4 章中,主要学习 C++ 程序设计方法,暂不考虑 Windows 运行环境。因此,在这几章中均采用 Win32 控制台应用程序方式设计 C++ 程序。由于 Win32 控制台应用编程简单、方便,很多 C 语言程序设计课程的教学都将 Visual C++ 作为 C 语言编译器使用。

下面通过一个例子说明编写 Win32 控制台应用程序的具体步骤。

例 1-2 利用 Visual C++ 6.0编写一个 Win32 控制台应用程序。

【编程说明与实现】

(1) 执行 File|New 菜单命令,打开 New 对话框,如图 1-1 所示。在 Projects 页面选择 Win32 Console Application 项,在 Project Name 框和 Location 框中分别输入项目名称和路径,然后单击 OK 按钮。

(2) 进入 Win32 Console Application Step-1 of 1 对话框中,如图 1-3 所示。选择 An empty project 单选按钮,单击 Finish 按钮。最后在 New Project Information 对话框单击 OK 按钮完成项目的建立。

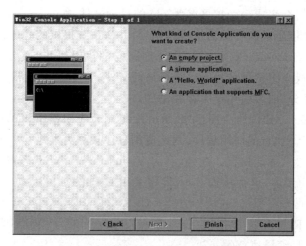

图 1-3 创建 Win32 控制台应用项目

(3) 创建和编辑 C++ 源文件。执行 Project|Add to Project|New 菜单命令,打开 New 对话框,如图 1-4 所示。在 File 页面选择 C++ Source File 项,在 File 框输入 C++ 源文件名,确认选择 Add to project 复选框。单击 OK 按钮将打开源代码编辑器,然后可以输入并编辑 C++ 源程序代码。

(4) 创建可执行程序。执行 Build|Build 菜单命令(快捷键 F7)即可生成可执行程序,若程序有语法错误,则在屏幕下方的输出窗口中显示错误信息。

(5) 执行 Build|Execute 菜单命令即可在伪 DOS 环境下运行程序,也可进入 DOS 环境运行已生成的程序。注意不能在 Windows 环境下直接运行一个控制台应用程序。

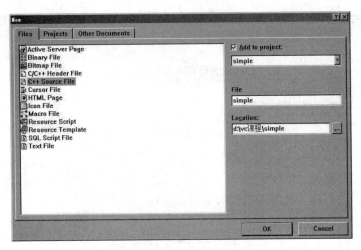

图 1-4　添加 C++ 源文件

1.1.5　MSDN 帮助系统

除了有关 Visual C++ IDE 具体操作说明的联机帮助文件，Visual Studio 还提供了 MSDN 组件。MSDN 是一个内容非常丰富的电子阅读资料，涵盖了 Microsoft 公司可开发产品的技术文档、科技文献、杂志经典书籍节选和部分源代码，可以在线阅读或者通过订阅以脱机方式浏览。MSDN 最多的信息来自 MSDN Library，MSDN Library 是一个 HTML 格式的帮助文件，容量有 1.8 GB 左右。MSDN Library 既能与集成开发环境有机地结合在一起，使得程序员在编程时可以随时查询需要的帮助信息和技术文档，又能脱离集成开发环境而独立地运行。

安装 Visual C++ IDE 成功后，安装程序一般会提示用户继续安装 MSDN。如果安装了 MSDN，可以通过选择 Help 菜单下的 Contents 命令或单击 Search 工具栏按钮进入 MSDN 帮助系统。也可按 F1 键快速获取相关内容的帮助，如在编辑窗口中用光标把一个需要查询的源代码单词全选上，或在 Output 输出窗口中单击一条出错提示信息，然后按 F1 键就打开了 MSDN 联机帮助并定位到相关内容，或出现 MSDN 的"索引"页面并列出对应的主题。

MSDN Library 是 Visual Studio 的一个组件，可脱离 Visual C++ IDE 而独立运行。从 Windows 中的"开始|程序"菜单中选择 Microsoft Developer Network 菜单中的 MSDN Library 菜单项，就启动了 MSDN 帮助系统。图 1-5 是 MSDN 的一般界面。

MSDN 提供了有关 Visual C++、MFC、SDK、函数库、运行库、Win32 API 函数和 Windows 系统的技术资料，内容包括函数功能、参数说明、使用方法和具体例子。MSDN 是软件开发者利用 Visual Studio 进行软件开发必不可少的电子参考书。

图 1-5 MSDN 帮助系统

　　MSDN 不仅能以目录方式浏览全部文档,而且还提供了"索引"和"搜索"功能。MSDN 为所有文档建立了关键字,这些关键字与 MSDN Library 主题相关联。在使用"索引"功能输入关键字时,列表框中的索引自动定位到该关键字所在的主题,双击一个索引主题就打开对应的文档。"搜索"用于查找包含指定词组或短语的所有文档。

　　MSDN 提供了文件分类功能,通过"活动子集"下拉列表框,用户可以缩小文档搜索范围。当用户在搜索输入框中输入要查找的内容时,可以使用逻辑运算符。搜索结果的准确度在很大程度上取决于输入的单词组合。

1.2　项目和项目工作区

　　从 1.1 节的例 1-1 可以看出,利用 Visual C++ IDE 编写一个应用程序首先要创建一个项目(project),在创建项目的同时创建了项目工作区(Workspace)。项目工作区记录了一个项目的开发环境设置,如 Developer Studio 关闭前各窗口最后的状态。

1.2.1　项目

　　从软件工程的角度出发,每个软件的开发都是一个项目工程,涉及计算机学科和相关专业领域的知识及其应用。编程时需要使用源代码编辑器、资源编辑器、编译链接器和调试器等一系列工具。最终的可执行程序不是仅由一个源程序文件生成,而是由一些相互关联的源程序文件和资源文件共同生成。

在 Visual C++ 中,把实现程序设计功能的一组相互关联的 C++ 源程序文件、资源文件以及支撑这些文件的类的集合称为一个项目。Visual C++ IDE 以项目作为程序设计的基本单位,项目用于管理组成应用程序的所有元素,通过项目生成可执行程序。项目用项目文件 DSP(Developer Studio Project)来描述,文件名后缀为. dsp。项目文件保存了项目中所有源程序文件和资源文件的信息,如文件名和路径。同时,项目文件还保存了项目的编译设置等信息,如调试版(debug)或发布版(release)设置。

一个项目至少包含一个项目文件。另外,根据不同的项目类型,一个项目还包含不同类型的源文件、资源文件和其他文件。

1.2.2　项目工作区

Visual C++ IDE 采用项目工作区的方式组织应用程序项目。项目工作区用工作区文件 DSW(Developer Studio Workspace)来描述,文件名后缀为 dsw。工作区文件保存了 Visual C++ IDE 中应用程序的项目设置信息,它将一个 DSP 项目文件与具体的 Developer Studio 环境结合在一起。在 Visual C++ IDE 中一般以打开工作区文件 DSW 的方式来打开指定的项目。

创建项目后,可通过工作区(Workspace)窗口查看项目的组成元素。从图 1-2 可以看到,Workspace 窗口一般由 ClassView、ResourceView 和 FileView 三个页面视图组成。如果创建 Database Project 数据库项目,Workspace 窗口将出现 Data View 页面。这些页面按照不同的逻辑关系将一个项目分成几个集合,分别以树形结构的形式显示组成项目的类、资源和文件。可以通过 Workspace 窗口下方的三个页面标签在不同的视图之间切换,查看项目中所有的类、资源和文件信息。

1.2.3　ClassView 类视图

ClassView 页面在 Workspace 窗口以树形结构的形式列出项目中所有的 C++ 类,如图 1-6 所示。单击类左边的"＋"图标可展开该类的成员变量和成员函数。双击一个类后可在编辑窗口打开定义该类的 C++ 头文件,并定位到类的定义处。双击一个成员变量可在 C++ 头文件中找到该变量的定义,双击一个成员函数可在 C++ 源文件中找到该函数的定义。

若右击一个类或其成员,将出现弹出式菜单,可以进行成员变量和成员函数的浏览、添加和删除等操作。

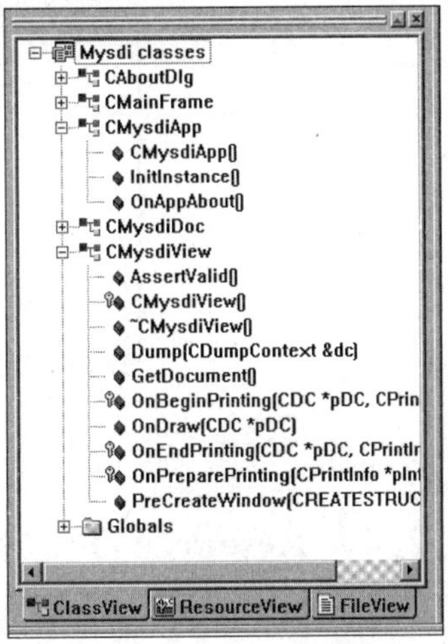

图 1-6　ClassView 类视图

注意：如果未特别指明，"单击"表示单击鼠标左键，"双击"表示双击鼠标左键，"右击"表示单击鼠标右键。

当新添加一个类、成员变量和成员函数时，不必先保存修改内容，Developer Studio 就会及时修改 ClassView 页面中显示的内容，动态显示新添加的元素。

利用 ClassView 类视图还可以显示函数调用关系。右击一个函数，在弹出的快捷菜单中选择 Calls 或 Called by 项，就会显示被该函数调用的函数或调用该函数的函数。例如，图 1-7 列出了应用程序类 CMysdiApp 的成员函数 InitInstance()调用的函数。

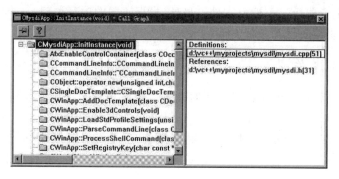

图 1-7 列出指定函数调用的函数

利用 ClassView 类视图可以显示类的继承关系。右击一个类，在弹出的快捷菜单中选择 Base Classes 或 Derived Classes 项，就会显示该类的基类或派生类。例如，图 1-8 列出了应用程序类 CMysdiApp 的所有基类。

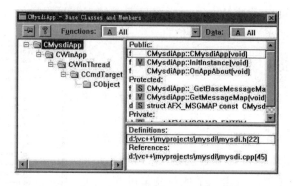

图 1-8 列出指定类的基类

1.2.4 ResourceView 资源视图

ResourceView 页面在 Workspace 窗口以树形结构的形式列出项目中所有的资源，包括菜单、工具栏、对话框和图标等,如图1-9所示。单击资源类型左边的"+"图标展开显示其中的资源,双击一个资源就打开对应的资源编辑器,可对资源进行编辑。

可通过Insert菜单的Resource命令项添加新的资源到项目中。若要删除项目中的某个资源,单击要删除的资源,然后按Delete键或单击Cut按钮。

1.2.5 FileView文件视图

FileView页面在Workspace窗口以树形结构的形式列出项目中所有的文件及隶属关系,如图1-10所示。单击文件类型左边的"+"图标可列出项目中该种类型的所有文件,双击其中一个文件即可打开该文件。一般而言,一个应用程序项目主要包括C++实现源文件(cpp)、C++头文件(h)和资源文件(rc)等文件类型。

图1-9 ResourceView资源视图

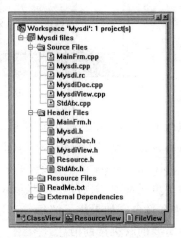

图1-10 FileView文件视图

可通过File菜单和Project菜单中的有关命令添加源文件、资源文件和其他文件到当前项目中,在Workspace工作区窗口中将显示被添加的文件及隶属关系。若要删除项目中的某个文件,单击要删除的文件,然后按Delete键。注意,这并不是将文件从磁盘上物理删除,只是删除文件与项目的隶属关系。

1.2.6 项目设置

一般在Developer Studio中使用默认的项目设置生成可执行应用程序,如果需要可以改变当前项目的设置。Developer Studio提供了相关的命令用于项目设置,如Project菜单中的Settings命令、Build菜单中的Configurations命令和Tool菜单中的Customize、Options命令等。

执行Project|Settings菜单命令,打开Project Settings项目设置对话框,如图1-11所

示。在 Debug 页面可设置程序执行时的命令行参数,在 C/C++ 页面可进行编译器优化设置和添加预处理器宏,在 Link 页面可设置链接器选项。

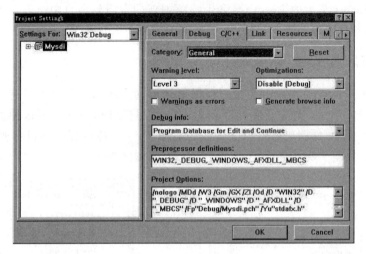

图 1-11　项目设置对话框

执行 Build|Configurations 菜单命令可添加或删除项目的版本设置。

有多种方法设置 Developer Studio 的工作风格,使它更适合程序员的个人工作习惯。执行 Tool|Customize 菜单命令,在 Toolbars 页面可设置工具栏选项,在 Commands 页面可设置菜单栏选项。执行 Tool|Options 菜单命令可进行编辑器设置,如设置源代码的字体、大小和颜色。如果想了解每一选项的具体含义,可以先选择该项,然后按 F1 键即可得到所需要的联机帮助信息。

1.3　编辑器

编写一个程序首先需要使用编辑器输入并编辑源程序,源代码编辑器是软件开发工具的基本组件之一。区别于 DOS 应用程序,Windows 应用程序可以使用各种资源,Visual C++ 作为一种可视化软件开发工具,提供了各种类型的资源编辑器。

1.3.1　源代码编辑器

Visual C++ IDE 的源代码编辑器是一个功能强大的文本编辑器,可用于编辑多种类型的文件,如 C/C++ 头文件、C++ 源文件、Text 文本文件和 HTML 超文本文件等。编辑器除了具有一般的复制、查找和替换等编辑功能,还具有一些便于编程的特色功能。如在编辑 C++ 源程序时,编辑器根据 C++ 语法规则对不同的语句元素以不同的颜色显示,换行时能自动缩进合适的长度。

　　源代码编辑器具有自动提示功能,当输入源程序代码时,编辑器会显示对应类的成员函数和成员变量,如图1-12所示。这样,程序员可以在成员列表中选择需要的成员,减少了手工输入量,有效地避免手工输入错误。当输入函数调用语句时,编辑器会自动提示函数的参数个数和类型。当将光标指向变量、函数或类时,编辑器会显示对应的变量类型、函数声明或类的信息。在输入较长的标识符时,右击,从弹出菜单中选择Complete Word命令项就可以自动补全当前单词的其余部分。

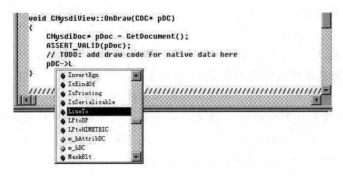

图1-12　源代码编辑器的自动提示功能

　　为了更方便地使用单词自动补全功能,最好为Complete Word命令设置一个快捷键。打开Tools菜单,执行Customize|Keyboard菜单命令,在Category框选择All Commands项,在Editor框选择Text项,在Commands框中找到命令项Complete Word,将光标置于Press new shortcut框中,按下需要的快捷键,如Alt + Space,最后单击Assign按钮。设置快捷键后,在输入标识符、关键字和变量时,按下设置的快捷键(如Alt+Space)就可以自动补全单词的其余部分。

1.3.2　资源编辑器

　　在Windows环境下,资源(resource)作为一种数据,与程序执行代码是分离的,可以单独编辑、编译。由于资源通常占用较大的内存空间,因此,应用程序刚启动时一般不将资源装入内存,而是在需要使用资源时(如当应用程序创建窗口时),才将需要的资源调入内存。

　　Windows资源主要用于创建应用程序的用户界面(User Interface,UI)元素,包括菜单(menu)、工具栏(toolbar)、图标(icon)、光标(cursor)、位图(bitmap)和对话框(dialog)等。资源编辑器是对资源进行编辑的工具。由于不同资源具有不同特点,因此,Visual C++ IDE提供了多种类型的可视化资源编辑器。使用资源编辑器可以创建新的资源或编辑已有的资源。当新建或打开一个资源时,系统将自动打开对应的资源编辑器。当新建一个资源时,资源编辑器自动给资源分配一个资源标识号 ID。

本节主要介绍图形、工具栏、快捷键、串表和版本信息等资源编辑器,菜单、对话框和光标等资源编辑器分别在第 6、7、9 章中介绍。

1. 图形编辑器

图形编辑器由绘图区、绘图工具箱(Graphics)和调色板(Colors)组成,当打开图形编辑器时,同时打开 Graphics 工具栏和 Colors 工具栏,并出现 Image 主菜单。Graphics 工具栏中有画笔、画刷和文本输入等常用绘图工具,Colors 工具栏提供绘图所用的颜色,这些工具的使用方法与 Windows 画图工具类似。

图形编辑器主要用于绘制位图、图标、光标和工具栏,在 Workspace 窗口的 ResourceView 页面双击这些资源就会打开对应的图形编辑器。例如,当双击一个 Icon 图标资源时将打开如图 1-13 所示的图标编辑器。图标是在 Windows(如资源管理器)中代表一个程序或文件的图形标识,一般有 16×16 和 32×32 两种规格。在图标编辑器的左上角以实际大小显示编辑的图标,右边是放大的图形,用于图标的编辑。如果要修改应用程序的图标,两种大小规格的图标都应该进行修改。

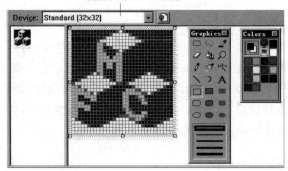

图 1-13　图标编辑器、Graphics 工具栏和 Colors 工具栏

2. 工具栏编辑器

工具栏一般是常用菜单命令的快捷使用方式,Windows 应用程序用一个形象的位图表示工具栏按钮。工具栏编辑器实际上也是一个图形编辑器,主要用于创建新的工具栏按钮。在 Workspace 的 ResourceView 页面打开 Toolbar 文件夹,双击其中的工具栏资源,出现如图 1-14 所示的工具栏编辑器。单击工具栏最右边的空白项可添加一个新的按钮,可利用 Graphics 和 Colors 工具绘制按钮。按住鼠标并拖动某个工具栏按钮,可将该按钮删除。

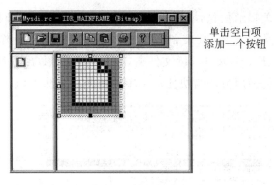

单击空白项
添加一个按钮

图 1-14　工具栏编辑器

3. 快捷键编辑器

快捷键(accelerator)是利用键盘输入方式代替应用程序的菜单或工具栏命令。快捷键一般是两个键的组合,如 Ctrl＋C、Alt＋S。利用快捷键编辑器可编辑、添加和删除应用程序的快捷键。在 Workspace 的 ResourceView 页面打开 Accelerator 文件夹,双击其中的快捷键资源,出现如图 1-15 所示的快捷键编辑器。

ID	Key	Type
ID_EDIT_COPY	Ctrl + C	VIRTKEY
ID_FILE_NEW	Ctrl + N	VIRTKEY
ID_FILE_OPEN	Ctrl + O	VIRTKEY
ID_FILE_PRINT	Ctrl + P	VIRTKEY
ID_FILE_SAVE	Ctrl + S	VIRTKEY
ID_EDIT_PASTE	Ctrl + V	VIRTKEY
ID_EDIT_UNDO	Alt + VK_BACK	VIRTKEY
ID_EDIT_CUT	Shift + VK_DELETE	VIRTKEY
ID_NEXT_PANE	VK_F6	VIRTKEY
ID_PREV_PANE	Shift + VK_F6	VIRTKEY
ID_EDIT_COPY	Ctrl + VK_INSERT	VIRTKEY
ID_EDIT_PASTE	Shift + VK_INSERT	VIRTKEY
ID_EDIT_CUT	Ctrl + X	VIRTKEY
ID_EDIT_UNDO	Ctrl + Z	VIRTKEY

双击某项
编辑快捷键

双击空白行
添加快捷键

图 1-15　快捷键编辑器

双击编辑器中的快捷键列表项,可打开 Accel Properties(快捷键属性)对话框编辑快捷键。也可右击,在弹出菜单中选择 Properties 命令打开快捷键属性对话框。要添加快捷键,首先双击编辑器中快捷键列表底部的空白行,在随后出现的快捷键属性对话框中,选择需要添加快捷键的菜单项标识 ID,然后设置快捷键。要删除一个快捷键,先单击该快捷键,然后按 Delete 键。

4. 串表编辑器

当鼠标指向一个 Windows 应用程序的菜单项和工具栏按钮时,在程序窗口底部状态栏将显示所指项的有关提示信息,串表(string table)就是存储这种提示信息的字符串资源。利用串表编辑器可进行串表的编辑、添加和删除等操作。在 Workspace 的 ResourceView 页面打开 String Table 文件夹,双击串表资源,出现如图 1-16 所示的串表编辑器。串表编辑器的使用方法与快捷键编辑器的使用方法类似。

ID	Value	Caption
ID_VIEW_TOOLBAR	59392	显示或隐藏工具栏\n显隐工具栏
ID_VIEW_STATUS_BAR	59393	显示或隐藏状态栏\n显隐状态栏
AFX_IDS_SCSIZE	61184	改变窗口大小
AFX_IDS_SCMOVE	61185	改变窗口位置
AFX_IDS_SCMINIMIZE	61186	将窗口缩小成图标
AFX_IDS_SCMAXIMIZE	61187	把窗口放大到最大尺寸
AFX_IDS_SCNEXTWINDOW	61188	切换到下一个文档窗口
AFX_IDS_SCPREVWINDOW	61189	切换到先前的文档窗口
AFX_IDS_SCCLOSE	61190	关闭活动的窗口并提示保存所有文档
AFX_IDS_SCRESTORE	61202	把窗口恢复到正常大小
AFX_IDS_SCTASKLIST	61203	激活任务表
AFX_IDS_PREVIEW_CLOS	61445	关闭打印预览模式\n取消预阅

双击某项 编辑串表

双击空白行 添加串表

图 1-16　串表编辑器

5. 版本信息编辑器

在 Windows 中,版本信息(versioninfo)也是作为资源处理。版本信息主要包括软件的版本号、操作系统运行环境、语言和公司名称等内容,版本信息编辑器用于编辑上述信息。每个应用程序都有一个版本信息资源,其 ID 标识为 VS_VERSION_INFO。编程时版本信息可帮助程序员判断一个软件的版本号,以避免用旧版本替换新版本。可以通过调用函数 GetFileVersionInfo()和 VerQueryValue()来获取版本信息。

在 Workspace 工作区的 ResourceView 页面打开 Version 文件夹,双击其中的 VS_VERSION_INFO 出现如图 1-17 所示的版本信息编辑器。双击版本信息资源中某一项可以编辑相应的版本信息。

Key	Value
FILEVERSION	1, 0, 0, 1
PRODUCTVERSION	1, 0, 0, 1
FILEFLAGSMASK	0x3fL
FILEFLAGS	0x0L
FILEOS	VOS__WINDOWS32
FILETYPE	VFT_APP
FILESUBTYPE	VFT2_UNKNOWN
Block Header	简体中文 [080404b0]
Comments	
CompanyName	
FileDescription	Mysdi Microsoft 基础类应用程序
FileVersion	1, 0, 0, 1

双击某项 编辑版本信息

图 1-17　版本信息编辑器

例 1-3　对例 1-1 中的应用程序 Mysdi 使用资源编辑器编辑图标、工具栏、快捷键、串表和版本信息。

【编程说明与实现】

（1）启动 Visual C++ IDE，执行 File|Open Workspace 菜单命令，找到 Mysdi 文件夹，双击 Mysdi.dsw 文件打开应用程序项目。通常可采取另一种简洁的方法打开项目，即通过 File 菜单中的 Recent Workspace 子菜单找到以前建立的项目。也可以通过 Windows 资源管理器双击 Mysdi.dsw 文件打开项目。注意，如果 DSW 文件不存在，可以通过打开 DSP 文件来打开应用程序项目。

（2）将应用程序的图标改为"SDI"。在 Workspace 工作区的 ResourceView 页面打开 Icon 文件夹，双击 IDR_MAINFRAME 打开图标编辑器，在编辑区显示应用程序的图标。利用 Graphics 工具栏中的橡皮工具擦去原来的图形，再利用文本工具"A"输入字符串"SDI"，并设置合适的字体、颜色和大小。注意，16×16 和 32×32 两种规格的图标都要修改。

（3）在工具栏上添加一个"＋"按钮。在 Workspace 的 ResourceView 页面打开 Toolbar 文件夹，双击 IDR_MAINFRAME 打开工具栏编辑器，出现程序的工具栏资源。单击最右边的空白项，利用 Graphics 中的画线工具画一个"＋"。

（4）将"文件"主菜单中的菜单项"打开(O)…"改为"打开(R)…"，并将其快捷键改为 Ctrl＋R。在 Workspace 的 ResourceView 页面打开 Menu 文件夹，双击 IDR_MAINFRAME 打开菜单编辑器，显示程序的菜单资源。双击菜单项"打开(O)…"弹出 Properties(属性)对话框，将其 Caption 改为"打开(&R)…\tCtrl＋R"。在项目工作区的 ResourceView 页面打开 Accelerator 文件夹，双击 IDR_MAINFRAME 打开快捷键编辑器，显示程序的快捷键资源。双击快捷键 ID_FILE_OPEN 打开 Properties(属性)对话框，将 Key 输入框的字符改为"R"。

（5）将程序运行后底部状态栏的显示信息改为"这是一个单文档应用程序"。在 Workspace 的 ResourceView 页面打开 String Table 文件夹，双击 String Table 打开串表编辑器，显示程序的串表资源。双击 ID 为 AFX_IDS_IDLEMESSAGE 的串表资源项打开 Properties(属性)对话框，将其 Caption 改为"这是一个单文档应用程序"。

（6）在版本信息中的公司名称框添上用户的姓名，将版本号改为 1.1，并修改"关于…"对话框中相应的显示信息。在 Workspace 工作区的 ResourceView 页面打开 Version 文件夹，双击 VS_VERSION_INFO 打开版本信息编辑器，显示程序的版本信息。双击 CompanyName 项，输入公司名。同样将 FileVersion 和 ProductVersion 项的内容改为"1.1"。在 Workspace 的 ResourceView 页面打开 Dialog 文件夹，双击 IDD_ABOUTBOX 打开对话框编辑器，显示"关于 Mysdi"对话框。右击静态文本控件"Mysdi 1.0 版"，在弹出的快捷菜单中选择 Properties 项，弹出属性对话框，将 Caption 改为"Mysdi 1.1 版"。

打开 Build 菜单，执行 Build Mysdi.exe 命令即可编译、链接并生成应用程序 Mysdi。

打开 Build 菜单,执行 Execute Mysdi.exe 命令运行应用程序,出现如图 1-18 所示的运行结果,可以分别验证上述程序功能。

图标改为 "SDI"

在工具栏上添加一个 "+" 按钮

程序运行后底部状态栏的显示信息

图 1-18　运行程序 Mysdi

1.4　菜单栏和工具栏

　　菜单栏和工具栏是 Developer Studio 集成开发环境的重要组成部分,Developer Studio 包括 100 多个不同的菜单项和几乎同样数目的工具栏按钮,其中的多数命令项还会导出包含很多选项的对话框。本节只对主要的菜单栏和工具栏进行简要介绍,随着学习内容的深入,后续章节将介绍 Developer Studio 的其他相关的菜单栏和工具栏。

1.4.1　菜单栏

　　Developer Studio 的菜单栏由 File、Edit、View、Insert、Project、Build(Debug)、Tools、Window 和 Help 共 9 个主菜单组成,每个主菜单包括多个菜单项和子菜单,能够完成所有的集成开发环境功能。除了主菜单,在 Developer Studio 窗口的不同地方右击鼠标还可弹出相应的快捷菜单。

1. File 菜单

　　File 主菜单主要包括一些与文件操作有关的命令,如新建、打开、关闭、保存和列出新近的项目、文件、工作区等。例如,在编程过程中,若要创建新的头文件或实现源文件并添加到项目中,执行 File|New 命令,在 New 对话框选择 File 页面,选择 C/C++ Header File 或 C++ Source File 项,选上 Add to Project,输入要创建的文件的名称。

2．Edit 菜单

Edit 主菜单主要包括一些与编辑有关的命令，如复制、粘贴、剪切、查找、替换、设置、删除和查看断点等。例如，Edit 的查找功能很实用，可利用 Find 菜单命令在当前打开的文件中进行查找，还可利用 Find in Files 菜单命令在指定文件夹下的多个文件中进行查找。

3．View 菜单

View 主菜单中的菜单命令主要用于改变窗口的显示方式和打开指定的窗口，如打开 ClassWizard(类向导)、Workspace(工作区)窗口和 Debug(调试)窗口。例如，当进入程序调试状态时，通过 Debug Windows 子菜单可以打开几个不同的调试窗口。

4．Insert 菜单

Insert 主菜单主要包括一些与添加有关的命令，如添加新类、资源和文件等。例如，编程时可通过 Insert|Resource 命令向项目添加一个指定类型的资源。

5．Project 菜单

Project 主菜单主要包括一些与项目管理有关的命令，如向项目添加文件、设置当前项目、改变编译器和链接器选项等。例如，若要将一个已有的 C++ 源文件或资源文件添加到项目中，可执行 Project|Add to Project|Files 命令，在 Insert Files Into Project 对话框中选择要插入的文件。

6．Build 菜单

Build 主菜单主要包括一些与建立可执行程序有关的命令，如编译、链接、调试程序以及设置程序运行版本(Debug 或 Release)等。例如，Build 命令是对最近修改过的文件进行编译和链接，而 Rebuild All 命令是对所有文件全部重新进行编译和链接，无论文件是否被修改过。Clean 命令用于清除编译和链接时在项目运行目录中产生的临时文件和输出文件。

注意：当启动调试器后，Debug 主菜单将代替 Build 主菜单出现在菜单栏中，Debug 菜单命令的使用方法将在第 5 章 5.4 节中进行介绍。

7．Tools 菜单

Tools 主菜单中的菜单命令主要用于启动 Visual Studio 实用工具、定制 Visual C++ 集成开发环境界面，如利用 Customize 菜单命令设置某个主菜单中的菜单项(该主菜单要与 Customize 对话框同时打开)、显示或关闭工具栏以及修改命令的快捷键。

8. Window 菜单和 Help 菜单

Window 主菜单主要包括一些与窗口显示有关的命令,如切换窗口、分离窗口及设置停靠窗口。Help 主菜单包括了有关系统帮助的命令,如启动 MSDN 帮助系统,其中的 Contents、Search 和 Index 菜单命令可分别以目录、搜索和索引方式打开 MSDN。

1.4.2 工具栏

为了提高使用效率,Developer Studio 为菜单命令项提供了对应的快捷键,但需要程序员熟练记忆才能使用。Windows 应用程序一般都提供工具栏,弥补了快捷键的不足。Visual C++ IDE 工具栏由一些形象化的位图按钮组成,每个工具栏按钮一般都与一个菜单命令项对应,可以方便程序员快捷地使用 Visual C++ IDE 的常用功能。

Developer Studio 的工具栏都以停靠窗口的形式出现,可以通过鼠标拖曳来移动工具栏,并可以根据需要显示或隐藏工具栏。一般的方法是执行 Tools|Customize 菜单命令打开 Customize 对话框,单击 Toolbars 标签,然后可以选择需要的工具栏,如图 1-19 所示。也可以在 Developer Studio 菜单栏或工具栏的空白处右击,在随后的弹出式菜单中选择要显示或隐藏的工具栏,如图 1-20 所示。

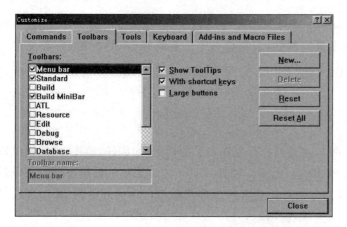

图 1-19　在 Customize 对话框中设置工具栏　　　　图 1-20　显示或隐藏工具栏

如果要恢复工具栏或菜单栏到系统原来的默认状态,在 Customize 对话框中单击 Reset All 或 Reset All Menus 按钮即可。

Developer Studio 的工具栏有很多,如 Standard、Build MiniBar、WizardBar、Resource 和 Debug 等。本节主要介绍 Standard、Build MiniBar 和 WizardBar 工具栏,其他一些工具栏在本书后续章节中结合具体编程内容再进行介绍。

1. Standard 工具栏

Standard 工具栏主要包括一些与文件和编辑操作有关的常用命令,每个按钮的功能与 File、Edit 和 View 等主菜单中的某个菜单项对应。图 1-21 给出了 Standard 工具栏的一般形式。Standard 工具栏按钮(从左到右)的功能如下所述。

双击或拖动变为浮动窗口

图 1-21　Standard 工具栏

- New Text File：创建一个新的文本文件。
- Open：打开一个文件。
- Save：保存当前文件。
- Save All：保存所有打开的文件。
- Cut：剪切选定的内容,移到剪贴板中。
- Copy：将选定的内容复制到剪贴板中。
- Paste：粘贴剪贴板中的内容。
- Undo：撤销上一次编辑操作。
- Redo：恢复被撤销的编辑操作。
- Workspace：显示或者隐藏工作区窗口。
- Output：显示或者隐藏输出窗口。
- Window List：显示当前已打开的窗口。
- Find In Files：在多个文件中查找指定的字符串。
- Find：在当前文件中查找指定的字符串。
- Search：打开 MSDN 帮助系统,并显示它的搜索页面。

2. Build MiniBar 工具栏

Build MiniBar 工具栏主要包括程序的编译、链接、运行和调试等命令,每个按钮的功能与 Build 和 Debug 主菜单中的某个菜单项对应。图 1-22 给出了 Build MiniBar 工具栏的一般形式,其中各按钮(从左到右)的功能如下所述。

- Compile：编译程序。
- Build：编译、链接并生成可执行程序。
- Stop Build：终止应用程序的编译或链接。
- Execute Program：运行应用程序。
- Go：开始或继续调试程序。

图 1-22　Build MiniBar 工具栏

- Insert/Remove Breakpoint：在程序中插入或取消断点。

Standard 工具栏和 Build MiniBar 工具栏中的命令都有快捷键，如 Compile 命令的快捷键为 Ctrl＋F7，Build 命令的快捷键为 F7，Execute Program 命令的快捷键为 Ctrl＋F5，Go 命令的快捷键为 F5。

3. WizardBar 工具栏

在系统默认设置情况下，Developer Studio 中将显示 WizardBar 工具栏，该工具栏一般位于 Standard 工具栏下面。WizardBar 是 Visual C++ 集成开发环境中一个具有特色功能的向导工具栏，可以用来快速定位某个类的某个成员，并能显示、跟踪和操作当前的成员。WizardBar 工具栏的一般形式如图 1-23 所示。

图 1-23　WizardBar 工具栏

使用 WizardBar 工具栏可以更加方便地对类和成员函数进行操作，单击 WizardBar 工具栏中的按钮即可实现多项功能，如定位指定的类和成员函数，添加新类和成员函数，进行上下文跟踪。

WizardBar 工具栏中从左到右分别是类列表框、ID 过滤器列表框、类成员列表框和 Action 控件，Action 控件由一个按钮和一个下拉菜单组成。3 个列表框确定当前的类、ID 和成员函数，Action 控件用于完成一些常用功能。单击 Action 按钮旁的箭头可打开 Action 的下拉菜单。

Action 菜单中以粗体显示的项是 Action 按钮的默认命令项。该菜单中出现哪些命令选项依赖于当前操作状态。一般情况下，Action 菜单中包含以下命令项。

- Go To Function Declaration：定位到成员函数的声明处（在头文件中）。
- Go To Function Definition：定位到成员函数的定义处（在源文件中）。
- Add Windows Message Handle：为类添加一个 Windows 消息处理函数。
- Add Virtual Function Override：为类添加一个重载的虚函数。
- Add Member Function：为类添加一个成员函数。
- Delete：删除成员函数。
- Go To Class Definition：定位到类的定义处。
- New Class：创建一个新的类。
- New Form：创建一个新的窗体。
- Go To Next Function：定位到当前函数的下一个函数。
- Go To Previous Function：定位到当前函数的上一个函数。
- Open Include File：列出当前文件中包含的头文件，并可打开其中的头文件。

- WizardBar Help：打开 WizardBar 的联机帮助。

　　WizardBar 具有上下文跟踪功能，能动态跟踪源代码的当前位置。当在编辑窗口编辑源程序时，WizardBar 将显示当前光标处的类或成员函数。当光标指向函数定义以外的区域时，WizardBar 的 Member 列表框呈灰度状。当编辑对话框时，WizardBar 将跟踪光标所选择的对话框或对话框控件。

习　题

问答题

1-1　简述 Visual C++ 的特点，Visual C++ 与 Visual Studio 是什么关系？

1-2　Visual Studio 最新版本是哪一个？

1-3　Visual C++ 集成开发环境主要由哪些组件组成？

1-4　Developer Studio 由哪些窗口构成？其中有哪两种类型的窗口？这两种窗口之间如何进行相互转换？

1-5　计算机高级语言的程序执行方式有哪几种？

1-6　名词解释：(1)C++ /CLI；(2)MFC；(3)CLR；(4).NET Framework。

1-7　什么是 Win32 控制台应用程序？简述编写 Win32 控制台应用程序的步骤。

1-8　什么是 MSDN？其中包括哪些内容？有哪几种方法可以启动 MSDN？

1-9　Visual C++ 中项目的含义是什么？一个项目由哪些文件组成？

1-10　什么是工作区文件？Workspace 窗口包含哪几个页面？各个页面分别用于显示哪些方面的信息？

1-11　如何改变当前项目的设置？如何改变 Developer Studio 当前环境的设置？

1-12　Visual C++ IDE 文本编辑器的自动提示功能体现在哪几个方面？

1-13　Windows 资源主要包括哪些？Visual C++ IDE 提供了哪些资源编辑器？

1-14　分别叙述以下资源的资源编辑器的使用方法。
　　(1)图标；(2)工具栏；(3)快捷键；(4)串表；(5)版本信息。

1-15　打开一个应用程序项目有哪几种方法？

1-16　Visual C++ IDE 主要有哪几个主菜单？分别完成哪一类功能？如何定制用户自己的菜单栏？

1-17　Visual C++ IDE 常用的工具栏有哪些？如何显示或隐藏一个工具栏？

1-18　Standard 工具栏主要完成什么功能？

1-19　Build MiniBar 工具栏主要完成什么功能？它与 Build 工具栏有何不同？

1-20　WizardBar 工具栏有何功能？请叙述 WizardBar 上下文跟踪的含义。

上机编程题

1-21 利用 Visual C++ 创建一个 Win32 Console Application 控制台程序,程序运行后在控制台窗口显示"Hello World !"。

1-22 利用 Visual C++ 创建一个 Win32 Application 应用程序,程序运行后在程序窗口显示"Hello World !"。

1-23 利用 MFC AppWizard 创建一个名为 SDI 的单文档程序。

1-24 利用 MFC AppWizard 创建一个名为 MyDialog 的基于对话框的应用程序。

1-25 利用 MFC AppWizard 创建一个名为 Mymdi 的多文档程序,并完成以下工作:

(1) 将程序的图标改为"MDI";

(2) 在工具栏上添加一个"一"按钮;

(3) 将"文件"菜单的命令"保存(S)"改为"保存(W)",并将其快捷键改为 Ctrl+W;

(4) 将程序运行后底部状态栏的显示信息改为"这是一个多文档应用程序";

(5) 在版本信息中的公司名称栏添上自己的姓名,将版本号改为 1.1,并修改"关于…"对话框中相应的显示信息。

1-26 打开在习题 1-21 中创建的控制台程序,将其中的主函数改为

```
void main(void)
{
    cout<<"Hello World !\n" ;
}
```

首先利用 MSDN 查阅有关 cout 的帮助说明,然后编译程序。程序如果有语法错误,利用 MSDN 查找有关错误的说明。

1-27 创建一个 Win32 Console Application 控制台程序,通过键盘输入 3 个整数,将其和输出到屏幕。

第 2 章

C++ 语言基础

程序设计方法不断发展,面向对象程序设计方法已成为当前主流的软件开发技术,C++ 是一种常用的面向对象程序设计语言。在学习 C++ 面向对象程序设计方法之前,首先必须熟练掌握 C++ 语言基础知识。本章主要介绍 C++ 语言的语法要素和 C++ 程序的基本结构,包括标识符、表达式、数据类型、控制语句和函数等。通过本章的学习,掌握 C++ 面向过程的程序设计方法。

2.1 C++ 概述

C++ 语言是从 C 语言发展演变而来的,C++ 不仅保持了 C 语言简洁、高效和可移植性好等特点,还引入了类的概念。C++ 编程方法灵活多样,既支持传统的结构化程序设计,又支持面向对象程序设计,是一种应用领域非常广泛的编程语言。

2.1.1 C++ 语言的历史和特点

了解 C++ 语言的历史背景,首先需要回顾 C 语言的发展过程。1972 年美国贝尔实验室的 D. M. Ritchie 在 B 语言的基础上设计出了 C 语言,当时设计 C 语言是为了编写 UNIX 操作系统。随着 UNIX 的广泛使用和结构化程序设计技术的发展,C 语言成为一种非常流行的高级程序设计语言,应用领域从系统软件延伸到应用软件。随着软件工程规模的扩大,C 语言自身的一些缺点引起了人们的注意,如对数据类型检查机制较弱,不能支持面向对象设计技术,难以开发大型的应用程序。

1979 年贝尔实验室的 Bjarne Stroustrup 博士对 C 语言进行了改进,引入了类的机制,因此最初的 C++ 也被称为"带类的 C"。1983 年正式命名为 C++ 后,不断增加新的功能和特性,加入了运算符的重载、引用、虚函数和模板等功能。C++ 语言的标准化工作始于 1989 年,1994 年制定了 ANSI C++ 标准化草案。经过不断修改完善,1998 年 11 月被国际标准化组织(ISO)批准为国际标准。以后经过不断完善,形成了目前的 C++ 。

C++ 语言继承了 C 语言的以下特点:丰富的运算符和数据类型,支持结构化程序设计方法,高效的目标代码,良好的可移植性。同时,由于 C++ 是 C 的超集,C++ 与 C 保持高度兼容,C 语言代码不需修改就可为 C++ 程序所用,很多用 C 语言编写的库函数可以在 C++ 程序中使用。

C++ 扩展了 C 语言的功能,增加了面向对象机制。C++ 是一种混合型编程语言,既支持传统的结构化程序设计,也支持面向对象程序设计。利用面向对象程序设计技术实现了软件重用,提高了软件开发的效率。

C++ 既适用于编写系统软件,也适用于设计应用软件。目前,C++ 主要应用领域包括操作系统、网络软件、设备驱动程序、游戏、移动设备、嵌入式系统以及部分行业应用。作为程序设计语言,C++ 的目标是为程序员的软件开发活动提供一个优良的设计工具,以编写模块化程度高、可重用性和可维护性俱佳的程序。因此,可以说 C++ 语言是程序员的语言。

与 C 语言相比,C++ 的错误检查机制强,它提供了专门的机制检查类,更适合大、中型程序的开发。同时,C++ 非常强调代码的有效性和紧凑性。事实表明,C++ 语言可用于 C 语言的所有应用领域,且其效果要比 C 语言好得多。

由于 C++ 语言本身的复杂性,对初学者而言,熟练掌握 C++ 程序设计方法存在一定困难。同时,C++ 编译系统也受到 C++ 复杂性的影响,难以理解 C++ 的所有语义,很多程序错误难以被编译器发现,复杂的 C++ 程序的正确性也难以保证。

2.1.2　C++ 程序与 C 程序

C++ 语言与 C 语言保持兼容,从一般程序结构上看,C++ 程序与 C 程序有很多共同之处。为了对 C++ 程序结构有一个初步了解,下面通过一个例子比较 C++ 程序与 C 程序之间有何异同。

例 2-1　分别用 C 语言和 C++ 语言编写一个功能相同的程序。

(1) 用 C 语言编写的程序如下:

```c
/* 这是一个简单的 C 程序: simple.c */
#include <stdio.h>
void main(void)
{
    printf("Hello World !\n");               /* 输出字符串 */
}
```

(2) 用 C++ 语言编写的程序如下:

```cpp
// 这是一个简单的 C++ 程序:simple.cpp
```

```
#include <iostream.h>
void main(void)
{
    cout<<" Hello World !\n\n ";              // 输出字符串
}
```

利用 Visual C++ 编写 C/C++ 程序的具体步骤见 1.1.4 节。也可以采用另一种简单的方法编写 C++ 程序,即执行 File | New | Files | C++ Source File 命令,直接创建一个 C++ 源文件,在执行 Build 命令时再建立项目工作区。

利用 Visual C++ 分别创建例 2-1 中的(1)、(2)两个可执行程序,两个程序运行后都将在屏幕上输出字符串"Hello World !"。运行结果如图 2-1 所示。

图 2-1　运行一个 Win32 控制台应用程序

比较这两个功能相同的程序,尽管它们的程序结构完全相同,但两者之间仍有如下不同之处:

(1) C 程序源文件的扩展名为 C,而 C++ 程序源文件的扩展名为 CPP。

(2) C 程序注释使用符号"/ * "和" * /",表示符号"/ * "和" * /"之间的内容都是注释;C++ 程序除了可以使用这种注释,还提供了一个双斜线"//"注释符,表示"//"之后的当前一行内容是注释,注释在回车键后自动结束。

(3) C 程序所包含的标准输入输出头文件是 stdio. h,输入输出通常通过调用函数(如 scanf、printf)来完成;而 C++ 程序一般所包含的标准输入输出流的头文件是 iostream. h,输入输出可以通过使用输入输出流对象(如 cin、cout)来完成。

如果使用命名空间(见 2.6.4 节),则例 2-1 中的 C++ 程序所包含的头文件是一个不带扩展名 h 的头文件,代码如下:

```
#include <iostream>                      // 包含一个不带扩展名 h 的头文件
using namespace std;                     // 指定命名空间 std
void main ( )
{
    cout<<" Hello World ! "<<endl;        // 输出字符串
}
```

与 C 程序一样,一个结构化 C++ 程序可以由多个函数构成。函数与函数之间相对独立,函数不能嵌套定义,一个函数可以被其他函数调用。每个程序都从主函数 main()开始执行,从主函数返回时结束执行。如同其他高级程序设计语言一样,C++ 程序可由多个源文件构成,它们分别被编译成目标代码,然后链接成一个可执行程序。

2.1.3 C++ 对 C 的一般扩充

C++ 语言对 C 语言进行了很多扩充,本节只介绍 C++ 语言对 C 语言的一般扩充,其他扩充可以在以后的学习中自己逐步体会。

C++ 对 C 语言的一般扩充主要包括如下几个方面:

(1) 当函数定义放在函数调用之后时,C 程序的函数原形(function prototype)即声明有时可省略(如在早期的 C 语言中,当函数返回值类型是 int 时)。而 C++ 程序的函数原形(声明)则不能省略,而且还要求函数的所有参数在函数原形的圆括号中声明。一个不带参数的 C 函数原形声明必须使用 void 关键字,而 C++ 函数原形可以使用空参数列表。

(2) 在 C 语言中,函数和语句块(花括号{}之间的代码)中所有局部变量的声明语句必须放在程序的开始位置,即所有执行语句之前。而 C++ 中变量声明语句不要求放在函数和语句块的开始位置,可以把变量声明放在首次使用变量的附近位置,这样可提高程序的可读性。

(3) 在强制类型转换方面,C 语言强制类型转换的一般形式为:(<类型名>)<表达式>,如(int) a。C++ 还增加了如下的强制类型转换形式:<类型名>(<表达式>),如 int (a),这种形式类似于函数调用。

(4) 在动态内存管理上,C 语言采用内存分配函数 malloc()和内存释放函数 free();C++ 一般采用 new 和 delete 运算符取代 C 语言的 malloc()和 free()函数。

(5) 标准 C++ 增加了字符串类 string(参见 2.3.4 节),string 类封装了字符串操作函数,可直接进行字符串的赋值、连接、比较和输出等操作,完全可以替代 C 函数库中的字符数组处理函数。

(6) 进行输入输出操作时,C++ 一般采用标准输入输出流对象(在 iostream. h 头文件中进行了类的声明)替代 C 的 stdio 函数库。利用"＞＞"流提取运算符(stream extraction operator)将数据对象从输入流提取出来,利用"＜＜"流插入运算符(stream insertion operator)将数据对象插入到输出流,从而完成数据的输入和输出。区别于 C 语言的输入输出函数,C++ 输入流和输出流不需使用格式串(如%s、%d)来说明数据的格式,从而减少了语法错误的发生。

例 2-2 编写一个程序,利用标准输入流接收用户从键盘输入的数据,利用标准输出流将运算结果输出到屏幕。

按照 1.1.4 节介绍的 Win32 控制台应用程序编程步骤,执行 File|New 命令,创建一

个空的 Win32 Console Application 应用程序,执行 Project|Add to Project|New 命令,添加一个 C++ 源文件,并输入以下 C++ 源程序代码:

```
#include <iostream.h>                              // 使用输入输出流
void main(void)
{
    cout<<"please enter the value of x , y , z :" ;   // 输入提示
    int x, y, z ;                                     // 声明变量
    cin>>x>>y>>z ;                                    // 键盘输入数据给变量 x、y、z
    cout<<"The sum is "<<x+y+z<<'\n' ;                // 输出结果
}
```

执行 Build 命令(F7 键)即可得到可执行程序,执行 Build ｜ Execute 命令运行程序。程序运行的结果为

please enter the value of x , y , z :**1 10 100**
The sum is 111

以上运行结果中,黑体表示的是输入数据 1、10、100,由用户从键盘输入(数据之间以空格分隔)。注意输入的数据要与接收数据的变量的数据类型相匹配,否则会出现不可预测的后果。利用标准输出流可以将整型、浮点型和字符串等类型的数据输出到屏幕,如上述程序中,输出数据包括用双引号引起来的字符串、用单引号引起来的字符和由变量相加组成的表达式。

2.2　C++ 程序基本要素

程序由语句组成,语句由语言的基本要素(单词)构成。任何一种程序设计语言都有自己的一套语法规则以及按照语法规则定义的元素,程序的基本要素就是这样一种具有独立语法意义的元素。C++ 程序的基本要素主要包括标识符、关键字、常量、变量、运算符和表达式等。

2.2.1　标识符和关键字

标识符是由程序员定义的单词,用以命名程序中的变量名、函数名、常量名、类名和对象名等。标识符由字母、数字和下画线组成,并且第一个字符不能是数字。注意 C++ 中大小写字母被认为是两个不同的字符。为标识符取名时,为了提高程序的可读性,应该尽量使用能够表达其含义的单词或缩写,但不能把 C++ 关键字作为标识符。虽然标识符的长度不受限制,但不同 C++ 编译器能识别的最大长度是有限的(一般为 32 个字符)。对于超长度的标识符,编译器忽略其多余的字符,并不给出语法错误提示信息。

由于在 C++ 系统库中使用的很多符号都是以下画线开头的,因此,建议最好不要定义以下画线开头的标识符,以免与 C++ 系统库中定义的符号发生冲突。

关键字是 C++ 编译器预定义的、具有固定含义的保留字,用于在程序中表达特定的含义,如表示数据类型、存储类型、类和控制语句等。根据扩展的功能,C++ 增加了一些 C 语言中所没有的关键字,并且不同 C++ 编译器的关键字也有所不同。以下是标准 C++ 中主要的关键字:auto,bool,break,case,catch,char,class,const,continue,default,delete,do,double,else,enum,extern,false,float,for,friend,goto,if,inline,int,long,namespace,new,operator,private,protected,public,register,return,short,signed,sizeof,static,struct,switch,template,this,throw,true,try,typedef,typename,union,unsigned,virtual,void,while。

在利用 Visual C++ 源代码编辑器输入源程序时,为了减少手工输入量,对于较长的标识符和关键字,可以利用编辑器提供的自动补全单词功能。具体方法见 1.3.1 节。

2.2.2　常量和变量

在程序中使用的数据有常量和变量两种类型,常量的值在程序运行期间是始终不变的,而变量的值是可以被程序改变的。常量和变量的主要区别在于:常量不占内存空间,不能为常量赋值;而变量需要占内存空间,可以给变量赋不同的值。不管是常量还是变量,程序中使用的每一个数据都属于一种特定的数据类型。

常量的书写方式就规定了该常量的数据类型,而变量在使用之前必须先进行变量的声明(declaration),以便编译程序为变量分配合适的内存空间,并可以给变量赋一个初值(即初始化)。变量声明语句的一般形式如下:

<数据类型>　<变量名 1> [=<初始值 1>],<变量名 2> [=<初始值 2>],… ;

例如:

```
int total=0, num=100;        // 声明整型变量 total、num 并初始化
float x, y, z;               // 声明 3 个浮点型变量 x、y、z
```

变量声明语句定义了变量的名称和数据类型,在程序中通过变量名存取其中的数据。数据类型规定了变量所占空间的大小和可以进行的运算,C++ 数据类型见 2.3 节。变量还具有作用域和存储类型,相关内容在 2.6 节中有详细介绍。不同于一般的常量和变量,C++ 还提供了 const 常量类型,用于表示一个值不能被改变的变量,详细内容请参阅 2.3.5 节。

2.2.3　运算符和表达式

运算是对数据进行加工的过程,运算符是表示各种不同运算的符号,用于告诉编译程序产生对应的运算指令。参与运算的数据称为操作数,操作数可以是常量、变量或函数。

运算符实质上是系统预定义的函数名,而进行运算就是调用一个函数。按运算符和操作数的运算性质分类,运算符可分为算术运算符、逻辑运算符、关系运算符和按位运算符。此外,还有一些用于完成特殊任务的运算符。表 2-1 按优先级从高到低的顺序列出了 C++ 中的所有运算符。

表 2-1　C++ 运算符

优先级	运 算 符	功 能 说 明	结合性
1	( ) :: [ ] . , ->	提高优先级 作用域限定符 数组下标 成员运算符	右结合
2	++,-- &	自加、自减运算 求变量的地址	左结合
3	* ! ~ +,- ( ) sizeof new, delete	指针运算,取内容 逻辑非 按位求反 正、负运算 强制类型转换 计算变量所占内存字节数 动态内存分配、释放	左结合
4	*, / , %	乘、除、求余	右结合
5	+,-	加、减	
6	<<, >>	左移、右移	
7	<, <=, >, >=	小于、小于或等于、大于、大于或等于关系运算	
8	==, !=	等于、不等于关系运算	
9	&	按位与	
10	^	按位异或	
11	|	按位或	
12	&&	逻辑与	
13	||	逻辑或	
14	? :	条件运算(三目运算符)	
15	=,+ =,- =,* =,/=, %=,<<=,>>=,&= ,∧=,|=	赋值运算(assignment operator)和复合赋值运算	左结合
16	,	逗号运算	右结合

表达式是由运算符和操作数组成并具有合法语义的排列式。每个表达式都将产生一个值,并且具有某种数据类型(称为该表达式的类型)。表达式隐含的数据类型取决于组成表达式的操作数的类型。C++ 表达式分为算术表达式和逻辑表达式。当表达式中的操作数都是常量时,则称这个表达式是常量表达式。

在对一个表达式求值时,优先级高的运算符先运算,优先级低的运算符后运算。表 2-1 中的最左栏表示运算符的优先级,数字小者优先级大;最右栏表示运算符的结合性,如果一个运算符对其操作数从左向右进行指定的运算,称这个运算符是右结合性,反之称其为左结合性。当一个表达式出现多种运算时,运算符的优先级和结合性决定了该表达式的运算顺序。

2.3 C++ 数据类型

数据是程序处理的对象,根据数据的不同用途、特点和运算,高级语言都提供了对应的数据类型。数据类型定义了数据值的集合以及数据能够进行的运算。C++ 的数据类型相当丰富,主要可分为基本数据类型、指针类型和构造类型三大类。构造类型包括数组、结构和枚举,是按照 C++ 语法规则在基本数据类型的基础上自定义的数据类型。

2.3.1 基本数据类型

基本数据类型是系统预定义的简单数据类型,这种数据类型不可以再分解为其他数据类型。C++ 的基本数据类型包括字符型、整型(包括长整型、短整型等)、实型(包括单精度、双精度等)、布尔型和空值型。如表 2-2 所示,每种基本数据类型都使用一个关键字来声明,如 char、int、float、double、bool 和 void 等。

表 2-2　C++ 基本数据类型

数　据　类　型	说　　　明	二进制位长度	值　　域
char	字符型	8	$-128\sim127$
int	整型	16	$-32\,768\sim32\,767$
float	单精度实型	32	$-3.4e-38\sim3.4e+38$
double	双精度实型	64	$\pm\,(1.7e-308\sim1.7e+308)$
void	无值型	0	无值域
[signed] char	有符号字符型	8	$-128\sim127$

续表

数据类型	说　　明	二进制位长度	值　　域
unsigned char	无符号字符型	8	0～255
short［int］	短整型	16	－32 768～32 767
signed short［int］	有符号短整型	16	－32 768～32 767
unsigned short［int］	无符号短整型	16	0～65 535
signed［int］, int	有符号整型	16	－32 768～32 767
unsigned［int］	无符号整型	16	0～65 535
long［int］	长整型	32	－2 147 483 648～2 147 483 647
signed long［int］	有符号长整型	32	－2 147 483 648～2 147 483 647
unsigned long［int］	无符号长整型	32	0～4 294 967 295
bool	布尔型	1	True, False

除了 void 和 bool 数据类型以外,基本数据类型 char、int、float 和 double 的前面可以加类型修饰符,这样可以改变数据类型的取值范围(值域)。C++ 的类型修饰符包括 signed、unsigned、short 和 long,其具体含义在表 2-2 中可以很容易看出。修饰符 signed 和 unsigned 用于字符型和整型,short 和 long 用于整型。当用 short、long、signed 或 unsigned 修饰 int 型时,关键字 int 可以省略。

可以使用运算符"( )"进行强制类型转换,如下所示:

```
float x=123.56;
int i=(int)x;                            // i=123,或写作 int i=int(x);
```

2.3.2　数组

数组属于构造类型,是一组具有相同类型数据的有序集合,其中每个数据称为数组的元素。数组的数据类型可以是基本数据类型或构造类型,如整型、实型、字符型、指针型或结构体等。数组按其下标的个数分为一维数组、二维数组和多维数组。

一维数组的声明方式如下所示:

<数据类型>　<数组名>[常量表达式];

二维数组的声明方式如下所示:

<数据类型>　<数组名>[常量表达式] [常量表达式];

其中,<常量表达式>称为数组的界,表示数组每一维所包含元素的个数。

例如:

```
float score[30];                   // 数组 score 有 30 个元素,其数据类型是 float 型
int Array[12][4];                  // 数组 Array 有 12×4 个元素,其数据类型是 int 型
```

声明数组后,可以通过数组随机访问每个元素,但不能一次访问整个数组。每个数组元素相当于一个简单变量。一维数组元素和二维数组元素的访问方式如下:

<数组名>[下标表达式]

<数组名>[下标表达式] [下标表达式]

数组元素的下标从 0 开始,最大值为数组的界减 1,例如 score[0],score[1],…,score[29]。编译系统为声明的数组分配一块连续的存储空间,数组名表示这块存储空间的起始位置。注意,为了保证程序编译和运行的效率,C++ 编译系统不对数组下标进行越界检查,程序运行时系统也不会提出越界警告。因此读写数组元素时要注意下标的有效范围,避免改写其他存储单元的数据,否则可能造成不可预料的后果。

声明数组时可以用一组常量对数组进行初始化,每个常量作为一个元素的初始值,常量的数据类型应与数组的数据类型一致。例如,以下是一维数组的初始化形式:

```
double grade[3]={90.0, 75.0, 85.0};        // 一维数组的初始化
```

二维数组、多维数组的初始化与一维数组类似,可以按照数组的排列顺序对各元素赋初始值,但为了阅读起来更直观,常采用分行赋初始值的方法。以下是分别采用这两种赋值方法的例子:

```
int a[2][3]={2, 4, 6, 8, 10, 12};          // 按数组的排列顺序赋初始值
int a[2][3]={{2, 4, 6},{8, 10, 12}};       // 分行赋初始值
```

其中,2、4、6 分别作为数组 a[0]的元素 a[0][0]、a[0][1]和 a[0][2]的初始值,8、10、12 分别为 a[1]的元素 a[1][0]、a[1][1]和 a[1][2]的初始值。

如果声明数组时不进行初始化,数组元素的初始值为随机值(不一定为 0)。初始值的个数不能多于数组元素的个数,不能通过连续逗号的方式来省略部分元素的初始值。初始值的个数可以比数组元素的个数少,此时后面元素的初始值为 0。

例如:

```
int a[2][3]={2, 4, 6};                     // a[1][0]、a[1][1]和 a[1][2]的初始值为 0
```

当提供全部的初始值时,数组第一维的长度可以省略。

例如:

```
double grade[ ] ={90.0, 75.0, 85.0};       // 省略数组长度
```

```
int a[ ][3] = {{2, 4, 6}, {8, 10, 12}};        // 省略数组第一维的长度
```

利用数组进行程序设计时一般需要使用 for 或 while 循环语句,循环语句的使用方法参见 2.4.2 节。下面给出一个简单的数组应用程序。

例 2-3　输入 10 个学生某门课的成绩,然后按与输入顺序相反的顺序输出成绩。

```
#include <iostream.h>
void main()
{
    int i;
    float score[10];                          // 声明数组
    cout<<"Please enter 10 scores: ";
    for(i=0; i<10; i++)
        cin>>score[i];                        // 输入数据
    cout<<"The scores in reverse order are: ";
    for(i=9; i>=0; i--)
        cout<<score[i]<<' ';                  // 逆序输出结果
    cout<<'\n';
}
```

2.3.3　指针

什么是指针? 简单地说,指针就是地址。在高级程序设计语言中,每个变量都占有一个内存单元,程序一般通过变量名存取对应内存单元中的数据。编译时编译系统将变量名与具体的内存地址相链接,因此实际上程序是通过内存地址存取内存单元中的数据。变量的内存地址就称为该变量的指针。

不同于一般的数据类型,指针是一种特殊的数据类型,指针变量是一种存放变量的地址的变量。一些常用的数据结构都是利用指针来设计的,如链表、二叉链表。

指针变量声明的一般形式如下:

<数据类型>　* <指针名>;

符号 * 是指针类型说明符,表明变量是一个指针型变量;<数据类型>表示指针所指变量的数据类型。例如,以下语句声明变量 pointer 是一个整型指针变量,它可用来存放一个整型变量的地址。

```
int  * pointer;                              // 或写作 int * pointer;
```

一般而言,在声明一个指针变量的同时也对其进行初始化,把指定变量的地址赋值给该指针变量,如下所示:

```
int a;
```

```
int * pa=&a;                                    // 把变量 a 的地址赋值给指针变量 pa
```

有两个与指针有关的运算符,分别是取地址运算符"&"和指针运算符" * "。运算符"&"用于获取一个变量的地址;运算符" * "以一个指针作为其操作数,其运算结果表示该指针所指向的变量,与声明指针变量时的含义不同。显然,"&"运算和" * "运算互为逆运算。

例 2-4   指针的使用。

```
#include <iostream.h>
void main()
{
    int a=10, b=20;
    int * pa=&a, * pb=&b;                      // 使 pa 指向 a,pb 指向 b
    cout<< * pa<<','<< * pb<<'\n';
    pa=&b; pb=&a;                              // 使 pa 指向 b,pb 指向 a
    cout<< * pa<<','<< * pb<<'\n';
    * pa=100; * pb=200;                        // 使用指针运算符,分别对 b 和 a 赋值
    cout<<a<<','<<b<<'\n';
}
```

程序运行的结果如下:

```
10,20
20,10
200,100
```

基于指针的特点,指针与数组关系密切,编程时可以用指针代替数组下标访问数组元素,并且指针使数组的使用更为灵活、有效。当声明一个数组后,编译程序会按照数组的类型和长度为它分配内存空间,而数组名成为一个符号常量,其值就是数组在内存中的首地址。当用一个指针变量存储这个首地址时,就认为该指针指向这个数组,这样就可以通过指针运算访问数组的每个元素。

例 2-5   利用指针访问数组的方法求一个数组中所有元素之和。

```
#include <iostream.h>
void main()
{
    int a[ ]={2, 4, 6, 8, 10};
    int * pa=a;                                // 或写作 int * pa=&a[0];
    int result=0;
    for(int i=0; i<5; i++)
    {
        result+= * pa;                         // 通过指针访问数组元素
```

```
        pa++;                                   // 指针运算
    }
    cout<<"result="<<result<<'\n';
}
```

2.3.4 字符串

字符串是由零个或多个字符组成的有限序列,用于表示文本数据,如"Visual C++ "
"Hello World!"。C++ 语言没有直接提供字符串数据类型,字符串变量是作为一维字符
数组来处理的。为了方便运算,字符串末尾应该加上一个字符串结束符"\0",但"\0"不是
字符串的有效字符,求字符串的长度时不包括它。

对于字符串常量,编译时 C++ 编译程序自动在字符串的末尾加上字符"\0",因此,可
以直接用一个字符串常量来初始化一个字符数组,如下所示:

```
char s[ ]={"Hello"};                            // 或 char s[ ]="Hello";
```

经过上述初始化后,字符数组中每个元素的初始值如下:s[0]='H',s[1]='e', s[2]='l',
s[3]= 'l',s[4]='o',s[5]='\0'。该字符数组长度为 6,但字符串长度为 5。

由于双引号用作字符串的界限符,所以在字符串中必须以转义字符"\""表示双引号。
例如:"Please enter \"good\"",编译器将这个字符串解释为 Please enter "good"。

既然字符串实际上是一个字符数组,而又可以通过指针使用数组,因此,同样可以通
过指针来使用字符串。上面的字符串初始化语句可改写为

```
char * ps="Hello";                              // 区别:s是字符数组,ps是字符指针
```

例 2-6 键盘输入一个字符串,计算字符串的长度并在屏幕上输出。

```
#include <iostream.h>
void main(void)
{
    char * pStr1="Enter a string:";            // 使用字符指针
    char * pStr2="The length of string is:";
    char str[100];                             // 使用字符数组
    cout<<pStr1;                               // 显示输入提示串"Enter a string:"
    cin>>str;                                  // 输入字符串
    int length=0;
    while(str[length]!=0)                      // 计算字符串长度
        length++;
    cout<<pStr2<<length<<'\n';                 // 输出结果
}
```

利用数组存储字符串,在执行连接、复制和比较等操作时很不方便。并且,当字符串实际长度大于所分配的空间时,会产生数组下标越界的错误。为此,标准 C++ 类库预定义了 string 字符串类。string 类封装了字符串的属性,并提供了访问串属性的函数,因此,可以把 string 类看成是一种数据类型。string 作为一个类,其提供的成员函数足以完成大多数字符串处理功能。利用 string 可以直接声明字符串变量,并能进行字符串赋值、相加、比较、查找、插入、删除和取子串等操作。注意,使用 string 类时必须包含头文件string,并使用命名空间 std(见 2.6.4 节)。

例 2-7　string 类的使用。

```cpp
#include <iostream>
#include <string>                          // 使用 string 类时须包含这个文件
using namespace std;                       // 必须使用命名空间 std
int main()
{
    string str1;
    cout<<"input str1: ";
    cin>>str1;
    cout<<"length of str1: "<<str1.size()<<endl;  // 求字符串的长度
    for(int i=0; i<str1.size(); ++i)       // 遍历字符串
        cout<<str1[i]<<' ';
    cout<<endl;
    string str2="Visual", str3="C++";
    str2.append(1, ' ');                   // 在字符串结尾添加 1 个空格
    str2=str2+str3;                        // 连接两个字符串,或写作 str2.append(str3);
    cout<<str2<<endl;
    string str4="I am a student", str5="student", str6="teacher";
    if(str4.find(str5)!=-1)                // 判断字符串是否包含子串
        cout<<"find "<<str5<<endl;
    if(str4.find(str6)==-1)
        cout<<"not find  "<<str6<<endl;
    str5.swap(str6);                       // 交换字符串
    cout<<"str5: "<<str5<<endl;
    cout<<"str6: "<<str6<<endl;
    return 0;
}
```

程序运行的结果如下(黑体的 abcdefgh 为键盘输入的字符串):

input str1:**abcdefgh**

```
length of str1:8
a b c d e f g h
Visual C++
find student
not find teacher
str5:teacher
str6:student
```

微软基础类 MFC 提供了一个用于 Windows 编程的字符串类 CString,在第 4 章中可以看到 CString 类的使用方法。MFC 的 CString 类在功能上类似于标准 C++ 的 string 类,利用 CString 类也可以直接进行字符串的赋值、连接、比较和输出等操作。

2.3.5 const 常量类型

const 常量类型用来表示一个"常值变量",即值不能被改变的变量,有些编译器还为 const 变量分配存储空间。声明一个 const 变量只需加上关键字 const,const 可以放在类型说明符前面,也可以放在类型说明符后面。const 一般用来修饰简单数据类型。

const 变量与用 #define 宏定义的符号常量有很大区别,比较下面两条语句:

```
#define size 20                     // 结尾不加分号";"
const int size=20;                  // 结尾加分号";",或写作 int const size=20;
```

对于宏定义指令 #define,编译器在编译预处理时只做文本替换(将标识符 size 替换为 20)而不做类型检查,所以替换后可能产生一些副作用。而使用 const 声明,编译器替换变量 size 时会进行严格的类型检查,只有当 size 是 int 型变量时才做替换。

声明 const 变量时必须进行初始化,所表示的常量值只在其作用域内有效。一旦变量被声明为常值变量,编译器将禁止任何试图修改该变量的操作。如果知道一个变量赋初值后在生命周期里其值不变,将变量声明为 const 型是程序设计的好习惯。如在例 2-8 中,用常值变量作为数组的长度。此外,还可以声明 const 常数组。

例 2-8 常值变量和常数组的使用。

```
void main(void)
{
    const int size=20;              // 声明一个常值变量
    int a[size];                    // 使用常值变量作为数组的长度
    const int b[4]={1, 2, 3, 4};    // 声明一个常数组,或写作 int const b[5]={1, 2, 3, 4, 5};
    size=100;                       // 错误:非法修改常值变量
    size++;                         // 错误:非法修改常值变量
    b[0]=10;                        // 错误:非法修改常数组元素
}
```

const 可以用来修饰指针,但值得注意的是,使用 const 修饰指针时,const 放在不同的位置有完全不同的作用。const 放在指针类型说明符之前表示声明一个指向常值变量的指针(如例 2-9 中的 cptr1,称为常值变量指针),该种指针不允许修改指针所指变量的值,但可以修改指针本身。const 放在指针类型说明符之后表示指针本身是 const 型(如例 2-9 中的 cptr2,称为常指针),该种指针允许修改指针所指变量的值,但不可以修改指针本身。第一类指针可以指向常值变量或普通变量,而第二类指针(常指针)不能指向常值变量,只能指向普通变量。下面的例子说明了两者之间的区别。

例 2-9 常指针和常值变量指针的区别。

```
void main(void)
{
    double arr[5]={1.1, 1.2, 1.3, 1.4, 1.5};
    const double x=12.78;              // 声明一个常值变量
    double * ptr=&x;                   // 错误:普通指针不能指向常值变量
    const double * cptr1=&x;           // 声明一个常值变量指针
    double * const cptr2=arr;          // 声明一个常指针,只能指向普通变量
    double * const cptr3=&x;           // 错误:常指针不能指向常值变量
    cptr1=arr;                         // 常值变量指针可以指向普通变量
    cptr1++;                           // 可以修改常值变量指针
    (* cptr1)++;                       // 错误:不能修改常值变量指针所指的变量
    (* cptr2)++;                       // 可以修改常指针所指的变量
    cptr2++;                           // 错误:不能修改常指针
}
```

在例 2-9 中,如果把常值变量 x 的地址赋值给指针 ptr,由于一般编译器不能跟踪指针 ptr 动态所指的对象,程序可能会通过指针 ptr 去间接修改常值变量 x。因此,C++ 不允许将一个非常值变量指针指向一个常值变量。如果要声明一个指向常值变量的指针,必须将该指针声明为常值变量指针,不能声明为普通指针或常指针。

由于常值变量指针具有限制修改所指变量的特性,常值变量指针通常用来作为函数的参数,从而保证函数不会修改参数。例如,以下函数定义就限制了在函数中修改两个参数 str1 和 str2 所接收的字符串,防止了人为的修改错误。

```
int strcmp(const char * str1, const char * str2);
```

更简单和最常用的方法是,直接使用 const 常值变量限制对函数参数的随意修改。使用 const 声明的函数参数是常参数,说明在函数中不能修改该参数。例如,以下函数的参数 b 使用了 const 声明,因此不允许在函数中修改参数 b。

```
float MyFun(const float b)
```

```
{
    return b * b * b;                    // 如果写成 b=b * b * b;则非法
}
```

可以使用 const 限制对函数返回值进行修改。如果函数返回值类型为 int、double 等基本数据类型,返回值使用 const 声明没有什么意义。但如果函数返回一个指针或引用,使用 const 修饰返回值表示调用函数时不能用返回值来改变返回值所指或所引用的变量,如例 2-10 所示。const 还可用来修饰对象或成员,相关内容参见 3.6 节。

例 2-10　函数 FunA()的返回值使用了 const 声明,因此调用 FunA()函数时不能通过函数返回值来改变它所指变量 x 的值。

```
const int * FunA()
{
    static int x=1;
    ++x;
    return &x;
}
void main()
{
    int y;
    y= * FunA();                          // 合法,将值 x 赋值给 y
    * FunA()=2;                           // 非法,不能改变一个常量类型的值
}
```

2.3.6　结构体

结构体(structure)也是一种构造类型,是由多个相关的数据成分(数据项)组合而成的数据类型,其中的数据项可以是不同的数据类型。例如,一个职员的信息(文件记录)可能由 ID 号、姓名、性别、部门、出生日期、参加工作时间和工资等数据项组成,对于此类由多个相关数据项共同表示的信息,C/C++采用结构体来定义。结构体可以作为数组的数据类型。结构体还可以与指针结合在一起使用,用来设计链表,具体方法请参考 C 语言的相关教材。

结构体中的每个数据项称为成员,成员的类型可以是基本数据类型,也可以是诸如结构体一类的构造类型。区别以前所介绍过的数据类型,结构体的具体构成需要程序员自己定义,即定义一个结构体(类型)。结构体定义的一般形式如下:

```
struct  <结构体名>{
    <数据类型>  <成员 1>;
    <数据类型>  <成员 2>;
```

```
    ⋮
    <数据类型>    <成员 n>;
};
```

例如,下面定义了一个表示职员信息的结构体类型 staffer:

```
struct staffer {
    int ID;
    char name[20];
    bool sex;
    float salary;
};                                          // 注意:最后的分号不能省略
```

定义了结构体后,就可以利用定义的结构体声明结构体变量,其方法如同声明基本数据类型的变量一样。结构体变量的声明形式如下:

<结构体名>   <结构体变量名>;

例如,以下语句利用前面定义的结构体 staffer 声明了一个结构体变量 employee。

```
staffer employee;
```

也可以在定义结构体的同时声明结构体变量,形式如下:

```
struct staffer {
    ⋮
} employee;
```

结构体是一种数据类型,不是一个变量,因此不能在定义结构体时对成员进行初始化,只能在声明一个结构体变量时才可以对该结构体变量的成员进行初始化。结构体变量的初始化方法如下所示:

```
staffer employee1={110105, "LiMing", 1, 3809.80 };
```

结构体变量是一种构造类型的变量,结构体变量的使用包括整个结构体变量的使用和其成员的使用。作为变量,整个结构体变量可以进行赋值运算,也可以作为函数参数和函数返回值。结构体变量成员的使用与同类型的简单变量完全一样,但必须使用成员运算符"."说明是哪一个结构体变量的成员。结构体变量成员使用的形式如下:

<结构体变量名>.<成员名>

以下给出了结构体变量及其成员的几种使用方法:

```
employee1=employee2;                    // 使用整个结构体变量
employee1.ID=110105;                    // 使用结构体成员
```

```
strcpy(employee1.name, "WangPing");     // 使用结构体成员
employee1.salary +=500;                 // 使用结构体成员
```

与普通变量一样,可以声明一个指向结构体变量的指针。结构体变量的指针的声明、赋值和使用规则与普通指针变量一样。如果声明了一个结构体变量的指针,可以通过使用指向运算符->访问结构体成员,其使用的形式如下:

<结构体变量指针>-><成员名>

以下给出了通过指向运算符->访问结构体成员的方法。

```
staffer * pStaff=&employee1;           // 声明结构体变量的指针
pStaff ->ID=110105;                    // 使用结构体成员
```

例 2-11　利用结构体编程,计算一个学生 4 门课的平均分数。

```
#include <iostream.h>
struct student{                         // 定义结构体
    char   name[20];
    int    score[4];
    int    average;
};
void main(void)
{
    student stu;                        // 声明结构体变量
    int i, sum=0;
    cout<<"Enter name:";
    cin>>stu.name;                      // 输入姓名
    cout<<"Enter four scores :";
    for(i=0; i<4; i++)
        cin>>stu.score[i];              // 输入 4 门课分数
    for(i=0; i<4; i++)
        sum+=stu.score[i];              // 计算平均分数
    stu.average=sum/4;
    cout<< "The average score of "<<stu.name<<" is:"<<stu.average<<'\n';
                                        // 输出结果
}
```

C++ 对 C 语言的结构体类型作了扩展,结构体除了包含数据成员外,还可以包含成员函数。因此,C++ 的结构体也具有类的功能。但值得注意的是,与 class 不同,struct 的成员函数默认的访问权限为 public,而不是 private。类的定义和使用在第 3 章中介绍,因此这里不再对 C++ 结构体的扩展定义和使用进行介绍。

2.3.7 枚举

枚举(enum)类型也是一种用户自定义的构造类型,是一个由若干个符号常量组成的集合。所谓枚举,是指在定义枚举类型的同时就一一列举出该种枚举类型变量所有可能的取值。枚举类型定义的一般形式如下:

enum <枚举类型名>{ <枚举常量列表>};

枚举常量是 C++ 标识符,每一个枚举常量对应一个整数值,第 1 个常量值为 0,第 2 个常量值为 1,以此类推。以下定义了一个表示颜色的枚举类型 Color:

```
enum Color{Red, Green, Blue};
```

定义枚举类型后,就可用来声明枚举型变量,以下声明了枚举型变量 MyColor:

```
Color MyColor;
```

可以在定义枚举时直接声明枚举变量,如下所示:

```
enum {Red, Green, Blue} color1, color2;
```

声明了枚举型变量,就可以将定义枚举类型时所列举的任何一个常量赋值给枚举型变量(注意,不能为枚举型变量赋一个集合之外的值)。例如:

```
MyColor =Green;                        // 如果写成 MyColor =Black;则非法
```

在定义枚举类型时,可以为枚举常量指定其对应的整数值,例如:

```
enum weather {windy=2, rainy=-1, cloudy=1, sunny=3 };
```

2.3.8 typedef 类型定义

利用 typedef 语句定义类型是指为已有的数据类型取一个别名,而不是真正定义一个新的数据类型。typedef 语句的使用形式如下:

typedef <数据类型> <类型别名>;

其中,<数据类型>可以是简单的数据类型,如 int、float 和 char 等,也可以是诸如结构体、枚举等组合数据类型。<类型别名>是程序员自定义的数据类型名。定义的别名一般具有一定的意义,便于用户理解和记忆。以下是 typedef 语句的使用举例。

```
typedef int INT32;               // 将 int 定义为 INT32
typedef unsigned int UINT;       // 将 unsigned int 定义为 UINT
typedef char * PCHAR;            // 定义字符串指针类型 PCHAR
```

```
typedef int MyIntArray[100];        // 定义一个长度为 100 的 int 型数组 MyIntArray
typedef struct tagDate {            // 将结构 tagDate 定义为 DATE
    int year;
    int month;
    int day;
} DATE;
```

新定义的数据类型如上面的 INT32、UINT、PCHAR 和 DATE(一般用大写字母)与 int、unsigned int、* char、int[100]和 struct tagDate 完全一样,以后可以用它们进行变量的声明。例如:

```
INT32 i = 0;                        // 等价于 int i=0;
UINT i, j, k;                       // 等价于 unsigned int i, j, k;
PCHAR pa, pb;                       // 等价于 char * pa, * pb;,区别于 char * pa, pb;
MyIntArray a;                       // 等价于 int a[100];
DATE Today={2012, 03, 15};          // 等价于 struct tagDate Today={2012, 03, 15};
```

使用 typedef 语句的目的有两个,一是为了移植程序,二是为了增加程序的可读性。

2.4 控制语句

C++ 程序语句主要包括声明语句和执行语句。声明语句用于声明变量和函数,执行语句分为两类:表示计算机运行的语句(如赋值语句、表达式语句、函数调用语句)和控制程序执行顺序的控制语句。按照结构化程序设计的观点,任何程序逻辑都可以通过顺序结构、选择结构和循环结构 3 种控制结构来实现。顺序结构是指按照语句的编写顺序一条一条地顺序执行;选择结构是指根据某个条件来决定执行哪些语句;循环结构是指根据条件重复执行某些语句若干次。C++ 提供了多种不同形式的控制语句。

2.4.1 选择语句

选择语句又称为分支语句,通过对给定的条件进行判断,从而决定执行哪个分支,实现程序的选择结构。C++ 提供了两种选择语句,即 if 语句和 switch 语句。

1. if 语句

if 语句有多种形式,其一般形式如下:

if(<表达式>)
    <语句 1>
else

<语句 2>

如果<表达式>的值为真(非 0),则执行<语句 1>,否则执行<语句 2>。其中的语句可以是用"{}"括起来的语句块。<语句 2>可以为空,此时可以省略 else。

一般形式的 if 语句用于实现双分支结构,可以使用 if 语句的组合形式实现多分支结构。下面给出了 if 语句的两种组合形式,其中第二种形式是 if 语句的嵌套形式。

(1) if 语句的平行形式如下:

```
if(<表达式 1>)
    <语句 1>
else if(<表达式 2>)
    <语句 2>
else if(<表达式 3>)
    <语句 3>
     ⋮
else if(<表达式 n>)
    <语句 n>
else
    <语句 n+1>
```

(2) if 语句的嵌套形式如下:

```
if(<表达式 1>)
    if(<表达式 2>)
        <语句 1>
    else
        <语句 2>
else
    if(<表达式 3>)
        <语句 3>
    else
        <语句 4>
```

例 2-12 输入一个学生三门课的成绩,计算其平均值,并根据其值输出评语。

```
#include <iostream.h>
void main()
{
    int math, chem, phy, ave;
    cout<<"Enter the scores:";
    cin>>math>>chem>>phy;
    ave= (math +chem +phy) / 3.0 +0.5;        // 0.5用于四舍五入
    if (ave>=90)                              // 使用 if-else if 语句
```

```
        cout<<"Excellent"<<'\n';
    else if(ave>=60 && ave<90)
        cout<<"Pass"<<'\n';
    else
        cout<<"Fail"<<'\n';
}
```

2. switch 语句

当程序执行流程是根据一个表达式多个可能的值而去执行多个不同的分支结构时，可以使用 switch 语句。switch 语句又称开关语句，非常适合于从一组互斥的条件分支中选择一个分支执行。switch 语句的一般形式如下：

```
switch(<表达式>)
{
    case  <常量1>:
        <语句1>
        break;
    case  <常量2>:
        <语句2>
        break;
     ⋮
    case  <常量n>:
        <语句n>
        break;
    default:
        <语句n+1>;
}
```

执行 switch 语句时，将<表达式>的值逐个与 case 子句中的<常量>进行比较，当某个常量与表达式的值相等时，就执行该 case 子句中的语句（可以是多条语句，且不必用"｛｝"括起来），直到遇到 break 语句（break 是转移语句，见 2.4.3 节）或到达 switch 语句末尾时退出 switch 结构。如果表达式不等于任何 case 子句常量的值，则执行 default 后的语句。default 语句可省略，此时如果没有匹配的常量则不执行任何语句。在 switch 语句中，表达式与常量的数据类型必须一致，且只能是字符型、整型或枚举型。

例 2-13　从键盘输入一个表示 5 分制成绩（A、B、C、D、E）的字符，如果成绩为 A～D，则输出"合格"，否则输出"不合格"。

```
#include <iostream.h>
void main()
```

```
{
    char ch;
    cout<<"请输入成绩:";
    cin>>ch;
    switch(ch)
    {
        case 'A':
        case 'B':
        case 'C':
        case 'D':
            cout<<"合格!"<<endl;
            break;
        case 'E':
            cout<<"不合格!"<<endl;
            break;
        default:
            cout<<"输入不正确"<<endl;
    }
}
```

2.4.2 循环语句

在编程解决实际问题时,常常需要进行一些有规律性的重复操作,在程序中需要多次重复执行某些语句。对于这类需要重复执行某些语句的程序,循环结构是必不可少的。特别是在语句执行次数未知的情况下,只能采用循环结构。C++ 提供了 3 种用于实现循环结构的循环语句,分别是 for 语句、while 语句和 do-while 语句。这 3 种循环语句主要由循环体和循环条件构成,重复执行的程序段称为循环体,循环语句根据循环条件判断是否执行循环体。下面介绍这 3 种循环语句的一般语法形式。

(1) for 语句的一般形式如下:

for(<表达式 1>;<表达式 2>;<表达式 3>)
    <语句>

式中,<表达式 2>是循环条件表达式,其值为真时执行循环,为假时终止循环。具体执行过程是:先对<表达式 1>求值(整个过程仅求值一次),然后对<表达式 2>求值,如果<表达式 2>为真,执行循环体<语句>,最后对<表达式 3>求值。每执行一次循环后再对<表达式 2>求值,以决定是否进行下次循环。

编程时,<表达式 1>常用于设置进入 for 循环时的初始状态,<表达式 3>常用于改变某些变量的值,以便使<表达式 2>的值为假,使 for 循环能够结束。

（2）while 语句的一般形式如下：

while(<表达式>)
　　<语句>

其中，<表达式>是循环条件表达式，为真时执行循环体<语句>，为假时结束循环。

（3）do-while 语句的一般形式如下：

do
　　<语句>
while(<表达式>);

do-while 语句与 while 语句功能类似，只是循环条件的判断是在循环语句的末尾，即 do-while 语句先执行循环体<语句>，然后再对<表达式>求值并判断。注意，do-while 语句的循环体至少执行一次，而 while 语句的循环体可能一次也不执行。do-while 语句一般很少用，因为 do-while 语句完全可以为 while 语句所取代，但反之则不然。

例 2-14　利用 for 语句编程，显示一个摄氏温度和华氏温度的对照表，摄氏温度 C 和华氏温度 F 的转换公式是：$C=5/9\times(F-32)$。

```
#include <iostream.h>
void main()
{
    float degCel;
    int degFahr;
    for(degFahr=0; degFahr<=300; degFahr+=10)
                                    // 从华氏零度到300度每隔10度显示一项
    {
        degCel= (5.0/9.0) * (degFahr-32.0);
        cout<<"Fahrenheit:"<<degFahr<<"\t\tCelsius:"<<degCel<<endl;
    }
}
```

在 for 循环后面的圆括号内可以声明变量，还可使用逗号表达式，如下所示：

```
for (int i=0, j=0; i<100; i++, j+=5)
    cout<<i<<'\t'<<j<<'\n';
```

在实际使用中，组成 for 循环的表达式可以部分或全部省略。例如，下面的程序不断读入整数，直到遇到一个大于零的整数为止。

```
int n=-1;
for (  ; n<=0;  )
```

```
cin>>n;
```

例 2-15　利用 while 语句编程,程序要求用户输入字符 Y 或 N,并给出对应的提示信息。如果输入其他字符,程序显示一条出错信息,并要求用户重新进行输入。

```
#include <iostream.h>
void main()
{
    char response;
    cout<<"Are you feeling better about programming? (Y or N):";
    cin>>response;
    while (response !='Y' && response !='N' && response !='y' && response !='n')
    {   // 输入的字符不是 Y、y 和 N、n
        cout<<"Error: you entered an incorrect letter."<<endl;
        cout<<"Enter only 'Y' or 'N':";
        cin>>response;                        // 重新输入
    }
    if (response=='Y' || response=='y')       // 输入的字符是 Y、y
        cout<<"I'm glad."<<endl;
    else                                      // 输入的字符是 N、n
        cout<<"Keep trying."<<endl;
}
```

比较 while 语句和 for 语句可以看到,while 语句结构简单,由循环条件和循环体构成,循环变量的初始化是在 while 语句之前进行的;for 语句由 3 个表达式和循环体组成,循环变量的初始化是在<表达式 1>中进行的。在 while 语句中,使循环结束的语句包含在循环体内,而 for 语句则是由<表达式 3>完成的。for 语句有多种特殊形式,for 语句括号内的表达式可以省略,也可以由多个逗号表达式组成,还可以将循环体的一些语句放在<表达式 3>中(以逗号表达式的形式)。

通常情况下,while 语句和 for 语句是相互通用的,可以相互转换。同一个问题,既可以用 while 语句解决,也可以用 for 语句解决。但为了简洁明了地解决循环问题,在不同的情况下应该选择合适的循环语句。一般而言,for 循环语句主要适用于循环次数已知的情况,while 语句适用于循环条件确定但循环次数未知的情况。

例 2-16　画出 for 语句的流程图,并转换为 while 语句。

for 语句的流程图如图 2-2(a)所示,图 2-2(b)是对应的 while 语句。

一个循环的循环体中有另一个循环叫循环嵌套。这种嵌套过程可以有很多重。一个循环外面仅包围一层循环叫二重循环;一个循环外面包围两层循环叫三重循环;一个循环外面包围多层循环叫多重循环。3 种循环语句 for、while 和 do-while 可以互相嵌套自由

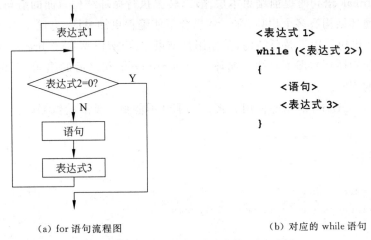

(a) for 语句流程图　　　　　　　　　　(b) 对应的 while 语句

图 2-2　for 语句流程图及对应的 while 语句

组合。但要注意的是,各循环必须完整,相互之间绝不允许交叉。

例 2-17　嵌套循环语句的使用。编写程序,输出 2～100 的所有素数。

```
#include <iostream.h>
#include <math.h>
void main()
{
    int n=2, i, tag;
    cout<<n<<' ';                        // 2 是最小的素数
    for(n=3; n<=100; n+=2)               // 除 2 以外的偶数都不是素数
    {
        tag=0;
        for(i=2; tag==0 && i<sqrt(n); i++)
                                         // 判断 i 是否是素数,只要判断到 i 的平方根即可
            if(n%i==0) tag=1;            // i 不是素数,标志 tag 置为 1,提前结束内层循环
        if(tag==0) cout<<n<<' ';        // i 是素数,输出一个素数
    }
}
```

2.4.3 转移语句

转移语句的作用是改变程序的顺序执行流程,将程序执行流程转移到程序其他地方。C++ 转移语句包括 break、continue、return 和 goto 语句。

break 语句可用在 switch 多分支结构和循环结构中。在 switch 结构中,break 语句用于跳出 switch 结构(如例 2-13 所示)。在循环结构中,break 语句用于跳出当前循环,

即程序遇到 break 语句时提前结束本层循环,转去执行循环结构后面的语句。使用 break 语句可以让循环结构有多个出口,在一些场合下使编程更加灵活、方便。

continue 语句只用于循环结构,其作用是结束本次循环(区别于 break 语句,continue 并不跳出当前层循环),即不再执行循环体中 continue 语句之后的语句,而直接转入下一次循环条件的判断。

例 2-18 continue 语句的使用。将 10~100 不能被 3 整除的数输出。

```cpp
#include <iostream.h>
void main()
{
    int number, count=0;
    for(int number=10; number<=100; number++)
    {
        if(number %3 ==0) continue;        // 转到下一次循环
        cout<<number<<'\t';                // 显示能被 3 整除的数
        cout++;
        if(count %5 ==0) cout<<endl;       // 一行输出 5 个数
    }
    cout<<"All Done!"<<endl;
}
```

goto 语句是无条件转移语句,用于将程序流程转移到指定的标号处。goto 语句在一定程度上造成了程序流程的混乱,破坏了程序结构,降低了目标代码效率,不利于程序的阅读和调试,应该尽量少用。在 C++ 程序中限制了 goto 语句的使用范围,规定转向的目标语句与 goto 语句只能在一个函数体内。

2.5 函数

函数是结构化程序设计"自顶向下、逐步求精"思想的具体体现。函数是组成程序的基本功能单元,一个复杂的程序经常被分解为若干个相对独立且功能单一的子程序即函数进行设计。函数编写好以后,就可以反复使用,例如,C++ 系统函数库提供了几百个完成不同功能的函数,编程时可以直接拿来使用。函数的使用极大地方便了程序的编写、阅读、修改和调试。

2.5.1 函数的定义

与 C 程序一样,C++ 程序由函数组成,即使最简单的 C++ 程序也至少有一个 main 主函数。因此,C++ 程序设计的主要任务就是编写函数。使用一个函数之前,首先要定义该函数。所谓函数的定义,就是编写实现特定功能的函数代码。

函数定义的内容主要包括函数的名称、函数的类型、形参说明和函数体(完成函数功能的语句序列),其一般形式如下:

```
[<存储类型>]   <函数类型>   <函数名>(<形参表>)
{
    <函数体>
}
```

<函数类型>指定了函数返回值的类型,返回值是通过 return 语句返回的,函数类型必须与 return 语句返回值的类型一致。如果函数没有返回值,则函数类型应指定为 void 类型。如果不指定函数类型,则其默认类型为 int 型。

<函数名>是要定义的函数的名称,取名规则必须符合标识符语法要求。<形参表>是一个用逗号分隔的变量声明列表,这些变量称为函数的形参(formal parameter),表示将被函数访问的入口参数。真正执行函数时,形参(形式参数)将被实参(actual parameter,实际参数)所取代。函数如果没有形参,形参表可以为空,或用 void 表示。

花括号内的<函数体>由一系列语句组成,用于实现函数的具体功能。注意,与 C 语言一样,C++ 不允许嵌套定义函数,即将一个函数定义放在另一个函数的函数体内。

一般不指定<存储类型>,除非需要将函数定义为 static 静态函数(内部函数,见 2.6.5 节),不指定<存储类型>时默认为 extern 外部函数。

例 2-19　定义函数 sum(),对两个形参求和。

```
int sum(int x, int y)
{
    return x+y;                          // x+y 作为函数的返回值
}
```

2.5.2　函数的调用和参数传递

所谓函数的调用(call)是指执行一个函数的函数体代码。函数定义后并不被执行,只有当定义的函数被调用时,程序才转去执行函数。除了 main 主函数由系统自动调用外,其他函数都是被别的函数通过函数调用语句所调用。调用某个函数的函数称为主调函数,被调用的函数称为被调函数。函数调用的语法形式如下:

<函数名>(实参 1,实参 2,…,实参 n)

函数调用通过赋予形参实际的参数值(实参),从而完成对实际数据的处理。例如,以下是对例题 2-19 中函数 sum()的调用语句。

```
c=sum(a, b);                              // 求实参 a、b 之和,结果存放于 c 中
```

有返回值的函数结尾都有 return 语句,其作用是结束函数调用,将程序的执行流程返回到主调函数,并把 return 语句中表达式的值返回给主调函数。没有返回值的函数可以没有 return 语句,执行完函数最后一条语句也自动返回到主调函数。值得说明的是,很多标准 C++ 的编译器都不支持不带返回值的主函数 void main(),如果使用了不带返回值的主函数,有些编译器通不过语法检查,有些给出警告提示。如果想让程序具有很好的可移植性,主函数要带 int 型返回值: int main()。

当执行函数调用语句时,中断当前函数(主调函数)的执行,将程序的执行流程转移到被调用函数,并将实参传递给形参。实参是一个实际的参数值,可以是常量、变量或表达式。实参与形参类型要匹配,允许进行隐式类型转换。

例 2-20 函数的定义和调用,通过函数调用求 5!+4!。

```
#include<iostream.h>
int factorial(int n)                      // 函数的定义
{
    int a=1, i;
    for(i=1; i<=n; i++)
        a=a * i;
    return a;
}
int main()
{
    int a;
    a=factorial(5) +factorial(4);         // 函数的调用
    cout<<"5! +4!="<<a<<endl;
    return 0;
}
```

C++ 函数的参数传递方式有以下 3 种: 值传递、按地址传递和引用传递。值传递是最简单的参数传递方式,是一种单向的参数传递方式,即只把实参的值传递给形参,形参值的变化不会影响实参,实参的值在函数调用后不发生变化。

例 2-21 函数调用采用值传递,调用函数后,实参 a、b 的值没有发生改变。

```
#include <iostream.h>
void swap(int x, int y)                   // 函数定义
{
    int temp=x;                           // 交换形参 x 和 y
    x=y;
```

```
        y=temp;
    }
    void main()
    {
        int a=20, b=40;
        cout<<"before swap:"<<endl;
        cout<<"a="<<a<<", b="<<b<<endl;        // 函数调用前输出 a 和 b
        swap(a, b);                             // 函数调用
        cout<<"after swap:"<<endl;
        cout<<"a="<<a<<", b="<<b<<endl;        // 函数调用后输出 a 和 b
    }
```

程序的输出结果如下：

```
before swap:
a=20, b=40
after swap:
a=20, b=40
```

如果希望通过被调函数改变主调函数中实参的值，可以采用按地址传递或引用传递方式。采用按地址传递方式时，函数定义时以指针作为函数的形参，函数调用的实参必须是指针变量或变量的地址。引用作为函数参数的内容参见 2.5.6 节。

例 2-22 函数调用采用按地址传递。修改例 2-21，以指针作为函数的参数。

```
#include<iostream.h>
void swap(int *, int *);                      // 函数声明
void main()
{
    int a=20, b=40;
    swap(&a, &b);                             // 地址作为函数实参
    cout<<"a="<<a<<", b="<<b<<endl;
}
void swap(int * px, int * py)                 // 指针作为函数形参
{
    int temp=* px;                            // * px 表示 px 所指单元的内容
    * px=* py;
    * py=temp;
}
```

区别于例 2-21，本例中形参的任何变化都将传递给实参，程序的输出结果如下：

```
a=40,b=20
```

采用数组作为函数参数属于按地址传递方式,此时以指数组或数组指针作为函数的形参,数组名或数组首元素的地址作为函数调用的实参。这种参数传递方式的实质是形参和实参共用内存中的同一个数组。

例 2-23 利用数组作为函数参数,求 n 个学生某门课的平均成绩。

```
#include <iostream.h>
float average(float array[], int n)          // 数组作为函数的形参
{
    float aver, sum=0;
    for(int i=0; i<n; i++)
        sum=sum+array[i];
    aver=sum/n;
    return aver;
}
void main()
{
    float score1[5]={88, 95, 75, 80, 65};
    float score2[10]={88, 95, 75, 80, 65, 90, 85, 70, 60, 78};
    cout<<"the average of score1 is: "<<average(score1, 5)<<endl;
                                        // 数组名作为实参
    cout<<"the average of score2 is: "<<average(score2, 10)<<endl;
}
```

2.5.3 函数的声明

C++ 允许函数调用在前,函数定义在后,但此时要求在函数调用前必须先进行函数的声明(function declaration)。函数声明的作用是把函数名、函数类型和形参的类型告诉编译系统,以便在调用函数时按此进行语法检查。函数声明也称为函数原型,函数声明与函数定义的函数头基本相同,注意结尾要加一个分号。

函数声明的一般形式如下:

[<存储类型>] <数据类型> <函数名>(形参表);

函数声明也可以不写形参名,只写参数类型。以下给出了两种函数声明方式:

```
void swap(int* px, int* py);               // 写出参数类型和参数名
void swap(int*, int*);                     // 只写出参数类型
```

当进行多个文件的编译时,通常的做法是将所有的函数声明语句放在一个头文件中,然后在需要调用函数的源程序文件中使用 #include 预编译指令包含相应的头文件,而不

必在程序中直接进行函数声明,这样也保证了函数声明的一致性。

2.5.4 内联函数

在调用函数时,系统要进行现场处理工作,如果函数自身代码很短,则在整个函数调用过程中,附加的现场处理所占的时间开销比重会很大。若把函数体直接嵌入函数调用处,则可消除附加的现场处理时间开销,提高程序的运行效率。在 C++ 中能够定义实现上述内嵌功能的函数,这种函数称为内联(inline)函数。在程序编译阶段,编译程序就会将内联函数的调用语句替换为函数体代码,并将形参替换为实参。当然,内联函数加大了内存占用的空间开销,一般适合用来定义代码较短的函数。如果将一个结构复杂的函数定义为内联函数,反而会造成代码的膨胀,增大了系统开销。

定义一个内联函数只需在函数头前加上关键字 inline,如下例所示。

例 2-24 将例 2-19 中的函数 sum()改为内联函数。

```
inline int sum(int x , int y)              // 在函数返回值前加上关键字 inline
{
    return x+y;                            // x+y 作为函数的返回值
}
```

传统 C 语言中带参数的宏(用 #define 语句定义,见 2.7.1 节)也有类似的文本替换功能。宏是由编译预处理器进行宏替换处理,宏替换时不执行类型检查,有时会产生副作用。内联函数是真正的函数,函数体的替换是通过编译器处理实现的。内联函数与带参数的宏相比,两者的代码效率虽然一样,但内联函数有更强的语法约束性,能够让编译器检查出更多的程序错误,其使用也更安全,调试更方便。

使用内联函数必须函数定义在前,函数调用在后。并且,如果程序由多个文件组成,内联函数必须在调用该函数的每个源程序文件中定义,而出现在不同源程序文件中的内联函数,其定义必须完全相同。因此,为了保证内联函数定义的唯一性,建议把内联函数的定义放在一个头文件中,然后在每个要调用该内联函数的源文件中用 #include 指令包含该头文件。

值得说明的是,尽管内联函数有优化代码效率的特点,但也不是随便哪里都可以使用。很多编译器都不支持内联函数含有数组声明、循环语句、switch 语句和递归。此时,即使在函数头前面加上 inline 关键字也不起任何作用,函数将被作为普通函数对待。

2.5.5 函数的默认参数值

C++ 允许在进行函数声明或函数定义时给参数设置一个默认值(default)。由于函数声明放在主调函数中,因此,通常将默认值的设置放在函数声明中而不是函数定义中。在调用函数时,如果给出实参,则将实参传递给形参;如果省略了实参,则将上述默认值传递

Visual **C++**面向对象编程(第4版)

给形参。例如,下列语句声明了一个带默认参数值的函数:

```
void initialize(int USB_portNo, int state=0);
```

函数 initialize()将某个 USB 端口初始化为指定的状态。第 1 个形参 USB_portNo 表示 USB 端口的编号,第 2 个形参表示 USB 端口的状态,并带有一个默认值 0。如果调用函数时省略第 2 个实参,则把默认值 0 传递给形参,即把 USB 端口的初始化状态设为 0(表示该端口不在使用状态)。以下是该函数调用的几种方式:

```
initialize(1, 1);                          // 初始化 USB 端口 1 的状态为 1
initialize(1, 0);                          // 初始化 USB 端口 1 的状态为 0
initialize(1);                             // 等同于 initialize(1, 0)
```

如果函数有多个形参,则声明和定义函数时,必须将带默认值的形参放在参数表的右部,即在带默认值的形参的右边不能有不带默认值的形参。例如,下面 3 个函数声明语句中,第一个是正确的,而后面两个都是错误的。

```
void fun1(int w, int x=1, int y=1, int z=1);   // 正确
void fun2(int w=1, int x=2, int y=3, int z);   // 错误
void fun3(int w=1, int x=2, int y, int z=3);   // 错误
```

当编译器将实参与形参相连接时,如果只省略前面的实参,编译器将无法区分随后的实参与哪个形参相对应。因此,在调用函数时,如果省略某个实参,则该实参右边的所有实参都必须省略。例如,下面 3 个 fun1()函数的调用语句中,前面两个是正确的,而最后一个是错误的。

```
fun1(10, 3);                               // 等同于 fun1(10, 3, 1, 1);
fun1(10, 3, 5);                            // 等同于 fun1(10, 3, 5, 1);
fun1(10,   , 5);                           // 错误
```

2.5.6 引用

引用(reference)是 C++ 中独具特色的一个概念,其使用非常普遍。引用是一种特殊类型的变量,它是另一个变量的别名。声明一个引用时需要在其名称前加符号 &,并同时对引用进行初始化,即指定它所引用的对象(是哪一个变量的别名)。

声明一个引用的语法形式如下:

<数据类型> **&<引用名>=<变量名>;**

例如:

```
int ActualInt;                             // 声明变量 ActualInt
```

```
int &OtherInt=ActualInt;                      // 声明变量 ActualInt 的引用 OtherInt
```

一旦为一个变量声明一个引用,那么对这个引用(如上面的 OtherInt)的所有操作实际上都是对被引用变量(如上面的 ActualInt)的操作,反过来也如此,因为它们代表同一个变量并且占用相同的内存单元。

例 2-25 为变量 i 声明一个引用 r,在程序中分别对 r 和 i 进行运算。可以看到,当 r 变化时,i 也随之变化,反之亦然。

```
#include <iostream.h>
void main(void)
{
    int i=10;
    int &r=i;                      // r 是变量 i 的引用
    r++;                           // 同时执行 i++
    cout<<"i="<<i<<", r="<<r<<'\n';
    i=88;                          // 同时执行 r=88
    cout<<"i="<<i<<", r="<<r<<'\n';
}
```

程序的运行结果为:

```
i=11,r=11
i=88,r=88
```

引用作为一般变量使用几乎没有什么实际意义,其最大用处是用作函数形参。在 2.5.2 节中介绍了值传递和按地址传递两种参数传递方式,而引用传递与按地址传递在功能上很相像,可以通过在被调函数中改变形参来改变主调函数中的实参,但引用传递比按地址传递更简捷直观,也更好理解。简单地说,采用引用传递方式,只需在函数定义时使用引用作为形参,而在函数调用时直接使用一般变量作为实参。

例 2-26 当引用被用作函数形参时,被调函数任何对引用的修改都将影响主调函数中的实参,被调函数对引用的操作即是通过实参的别名对实参进行操作。

```
#include <iostream.h>
void swap(int&, int&);              // 函数声明
void main()
{
    int a=20, b=40;
    swap(a, b);                     // 函数形参为引用时,直接使用变量名作为函数实参
    cout<<"a="<<a<<", b="<<b<<endl;
}
```

```
void swap(int& x, int& y)              // 引用作为函数形参
{
    int temp=x;
    x=y;
    y=temp;
}
```

与例 2-22 的程序运行结果完全一样,程序的输出如下:

```
a=40,b=20
```

使用引用传递参数并没有在内存中产生实参的副本,不需要将实参复制给形参;而使用一般变量传递参数是采用值传递方式,需要给形参分配存储单元,形参是实参的副本,要把实参赋值给形参。如果传递的参数是对象,还将调用拷贝构造函数。因此,当参数传递的数据较大时,引用传递比值传递在空间和时间上效率都更高。使用指针作为函数参数虽然也能达到与使用引用相同的效果,但是,同样要给形参分配存储单元,并进行把地址赋值给指针变量的运算。

使用引用作函数参数不能保证参数在函数中不被修改,减低了数据的安全性。如果确定参数在函数中不应该被修改,又要利用引用提高程序的效率,可以使用常引用(const reference)。常引用的声明方式如下:

const　<数据类型>　&<引用名>=<变量名>;

常引用的值不能被修改,而原来的变量可以被修改,例如:

```
int a=0 ;
const int &ra=a;                // 声明一个常引用
ra=1;                           // 错误:不能修改常引用
a=1;                            // 正确:被声明的变量是普通变量,其值可以修改
```

使用常引用作为函数参数既保证了数据的安全,又改善了程序的运行效率,特别是当函数参数是对象时。例如,以下函数采用常引用作为函数参数,保证参数 a(类 A 的一个对象)在函数中不能被修改。

```
void Func(const A &a)
```

值得说明的是,对于简单数据类型的函数参数,没有必要使用常引用作参数。因为简单数据类型的参数不存在构造函数的调用过程,其赋值运算也很快,此时,函数参数的值传递和引用传递的效率几乎相当。如下形式的函数定义就没有什么实际意义,因为既达不到提高程序效率的目的,又降低了函数的可读性。

```
void Func(const int &x)
```

2.6 作用域与存储类型

作用域和存储类型是程序设计中与时间、空间相关的两个重要概念。C++ 程序中的任何变量都有自己的作用域和存储类型。作用域说明变量在程序哪个区域可用,存储类型说明变量在内存中的存储方式,决定了变量的生存期。

2.6.1 变量的作用域

变量的作用域是指变量可以被引用的区域。变量的作用域决定了变量的可见性,说明变量在程序哪个区域可用,即程序中哪些区域的语句可以使用该变量。变量的作用域与变量声明语句在程序中的位置有着直接的关系。

变量的作用域一般可以分为以下 3 种:局部作用域、全局作用域和文件作用域。具有局部作用域的变量称为局部变量(local variable),具有全局作用域和文件作用域的变量称为全局变量(global variable)。

大部分变量具有局部作用域,它们都声明在函数(包括 main 函数)的内部,因此局部变量又称为内部变量。在语句块内声明的变量仅在该语句块内部起作用,也属于局部变量。局部变量的作用域开始于变量声明之处,并在标志函数或块结束的右花括号处结束。以下的例子列出了几种不同的局部变量。

例 2-27 局部变量(包括块内声明的变量)和函数形参具有局部作用域。

```
void Myfunc(int x)
{                                    // 形参 x 的作用域开始于此
    int y=3;                         // 局部变量 y 的作用域开始于此
    {
        int z=x+y;                   // 块内局部变量 z 的作用域开始于此,x 和 y 在该语句块内可用
        …                            // 局部变量 k 的作用域不包含该块
    }                                // 局部变量 z 的作用域结束
    int k;                           // 局部变量 k 的作用域开始于此
    ⋮
}                                    // 局部变量 y、k 和形参 x 的作用域结束
```

全局变量(又称外部变量)声明在函数的外部,其作用域一般是整个程序源文件。全局作用域范围最广,甚至可以作用于组成该程序的所有源文件。当将多个独立编译的源文件链接成一个程序时,在某个源文件中声明的全局变量,在与该源文件相链接的其他源文件中也可以使用,但使用前必须进行 extern 全局声明。

例 2-28 具有全局作用域的全局变量。

```
#include <iostream.h>
int x=100, y=200;                   // 全局变量 x、y 的作用域为所有程序源文件
int add()
{
    x=x+y;                          // 在函数中使用全局变量 x、y
    return x;
}
int max()
{
    x= (x>y) ?x : y;                // 在函数中使用全局变量 x、y
    return x;
}
void main()
{
    cout<<add()<<endl;
    cin>>x>>y;                      // 在主函数中使用全局变量 x、y
    cout<<max()<<endl;
}                                   // 在当前程序源文件或其他源文件中都可使用全局变量 x、y
```

全局变量为函数之间的数据传递提供了一条简洁的通道。由于多个源程序文件中的所有函数都能使用全局变量，如果在一个函数中改变了一个全局变量的值，就会作用到使用该全局变量的其他所有函数，相当于各函数之间有了一条直接传递数据的通道。当然，这种传递方式破坏了函数的独立性，与结构化程序设计思想相悖，要慎重使用。

文件作用域是指在函数外部声明的变量只在当前文件范围内(包括该文件内所有定义的函数)可用，但在其他文件中不可用。要使变量具有文件作用域，必须在变量的声明前加上 static 关键字。当将多个独立编译的源文件链接成一个程序时，使用 static 能够避免一个文件中的全局变量由于与其他文件中的变量同名而发生冲突。在同一作用域内声明的变量不能同名，但在不同作用域内声明的变量可以同名。

例 2-29 具有文件作用域的全局变量。

```
    ⋮
static int x=100, y=200;             // 全局变量 x、y 的作用域为当前源文件
int add()
{
        ⋮
}
    ⋮
```

2.6.2　变量的存储类型

任何变量都具有数据类型和存储类型两种属性。进行完整的变量声明,除了声明代表变量运算属性的数据类型,有时还需要声明变量的存储类型,存储类型说明了变量在内存中的存储方式。程序运行时,系统除了为程序可执行代码分配内存空间,还需要为不同存储属性的变量分配不同类型的内存空间。变量的存储类型决定了 C++ 编译器为变量分配内存的方式,决定了变量的生存期。

变量的生存期和作用域是从不同的角度分析变量的属性。变量的作用域是指一个空间范围,是从代码空间的角度考虑问题。变量的生存期是从代码执行时间的角度考虑问题,即变量具有生存期。变量的生存期是指在程序执行的过程中变量从创建到被撤销的一段时间,即变量的生命周期。当系统为变量分配内存空间后,变量即开始处于生存期,如果变量所占用的内存空间被释放,这个变量就结束了生存期。

虽然变量的生存期与作用域密切相关,但两者具有完全不同的含义。作用域是指变量在源程序中的一段静态区域,而生存期是指变量在程序执行过程中存在的一段动态时间。任何变量都有自己的作用域和生存期,但有时一个变量虽然处于生存期,但却不在自己的作用域内(如例 2-32 中的 static 静态局部变量)。

例 2-30　在以下的函数 Myfunc()中,第一个声明的局部变量(x=1)在随后的语句块内虽然处于生存期,但不在作用域内,因为被语句块内同名的局部变量 x(2)屏蔽了。局部变量 x(2)和 y(2)在语句块内虽然生存,但在进入函数 FuncA()后也是不可用的。

```
void Myfunc()
{
    int x=1;
    {
        int x(2), y(2);              // 变量"x=1"失去作用域
        cout<<"x="<<x<<'\n';
        FuncA();                     // 变量 x(2)和 y(2)在进入函数后失去作用域
    }
}
```

变量的内存分配方式有以下 3 种:自动分配、静态分配和动态分配,其所占内存区域和对应的变量类型如图 2-3 所示。栈(stack)是系统为程序开辟的一块活动存储区,是按照"后进先出"的方式使用内存空间。自动分配是指在栈中为变量分配内存空间。对于自动分配内存空间的变量(即一般的局部变量),程序运行后,在变量作用域开始时由系统自动为变量分配内存,在作用域结束后即释放内存。

系统可以为每个程序开辟一个固定的静态存储区,静态分配是指在这个固定区域内

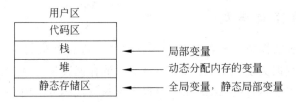

图 2-3　3种内存分配方式

为变量分配内存空间。对于静态分配内存的变量,在编译时就分配了内存地址(相对地址),在程序开始执行时变量就占用内存,直到程序结束时变量才释放内存。

动态分配是指利用一个被称为堆(heap)的内存块为变量分配内存空间,堆使用了除栈和静态存储区之外的自由存储空间。动态分配是一种完全由程序自身控制内存分配的方式。对于动态分配内存的变量,程序运行后,利用 new 运算分配内存空间,利用 delete 运算或程序运行结束释放内存。C++ 动态内存分配的方法见 2.6.6 节。

对于非动态内存分配的变量,决定变量采用哪种内存分配方式,是由声明变量时指定的存储类型和变量声明语句在程序中的位置决定的。变量的存储类型包括 auto(自动)、register(寄存器)、extern(外部)和 static(静态)4 种。在声明变量时可以指定变量的存储类型,其一般形式如下:

<存储类型>　<数据类型>　　　<变量名列表>;

例如,下列语句声明变量 a 为自动存储类型,b 和 c 为静态存储类型。

```
auto int a;                    // 声明自动变量,一般省略关键字 auto
static float b, c;             // 声明静态变量
```

register 和 auto 用于声明局部变量,register 变量存储在寄存器中,auto 变量存储在栈中,大部分变量都属于 auto 变量。extern 用于声明全局变量,static 用于声明局部变量和全局变量,extern 变量和 static 变量存储在静态存储区中。当声明变量时未指定存储类型,局部变量的存储类型默认为 auto 类型,全局变量的存储类型默认为 extern 类型。

全局变量有两种声明方式:定义性声明和引用性声明。定义性声明表示定义变量,要为变量分配内存空间。引用性声明说明该变量已在程序源文件中其他地方进行过定义性声明。全局变量的定义性声明只能放在函数的外部,引用性声明可放在函数的外部,也可放在函数的内部。extern 主要用于全局变量的引用性声明,而全局变量的定义性声明一般都不加关键字 extern。进行全局变量的 extern 引用性声明时一般不能进行初始化,除非对该全局变量进行定义性声明时没有进行初始化。

例 2-31　全局变量的使用出现在定义性声明之前需要先进行变量的引用性声明。

```
extern int b;          // 引用性声明,变量 b 的 extern 引用性声明也可放在函数 fun()中
```

```
void fun()
{
    cout<<b;                         // 输出 5
}
extern int b=5;                      // 定义性声明,一般都省略关键字 extern
    ⋮
```

当一个程序由多个源文件组成时,如果多个文件都需要使用同一个全局变量,在每个文件中都要进行全局变量的声明。若对全局变量进行定义性声明,单独编译每个源文件不会产生错误,但进行链接时会产生变量重复定义的错误。解决这个问题的方法是:在其中一个文件中进行定义性声明,而在其他文件中利用 extern 进行引用性声明。

static 静态变量可以是全局变量,也可以是局部变量。静态局部变量与全局变量的生存期相同,即其生存期从程序启动时开始直到程序结束时才终止。静态局部变量虽然只在其作用域内可以使用,但在内存中一直存在。

例 2-32　静态局部变量的使用。

```
#include <iostream.h>
void fun()
{
    static int a=5;                  // 静态变量 a 是局部变量,但具有全局变量的生存期
    a++;
    cout<<"a="<<a <<endl;
}
void main ()
{
    for ( int i =0 ; i <2; i ++)     // 静态变量 a 不在作用域内
        fun();
}
```

程序运行结果如下:

```
a=6
a=7
```

在声明静态变量时,如果没有进行初始化,则其初始化值为 0。静态全局变量的初始化是在程序开始执行主函数 main()之前完成,静态局部变量的初始化是在程序运行后第一次执行该变量声明语句时进行。

通过比较例 2-32 和例 2-29 可以看出,用 static 声明局部变量和全局变量具有不同的效果。static 静态局部变量扩大了局部变量的生存期,而 static 静态全局变量缩小了全局变量的作用域。

2.6.3 作用域限定符

从前面内容可以知道,在不同作用域内声明的变量可以同名,但如果局部变量和全局变量同名,在局部变量作用域内全局变量被局部变量屏蔽。C语言没有提供同名情况下访问全局变量的方法。在C++中,可通过使用作用域限定符(scope resolution operator)即"::"来识别与局部变量同名的全局变量。

例 2-33 在局部变量作用域内利用作用域限定符访问同名的全局变量。

```
#include <iostream.h>
int amount=123;                        // 全局变量
void main()
{
    int amount=456;                    // 局部变量
    cout<<::amount<<',';               // 输出全局变量
    cout<<amount<<',';                 // 输出局部变量
    ::amount=789;                      // 对全局变量进行赋值
    cout<<::amount<<',';               // 输出全局变量
    cout<<amount<<'\n';                // 输出局部变量
}
```

运行结果如下:

```
123,456,789,456
```

注意:作用域限定符"::"只能用来访问全局变量,而不能用来访问一个在语句块外声明的同名局部变量。

下列代码是错误的:

```
void main()
{
    int amount=123;                    // 语句块外的局部变量
    {
        int amount=456;                // 语句块内的局部变量
        ::amount=789;                  // 错误:非法访问语句块外的局部变量
        ⋮
    }
}
```

2.6.4 命名空间

在一个大型C++程序中,由于存在大量的变量、函数和类,全局性的标识符存在重名

的可能。为了避免全局标识符同名而引起的冲突,C++ 提出了命名空间(namespace)的概念。所谓命名空间,是指标识符的各种可见范围,利用命名空间可以通过创建作用范围来对全局命名空间进行分隔。如果没有命名空间,这些变量、函数和类都存在于同一个全局命名空间中,可能会由于同名问题而产生冲突。本质上来讲,一个命名空间确定了一个命名空间作用域。

命名空间是对一些成员(标识符)进行声明的一个描述性区域,在命名空间中声明的任何成员都局限于该命名空间内。命名空间声明的基本形式如下:

```
namespace <命名空间名>
{
    <变量声明>
    <函数声明>
    <类声明>
     ⋮
}
```

例如,下面声明了一个名为 NS_A 的命名空间,其中声明了两个 int 型变量 m 和 n,定义了两个函数 func1() 和 func2()。

```
namespace NS_A
{
    int m, n;
    int func1() {return m+n; }
    void func2() { cout<<func1()<<endl; }
}
```

在一个命名空间中声明的成员在该命名空间内可以被直接使用,不需要任何限定性修饰符,如上述例子中,在函数 func1() 中直接使用 m 和 n,在函数 func2() 中直接调用函数 func1()。但是,命名空间中的成员主要是在该命名空间外被使用,必须有相应的使用规则。C++ 提供两种方法,实现在命名空间外使用其中的成员。

一种方法是在成员前面加上命名空间名和作用域限定符,如下所示:

```
int main()
{
    NS_A::m=15;
    NS_A::n=20;
    NS_A::func1();
    NS_A::func2();
    return 1;
}
```

如果程序需要多次使用命名空间的成员,上述方法每次都要利用作用域限定符指定命名空间,显得有些麻烦。因此,为了更方便地使用命名空间的成员,C++ 提供了 using 语句。using 语句有以下两种使用方式:

using namespace <命名空间名>;
using <命名空间名>::<成员标识符名>;

第一种形式就是开放整个命名空间,该命名空间中的所有的成员都暴露于当前作用域中,即该命名空间中的所有成员在当前作用域下可以直接使用,不再需要使用作用域限定符。第二种形式只是让一个命名空间中指定的成员暴露于当前作用域中,即只有该成员在当前作用域下可以直接使用。下面给出了这两种形式的示例:

```
using NS_A;                      // 所有 NS_A 空间的成员当前都是可见的
using NS_A::m;                   // 只有 m 当前是可见的
using NS_A::func1;               // 只有 func1()当前是可见的
```

C++ 还支持一种匿名的命名空间,用于声明只有在当前文件中才可见的标识符。也就是说,只有在声明这个匿名命名空间的文件中,命名空间中的成员才能被使用;在其他文件中,该匿名命名空间中的成员是不能被使用的。

匿名命名空间的声明与一般命名空间的声明形式相同,只是不要指定命名空间名。例如,下面是以匿名命名空间的形式进行声明:

```
namespace                       // 匿名命名空间没有空间名称
{
    int m, n;
    int func1() {return m+n; }
    void func2() { cout<<func1()<<endl; }
}
```

使用命名空间的目的是对标识符的名称进行本地化。在 2.6.1 节曾经提到过,把全局变量的作用域限制在当前文件中的一种方法就是把该全局变量声明为 static 属性。尽管 C++ 也支持静态全局变量,但是更好的方法是使用匿名命名空间。使用匿名命名空间的成员时,不需要(也不可能)利用命名空间名来限定。

命名空间的概念引入时间较晚,在命名空间出现之前,整个 C++ 库是定义在唯一的全局命名空间中。引入命名空间后,标准 C++ 库都定义在一个名为 std 的命名空间中,这样就减少了同名冲突的可能性。

标准 C++ 库中的变量和函数都属于命名空间 std,如输入流 cin 和输出流 cout 等。如果使用语句 using namespace std,对 std 成员的引用无须再进行命名空间名限定,直接使用其中的成员,如直接使用 cin、cout。注意,为了区别以前的库,标准 C++ 库的头文件一般没有 h 后缀，如 iostream。如果不使用语句 using namespace std，并且仍然使用标准 C++ 库，就必须加上 std 命名空间限定，即 std::cin、std::cout。

例 2-34　全局变量、命名空间成员的使用。

```cpp
#include <iostream>
int i=5;                              // 全局命名空间中的全局变量
namespace NS
{
    int i, j;                         // 命名空间 NS 中的全局变量
    max(int x, int y){return x>=y?x:y;}  // 命名空间 NS 中的函数
}
int main()
{
    NS::i=6, NS::j=7;                 // 为命名空间 NS 中的全局变量 i、j 赋值
    {                                 // 语句块 { }
        using namespace NS;           // 在当前语句块中开放命名空间 NS
        j++;                          // 在当前语句块中可以直接使用命名空间 NS 中的成员
        NS::i++;                      // 区别于成员 j，因为 i 与全局命名空间的全局变量同名
        std::cout<<"i="<<NS::i<<std::endl; // 输出命名空间 NS 中的全局变量 i
        std::cout<<"j="<<j<<std::endl;     // 输出命名空间 NS 中的全局变量 j
        std::cout<<"i="<<::i<<std::endl;   // 通过作用域限定符::访问全局变量 i
        std::cout<<"max="<<max(j, NS::i)<<std::endl;
                                      // 直接调用 NS 的成员函数 max()
    }
    i++;                              // 全局变量 i++
    std::cout<<"i="<<NS::i<<std::endl; // 通过命名空间限定访问其中的成员 i
    std::cout<<"j="<<NS::j<<std::endl; // 通过命名空间限定访问其中的成员 j
    std::cout<<"i="<<i<<std::endl;     // 直接访问全局命名空间中的全局变量 i
    std::cout<<"max="<<NS::max(i, NS::i)<<std::endl;
                                      // 通过命名空间限定调用其中的函数
    return 0;
}
```

在例 2-34 中，命名空间 NS 的成员 i 与 j 有所不同，因为 NS 的成员 i 与全局变量 i 同名，访问 i 时必须进行命名空间限定。例 2-34 的运行结果如下：

```
i=7
j=8
i=5
max=8
```

```
i=7
j=8
i=6
max=7
```

从例 2-34 中还可以看出,命名空间 NS 的成员 i、j 的生命周期与全局变量 i 的生命周期完全相同,从程序运行后到程序结束前一直存在。

2.6.5 函数的存储类型

与变量类似,函数也有存储类型,不同存储类型的函数具有不同的作用域,在不同的范围为其他函数所调用。函数按其存储类型分为内部函数(static 类型)和外部函数(extern 类型)两类。内部函数只能被同一个源文件中的函数所调用,而外部函数可以被其他源文件中的函数所调用。没有定义存储类型的函数都默认为外部函数。调用外部函数前必须先进行外部函数的声明。

例 2-35 定义并调用一个外部函数。在源文件 File1.cpp 中定义函数 YourFun(),而在源文件 File2.cpp 中调用函数 YourFun()。

File1.cpp 源文件如下:

```cpp
int YourFun(int x , int y)              // 默认为外部函数(extern 类型)
{
    int temp;
    temp=x+y;
    return temp;
}
```

File2.cpp 源文件如下:

```cpp
#include  <iostream>                    // 标准 C++库头文件没有 h 后缀
using namespace std;                    // 使用标准 C++库命名空间 std
extern int YourFun(int, int);           // 外部函数声明,可省略关键字 extern
void main()
{
    int sum, a=20, b=40;
    sum=YourFun(a, b);
    cout<<"sum="<<sum<<endl;
}
```

一般都将一些外部函数的声明语句放在一个头文件中,当另一个源文件需要调用这些函数时,只需要在该源文件的开头位置用#include 编译预处理指令将上述头文件包含进来。详细内容请参看 2.7.2 节。

C/C++ 系统提供了几百个完成特定功能的库函数,同时存放在旧版本的函数库和标准 C++ 函数库中。旧版本库函数声明的头文件包括 stdlib. h(标准函数头文件,声明常用的系统函数)、iostream. h(输入输出流)、math. h(数学函数)、time. h(日期和时间函数)和 string. h(字符串函数)等,对应的标准 C++ 库函数声明的头文件是 cstdlib、iostream、cmath、ctime 和 cstring(标准 C++ 头文件 string 是定义字符串类 string 的文件,string 与 string. h 没有什么先后关系),在调用这些函数时需要首先用 ♯include 指令包含相关的头文件。

2.6.6　动态内存分配

对于程序中采用一般方式声明的变量,其所占内存空间不需要程序员自己管理,编译器在编译阶段就自动将管理这些空间的代码加入到目标文件中。程序运行后,由操作系统自动为变量分配内存单元,在变量的生存期内,变量一直占用内存单元,在生存期结束后自动释放内存单元。有些程序只能在运行时才能确定需要多少内存空间来存储数据,这时程序员就需要采用动态内存分配的方法为变量分配内存空间。

动态内存分配是指在程序运行时根据当前指令随时为存储数据分配内存空间,完全由程序自己进行内存的分配和释放。动态内存分配是在一些被称为堆的内存块中为存储数据分配内存空间。在 C 语言中,动态内存分配是通过调用标准库函数 malloc() 和 free() 等实现的。在 C++ 中除了可以继续使用这些函数,常用的方法是利用 new 和 delete 运算进行动态内存的分配和释放。

运算符 new 用于动态分配内存,其语法形式有以下 3 种:

<指针变量>=new <数据类型>
<指针变量>=new <数据类型> [<整型表达式>]
<指针变量>=new <数据类型> (<初始值>)

其中,<数据类型>可以是基本数据类型、结构体等,表示要分配与<数据类型>相匹配的内存单元;<整型表达式>是要分配内存单元的个数(以数据类型的长度为单位),表示创建一个动态数组。new 运算返回所分配内存单元的起始地址,因此需要把该返回值保存在一个指针变量中。如果分配不成功,new 运算符返回 NULL(零值),并抛出一个运行异常。动态分配内存时可以为分配的内存单元赋一个初始值。

以下是使用 new 运算符为简单变量分配内存的例子。

```
int * pNum=new int;                  // 为整型变量(其指针为 pNum)分配内存单元
float * px=new float;                // 为单精度变量(其指针为 px)分配内存单元
```

new 运算可用来创建一个动态数组,如下所示:

```
char * pBuffer=new char[256];        // 为字符串分配内存单元
```

```
int * pA=new int[size];              // 创建动态数组 pA,可从键盘输入 size 的值
student * stu=new student[num]       // 创建 student 结构体动态数组 stu
```

new 运算符所创建变量的初始值是任意的,在程序中可以通过赋值运算为创建的变量赋值。也可以在 new 运算的同时进行初始化,如下所示:

```
int * pNum=new int(100);   // * pi 单元的初始值为 100,区别:int * pNum=new int[100];
```

运算符 delete 用于释放 new 运算所分配的内存空间,其一般语法形式如下所示。其中的<指针变量>是当时通过 new 运算分配的内存单元的起始地址。

delete <指针变量>;

例如:

```
delete pNum;
```

如果要释放一个动态数组所占用的内存空间,应采用如下形式:

```
delete [ ]pA;
```

new 和 delete 必须配对使用,否则会没有释放需要释放的内存单元,或释放不应该释放的内存单元。因此,必须妥善保存 new 运算返回的指针。

虽然程序结束后操作系统都会自动释放程序和其中数据所占内存空间,但为了在程序运行期间能够重复使用有限的内存资源,防止系统产生内存泄漏,还是应该即时释放不需要的动态分配的内存单元,以便系统能够随时对该内存单元进行再分配。

例 2-36 著名的 Fibonacci 数列的定义是:$F(0)=F(1)=1,F(n)=F(n-1)+F(n-2)$。利用动态数组求 Fibonacci 数列的前 n 项。

```
#include <iostream.h>
#include <cstdlib>
void main()
{
    int * f, n;
    cout<<"Please input n=?";
    cin>>n;
    f=new int[n+1];                    // 为动态数组 f 分配 n+1 个内存单元
    if(f==0 || n<1)
    {
        cout<<"Heap Error or Input Error ! \n";
        exit(1);                       // 需要包含文件 cstdlib
    }
    f[0]=f[1]=1;
```

```
        cout<<f[0]<<endl<<f[1]<<endl;
        for(int i=2; i<=n; i++)
        {
            f[i]=f[i-2]+f[i-1];
            cout<<f[i]<<endl;
        }
        delete [ ]f;                          // 释放动态数组 f 所占的内存空间
    }
```

与 C 语言中的 malloc()和 free()函数相比,C++中的 new 和 delete 运算有很多优点。new 运算不需要进行强制类型转换,使用简单方便;new 运算通过调用构造函数初始化动态创建的对象,执行效率更高;使用 new 运算能够进行异常处理,使用更安全。

2.7　编译预处理指令

编译预处理是指在对源程序进行正式编译之前,编译预处理程序(precompiler)根据源程序中的编译预处理指令(简称编译指令)对源程序进行预处理。编译预处理程序也是编译器的一部分。区别于一般的 C/C++语句,编译预处理指令以符号#开头,结尾不使用分号";"。编译预处理指令改善了编程环境,提高了编程效率。

2.7.1　#define 宏定义指令

宏定义就是定义一个代表一个字符串的标识符(一般用大写字母),该标识符称为宏(macro)。编译时编译程序将源程序中的宏用被定义的字符串替换,替换过程也称为宏替换或宏展开。宏定义的一般形式如下所示:

#define　<标识符>　<字符串>

其中的标识符就是宏。

#define 宏定义指令常用来定义一个符号常量,例如:

```
#define PI 3.14
#define MAXLENGTH 100
```

用有意义的符号代替程序中的常量,提高了程序的可读性和可移植性。并且当程序中的常量值需要改变时,不必查找、修改整个程序中的常量,只需修改宏定义即可。在C++中,这种定义符号常量的宏已被 const 常量(见 2.3.5 节)所取代,因为使用 const 常量类型更安全。

利用#define 指令还可以定义带参数的宏。当编译器对这样的宏进行替换时,除了用被定义的字符串替代宏,还要进行参数替换。为了避免宏替换时可能产生错误,必须将宏定义＜字符串＞及其中的所有参数分别用括号括起来。带参数宏定义的形式如下：

#define **＜标识符＞(＜参数表＞)** **＜(字符串)＞**

例 2-37 定义并使用带参数的宏。

```
#include <iostream.h>
#define  MAX(a , b)  ( (a)>(b) ? (a):(b) )  // 被定义的字符串和参数分别用括号括起来
void main()
{
    cout<<MAX(10 , 11)<<endl;              // 宏替换,输出 11
}
```

当预编译程序时，首先用被定义的字符串替代宏，然后用实际参数 10 取代参数 a，用实际参数 11 取代参数 b，程序中的输出语句转换为

```
cout<< ( (10)>(11) ? (10):(11) ) <<endl;
```

带参数的宏不进行参数传递，不需要调用及返回时的开销，具有比函数更好的时间效率。但宏有一些不安全因素，可能产生副作用，如对参数进行"＋＋"运算时（见习题 2-52）。在 C++ 中，很多情况下，带参数的宏已被内联函数所取代（见 2.5.4 节）。

被宏定义的字符串可以有多行，此时，每一行末尾用反斜线字符"\"表示续行。

如果要取消前面已定义的宏，可使用如下形式的 #undef 指令：

#undef **＜标识符＞**

在进行条件编译时，常常将某个宏是否被定义作为条件编译的条件（见 2.7.3 节）。定义这种宏时只需给出宏名标识符，无须给出字符串，如下所示：

#define **＜标识符＞**

2.7.2 ♯include 文件包含指令

♯include 文件包含指令是指将一个源文件嵌入当前源文件中该指令处，被嵌入的源文件一般是后缀为.h 的头文件。

♯include 指令有以下两种使用形式：

#include ＜文件名＞
#include "文件名"

例如：

```
#include <stdlib.h>                  // stdlib.h:声明公共的系统标准函数
```

```
#include "MyPrg.h"                          // MyPrg.h:声明用户自定义的常量、变量及函数
```

第一种形式中，所要嵌入的源文件用尖括号括起来。这种形式的♯include 指令告诉编译预处理程序在编译器自带的或外部库的头文件中搜索要嵌入的文件，这些文件一般是系统提供的公共头文件，存放在系统目录中的 Include 子目录下。

第二种形式中，所要嵌入的源文件用双引号括起来。这种形式的♯include 指令告诉编译预处理指令先在当前子目录搜索要嵌入的文件(一般是用户自定义的头文件或源文件)，如果没有找到文件，则再去搜索编译器自带的或外部库的头文件。

按照 C++ 函数使用要求，如果函数调用在前，函数定义在后，或者调用在其他文件中(如系统库)定义的函数时，必须先进行函数声明。系统函数按其功能被分成几个库，对应每个库都有一个头文件，其中给出了一类函数的原型声明。所以，只需在程序中使用♯include 指令包含相应的头文件，而不必在程序中直接进行函数的声明。

以多文件方式组织的程序常常需要在各文件之间共享一些常量声明、变量声明、结构体声明、函数声明和宏定义，可以将这些语句放在一个 C++ 头文件中(以 .h 作为扩展名)，然后利用♯include 指令将该头文件包含到需要它们的源文件中。

2.7.3 条件编译指令

条件编译是指按照不同的条件去编译不同的程序代码，从而使一个源程序在不同编译条件下生成不同的目标程序。C++ 提供了几种形式的条件编译指令，将一个表达式或某个宏是否被定义作为编译条件，用于编写便于调试的程序或可移植的程序。

条件编译指令的结构类似于 if 语句，分别以♯if、♯ifdef 或♯ifndef 指令开始，中间可以有♯else 指令，最后以♯endif 指令表示一条编译指令的结束。下面给出了条件编译指令常用的 3 种结构，其中，每条指令占一行，省略号部分表示要编译的源代码。

```
#if … [#else] … #endif
#ifdef … [#else] … #endif
#ifndef … [#else] … #endif
```

♯if 指令检测其后表达式的值是否为真，如果为真，则随后的源代码要参与编译，直到出现♯else 或♯endif；如果不为真，则随后的源代码不参与编译。♯ifdef 指令是♯if defined 指令的缩写，指令检测其后的宏是否被定义，如果被定义过，则随后的源代码要参与编译。♯ifndef 指令也检测其后的宏是否被定义，但不同的是，只有当该宏没有被定义过，随后的源代码才参与编译。

例 2-38 条件编译指令的使用：使用♯if 指令。

```
#include <iostream.h>
#define LETTER 1                            // 宏定义
```

```
void main()
{
    char c, str[]="Language";
    int i=0;
    while((c=str[i])!='\0')
    {
        i++;
#if LETTER                          // LETTER 为真,对下面的 if 语句进行编译
        if(c>='a' && c<='z')
            c=c-32;
#else
        if(c>='A' && c<='Z')
            c=c+32;
#endif
        cout<<c;
    }
}
```

由于 LETTER 为真,对第一个 if 语句进行编译,将小写字母转换成大写字母,程序运行后显示大写字符串:LANGUAGE。如果将宏定义改为: ♯define LETTER 0,则会对第二个 if 语句进行编译处理,将大写字母转换成小写字母。

例 2-39 条件编译指令的使用:使用♯ifdef 指令。

```
#include <iostream.h>
#define DEBUG                       // 宏定义
int main()
{
    int nDebug=50;
    int nRealse=6;
        ...
#ifdef DEBUG                        // 条件编译
    cout<<"DEBUG: value of version is "<<nDebug<<endl;          // 调试版
#else
    cout<<"RELEASE: value of version is "<<nRealse<<endl;       // 正式版
#endif
    return 1;
}
```

在程序中,标识符 DEBUG 是否被♯define 指令定义作为编译条件。利用♯ifdef 指令,根据 DEBUG 是否被定义确定具体编译哪一条源代码。程序运行结果如下:

DEBUG:value of version is 50

请思考,如果没有 DEBUG 宏定义,程序的运行结果是什么?

在调试程序时,经常需要利用输出语句输出一些调试信息,这时,可以采用例 2-39 中所介绍的方法:在源程序开头位置定义一个调试宏,在所有调试信息输出语句前加上 #ifdef 条件编译指令。在程序调试完之后,为了不再显示这些信息,只需删除源程序开头位置的宏定义指令,然后重新编译程序,程序其他地方无须改动。

例 2-40　利用条件编译指令防止一个头文件被重复包含(只参加一次编译)。

```
#ifndef COMDEF_H                  // 如果没有 COMDEF_H 宏定义,下面的代码参加编译
#define COMDEF_H                  // 宏定义 COMDEF_H,以后下面的代码不再参加编译
    ...                           // 头文件源代码
#endif
```

使用条件编译可以减少被编译的语句,从而减少目标程序的长度。并且,条件编译提高了程序的可移植性,增加了程序设计的灵活性。

习　　题

问答题

2-1　C++ 有哪些主要特点? C++ 对 C 主要做了哪些扩充?

2-2　C++ 一般采用什么方法进行数据的输入和输出?请举例说明。

2-3　简述利用 Visual C++ 集成开发环境编制 C++ 程序的几个步骤。

2-4　什么是标识符?什么是关键字?如何使用 Visual C++ 的自动补全单词功能?

2-5　什么是常量?什么是变量?简述变量声明的意义和方法。

2-6　C++ 的基本数据类型包括哪些?它们分别占多大的存储空间?

2-7　如何声明一个数组?请举例说明一维数组和二维数组的初始化方法。

2-8　什么是指针?与指针有关的运算符是哪两个?它们分别完成什么操作?

2-9　在 C++ 中可以采用哪几种方式使用字符串?

2-10　利用 string 处理字符串的方法与字符数组有什么区别?

2-11　什么是常值变量?在什么情况下使用常值变量?

2-12　什么是常指针?何谓常值变量指针?两者有什么区别?

2-13　利用 const 关键字修饰函数的参数或返回值分别有什么意义?

2-14　什么是结构体?什么是结构体变量?如何定义一个结构体?请说明结构体变量的构成、声明和使用方法与一般变量有什么区别。

2-15　什么是枚举类型?如何为枚举常量指定一个整型值?

2-16 试用 typedef 语句分别为 3 种数据类型定义一个新的名称。

2-17 程序流程控制结构包括哪几种？C++ 分别采用什么语句实现这几种结构？

2-18 请写出 switch 语句的一般形式和执行流程。

2-19 for 循环语句和 while 循环语句具有哪些不同特点？for 循环语句和 while 循环语句可以相互替代使用吗？

2-20 C++ 提供了哪几种转移语句？请举例说明它们的使用方法。

2-21 什么是函数定义？什么是函数调用？

2-22 什么是函数声明？在什么情况下必须进行函数声明？

2-23 C++ 中函数参数的传递方式有哪几种？请说明这几种方式之间的区别。

2-24 什么是内联函数？内联函数与宏有何区别？

2-25 能否在函数定义中为形参指定一个默认值？请编程验证你的结论。

2-26 什么是引用？引用主要有什么作用？符号 & 分别用在什么场合？

2-27 什么是作用域？变量的作用域有哪几种？请简述它们所代表的含义。

2-28 什么是生存期？试举例说明变量的生存期与作用域有何区别。

2-29 内存分配的方式有哪几种？请简述这几种内存分配方式的特点。

2-30 什么是存储类型？请说出各种存储类型变量的特性。

2-31 全局变量的声明有哪两种方式？它们分别在什么场合下使用？

2-32 在局部变量作用域内如何访问与局部变量同名的全局变量？

2-33 什么是命名空间？请给出命名空间声明的基本形式。

2-34 using 语句有哪两种形式？简述访问命名空间成员的 3 种方法。

2-35 头文件 iostream. h 与头文件 iostream 有何区别？

2-36 函数的存储类型有哪几种？默认情况下函数属于哪种存储类型？

2-37 动态内存分配有什么意义？如何进行动态内存分配？

2-38 与 malloc()和 free()函数相比,new 和 delete 运算有哪些优点？

2-39 什么是编译预处理？C++ 主要提供了哪几种编译预处理指令？

2-40 什么是宏定义？宏定义与 const 型变量有什么区别？

2-41 #include 文件包含指令有哪两种使用形式？试说明它们之间的区别。

2-42 什么是条件编译？条件编译指令与 if 语句有什么实质区别？

程序阅读题

2-43 分析以下程序中的错误并改正之。

(1) 常值变量的使用：

```
#include <iostream.h>
float square(const float a)
```

```
{
    a=a * a;
    return a;
}
void main()
{
    const float x;
    cin>>x;
    cout<<"cube="<<x * square(x)<<endl;
}
```

（2）常指针和常值变量指针的使用。

```
void main()
{
    double x=12.56;
    const double y=78.18;
    double * ptr=&y;
    const double * cptr1=&y;
    double * const cptr2=&y;
    cptr1=x;
    cptr1++;
    (* cptr1)++;
}
```

2-44　给出以下程序的输出结果。

```
#include <iostream.h>
int add(int a, int b=10) { return a+b; }
void main()
{
    int x(10);
    cout<<"sum1="<<add(x)<<endl;
    cout<<"sum2="<<add(x, add(x))<<endl;
    cout<<"sum3="<<add(x, add(x, add(x)))<<endl;
}
```

2-45　给出以下程序的执行结果，并说明为什么是这种结果。

```
#include <iostream.h>
void fun(int& n) { n++; }
void main()
```

```
    {
        for (int i=0; i<3 ; i++)
        {
            fun(i);
            cout<<i<<endl;
        }
    }
```

2-46 写出下列程序运行后的输出结果。

```
#include <iostream.h>
int x=1, y=2;
max (int x, int y) {return x>y ? x : y; }
void main()
{
    int x=3;
    cout<<"max1="<<max(x, y)<<'\n';
    cout<<"max2="<<max(::x, y)<<'\n';
}
```

2-47 写出下列程序运行后的输出结果。

```
#include <iostream.h>
extern int a;
void decrement(void) {a+=10; }
int a=100;
int main()
{
    for ( ; a<=150 ; )
    {
        decrement();
        cout<<a<<endl;
    }
    return 0;
}
```

2-48 写出下列程序运行后的输出结果。

```
#include  <iostream>
int i=1;
namespace NS
{
```

```
        int i=10, j=20;
    }
    int main()
    {
        int i=100, j=200;
        {
            using namespace NS;
            std::cout<<"i="<<i<<std::endl;
            std::cout<<"j="<<j<<std::endl;
        }
        std::cout<<"i="<<NS::i<<std::endl;
        std::cout<<"j="<<NS::j<<std::endl;
        std::cout<<"i="<<::i<<std::endl;
        return 0;
    }
```

2-49 指出以下程序中的错误,并予以改正。

```
#include <iostream>
namespace NS
{
    int i, j;
    max(int x, int y){return x>=y?x:y;}
}
int main()
{
    NS::i=6, NS::j=7;
    {
        using namespace NS;
        j++;
        i++;
        std::cout<<"max="<<max(i, j)<<std::endl;
    }
    i=i+j;
    std::cout<<"max="<<max(i, j)<<std::endl;
    return 0;
}
```

2-50 分析以下程序中的错误并改正之。

```
#include <iostream.h>
```

```
void main()
{
    int * pN;
    cin>> * pN;
    int * arr=new int[ * pN];
    for(int i=0; i< * pN; i++)  {  arr[i]=i+1;  }
    for(i=0; i< * pN; i++)  {  cout<<arr[i]<<endl;  }
    delete arr;
}
```

2-51 下面的宏用于求圆的面积,举例说明在什么情况下将得不到正确结果。

```
#define  PI  3.1415926
#define  AREA(R)  PI * R * R
```

2-52 下面定义了一个宏,并在程序中使用它。请写出编译预处理后所得到的源代码,并分析程序有什么副作用。

```
#define  CUBE(X)  ((X) * (X) * (X))
    ⋮
    int height=100;
    int volume=CUBE(height++);
```

2-53 下面的程序使用了条件编译指令,请写出编译预处理后所得到的源代码,并给出程序的运行结果。

```
#include <iostream.h>
#define  MAX  100
void main()
{
#if MAX>99
    cout<<" This part is compiled . ";
#endif
}
```

上机编程题

2-54 编写一个程序,输入三角形 3 条边的边长,求三角形的面积。

2-55 从键盘输入一个大写字母,然后改用小写字母在屏幕输出。

2-56 用户输入两个整数,编程输出稍大于第一个整数而又是第二个整数的倍数的数。计算公式是:value1+value2-value1%value2。

2-57 从键盘输入 20 个整数,检查 100 是否存在于这些整数中,若是的话,求出它是第几个被输入的。

2-58　键盘输入一个 $N \times N$ 的整型数组,并将每一行的最大值显示输出。

2-59　输入 3 个整数,采用指针方法将 3 个数按从大到小的顺序输出。

2-60　采用指针方法将一个数组中的所有元素颠倒顺序,结果仍然存放在原来的数组中,要求使用最少的辅助存储单元。

2-61　输入两个字符串,如果两个字符串的字符和长度都相同(认为它们相等),在屏幕上输出"Equal",否则在屏幕上输出"Unequal"。要求使用字符指针。

2-62　编程将一个整数转换成对应的数字串,例如将值 1234 转换为串"1234"。

2-63　利用 string 类编程,输入一句英文,将每个单词的第一个字母改成大写。

2-64　编写字符串比较函数 strcmp() 对 str1、str2 两个字符串进行比较,返回值为 int 型。当 str1 < str2 时,返回值小于 0;当 str1 = str2 时,返回值等于 0;当 str1 > str2 时,返回值大于 0。要求使用常值变量指针作为函数参数,以保证参数不被函数修改。

2-65　华氏温度转换为摄氏温度的公式是: $C = (F - 32) * 5/9$。编写一个程序,输入一个华氏温度,程序输出相应的摄氏温度。请将 32 和 5/9 用 const 型变量表示。

2-66　编程求两个复数的和。

2-67　使用结构体变量表示每个学生的信息:姓名、学号和三门课的成绩。从键盘上输入 10 个学生的数据,然后输出每个学生的姓名和三门课的平均成绩。

2-68　用结构体数组建立并初始化一个工资表,然后输入一个人的姓名,查询其工资情况,并在屏幕上输出。

2-69　用枚举值 MON、TUE、WED、THU、FRI、SAT 和 SUN 表示一个星期中的七天。键盘输入一个 0～6 的整数,根据输入的整数输出对应的英文缩写。

2-70　编写一个求解一元二次方程的根的程序,方程的系数由用户输入。

2-71　键盘输入一个字符,判断输入的字符是 m、a、n 或其他字符。如果是 m 则输出"Good morning !",如果是 a 则输出"Good afternoon !",如果是 n 则输出"Good night !",如果是其他字符则输出"I can't understand !"。

2-72　编程实现两个整数的加、减、乘、除四则运算,运算式形如 32+120。

2-73　编写一个程序,利用 switch 语句将百分制的学生成绩转换为优、良、中、及格和不及格 5 分制成绩。

2-74　键盘输入一个字符,判断输入的字符是数字、空格,还是其他字符,并给出相应的提示信息。(提示:使用 cin.get(),使用 cin >> ch 不能输入空格。)

2-75　键盘输入一个字符序列,编程统计其中的数字个数和英文字母个数。输入的字符序列以 ♯ 作为结束符。

2-76　输入一个由若干单词组成的文本串,每个单词之间用一些空格分隔,统计此文本串中单词的个数。

2-77　分别使用 for 语句、while 语句和 do-while 语句编程求 50 以内的自然数之和。

2-78　编程求 π 值,使用如下公式:π/4＝1－1/3＋1/5－1/7＋…,直到最后一项的绝对值小于 10^{-6} 为止。

2-79　把 100～150 不能被 3 整除的数输出,要求一行输出 10 个数。

2-80　编程输出一个九九乘法表。

2-81　编程计算整型数各位数字之和,例如数 2012 各位数字之和为 2＋0＋1＋2＝5。

2-82　输入 n 个整数,利用冒泡排序法进行从小到大排序,并输出排序结果。

2-83　编程求出从键盘输入的 10 个正数之和,遇到负数时终止输入求和。

2-84　编程求出从键盘输入的 10 个数中所有正数之和,负数不参加求和。

2-85　设计函数 prime(),函数有一个整型参数,当这个参数的值是素数时,该函数返回非零,否则返回 0。利用这个函数编写一个程序来验证哥德巴赫猜想:任何一个大于 2 的偶数都可以表示成两个素数之和。

2-86　编制如下函数原形的函数:int index(const char * str, char c),这个函数返回字符串 str 中第 1 次出现字符 c 的位置。

2-87　编写以下函数声明的函数:void swap(float * px, float * py),该函数用于交换两个实型变量的值,然后编写一个主函数验证函数 swap() 的功能。

2-88　定义将一个字符串反转的函数,例如将字符串"abcd"反转为"dcba"。

2-89　编写一个冒泡排序函数,然后在主函数中调用排序函数对 10 个整数从小到大进行排序。(提示:用数组名作为函数参数。)

2-90　将习题 2-87 中的 swap() 函数改为内联函数,主函数实现相同的程序功能。

2-91　编写一个函数 maxmin(),该函数有两个实型参数,执行函数后,第 1 个参数为两个参数中值较大者,第 2 个参数为较小者。要求使用引用作为函数参数,并编写主函数验证函数功能。

2-92　编写一个函数 swapstruct(),实现交换两个结构体变量的功能。编写主函数验证函数 swapstruct() 的功能,要求使用引用传递参数。

2-93　编写一个程序,在主函数 main() 的外部和内部分别声明两个同名的整型变量并赋值,然后在主函数 main() 中分别访问两个变量。

2-94　将习题 2-86 中的函数 index() 定义在一个命名空间中,在主函数 main() 中输入两个实参(一个字符串和一个字符),然后调用函数 index(),并输出运行结果。

2-95　一个程序由两个 C++ 源文件组成,在一个源文件中定义主函数 main() 并声明一个全局整型变量 n,在另一个源文件中定义一个不带参数的函数 factorial(void),该函数用于计算变量 n 的阶乘。编程在主函数 main() 中输入一个整数并求它的阶乘。

2-96　采用外部函数的方式使用习题 2-86 中的函数 index(),即在一个源文件中定义该函数,然后在另一个源文件中调用该函数。

2-97 编写一段程序,利用 new 运算分别动态分配 float 型、long 型和 char 型 3 个内存单元,将它们的首地址分别赋给指针 pf、pl 和 pc。给这些存储单元赋值,并在屏幕上显示它们的值。最后利用 delete 运算释放所有动态分配的内存单元。

2-98 编写一个程序,用 new 运算为一个整型数组动态分配内存空间,对其进行赋值,并在屏幕上输出。

2-99 采用动态内存分配方法设计一个学生成绩处理程序,要求输入任意数量学生的学号、姓名和四门课的成绩,并按平均成绩高低输出每个学生的姓名和成绩。

2-100 输入一行字符,建立一个链表,链表的每一个结点含有一个输入的字符,通过访问链表中的每个结点计算链表中结点的总个数。

2-101 使用带参数的宏定义计算两个实数之和,并编写主函数验证宏的功能。

2-102 定义一个带参数的宏,求出 3 个数中最大的一个数,并进行验证。

2-103 输入一个字符串,根据需要设置条件编译,使之能将输入的字符串以大写字母的形式或小写字母的形式输出。

2-104 修改习题 2-83 中的求和程序,在程序中定义一个调试宏,利用条件编译指令编译不同的代码段,使得在调试程序时能够输出一些调试信息。

2-105 假设有 3 个文件:test1.h、test2.h 和 test.cpp,在 test1.h 中定义了一个宏 PI,test2.h 文件包含了 test1.h 文件,而 test.cpp 又文件包含了 test1.h 文件和 test2.h 文件。请问编译时会出现什么错误?如何解决?(提示:参考例 2-40。)

第**3**章

类和对象

与 C 语言相比,C++ 语言的最大特点是引入了类的机制,并全面支持面向对象程序设计(Object Oriented Programming,OOP)。类和对象是面向对象程序设计方法中两个重要的基本概念。本章主要介绍面向对象程序设计的基本概念和 C++ 面向对象程序设计的基本方法,包括 C++ 类和对象、构造函数和析构函数、静态成员等内容。通过本章的学习,完成从 C++ 结构化程序设计向 C++ 面向对象程序设计的过渡。

3.1 面向对象程序设计方法及特征

面向对象不只是一种程序设计方法,而是一种建立客观事物模型、分析复杂事物的思想方法,是以人们通常描述现实世界的方法来描述要解决的问题。面向对象程序设计是目前成熟并流行的软件开发技术,是面向对象的思想方法在程序设计上的体现。面向对象程序设计是对结构化程序设计(Structured Programming,SP)的继承和发展,既吸收了结构化程序设计的优点,又最大程度地解决了软件代码的重用和维护问题。

3.1.1 结构化程序设计

20 世纪 60 年代,随着计算机应用领域不断扩大和所处理的问题日益复杂,软件的规模越来越大,复杂程度越来越高,软件可靠性问题也越来越突出,软件危机开始爆发。所谓软件危机是指落后的软件生产方式无法满足迅速增长的软件需求,从而导致软件开发与维护过程中出现一系列严重问题。为了改变软件生产方式,提高软件生产率,人们提出了软件工程的概念,并开始重视程序设计方法的研究。20 世纪 70 年代,结构化程序设计方法逐渐产生和形成。

结构化程序设计是一种自顶而下、逐步求精的模块化程序设计方法。其基本思路是:当解决一个复杂问题时,首先将复杂问题按功能划分为若干个模块,并且,若模块要完成的功能仍然较复杂,再将模块按功能进一步划分为若干个子模块,这样逐步细化,直到子模块的功能可以用一个子程序实现为止。采用这种模块化程序设计方法,由于各模块之间的关系简单,在功能上相对独立,因此程序易于分工编写,并且编写出来的程序结构清晰、可读性好。

结构化程序设计是一种传统的面向过程程序设计(Procedure Oriented Programming,POP)的方法,即将解决一个问题看作设计出一个解决该问题的处理过程。著名的计算机科学家 N. Wirth 在 20 世纪 70 年代曾经提出一个公式:

$$算法＋数据结构＝程序$$

这个公式揭示了程序的本质,即结构化程序设计就是定义数据和设计算法。定义数据就是选择合适的数据结构,设计算法就是根据所选择的数据结构设计解决问题的过程(函数),过程是对数据的操作。

结构化程序设计按照工程的标准和规范将要设计的系统分解为若干功能模块,系统是实现模块功能的子程序的集合。从历史上看,与以前的非结构化程序相比,结构化程序在调试、可读性和可维护性等方面都有很大的改进,当时确实大大地促进了软件的发展。但是,以过程为中心设计系统并编写程序,每一次更新系统,除了一些接口简单的标准函数,大部分程序代码都必须重新编写,不能实现代码的可重用。

结构化程序设计将系统分解为若干个功能模块,由于软、硬件技术的不断发展和用户需求的变化,按照系统功能划分的模块的设计要求容易发生变化,从而增加了系统维护的工作量。并且,结构化程序设计中数据和过程是分离的,若对某一数据结构做了修改,为了保证与数据的一致性,所有处理数据的过程(代码)都必须重新修改,这样就增加了软件设计的工作量,同时也加大了出错的概率。特别是随着问题复杂度的提高,软件规模会急剧增大,更是大大增加了软件的维护成本。

3.1.2 面向对象程序设计

虽然结构化程序设计具有很多优点,但从本质上看,结构化程序设计是面向过程或操作的,不能直接反映人们解决问题的思路,很可能产生问题空间与方法空间在结构上的不一致。为了克服面向过程模式的固有缺陷,20 世纪 80 年代提出了面向对象程序设计方法。面向对象程序设计是软件工程、结构化程序设计、数据抽象、信息隐藏、知识表示及并行处理等多种理论的积累与发展。

按照面向对象的观点,客观世界是由各种各样的事物即"对象"(object)组成的,包括有形的对象和无形的对象。对象可以是人们要进行研究的任何事物,包括具体的对象和抽象的对象,不仅能表示具体的人、学生、猫、动物、汽车、计算机、程序、直线和数据库等,还能表示抽象的思想、规则、计划和事件等。

每一类对象都有自己特定的属性(attribute)(如大小、形状和重量等)和行为

(behavior)(如生长、行走、转弯、运算等),人们通过对象的属性和行为来认识对象。对象的属性用数据值来描述;对象的行为又称方法(method),用函数来定义。

从世界观的角度看,面向对象的基本哲学认为世界是由各种各样具有自己的运动规律和内部状态的对象所组成的,不同对象之间的相互作用构成了完整的现实世界。从方法学的角度看,面向对象的方法是根据面向对象的世界观,按照现实世界的本来面貌理解世界和反映世界,直接围绕现实世界中的对象来构造系统。

在计算机科学中,对象是系统中用来描述客观事物的一个实体,是用来构成系统的一个基本单位,而系统可以看作是由一系列相互作用的对象组成。面向对象程序设计就是运用以对象作为基本元素的方法,用计算机语言描述并处理一个问题。面向对象程序设计更符合客观世界的本来面目和人们分析问题的思维方式。

为了对具有同一类属性和行为的对象进行分类描述,引入了类(class)的概念。对对象进行分类所依据的原则是所求解问题的特征。类定义了同类对象的公共属性和行为,属性用数据结构表示,行为用函数表示。可以用如下公式表示类:

类＝数据结构＋对数据进行操作的函数

对象是类的一个实例。例如,人类是一个类,而生活在地球上的每一个人则是人类的一个对象。对象和类的关系相当于元素与集合的关系、变量与变量的"数据类型"的关系。虽然属于某个类的所有对象具有相同的属性"结构"和行为方法,但各个对象在具体的属性"值"上有所不同。对象的属性值是同类的不同对象独立存在的依据,也是这些对象的行为表现差异的基础。例如,人都有姓名、身份识别代码和性别等属性,可以将所有的人都归属于一个人类 Humankind,但不同的人有不同的属性值,不同人的衣、食、住、行等行为结果也可能不同。以下给出了人类 Humankind 的简单描述。

```cpp
class Humankind {
private:                              // 人类的属性
    char name[20];
    long ID;
    char sex;
public:                              // 人类的生活行为
    void eat();
    void wear();
    void reside();
    void traffic();
};
```

结构化程序设计将数据和过程分离,而面向对象程序设计把数据和处理数据的过程当成一个整体即对象,从现实世界出发,采用对象来描述问题空间的实体,用程序代码模拟现实世界中有形或无形的对象,使程序设计过程更自然、更直观。结构化程序设计是以功能为中心来划分系统,而面向对象程序设计是以数据(表示属性)为中心来划分系统,相对于功能而言,数据具有更强的稳定性。

客观世界中不同对象之间相互交流、相互作用,面向对象程序设计提供了对象之间的通信机制。程序由一些相互作用的对象(类)构成,就像人们之间互通信息一样,对象之间的交互通过发送消息来实现。程序通过执行对象的各种行为方法,来访问和改变对象的状态(属性数据),并使该对象发生某些事件。当对象发生某事件时,通常需向其他相关对象发送消息,请求它们作出一些响应。

面向对象程序设计把一个复杂的系统分解成多个功能独立的对象(类),然后把这些对象组合起来,完成系统的功能。一个对象可由多个更小的对象组成,如汽车由发动机、传送系统和排气系统等组成。这些对象(类)可由不同的程序员来设计,并且设计好的对象可在不同程序中使用,这就像一个汽车制造商使用许多零部件去组装一辆汽车,而这些零部件可能不是自己生产的。采用面向对象程序设计就像流水线工作模式,最终只需将多个零部件(已设计好的对象)按照一定关系组合成一个完整的系统。

面向对象的思想已经涉及软件开发的各个方面,如面向对象分析(Object Oriented Analysis,OOA)、面向对象设计(Object Oriented Design,OOD)以及面向对象的软件测试(Object Oriented Software Testing,OOST)。面向对象的应用也已经超越了程序设计的范畴,扩展到如数据库、分布式、CAD 和人工智能等领域。20 世纪末期由于 Windows 系统的广泛使用,可视化面向对象编程工具的推出,使面向对象程序设计进入了黄金时期。在硬件技术飞速发展的今天,程序设计方法也不断改进,从 20 世纪 60 年代的结构化程序设计,到 80 年代的面向对象程序设计,如今已开始进入基于组件的程序设计,未来或迈向面向 Agent 的程序设计。

面向对象程序设计更适合于 Windows 编程。在 Windows 中,程序以窗口的形式出现,从面向对象的角度来看,窗口本身就是一个对象。Windows 程序的执行过程就是窗口和程序其他对象的创建、处理和消亡的过程,Windows 中消息的发送可以理解为一个窗口对象向别的窗口对象请求对象服务(行为)。利用面向对象的方法进行 Windows 应用程序的设计是极其方便和自然的。

3.1.3　面向对象程序设计的基本特征

面向对象程序设计方法具有以下 4 个基本特征:抽象、封装、继承和多态。本节从理论上对这 4 个基本特征进行简要介绍,在后续的内容中可以看到,C++ 面向对象程序设计方法都是围绕这 4 个基本特征展开的,是这 4 个基本特征的具体体现。

1. 抽象

把对象进行分类所依据的原则是抽象,抽象(abstract)是人类解决实际问题的常用手段。面向对象程序设计中的抽象是指对一类对象进行概括，抽出它们共同的性质并加以描述的过程。抽象的过程就是对问题进行分析和认识的过程。

需要从属性和行为两个方面对对象进行描述，因此抽象分为数据抽象和行为抽象(代码抽象)。数据抽象定义了某类对象具有的共同属性或状态，行为抽象定义了某类对象具有的共同行为特征或能力。例如，对狗类 Dog 对象的数据抽象包括名字、品种、颜色和重量等属性，行为抽象可以包括设置狗的属性数据、输出狗的属性数据和吠声等行为方法。以下给出了 Dog 类的数据抽象和行为抽象的简单代码。

```
class Dog {
private:                          // 数据抽象
    char name[20];
    char variety[20];
    char color[12];
    float weight;
public:                           // 行为抽象
    void input();
    void output();
    void speak();
};
```

抽象并不包罗万象，即忽略对象的非本质特征，只考虑与当前目标有关的本质特征。例如，学生属于人类，可以包括很多类似于人类的属性(如姓名、性别、年龄、身高、体重)和行为。但在对学生对象进行抽象时，如果当前目标是设计学生成绩管理系统，则只关心学生对象的姓名、学号和成绩等属性，而学生的年龄、身高和体重等属性就可以忽略。但如果是设计一个户籍管理系统，则关心的属性又有所不同。良好的抽象策略可以控制问题的复杂程度，增强系统的通用性和可扩展性。

2. 封装

封装(encapsulation)就是将抽象得到的属性数据和行为代码有机地结合，形成一个具有类特征的整体。并且，封装决定了对象的哪些属性和行为是作为内部细节被隐藏起来，哪些属性和行为是作为对象与外部的接口。封装是实现抽象的基本手段，在 C++ 中，利用类(class)实现对对象的抽象和封装。

封装尽可能隐藏对象的内部细节，仅通过一些可控的接口与外界交互，可以防止外界随意获取或更改对象的内部数据。这样，保证通过封装得到的类具有较好的独立性。编程时一般应限制直接访问对象的属性，而应通过接口即外部方法访问，这样使程序中模块之间关系更简单、数据更安全。例如，Dog 类中的 name、variety、color 和 weight 等属性属于内部数据，被定义为 private 私有权限；而 input()、output()和 speak()等行为属于外部接口,被定义为 public 公用权限。

封装将对象的属性和行为封装成一个整体,有效地避免了外部错误对对象的影响;同时,当修改对象内部细节时,也减小了对象对外部的影响。值得说明的是,如果一味地强调封装,可能会增加编程的困难,增加程序运行开销。因此,在具体应用时应该使对象具有一定的可见性,封装好的类应该具有方便的接口,以便其他类引用。

3. 继承

客观事物既有共性,也有特性。如果只考虑事物的共性,而不考虑事物的特性,就不能反映出客观世界中事物之间的层次关系。抽象只考虑事物的共性,而继承是既考虑事物的共性,又考虑事物的特性,完整地描述了客观世界的层次关系。客观世界的事物之间都具有某种"继承"的层次关系,例如,人是从古猿进化而来的,人具有一些与古猿相似的共性,也具有人类自己的一些特性。

面向对象程序设计的继承机制正是利用了客观世界的继承特性来构造对象。在面向对象程序设计中,继承(inheritance)是指一个新类可以从已有的类派生而来。新类继承了原有类的特性(即属性和行为)。并且,为了满足具体的需要,新类可以对原有类的行为进行修改,还可以增加新的属性和行为。例如,所有的 Windows 应用程序都有一个窗口,它们可以看作都是从一个窗口类派生出来的,但有的程序用于文字处理,有的程序用于绘图,这是由于根据具体需要,通过继承派生出了不同的类。

继承机制很好地解决了软件的可重用性问题,并且,继承机制并不破坏对象的封装性。派生类只把从基类那里继承来的数据和操作与自己的数据和操作一并封装起来,对象依然是一个封装好的整体。在引入继承机制以后,无论对象是基类的实例还是派生的实例,都是一个被封装的实体,继承并不影响封装性。

4. 多态

多态(polymorphism)是指不同对象对于同样施加于其上的作用会有不同的反应。多态是自然界常见的一种现象,体现了事物的行为的多样性。例如,太阳照射在一块冰上,其反应可能是冰块融化;而太阳照射在一块泥地上,其反应可能是泥地开裂。

多态也是面向对象程序设计方法的一个基本特征,多态表现了不同对象在接收到相同的消息(命令)时会作出不同的响应。例如,对于同样的"编辑|粘贴"命令,在字处理程序和绘图程序中有不同的结果;同样的加法,把两个时间值相加和把两个整数相加的要求肯定不同。其原因是属于不同类的对象对同一消息作出的响应不同。多态使程序设计灵活、抽象,通过重载和虚函数机制很好地解决了函数同名问题。

利用面向对象程序设计的抽象、封装、继承和多态等机制,程序更易于编写、维护和更新。例如,程序员可以在程序中大量使用成熟的类库(如微软基础类库 MFC),从而缩短程序的开发时间,提高程序设计工作效率和程序的可靠性。

3.2　C++ 类

从面向对象程序设计理论的角度来说,类是对某一类对象的抽象,而对象是类的具体实例;从程序设计语言的角度来说,类是一种复杂的自定义构造数据类型,对象是属于这种数据类型的变量。C++ 在 C 语言结构体(struct)数据类型的基础上引入了类(class)这种抽象数据类型,实现了对对象的抽象和封装。

3.2.1　类的定义与实现

传统结构化程序设计的主要任务是编写实现不同功能的过程(子程序或函数),而面向对象程序设计的主要任务是编写包含多种属性和方法的类(class)。因此,C++ 面向对象程序设计实质上就是面向类的程序设计。只有在定义和实现类以后,才能声明属于这个类的对象,才能通过对象调用在类中定义的方法。

C++ 将对象具有的属性抽象为数据成员(data member),将对象具有的行为(方法)抽象为成员函数(member function),并将它们封装在一个类中。C++ 类的定义在形式上类似于 C 语言的结构体类型,但指定了其中成员的访问权限。

C++ 类定义的基本形式如下:

```
class   <类名>{
private:
    <私有数据成员和私有成员函数的声明列表>;
public:
    <公有数据成员和公有成员函数的声明列表>;
protected:
    <保护数据成员和保护成员函数的声明列表>;
};
```

其中,class 是定义类的标志关键字,<类名>是用户自定义的标识符,花括号括起来的部分称为类体,其中包括了所有数据成员和成员函数的声明。数据成员又称为成员变量(member variable),成员函数又称为方法(method)。关键字 private、public 和 protected 称为访问权限控制符,用来设置数据成员和成员函数的访问权限属性。

private 属性表示数据成员或成员函数是类的私有成员,这类成员只允许被本类的成员函数访问或调用;public 属性表示数据成员或成员函数是公有成员,这类成员允许被本类或其他类的成员函数(通过对象)访问或调用;protected 属性表示数据成员或成员函数是保护成员,这类成员允许被本类的成员函数和派生类的成员函数访问或调用。

在类的外部通过对象只能访问或调用所属类的公有成员,而私有成员只能在类的成员函数中被访问或调用。一般而言,数据成员被设置为 private 属性,成员函数被设置为 public 属性,用来作为类的外部接口。注意,在声明成员时如果省略了访问权限控制符,则其属性被默认为 private。

例 3-1 定义表示时间的类 Time。

```
class Time {
private:                              // 一般不要省略 private
    int hour;                         // 数据成员,表示小时
    int minute;                       // 数据成员,表示分钟
    int second;                       // 数据成员,表示秒
public:
    void setTime(int, int, int);      // 成员函数,设置时间
    void showTime();                  // 成员函数,输出时间
};
```

类 Time 有 3 个私有数据成员 hour、minute 和 second,只能在类的成员函数中被访问或赋值;类 Time 有两个公有成员函数,可在类的外部被调用,被视为访问类 Time 的外部接口,但必须通过一个对象作为对象的成员使用(见例 3-3)。

利用 C++ 类进行面向对象程序设计,声明类的成员只是完成了任务的第一步,最重要的任务是实现定义的类。类的实现实质上是类的成员函数的实现,即定义类的成员函数。成员函数的定义形式与一般函数基本相同,但如果在类的外部定义成员函数,必须在成员函数名前加上类名和作用域限定符(::)。

例 3-2 类 Time 的实现(在类的外部定义成员函数)。

```
void Time :: setTime(int h, int m, int s)   // 设置时间成员函数
{
    hour= (h>=0 && h<24) ?h:0;
    minute= (m>=0 && m<60) ?m:0;
    second= (s>=0 && s<60) ?s:0;
}
void Time :: showTime()                      // 输出时间成员函数
{
    cout<<hour<<':'<<minute<<':'<<second<<endl;
}
```

由于不允许在类的外部访问或修改类 Time 的私有数据成员 hour、minute 和 second,所以为类 Time 增加两个公有成员函数 setTime() 和 showTime(),以供在类的外部设置或输出类 Time 的私有数据成员 hour、minute 和 second。

对象是类的一个实例,定义并实现了类,就可以利用类声明对象,其形式与普通变量的声明类似。例如,以下用类 Time 声明了对象 t1、today 和对象的指针 pt1。

```
Time t1, today;                      // 声明对象 t1、today
Time * pt1=&t1;                      // 声明指向对象 t1 的指针 pt1
```

声明对象后,就可以像引用结构体变量一样,利用成员运算符"."或指向运算符"->"引用对象的公有成员(不能引用对象的非公有成员)。例如,通过对象调用类 Time 的公有成员函数 t1. setTime()、today. showTime()或 pt1->setTime()等语句都是合法的,而任何对私有数据成员的直接访问 t1. hour、today. minute 或 pt1->second 等都是非法的。

例 3-3 类 Time 的使用,声明对象并设置对象属性。

```
void main()
{
    Time EndTime;                    // 声明对象 EndTime
    EndTime.setTime(11, 45, 0);      // 设置对象 EndTime 的时间(属性,数据成员)
    cout<<"The end time is:";
    EndTime.showTime();              // 显示对象 EndTime 的时间
}
```

一般将类的定义放在头文件(.h)中,类的实现放在源文件(.cpp)中,而 main 主函数可以放在另一个源文件中。在源文件中用#include 编译预处理指令包含头文件。

3.2.2 构造函数和析构函数

在声明对象时,对象一般需要进行初始化,即对其数据成员进行初始化。在定义类时不允许给数据成员设置初始值,因为不能确定其中的数据成员是属于哪一个对象。由于数据成员一般都定义为私有属性,因此也不能在声明对象后利用赋值运算对数据成员进行初始化。除了可以调用一般的成员函数(如例 3-3 中的 setTime)对数据成员赋值,常用的方法是利用一个名为构造函数的成员函数来进行对象的初始化。

构造函数(constructor)是一种特殊的成员函数,其特殊性体现在:构造函数不需要函数调用语句,就能在创建对象时由系统自动调用。构造函数的作用是在对象被创建时使用特定的值去构造对象,使得在声明对象时就能自动地完成对象的初始化。例如,在例 3-3 中,对象声明语句"Time EndTime"就自动调用了构造函数。

析构函数(destructor)也是一种特殊的成员函数,是在对象的生存期即将结束时被系统自动调用。析构函数的作用与构造函数相反,用来在对象被删除前做一些清理善后工作和数据保存工作。如利用 delete 运算释放用 new 运算分配的内存单元,在关闭一个 Windows 窗口时可以通过调用析构函数保存窗口中的内容。

构造函数的名称与类名相同,析构函数的名称是在类名前加上符号"～"构成(表示取反的意思)。注意,构造函数和析构函数不能有任何返回类型,包括 void 类型。构造函数可以有参数,析构函数不能有参数。以下例子说明了构造函数和析构函数的定义方法及执行顺序。

例 3-4 为类 Time 添加构造函数 Time()和析构函数～Time()。

```
#include <iostream.h>
class Time {
private:
    int hour;
    int minute;
    int second;
public:
    Time(int, int, int);               // 构造函数
    ~Time();                           // 析构函数
    ...
};
Time :: Time(int h, int m, int s)
{
    hour=h;                            // 对私有数据成员初始化
    minute=m;
    second=s;
    cout<<"The constructor be called: "<<hour<<':'<<minute<<':'<<second<<endl;
}
Time :: ~Time()
{
    cout<<"The destructor be called: "<<hour<<':'<<minute<<':'<<second<<endl;
}
void main(void)
{
    Time t1(11, 45, 0) ;              // 声明对象 t1,自动调用构造函数
    Time t2(16, 25, 59) ;            // 声明对象 t2,自动调用构造函数
}                                    // 退出主函数时自动调用对象 t2、t1 的析构函数
```

程序运行结果如下:

```
The constructor be called:11:45:0
The constructor be called:16:25:59
The destructor be called:16:25:59
The destructor be called:11:45:0
```

当创建一个对象时(包括声明对象和利用 new 运算动态创建对象),系统先根据类定义的数据成员为对象分配内存空间,然后自动调用对象的构造函数对分配的内存空间进行初始化处理,从而完成对象的初始化。当删除一个对象时,系统先自动调用对象的析构函数,然后释放对象所占内存。从例 3-4 程序的运行结果可以看出,析构函数的调用顺序与构造函数的调用顺序相反,因为系统是在栈中为对象分配内存空间,而栈是采用"后进先出"的工作方式。

值得说明的是,如果在定义类时没有定义构造函数和析构函数,编译系统也会自动为类添加一个默认的构造函数和一个默认的析构函数。默认的构造函数和析构函数都不带参数,执行空操作。但如果用户自定义了构造函数或析构函数,编译系统将不会再添加默认的构造函数或析构函数。若构造函数不带参数,则声明对象时也不能带参数。

例如,在例 3-3 主函数中声明对象 EndTime 时调用的是默认的构造函数,而在例 3-4 主函数中声明对象 t1、t2 时只能调用自定义的带参数的构造函数。如果在例 3-4 主函数中声明对象 t1、t2 时不带初始值,程序编译时会出现语法错误。

习惯上,一般是在构造函数的函数体内对数据成员进行初始化(如例 3-4 中所示),此外,还有另一种初始化方式:成员初始化列表。初始化列表位于函数头和函数体之间,由冒号开头,每个成员的初始化语句以逗号分隔。例如,例 3-4 中的构造函数 Time()可以改写为如下形式:

```
Time :: Time(int h, int m, int s) : hour(h), minute(m), second(s)
{  }
```

像一般函数一样,构造函数也可以重载,即可以为一个类定义多个不同的构造函数,通过函数参数不同来区别不同的构造函数,在声明对象时其后括号中的参数形式决定了调用类的哪一个构造函数。如果定义了一个不带参数的构造函数或带默认参数值的函数,则声明对象时就可以不带参数。关于函数重载的内容请参看 4.3.1 节。

构造函数的定义通常放在类体内,这时构造函数自动成为内联函数。当成员函数在类的外部定义时,也可以在函数头的开始位置加上关键字 inline 使之成为内联函数。

3.2.3　拷贝构造函数

拷贝构造函数(copy constructor)是一种特殊的构造函数,用来完成基于对象的同一类其他对象的构造及初始化。拷贝构造函数名也与类名相同。由于拷贝构造函数要把一个已有对象的数据成员赋值给新创建的对象,拷贝构造函数只有一个函数参数:本类的对象引用。例 3-5 说明了拷贝构造函数的定义和使用方法。

例 3-5　为类 Time 定义一个拷贝构造函数。

```
#include <iostream.h>
```

```
class Time {
    ...
    Time(Time& t)                    // 拷贝构造函数
    {
        hour=t.hour;
        minute=t.minute;
        second=t.second;
    }
};
int main()
{
    Time t1(11, 45, 0);              // 构造函数被调用
    Time t2 =t1;                     // 拷贝构造函数被调用
}
```

在例 3-5 中,构造函数和拷贝构造函数分别被调用一次,析构函数被调用两次。声明对象 t1 时系统自动调用构造函数;声明对象 t2 时,是利用已创建的对象 t1 对 t2 进行初始化,系统自动调用了拷贝构造函数。此外,如果将对象作为函数的参数,或将对象作为函数的返回值,调用这两类函数时也会自动调用拷贝构造函数。

例 3-6 拷贝构造函数的自动调用。

```
#include <iostream.h>
class Point {
private:
    int x, y;
public:
    Point(int a=0, int b=0)          // 带默认参数值的构造函数
    {
        x=a;
        y=b;
    }
    Point(Point & p)                 // 拷贝构造函数
    {
        x=p.x;
        y=p.y;
    }
    int getX()                       // 成员函数,获取 X 坐标
    {
        return x;
    }
```

```
    int getY()                      // 成员函数,获取 Y 坐标
    {
        return y;
    }
};
void fun1(Point p)                  // 对象作为函数参数,调用函数时,实参对象赋值给形参对象
{
    cout<<p.getX()<<','<<p.getY()<<endl;
}
Point fun2()                        // 对象作为函数的返回值
{
    Point p(100, 200);
    return p;                       // 返回值是对象,调用结束时将对象返回给主调函数
}
int main()
{
    Point p1(10, 20);               // 自动调用构造函数,用(10, 20)初始化对象 p1
    fun1(p1);                       // 自动调用拷贝构造函数
    Point p2;                       // 自动调用构造函数,用默认值初始化对象 p2
    fun1(p2);                       // 自动调用拷贝构造函数
    p2=fun2();                      // 自动调用拷贝构造函数
    fun1(p2);                       // 自动调用拷贝构造函数
    return 0;
}
```

程序运行结果如下:

```
10, 20
0, 0
100, 200
```

如果在定义类时没有定义拷贝构造函数,编译系统也会自动为类添加一个默认的拷贝构造函数。这个拷贝构造函数的功能是:利用作为初始值对象的每个数据成员的值,去初始化新创建的对象的数据成员,其功能与例 3-6 中定义的拷贝构造函数相同。但要强调的是,默认的拷贝构造函数是采取浅拷贝工作方式,即只进行二进制内存空间上的数据简单复制,不为数据成员分配内存空间。浅拷贝只能完成基本数据类型的拷贝,若类中含有指针类型的数据成员(需要为数据成员动态分配内存空间),浅拷贝就有潜在危险,因为有可能使两个对象的指针都指向同一块内存区域。自定义的拷贝构造函数可以采取深拷贝工作方式,在拷贝构造函数中为数据成员动态分配内存空间。

3.2.4　this 指针

　　this 指针是一个特殊的指针,用来指向当前对象。每个非静态成员函数都隐藏有一个 this 指针的函数参数,当通过一个对象调用成员函数时,编译器要把当前对象的地址传递给 this 指针。在成员函数中访问数据成员或调用其他成员函数不需要指定对象,因为是通过一个隐藏的 this 指针确定当前的对象。

　　例如,下面定义的成员函数并没有声明 this 指针这个参数:

```
void Time::showTime()
{
    cout<<hour<<':'<<minute<<':'<<second<<endl;
}
```

　　而实际上编译器会把 this 指针作为成员函数的参数,即上述函数定义等同为

```
void Time :: showTime(Time * const this)
{
    cout<<this->hour<<':'<<this->minute<<':'<<this->second<<endl;
}
```

　　当通过一个对象调用成员函数 showTime()时,编译器会把当前对象的地址赋值给 this 指针。例如,编译器把以下成员函数调用语句

```
EndTime.showTime();
```

转换为

```
EndTime.showTime(&EndTime);
```

　　this 指针是常指针(见 2.3.5 节),不允许修改,但可以修改 this 指针所指对象的数据成员(见例 3-7)。this 指针一般是在成员函数中被隐含使用,有时也被显式使用。例如,在一个成员函数中经常需要调用其他函数(非本类的成员函数),而有时需要把当前对象(即对象的地址)作为参数传递给被调用函数(如例 3-7 中的成员函数 show),这时必须使用 this 指针。此外,可以使用 ＊this 来标识当前对象,例如,在成员函数中需要返回对象本身的时候,可以直接使用 return ＊this 语句(见第 4 章例 4-20)。

　　例 3-7　this 指针的使用。

```
#include <iostream.h>
class A
{
public:
```

```
        int a, b;
    public:
        A(int x=0, int y=0)
        { a=x; b=y; }
        void copy(A obj)                    // 对象作函数参数
        {
            if (this==&obj)   return;       // 参数 obj 与当前对象是同一个对象
            * this=obj;                     // 对象赋值(数据成员赋值)
        }
        void show();
    };
    void display(A * pObj)                   // 非成员函数
    {
        cout<<pObj->a<<", "<<pObj->b<<endl;
    }
    void A::show()
    {
        display(this);                       // 以 this 指针作为实参调用非成员函数
    }
    void main()
    {
        A obj1, obj2(10, 20);
        obj1.show();
        obj2.show();
        obj1.copy(obj2);                     // 对象 obj2 复制给对象 obj1
        obj1.show();
    }
```

程序运行结果如下：

```
0, 0
10, 20
10, 20
```

为了说明 this 指针的概念，上面例子中的输出成员函数 show()绕了一个小弯，通过调用非成员函数 display()输出对象的数据成员，或许这显得没有什么实际意义，但 this 指针在 Windows 编程中却是经常用到的。例如，当调用其他类的成员函数时，如果需要将与主调函数关联的当前对象(如 Windows 中的窗口、控件、设备或文件等)作为参数，可以使用 this 指针。如在 MFC 的 CView::OnPaint()函数中(见 9.1.2 节)创建 CPaintDC 类的对象 dc(设备环境)时就使用 this 指针作为参数。另外，this 指针经常用于运算符重载函数的设计(见 4.3.2 节)。

3.3 静态成员

静态成员包括静态数据成员和静态成员函数。静态数据成员的提出是为了在不破坏数据隐藏的前提下,解决不同对象之间数据共享的问题。静态成员函数是专门用于访问静态数据成员的成员函数。

3.3.1 静态数据成员

一般情况下,属于同一个类的不同对象的数据成员所占用的内存空间是不同的,即数据成员在每个对象中都有一个拷贝。因此,不同对象可以具有不同的属性值,这种属性称为实例属性。但是,在有些情况下,某个数据成员的值对每个对象都是相同的,即对所有对象只有唯一的一个拷贝,这种属性称为类属性。例如,当前已创建对象的数量就是一个类属性。在 C++ 中是通过静态数据成员来实现类属性的。

静态数据成员除了用来保存对象的数量,还可以作为一个标记,标记一些动作是否发生,如文件的打开状态、打印机的使用状态。也可以用来存储对象链表的第一个结点或者最后一个结点的指针(地址)。这些属性是作为类属性而被不同对象重用,既不适合用普通成员表示,也不适合用全局变量表示,最适合用静态数据成员表示。

为了声明一个静态数据成员,只需在声明该静态数据成员时以关键字 static 开头。例如,如果定义了一个用于人事管理的类 Person,可以在类 Person 中声明两个静态数据成员 m_nCount 和 m_nTotalWage,如下所示:

```
static int m_nCount;              // 表示已创建对象的数量
static float m_nTotalWage;        // 表示所有雇员的工资总额
```

静态数据成员不是某个对象的成员,而是同一个类所有对象共享的成员,其值对每个对象都是一样的。静态数据成员的值可以更新,但只要对其更新一次,所有对象访问的都是更新后的值。从这一点看,静态数据成员为对象之间相互通信提供了一种方法。

静态数据成员是一种特殊的数据成员,在存储类型上类似于一般的 static 静态变量,也具有全局性。静态数据成员属于整个类,为类的所有对象共享。无论类的对象有多少,静态数据成员只有一份,只占有一个内存空间。并且,即使没有创建类的一个对象,静态数据成员也是存在的。使用静态数据成员保证了该数据成员值的唯一性,也节约了内存空间,是解决所属类的所有对象数据共享问题的一个好办法。

静态数据成员实际上是类域中的全局变量,不具体属于哪一个对象,因此不能在构造函数或其他成员函数中进行初始化,初始化必须在类体外进行。初始化在类体外进行时,前面不加关键字 static，以区别于一般静态变量。静态数据成员的初始化形式如下：

<数据类型><类名>∷<静态数据成员名>=<初始值>

例如，以下语句是对类 Person 的静态数据成员 m_nCount 的初始化：

```
int Person :: m_nCount=0;
```

静态数据成员的访问权限属性也可以是公有、私有或保护的。对于公有静态数据成员，除了可以像一般数据成员那样，直接通过对象或在成员函数中被访问，还可以利用类名加作用域限定符(∷)来访问，这一点区别于一般的数据成员(见例 3-8)。对于私有和保护属性的静态数据成员，只能在成员函数中被访问(初始化例外)。

例 3-8 静态数据成员的使用。

```cpp
#include <iostream.h>
#include <string.h>
class Person {
private:
    char m_strName[20];
    long m_ID;
    float m_Wage;
    static int m_nCount;                // 私有静态数据成员，表示已创建对象的数量
    static float m_nTotalWage;          // 私有静态数据成员，表示所有雇员的工资总额
public:
    Person(char * strName, long ID, float Wage)   // 构造函数
    {
        strcpy(m_strName, strName);
        m_ID=ID;
        m_Wage=Wage;
        m_nCount++;                     // 对象数目加 1
        m_nTotalWage=m_nTotalWage+m_Wage;   // 工资总额累加
    }
    void show()                         // 输出对象数目
    {
        cout<<"ID="<<m_ID<<", "<<"Object count="<<m_nCount<<", "
            <<"Total wage="<<m_nTotalWage<<endl;
    }
};
int Person :: m_nCount=0;                // 初始化静态数据成员
int Person :: m_nTotalWage=0;            // 初始化静态数据成员
void main()
```

```
{
    Person person1("LiuJun", 1101051, 3650.8F);
    person1.show();
    Person person2("WangXiao",1101058, 4276.5F);
    person2.show();
    person1.show();
}
```

程序运行结果如下：

```
ID=1101051, Object count=1, Total wage=3650.8
ID=1101058, Object count=2, Total wage=7927.3
ID=1101051, Object count=2, Total wage=7927.3
```

3.3.2　静态成员函数

有时需要在声明对象之前访问私有静态数据成员,这时必须定义一个访问静态数据成员的静态成员函数。定义静态成员函数时也必须以关键字 static 开头。像静态数据成员一样,静态成员函数也是与一个类相关联,而不是与一个特定的对象相关联。

成员函数(包括静态成员函数)一般都是公有的,因此既可以通过对象或在其他成员函数中调用静态成员函数,也可以利用类名加运算符"::"调用静态成员函数。注意,静态成员函数只能访问类的静态成员(成员变量和成员函数),而不能访问非静态成员。因为如果访问了非静态成员,当通过类名加运算符"::"调用该静态成员函数时,不能确定该函数中所访问的非静态成员是属于哪一个对象。解决这个问题的方法是:将对象作为静态成员函数的参数,然后在静态成员函数中通过对象访问非静态成员。

例 3-9　访问静态成员和非静态成员的静态成员函数。

```
#include <iostream.h>
class Point {
public:
    int x, y;
    static int m_nCount;              // 公有静态数据成员,表示已创建对象的数量
public:
    Point(int a=0, int b=0)          // 带默认参数值的构造函数
    {
        x=a;
        y=b;
        m_nCount++;                  // 对象数目加 1
    }
```

```
        static int getCount();              // 静态成员函数
        static int getX(Point);             // 对象作为静态成员函数的参数
        static int getY(Point);             // 对象作为静态成员函数的参数
};
int Point::getCount()
{
        return m_nCount;                    // 访问静态数据成员
}
int Point::getX(Point p)
{
        return p.x;                         // 不能直接访问非静态成员 m_ID
}
int Point::getY(Point p)
{
        return p.y;                         // 不能直接访问非静态成员 m_ID
}
int Point::m_nCount=0;                       // 初始化静态数据成员
int main()
{
        Point p1;
        cout<<Point::m_nCount<<", "<<p1.m_nCount<<endl;
                                            // 通过类或对象访问静态数据成员
        cout<<Point::getCount()<<", "<<Point::getX(p1)<<", "<<Point::getY(p1)<<
        endl;                               // 通过类调用静态成员函数
        cout<<p1.getCount()<<", "<<p1.getX(p1)<<", "<<p1.getY(p1)<<endl;
                                            // 通过对象调用静态成员函数
        Point p2(100, 200);
        cout<<Point::getCount()<<", "<<Point::getX(p2)<<", "<<Point::getY(p2)<<endl;
        cout<<p2.getCount()<<", "<<p2.getX(p2)<<", "<<p2.getY(p2)<<endl;
        cout<<p1.getCount()<<endl;          // p1 和 p2 共享静态数据成员 m_nCount
        return 0;
}
```

程序运行结果如下：

```
1, 1
1, 0, 0
1, 0, 0
2, 100, 200
2, 100, 200
```

2

最后说明一点,区别于非静态成员函数,静态成员函数没有 this 指针,因为静态成员函数属于整个类,只有一个运行实例,通过类就可以调用函数。

3.4   组合类

按照面向对象程序设计的观点,一个复杂的对象也可以理解为是一些简单的对象的组合。设计一个复杂的类,可以把该类分解成多个部件类的对象,通过搭积木方式把这些部件装配成一个复杂的类。部件类的对象比高层复杂类的对象更容易理解和实现,C++组合类的引入简化了一些复杂类的设计,并提高了代码的可重用性。

3.4.1   组合类的定义

所谓组合类(composition class)是指类中的数据成员是另一个类的对象,即一个类内嵌其他类的对象作为自己的成员。或者说,组合类包含另一个类的对象。利用组合类可以在已有类的基础上定义一个复杂的类,即在已有抽象的基础上实现更复杂的抽象。

例如,眼、鼻、耳、嘴组合成人的头部,眼、鼻、耳、嘴是头的一部分,可以看成部件类的对象,而头可以作为一个组合类来定义。因此,在定义头类 Head 时可以采取下面的方法:先定义相关的部件类,再定义组合类。

```cpp
class Eye {                          // 定义部件类:眼
private:
    char kind[20];
public:
    void look();
};
class Nose {                         // 定义部件类:鼻
private:
    char kind[20];
public:
    void smell();
};
class Ear {                          // 定义部件类:耳
private:
    char kind[20];
public:
    void listen();
};
```

```
class Mouth {                          // 定义部件类:嘴
private:
    char kind[20];
public:
    void eat();
};
class Head {                           // 定义组合类:头
private:
    Eye m_Leye, m_Reye;               // 数据成员是类的对象
    Nose m_nose;
    Mouth m_mouth;
    Ear m_ear;
public:
    void look() { m_eye.Look(); }
    void smell() { m_nose.Smell(); }
    void eat() { m_mouth.Eat(); }
    void listen() { m_ear.Listen(); }
};
```

当创建组合类的对象时,由于组合类具有内嵌对象成员,应首先创建各个内嵌对象。区别于一般的由基本类型成员组成的类,设计组合类的难点在于构造函数的定义,因为在创建对象时既要对基本类型的成员进行初始化,又要对内嵌对象的成员进行初始化。组合类的构造函数的定义有自己的语法要求,其声明形式如下:

类名 :: 类名 (对象成员形参,基本类型成员形参) : 对象 1(参数),对象 2(参数),…
{ 基本类型成员的初始化 }

例如:

```
Line :: Line(Point pstart, Point pend) : start(pstart), end(pend)
```

按照上述语法形式要求,组合类的构造函数对内嵌对象成员的初始化必须采取初始化列表的形式,不能在构造函数的函数体中设置初始值。例 3-10 详细地说明了组合类及其构造函数的定义方法。

例 3-10 用组合类的方法定义一个表示直线的类 Line。

```
#include <iostream.h>
#include <math.h>
class Point {
private:
    int x, y;
```

```
public:
    Point(int a=0, int b=0)                        // 带默认参数值的构造函数
    {
        x=a;
        y=b;
        cout<<"Point constructor: "<<x<<", "<<y<<endl;
    }
    Point(Point &p)                                // 拷贝构造函数
    {
        x=p.x;
        y=p.y;
        cout<<"Point copy constructor: "<<x<<", "<<y<<endl;
    }
    int getX()
    {
        return x;
    }
    int getY()
    {
        return y;
    }
};
class Line {                                        // 组合类
private:
    Point start, end;                              // 线段的两个端点,内嵌 Point 对象成员
public:
    Line(Point pstart, Point pend) : start(pstart), end(pend)    // 组合类构造函数
    {
        cout<<"Line constructor"<<endl;
    }
    float GetDistance()
    {
        double x=double(end.getX()-start.getX());
        double y=double(end.getY()-start.getY());
        return (float)sqrt(x*x+y*y);
    }
};
void main()
{
```

```
    Point p1(10, 20), p2(100, 200);
    Line line(p1, p2);
    cout<<"The distance is: "<<line.GetDistance()<<endl;
}
```

程序运行结果如下：

```
Point constructor: 10, 20
Point constructor: 100, 200
Point copy constructor: 100, 200
Point copy constructor: 10, 20
Point copy constructor: 10, 20
Point copy constructor: 100, 200
Line constructor
The distance is: 201.246
```

当创建一个组合类的对象时，构造函数的执行顺序是：先调用内嵌对象的构造函数（按照内嵌对象成员在组合类中的定义顺序，与组合类构造函数的初始化列表顺序无关），然后执行组合类构造函数的函数体。析构函数的调用顺序与构造函数相反。在例 3-10的主函数中，当创建 Point 类的对象 p1、p2 时，调用了 Point 类的构造函数 2 次；当创建组合类 Line 的对象 line 时，调用了组合类 Line 的构造函数。而调用组合类 Line 的构造函数时，首先需要实参传递给形参，这时需要调用 Point 类的拷贝构造函数 2 次（注意参数传递的顺序是从右至左），然后再调用 Point 类的拷贝构造函数 2 次，分别完成内嵌对象成员 start、end 的初始化，最后才执行组合类 Line 构造函数的函数体。

对于初始化列表中未出现的内嵌对象成员，系统自动调用默认的构造函数（注意：不是默认的拷贝构造函数）去初始化内嵌对象成员。

3.4.2 组合类的拷贝构造函数

如果没有为组合类定义一个拷贝构造函数，编译系统也会自动为组合类添加一个默认的拷贝构造函数。这个默认的拷贝构造函数的功能是：自动调用内嵌对象的拷贝构造函数，对各个内嵌对象成员进行初始化。

如果需要，同样可以为组合类定义一个拷贝构造函数。假定组合 C 类包含 A 类对象成员 a，组合类 C 拷贝构造函数声明的形式如下：

```
C::C(C &c) : a(c.a)
{ … }
```

上式中，组合类 C 的拷贝构造函数需要为内嵌对象成员 a 的拷贝构造函数传递参数。具体定义方法见例 3-11。

例 3-11 为组合类 Line 定义一个拷贝构造函数。

```
Line::Line(Line &ll) : start(ll.start), end(ll.end)    // 定义拷贝构造函数
{ }
void main()
{
    Point p1(10, 20), p2(100, 200);
    Line line1(p1, p2);
    Line line2(line1);                          // 调用组合类 Line 拷贝构造函数
    cout<<"The distance is: "<<line2.GetDistance()<<endl;
}
```

在例 3-11 的主函数中,当创建组合类 Line 的对象 line2 时,调用了组合类 Line 的拷贝构造函数,将对象 line1 的成员值复制给对象 line2。而调用组合类 Line 的拷贝构造函数时,同样需要首先调用 Point 类的拷贝构造函数 2 次,分别完成内嵌对象成员 start、end 的初始化,最后再执行组合类 Line 拷贝构造函数的函数体。

3.5 友元

类的一个特征是数据隐藏机制,外部函数是无法访问某个类的私有成员的。C++ 提供了一种打破数据隐藏的机制,友元(friend)便是实现这个目的的一个辅助手段。友元包括友元函数(friend function)和友元类(friend class),其共同点是能够在一个类的外部访问该类的私有成员。

3.5.1 友元函数

从类的封装性可知,类的私有成员只能通过类的成员函数访问,这种封装性隐藏了对象的属性,保证了对象的安全。但是,由于不能及时访问类的成员,有时也带来了编程的不方便。C++ 提供了一种函数,它虽然不是一个类的成员函数,但可以像成员函数一样访问该类的所有成员,包括私有成员和保护成员。这种函数称为友元函数。

一个函数要成为一个类的友元函数,需要在类的定义中声明该函数,并在函数声明的前面加上关键字 friend。至于友元函数本身的定义没有什么特殊要求,友元函数既可以是一般函数,也可以是另一个类的成员函数。例 3-12 中的友元函数 GetDistance() 就采用了两种方式进行定义。值得说明的是,区别于成员函数,友元函数需要通过对象访问类的成员。因此,为了能够在友元函数中访问或修改类的私有成员,一个类的友元函数一般将该类的对象或引用作为函数参数。

例 3-12 利用友元函数实现两点间距离的计算。

```
#include <iostream.h>
#include <cmath>
class Point;                              // 必须声明类 Point,类 Dist 的定义中用到了 Point
class Dist {                              // 定义类 Dist
public:
    float GetDistance(Point, Point);     // 成员友元函数
};
class Point {                            // 定义类 Point
public:
    Point(int x=0, int y=0) : x(x), y(y) { }
    int getX() { return x; }
    int getY() { return y; }
    friend float GetDistance(Point, Point);      // 友元声明,友元函数是一个一般函数
    friend float Dist::GetDistance(Point, Point); // 友元函数是类 Dist 的成员函数
private:
    int x, y;
};
float GetDistance(Point p1, Point p2)    // 一般友元函数的定义
{
    double x=p1.x-p2.x;
    double y=p1.y-p2.y;
    return (float)sqrt(x * x+y * y );
}
float Dist::GetDistance(Point p1, Point p2)    // 成员友元函数的定义
{
    double x=p1.x-p2.x;
    double y=p1.y-p2.y;
    return (float)sqrt(x * x+y * y );
}
void main()
{
    Point p1(10, 20), p2(100, 200);
    cout<<"The distance is: "<<GetDistance(p1, p2)<<endl;     // 调用一般友元函数
    Dist d;
    cout<<"The distance is: "<<d.GetDistance(p1, p2)<<endl; // 调用成员友元函数
}
```

由于访问权限控制符不影响友元声明,友元声明可以放在类体中任何地方。

3.5.2　友元类

友元类是友元的另一种类型。一个类可以声明另一个类为其友元类,友元类的所有成员函数都可以访问声明其为友元类的私有成员。如例 3-13 所示,类 A 声明类 B 是自己的友元类,因此,类 B 的所有成员函数可以访问类 A 的私有成员。

例 3-13　友元类的使用。

```cpp
#include <iostream.h>
class A;                          // 前向引用声明:声明类 A,类 B 的定义用到了类 A
class B {                         // 定义类 B
public:
    void BMemberFun(A&);
};
class A {                         // 定义类 A
    friend  B;                    // 类 B 是类 A 的友元类
private:
    int a;
    int b;
public:
    A(int x=0, int y=0) { a=x; b=y; }
    void display()
    {
        cout<<"a="<<a<<", "<<"b="<<b<<endl;
    }
};
void B::BMemberFun(A& objA)       // 定义友元类 B 的成员函数,使用引用作为参数
{
    objA.b=20;                    // 修改类 A 的私有成员 b
}
void main()
{
    A a;
    a.display();
    B b;
    b.BMemberFun(a);              // 调用友元类的成员函数
    a.display();
}
```

程序运行结果如下:

```
a=0,b=0
a=0,b=20
```

从前面的例子可以看出,友元提供了不同类或不同类的成员函数之间,以及成员函数和一般函数之间的数据共享机制。使用友元方便了程序设计,但破坏了类的封装性,建议谨慎使用。最后要说明的是,友元关系是单方向的,不具有交换性和传递性。

3.6 常对象和常对象成员

类的封装保证了数据的安全性,但各种形式的数据共享(如静态成员和友元)却又不同程度地破坏了数据的安全性。对于既需要共享又需要安全的数据,可以利用 const 来进行保护。const 除了可用来修饰简单变量、数组和指针(见 2.3.5 节),还可用来修饰对象(常对象)、数据成员(常数据成员)和成员函数(常成员函数)。

3.6.1 常对象

所谓常对象,是其数据成员的值在对象的生存期内不能被改变的对象。常对象必须通过构造函数进行初始化,且以后不能再被更新。C++ 使用 const 关键字声明常对象,并且,声明常对象的同时必须初始化。常对象的声明格式有以下两种:

const <类名> <对象名>(初始值列表)
<类名> const <对象名>(初始值列表)

例如,如下声明了一个常对象 meeting,其值以后不能再修改。

```
const Time meeting(8, 30, 00);
```

例 3-14 分析以下程序有什么错误。

```
class Time {
private:
    int hour, minute, second;
public:
    Time(int h, int m, int s) { hour=h; minute=m; second=s; }
    void ChangeTime(int h, int m, int s) { hour=h; minute=m; second=s; }
};
void main(void)
{
    Time const meeting(8, 30, 00);      // 声明常对象
    meeting.ChangeTime(9, 00, 00);
}
```

meeting(表示会议时间)是常对象,其属性值不能被修改,而程序最后一条语句想通过调用函数 ChangeTime()修改常对象 meeting,因此有语法错误。

3.6.2　常成员函数

常成员函数是指不能修改数据成员(可以访问数据成员)的成员函数。C++ 同样使用 const 关键字声明常成员函数,其声明格式如下:

<函数类型>　<函数名>(<形参表>)　const ;

例如,以下声明的成员函数 MemberFun()就不能修改对象的数据成员。

void MemberFun() const ;

常成员函数只能访问数据成员(俗称"只读"函数),其中不能有设置或修改数据成员的语句。并且,常成员函数中只能调用常成员函数,因为调用其他非 const 成员函数可能造成间接修改数据成员的后果。同理,通过常对象只能调用常成员函数,不能调用其他非 const 成员函数(构造函数除外)。但通过普通对象也可以调用常成员函数。

例 3-15　常对象和常成员函数的使用。

```cpp
#include <iostream.h>
class Time {
private:
    int hour, minute, second;
public:
    Time(int h, int m, int s)
    { hour=h; minute=m; second=s; }
    void ShowTime() const;                // 声明 cons 常成员函数
};
void Time :: ShowTime() const            // 函数定义时也要加上 const 关键字
{
    cout<<hour<<':'<<minute<<':'<<second<<endl;
}
void main()
{
    const Time meeting(8, 30, 00);        // 声明常对象
    meeting.ShowTime();                   // 通过常对象只能调用常成员函数
    Time classTime(8, 10, 00);
    classTime.ShowTime();                 // 通过普通对象也可以调用常成员函数
}
```

虽然 ShowTime()函数并没有修改数据成员的值,但如果不定义为常成员函数,程序

中通过常对象调用该函数的语句 meeting. ShowTime()也会产生语法错误。

注意：在声明和定义常成员函数时都必须加上 const 关键字,否则,编译器会认为这是两个不同的重载函数。

3.6.3 常数据成员

定义类时可以在一个数据成员的声明前加上 const 关键字,将数据成员声明为常数据成员。对于常数据成员,任何函数不能对它进行赋值。常数据成员的初始值只能通过构造函数设置,并且只能在构造函数的初始化列表中进行初始化。常数据成员还可以是静态的,静态常数据成员的初始化只能在类体外进行。

例 3-16 常数据成员的声明和使用。

```cpp
#include <iostream.h>
class Sample {
private:
    int a;
    const int b;                     // 常数据成员
    static const int c;              // 静态常数据成员
public:
    Sample(int x, int y) : b(y)      // 常数据成员 b 的初始化
    { a=x; }
    void Display() { cout<<"a="<<a<<",b="<<b<<",c="<<c<<endl; }
};
const int Sample::c=100;             // 静态常数据成员的初始化
void main()
{
    Sample MyObject1(5, 10);
    MyObject1.Display();
    Sample MyObject2(8, 12);
    MyObject2.Display();
}
```

程序运行结果如下:

```
a=5,b=10,c=100
a=8,b=12,c=100
```

习　题

问答题

3-1　什么是结构化程序设计? 它有什么优点和缺点?

3-2　什么是对象? 什么是类? 简述对象与类之间的关系。

3-3 什么是面向对象程序设计？面向对象程序设计方法具有哪些基本特征？试比较面向对象程序设计和面向过程程序设计有何异同。

3-4 什么是成员变量？什么是成员函数？

3-5 C++中结构体和类之间有何异同？

3-6 在 C++中如何定义类？如何实现定义的类？如何利用类声明对象？

3-7 类的成员的访问控制权限有哪几种？请说明公有成员和私有成员的区别。

3-8 什么是构造函数？什么是析构函数？请说明它们分别有什么作用？

3-9 拷贝构造函数的函数参数有何要求？哪些情况下会自动调用拷贝构造函数？

3-10 定义内联成员函数有哪两种方法？

3-11 什么是 this 指针？它有什么作用？

3-12 什么是静态成员变量？什么是静态成员函数？它们的使用方式有何不同？静态成员变量与一般成员变量在内存空间分配方式上有什么区别？

3-13 什么是组合类？组合类的构造函数如何定义？

3-14 什么是友元函数？什么是友元类？简述友员函数的定义和使用方法。

3-15 假设有两个类 Student(表示学生)和 Score(表示成绩)，怎样允许 Score 成员访问 Student 中的私有成员和保护成员？

3-16 什么是常对象？什么是常数据成员？如何声明和定义一个常成员函数？

3-17 为什么常成员函数不能调用非 const 成员函数？

程序阅读题

3-18 以下程序有什么错误？如有请改正之。

```cpp
#include <iostream.h>
class Point {
    int x, y;
public:
    void Display() { cout<<"x="<<x<<", y="<<y<<endl; }
};
void main()
{
    Point point1;
    point1.x=100;
    point1.y=200;
    point1.Display();
}
```

3-19 写出下列程序运行后的输出结果。

```
#include <iostream.h>
class Time {
private:
    int hour, minute, second;
public:
    void setTime(int h, int m, int s)
    {
        hour= (h>=0 && h<24) ?h:0;
        minute= (m>=0 && m<60) ?m:0;
        second= (s>=0 && s<60) ?s:0;
    }
    void showTime() { cout<<hour<<':'<<minute<<':'<<second<<endl; }
};
void main()
{
    Time t1;
    t1.setTime(14, 52, 66);
    cout<<"The time is:";
    t1.showTime();
}
```

3-20 写出下列程序运行后的输出结果，并解释之。

```
#include <iostream.h>
class Time {
private:
    int hour;
    int minute;
    int second;
public:
    Time(int h, int m, int s)
    {
        hour=h;
        minute=m;
        second=s;
        cout<<"Constructor: "<<hour<<':'<<minute<<':'<<second<<endl;
    }
    ~Time()
    {
        cout<<"Destructor: "<<hour<<':'<<minute<<':'<<second<<endl;
```

```
    }
    Time(Time& t)
    {
        hour=t.hour;
        minute=t.minute;
        second=t.second;
        cout<<"Copy constructor: "<<hour<<':'<<minute<<':'<<second<<endl;
    }
};
void main(void)
{
    Time t1(11, 45, 0);
    Time t2=t1;
}
```

3-21 写出例 3-11 的程序运行结果。

3-22 以下程序有无错误？如有请予以修改。

（1）使用静态成员函数。

```
#include <iostream.h>
#include <string.h>
class Person {
public:
    char m_strName[20];
    long m_ID;
public:
    Person(char* strName, long ID) { strcpy(m_strName, strName); m_ID=ID; }
    static long GetID() { return m_ID; }
};
void main()
{
    Person person1("LiuJun",1101640524);
    cout<<"ID="<<Person::GetID()<<'\n';
}
```

（2）友元函数的使用。

```
#include <iostream.h>
class A {
    friend void display();
private:
```

```
        int a;
public:
    A(int x=0) { a=x; }
};
void display()
{
    cout<<"a="<<a<<endl;
}
void main()
{
    A a1(19);
    a1.display();
}
```

（3）关于常对象和常对象成员。

```
#include <iostream.h>
class Sample {
private:
    int a;
    const int b;
public:
    Sample(int x, int y) { a=x, b=y; }
    void seta(int x) { a=x; }
    void display() { cout<<"a="<<a<<", b="<<b<<endl; }
};
void main()
{
    const Sample obj(100, 200);
    obj.seta(0);
    obj.display();
}
```

上机编程题

3-23 一个名为 CPerson 的类有以下属性：姓名、身份证号、性别和年龄，请用 C++ 语言定义这个类，并为上述属性定义相应的方法。

3-24 设计一个日期类 Date，该类用于表示日期值（年、月、日）。要求除了能够通过相应的成员函数设置和获取日期值外，还能够实现将日期加一天的操作。

3-25 设计一个类 CRectangle，除了有相关的数据成员，该类要求包含下述成员函数：矩形从一个位置移动到另一个位置的 Move() 函数；改变矩形大小的 Size() 函数；返回矩形左上角的坐标值的 Where()函数;计算矩形面积的 Area()函数。

3-26 为习题 3-23 中的类 CPerson 添加一个初始化姓名、身份证号、性别和年龄等数据成员的构造函数。

3-27 设计一个 Bank 类,实现银行某账号的资金往来管理,包括建立账号、存入资金和划转资金等操作。

3-28 设计一个产品类 Product,该类有产品名称、单价和剩余产品数量等属性,有生产产品、销售产品和显示剩余产品数量的成员函数。编写 main()函数,用数据对类 Product 进行测试。

3-29 建立一个名为 Student 的类,该类有以下几个私有数据成员:学生姓名、学号、性别和年龄。还有以下两个成员函数:一个用于初始化学生姓名、学号、性别和年龄的构造函数,一个用于输出学生信息的函数。编写一个主函数,声明一个学生对象,然后调用成员函数在屏幕输出学生信息。

3-30 设计一个类 CPetrol,该类包含以下几个私有数据成员:90 号、93 号、98 号汽油的加油量和单价,当天的总收入;该类还包含以下几个成员函数:设置有关数据成员的构造函数,输入加油量并计算总收入的成员函数,输出总收入的成员函数。利用 CPetrol 类编写主函数:假设加油站某天 90 号、93 号、98 号汽油的单价分别为 3.96 元/升、4.05 元/升、4.38 元/升,计算并输出加油站一天的收入。

3-31 修改习题 3-29 中的类 Student,添加一个静态成员变量,用于表示已创建对象的数量;添加两个静态成员函数,一个用于输出已创建对象的数量,一个用于输出一个学生的姓名和学号。

3-32 编程用静态成员的方法实现对班费的管理。要求定义一个类 Student,除了声明一个存放班费的静态成员,还要分别定义一个上交班费的成员函数 Contribute()、花费班费的成员函数 Spend()和显示班费的静态成员函数 Display()。

3-33 定义一个类 A,该类除了有两个数据成员 x、y,还有一个对象复制函数 copy。copy 函数的功能说明如下:对于类 A 的对象 a1 和 a2,函数调用 a1.copy(a2)表示将对象 a2 赋值给对象 a1。(提示:利用 this 指针防止一个对象对自己赋值。)

3-34 一个圆可以由圆心坐标和半径确定,试在类 Point 的基础上,采用组合类的方法定义并实现一个表示圆的类 Circle。

3-35 声明一个日期类(Date),包含数据成员 year、month 和 day;声明一个教师类(Teacher),包含数据成员 num、name、sex 和 birthday。

3-36 利用组合类设计一个用于人事管理的"人员"类,该类具有的属性如下:身份证号、性别、出生日期和薪水。其中,出生日期被声明为日期类 Date 的内嵌对象。要求为组合类定义构造函数和拷贝构造函数,并实现人员信息的输入和显示。

3-37 将习题 3-24 中类 Date 的"日期加一天"成员函数改为友元函数。

3-38 定义一个学生类 Student,其中有成绩数据成员;定义一个教师类 Teacher,其中有设置学生成绩的成员函数,该成员函数作为 Student 类的友元函数。

3-39 直线方程可以表示为: $ax+by+c=0$,首先设计一个直线类 Line,然后编写一个求两直线交点的友元函数,最后在 main() 函数中给出对象进行测试。

3-40 将习题 3-29 中的类 Student 的相关成员函数改为常成员函数。

第 **4** 章

继承与多态

继承和多态是面向对象程序设计的基本特征。继承体现了类和类之间的一种关系，是代码可重用的重要手段。多态解决了函数之间的同名问题，是在继承的前提下对代码进行改进的机制。继承与多态彼此紧密关联，继承是多态的基础，多态是对继承的推陈出新。继承注重的是共性，而多态体现的是多样性。本章介绍 C++ 程序设计中继承与多态的原理和方法，主要内容包括派生类、虚函数、重载和模板等。

4.1　继承与派生

所谓派生，是指利用已有的类，通过继承的方式定义一个新类，新类继承了原来的类的属性和方法。继承与派生体现了类的层次结构，表现了人们认识事物由一般到具体、由简单到复杂的过程。继承机制自动地为一个类提供了来自另一个类的属性和方法，是程序代码可重用性的具体体现。继承是面向对象程序设计中经常要用到的技术，在 C++ 程序设计中经常采用继承的方式定义类，微软基础类 MFC 就是采用继承方式定义的类库，并且，程序员还可以利用 MFC 派生出新的类。

4.1.1　基类和派生类

在 C++ 中，可以在一个已有类的基础上定义一个新类，新定义的类称为原有类的派生类(derived class)，而原有类称为新定义的类的基类(base class)。派生类又称为子类(subclass)，基类又称为父类(father class)或超类(super class)。派生类继承了基类的所有属性和行为，并且，为了满足具体的需要，在没有破坏类的封装性的前提下，派生类可以对基类的行为进行修改和完善，还可以增加新的属性和行为，体现了面向对象程序设计方法由简单到复杂的过程。

继承呈现了面向对象程序设计的层次结构。基类与派生类相比较，基类涵盖了更加共性的内容,更加具有一般性;而派生类所增加的属性和行为更加具有个性,是一般性之外的特殊内容。因此,这种继承关系充分地反映了类之间的"一般-特殊"关系。类的继承具有传递性,即派生类还可以再派生出新的派生类,最终形成一个类层次结构。例如,对汽车按用途分类可以分为小型客车、大型客车和货车,其中,小型客车又可以分为轿车、越野车、面包车和 SUV 等。根据上述"一般-特殊"的分类方法描述类,可以得到汽车的类层次结构,如图 4-1 所示。

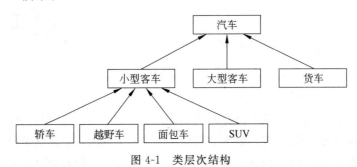

图 4-1　类层次结构

采用派生的方式定义类是 C++ 程序设计经常采用的方法,程序员只需通过在新类中定义已有类中没有的属性和方法来建立新类。例如,假设已有一个表示汽车的类 Auto,就可以根据不同的需要,利用 Auto 类作为基类定义一个表示小轿车的派生类 Car 或一个表示卡车的派生类 Truck。

派生类定义的语法格式如下:

class　<派生类名>　:　[<继承方式>]　<基类名>
{
　　<派生类类体>
};

例如,下面的代码将 Auto 类作为基类,定义一个派生类 Car。

```
class Car : public Auto
{
    ...                              // 在派生类 Car 中新增加的成员
};
```

区别于普通类的定义,派生类的定义分为两个过程:指定基类和定义新成员。因此,派生类的成员由基类中原有的成员和派生类新添加的成员两部分组成。继承机制允许在保持原有类共性的基础上进行功能的扩展,派生类不是简单地继承基类的一般共性,可以增加一些新成员,还可以调整部分成员的功能。在实际问题中,有时面对同一个问题的不同对象,需要使用不同的处理方法,而不仅仅单纯继承基类中定义的某个方法。

基类中原有成员的访问权限在派生类中可以被修改,它们的访问权限由派生类定义中的＜继承方式＞所决定。但注意,为了不破坏基类的封装性,无论采用哪种继承方式,基类的私有成员在派生类中都是不可见的,即不允许在派生类的成员函数中访问基类的私有成员。继承方式共有以下 3 种：public(公有)、private(私有)和 protected(保护)。

1. public 继承

public 继承是类继承中最常见的继承方式。采用 public 继承,基类成员的访问权限在派生类中保持不变,即基类中所有的公有或保护成员在派生类中仍为公有或保护成员。这样就可以在派生类的成员函数中访问基类中原有的非私有成员,并能通过派生类的对象直接访问基类中原有的公有成员。

2. private 继承

采用 private 继承,基类中所有的公有和保护成员在派生类中都成为私有成员,即只允许在派生类的成员函数中访问基类中原有的非私有成员,不能通过派生类的对象直接访问基类的任何成员。private 虽然是默认的继承方式,但很少使用。

3. protected 继承

采用 protected 继承,基类中所有的公有和保护成员在派生类中都成为保护成员,即只允许在派生类的成员函数和该派生类的派生类的成员函数中访问基类中原有的非私有成员,不能通过派生类的对象直接访问基类的任何成员。

例 4-1 首先定义类 Point(表示点),然后定义 Point 的派生类 Circle(表示圆)。

```cpp
#include <iostream.h>
class Point{                                // 定义基类,表示点
private:                                    // 私有成员 x、y 在派生类中不可见
    int x;                                  // 表示点的 X 坐标
    int y;                                  // 表示点的 Y 坐标
public:
    void setPoint(int a, int b) { x=a; y=b; }   // 设置坐标
    int getX() { return x; }                // 取得 X 坐标
    int getY() { return y; }                // 取得 Y 坐标
};
class Circle : public Point {               // 定义派生类,表示圆
private:
    int radius;                             // 表示圆的半径
public:
```

```
    void setRadius(int r) { radius=r; }              // 设置半径
    int getRadius() { return radius; }               // 取得半径
    int getUpperLeftX() { return getX()-radius; }    // 取得外接正方形左上角的 X 坐标
    int getUpperLeftY() { return getY()+radius; }    // 取得外接正方形左上角的 Y 坐标
};
void main()
{
    Circle c;
    c.setPoint(200, 250);          // 公有派生类的对象可以直接访问基类 Point 的公有成员
    c.setRadius(100);
    cout<<"X="<<c.getX()<<", Y="<<c.getY()<<", Radius="<<c.getRadius()<<endl;
    cout< <" UpperLeft  X =" < < c. getUpperLeftX ( ) < <", UpperLeft  Y =" < < c.
    getUpperLeftY()<<endl;
}
```

程序运行结果如下：

```
X=200,Y=250,Radius=100
UpperLeft X=100,UpperLeft Y=350
```

派生类 Circle 通过公有继承方式继承了基类 Point 的所有成员(除私有成员外所有成员的访问权限不变)，同时还根据需要定义了自己的成员变量和成员函数。

若将例 4-1 中派生类 Circle 的继承方式改为 private 或 protected，那么程序中的下述语句将是非法的：

```
c.setPoint(200, 250);
```

因为 setPoint()、getX()和 getY()等成员函数虽然是基类 Point 的公有成员，但如果采用 private 或 protected 继承方式，它们在派生类 Circle 中变为私有或保护权限，这时只能在派生类的成员函数中被访问，而不能通过派生类的对象在类的外部进行访问。

无论哪种继承方式，派生类都继承了基类的所有成员，包括私有成员。在例 4-1 中，虽然不能在派生类 Circle 中直接访问基类 Point 的私有数据成员 x 和 y，但可以通过公有成员函数 getX()、getY()和 setPoint()访问或设置私有数据成员 x 和 y。同时，无论采用哪种继承方式，都不影响基类本身对基类所有成员的访问权限。

在定义派生类时，除了吸收基类中原有的成员和添加新的成员，如果需要，可以修改基类中原有的成员函数，使之满足具体的需要。也就是说，可以在派生类中对基类中原有的成员重新进行定义，即所谓的同名覆盖(override)。

例 4-2 派生类成员函数对基类成员函数的覆盖。

```
#include <iostream.h>
```

```
class A {
public:
    void show() { cout<<"A::show\n"; }
};
class B : public A {
public:
    void show() { cout<<"B::show\n"; }          // 在派生类中重新定义成员函数
    void display() { show(); }                  // 调用派生类 B 的成员函数 show()
};
void main()
{
    A a;
    B b;
    a.show();                                   // 调用基类 A 的成员函数 show()
    b.show();                                   // 调用派生类 B 的成员函数 show()
    b.display();
}
```

程序运行结果如下：

```
A::show
B::show
B::show
```

从例 4-2 可以看出，如果派生类对基类中原有的成员函数重新进行定义，则在派生类中调用的成员函数是派生类的成员函数。请思考，如果在派生类 B 中没有对成员函数 show()重新进行定义，程序运行结果如何？

在例 4-2 中，如果要在派生类 B 的成员函数 display()中调用基类 A 的成员函数 show()，可以使用作用域限定符"::"，如下所示：

```
void display() { A::show(); }                   // 调用基类 A 的成员函数 show()
```

为什么人们经常在已有类的基础上采用继承的方法来定制新的类，而不通过直接修改已有类的方法来设计一个类？除了代码重用的优越性，其主要原因是不能得到基类的实现源码。而采用继承的方法定义一个类则不受此限制。例如，在利用微软基础类 MFC 派生自己的类时，只需要 MFC 类声明的头文件（利用♯include 指令将头文件包含进来）和成员函数的目标代码文件（OBJ），并不需要整个 MFC 类库的实现源码。

值得说明的是，类的组合与继承都是代码可重用的方法，但人们往往重视类继承而忽略类组合。随着时间的推移，程序员发现使用类组合可以获得比类继承更佳的代码可重用性和设计简单性。在都能满足功能的前提下，建议优先使用类组合。

4.1.2　派生类的构造函数和析构函数

派生类的数据成员包括其基类的数据成员和派生类自身新增的数据成员,如果需对派生类新增的数据成员进行初始化,必须为派生类定义构造函数。由于基类的构造函数和析构函数不能被继承,因此,对继承来的基类原有数据成员的初始化,必须由基类的构造函数来完成。在定义派生类时有如下两个主要问题需要解决:一是派生类的构造函数如何定义,二是在派生类的构造函数中如何调用基类的构造函数。

当创建一个派生类对象时,派生类的构造函数必须首先通过调用基类的构造函数来对基类原有数据成员进行初始化,然后再执行派生类构造函数的函数体,对派生类新增的数据成员进行初始化。当派生类对象的生存期结束时,析构函数的调用顺序与构造函数相反,即首先调用派生类的析构函数,然后调用基类的析构函数。

通过派生类的构造函数调用基类的构造函数有隐式调用和显式调用两种方式。所谓隐式调用方式,是指在派生类的构造函数中不指定对应的基类的构造函数,这时调用的是基类的默认构造函数(即含有默认参数值或不带参数的构造函数)。所谓显式调用方式,是指在派生类的构造函数中指定要调用的基类的构造函数,并将派生类构造函数的部分参数值传递给基类的构造函数。除非基类有默认的构造函数,否则必须采用显式调用方式,即派生类必须定义一个给基类的构造函数提供参数的构造函数。

派生类以显式方式定义构造函数的形式如下:

```
<派生类名>::<派生类名>(<形参声明>)：<基类名>(<参数表>)
{
    <派生类构造函数的函数体>
}
```

其中,<形参声明>指明派生类构造函数形参的名称和类型,<参数表>作为基类构造函数的实参,是<形参声明>中所给出的部分参数。这样,派生类构造函数既可以初始化派生类自己的数据成员,又可以将部分参数传递给基类的构造函数,通过基类构造函数初始化其基类的数据成员。注意,<参数表>中参数的个数和类型要与基类某个构造函数的形参声明一致。当基类有多个构造函数时,编译器将根据派生类构造函数为基类构造函数提供的<参数表>来确定调用基类的哪一个构造函数。

如果派生类没有定义构造函数,编译器会自动为派生类生成一个默认的构造函数,但该构造函数调用的是基类的默认构造函数。因此,如果基类没有定义构造函数,派生类可以不定义构造函数,或定义的构造函数不显式指定基类的构造函数。否则,如果基类定义了带有形参表的构造函数,派生类就应当采取显式方式定义构造函数。

例 4-3　首先定义类 Point(表示点),然后定义 Point 的派生类 Circle(表示圆),再定义 Circle 的派生类 Cylinder(表示圆柱体)。

```cpp
#include <iostream.h>
class Point{                                    // 定义基类 Point
protected:
    int x, y;
public:
    Point(int a=0, int b=0)            // 含有默认参数值的构造函数也是默认的构造函数
    {
        x=a; y=b;
        cout<<"Point constructor: "<<x<<','<<y<<endl;
    }
    ~Point() { cout<<"Point destructor: "<<x<<','<<y<<endl; }
};
class Circle : public Point {                   // 定义类 Point 的派生类
protected:
    int radius;
public:
    Circle(int a=0, int b=0, int r=0) : Point(a, b)  // 显式调用基类的构造函数
    {
        radius=r;
        cout<<"Circle constructor: "<<x<<','<<y<<','<<radius<<endl;
    }
    ~Circle() { cout<<"Circle destructor: "<<x<<','<<y<<','<<radius<<endl; }
};
class Cylinder : public Circle{                 // 定义类 Circle 的派生类
protected:
    int height;
public:
    Cylinder(int a=0, int b=0, int r=0, int h=0) : Circle(a, b, r)
                                                // 显式调用基类的构造函数
    {
        height=h;
        cout<<"Cylinder constructor: "<<x<<','<<y<<','<<radius<<','<<
        height<<endl;
    }
    ~Cylinder()
    {
        cout<<"Cylinder destructor: "<<x<<','<<y<<','<<radius<<','<<height
        <<endl;
    }
}
```

```
};
void main()
{
    Cylinder cylinder(400, 300, 200, 100);
                            // 调用了类 Point、Circle 和 Cylinder 的构造函数
}
```

程序运行结果如下：

```
Point constructor:400,300
Circle constructor:400,300,200
Cylinder constructor:400,300,200,100
Cylinder destructor:400,300,200,100
Circle destructor:400,300,200
Point destructor:400,300
```

从上面的例子可以看出，当声明派生类 Cylinder 的一个对象时，首先调用基类 Point 的构造函数，然后调用基类(同时也是一个派生类)Circle 的构造函数，最后调用派生类 Cylinder 的构造函数。而当程序结束时，系统自动调用它们的析构函数，析构函数的调用顺序正好与构造函数相反。

在定义一个类时，根据类的继承性，程序员能够且应尽可能地利用已有的类来定制派生类，而不必重新设计一个类。并且，一个派生类可以作为另一个派生类的基类。

4.1.3 多继承

一个基类可以直接派生出多个派生类，并且，生成的派生类又可以作为基类再派生出其他的派生类，如此构成了类的一个家族。在类家族的层次结构中，最底层的基类称为根类。直接用于定义一个派生类的基类称为直接基类，一个派生类的基类的基类称为该派生类的间接基类。不管有多少层派生关系，如果一个派生类只有一个直接基类，这种类继承称为单继承(single inheritance)。

除了单继承这种最常用的类继承，C++ 还支持多继承(multiple inheritance)。所谓多继承是指一个派生类同时由多个基类派生而来，即一个派生类有多个直接基类。

多继承派生类的定义形式如下：

class <派生类名> : <继承方式><基类名 1>，<继承方式><基类名 2>，…
{
    <派生类类体>
};

其中，多继承的<继承方式>与单继承一样，也有 private、public 和 protected 三种形式，

并且,对每个直接基类可以使用不同的<继承方式>。

例 4-4 定义一个多继承派生类 MultiDeri,其直接基类是 BaseA 和 BaseB。

```cpp
#include <iostream.h>
class BaseA {                               // 定义基类
protected:
    int a;
public:
    void setA(int x) { a=x; }
};
class BaseB {                               // 定义基类
protected:
    int b;
public:
    void setB(int x) { b=x; }
};
class MultiDeri : public BaseA , public BaseB {  // 定义多继承的派生类
public:
    int getAB() { return a+b; }             // 可以直接访问基类中 protected 属性成员
};
void main()
{
    MultiDeri md;                           // 声明派生类的对象
    md.setA(30);                            // 调用从基类 BaseA 继承而来的成员函数
    md.setB(70);                            // 调用从基类 BaseB 继承而来的成员函数
    cout<<"a+b="<<md.getAB()<<endl;         // 调用派生类 MultiDeri 自定义的成员函数
}
```

程序运行结果如下:

```
a+b=100
```

与单继承类似,多继承派生类构造函数一般采用显式方式调用基类的构造函数。除非派生类构造函数要调用的是基类默认的构造函数,并且,基类有默认的构造函数。

多继承下派生类的构造函数的定义形式如下:

<派生类名>::<派生类名>(<形参声明>) : <基类名 1>(<参数表 1>),<基类名 2>(<参数表 2>),⋯
{
  <派生类构造函数的函数体>
}

注意:派生类构造函数的<形参声明>必须包含其所有基类构造函数所需的参数。

多继承派生类构造函数的执行顺序是先调用所有基类的构造函数,然后再执行派生类构造函数的函数体。处于同一层次的各基类构造函数的执行顺序取决于定义派生类时基类的指定顺序,而与定义派生类构造函数时基类构造函数的指定顺序无关。例 4-5 的程序运行结果充分说明了这一点。

例 4-5 多继承派生类构造函数的定义和调用。

```cpp
#include <iostream.h>
class Base1 {
private:
    int a;
public:
    Base1(int x)
    {
        a=x;
        cout<<"Base1 Constructor !"<<endl;
    }
    int geta( ) { return a; }
};
class Base2 {
private:
    int b;
public:
    Base2(int x)
    {
        b=x;
        cout<<"Base2 Constructor !"<<endl;
    }
    int getb( ) { return b; }
};
class Deri : public Base1, public Base2 {
                        // 基类的出现顺序决定了基类构造函数的调用顺序
private:
    int c;
public:
    Deri(int x, int y, int z): Base2(z), Base1(y)
                        // 基类构造函数的出现顺序与调用顺序无关
    {
        c=x;
        cout<<"Derived Constructor !"<<endl;
```

```
    }
    void show( )
    {
        cout<<geta( )<<' '<<getb( )<<' '<<c<<endl;
    }
};
void main( )
{
    Deri obj(1, 2, 3);
    obj.show();
}
```

程序运行结果如下：

```
Base1 Constructor !
Base2 Constructor !
Derived Constructor !
2 3 1
```

简单分析一下派生类 Deri 的定义就可以看到，派生类 Deri 是从基类 Base1 和 Base2 派生而来。基类构造函数的执行顺序取决于定义派生类 Deri 时基类的出现顺序：Base1、Base2。而与定义派生类的构造函数时基类构造函数的出现顺序无关。

4.1.4 虚基类

使用多继承定义类存在一个问题：容易产生二义性。因此，很多程序员提倡编程时尽量不要使用多继承，能用单继承解决的问题就不要使用多继承。有些面向对象程序设计的语言（如 Java、Smalltalk）并不支持多继承。具体来说，多继承中存在两种二义性问题，其中最简单的一种是当派生类的多个基类中某个成员的名称同名时，在派生类中访问该成员时，如果不指定具体的基类，则无法判断该成员来自哪一个基类，如例 4-6 中与基类 Base1 和 Base2 同名的成员 a 和 set()。

例 4-6 多继承中的二义性问题之一。

```
class Base1{                          // 定义基类
protected:
    int a;                           // 与基类 Base2 的成员同名
public:
    void set(int x)   { a=x; }       // 与基类 Base2 的成员同名
};
class Base2{                          // 定义基类
```

```
protected:
    int a;                              // 与基类 Base1 的成员同名
public:
    void set(int x)   { a=a+x; }        // 与基类 Base1 的成员同名
};
class MultiDeri : public Base1, public Base2 {      // 定义多继承的派生类
public:
    int get()
    {
        return a;                       // 二义性错误:Base1 的 a 还是 Base2 的 a
    }
};
void main()
{
    MultiDeri md;
    md.set(30);                         // 二义性错误:Base1 的 set()还是 Base2 的 set()
}
```

对程序进行编译时产生了二义性错误,要消除这种二义性错误,必须在被引用的基类成员前加上基类类名和作用域限定符,即将两条错误语句分别改为

```
return Base1::a;                        // 或 return Base2::a
md.Base1::set(30);                      // 或 md.Base2::set(30)
```

即使当派生类的所有基类的成员不同名时,也可能产生一种隐含很深的二义性错误。根据类继承原理,一个派生类对象包含了基类的所有成员,这些成员构成了所谓的基类子对象。在类的多继承结构中,由于多层次、不同路径的交叉派生关系,可能造成一个派生类对象包含了某个基类子对象的多个同名副本。

例如,在图 4-2(a)中,类 B 和类 C 都是从类 A 派生而来,类 D 是多继承派生类,是由

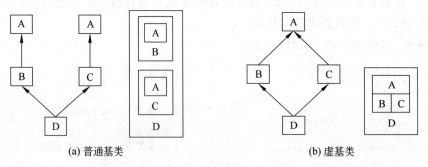

(a) 普通基类   (b) 虚基类

图 4-2　虚基类的作用

类 B 和类 C 共同派生而来,类 A 是类 D 的间接基类。这时,在派生类 D 的对象中存在基类 A 的成员(基类子对象)的两个副本,当试图通过派生类访问基类 A 的成员时,将会产生如例 4-7 所示的二义性错误。

例 4-7 多继承中的二义性问题之二。

```
class A {
public:
    int a;
};
class B : public A{                 // 类 B 派生于类 A
public:
    int b;
};
class C : public A{                 // 类 C 派生于类 A
public:
    int c;
};
class D : public B, public C {      // 类 D 派生于类 B 和类 C
public:
    int d;
};
void main()
{
    D d1;                           // 隐式调用基类的构造函数
    d1.a=100;                       // 二义性错误
}
```

编译时出现数据成员二义性错误。由于派生类 D 的对象 d1 中含有基类 A 的成员 a 的两个副本(分别从路径 D→B→A 和路径 D→C→A 继承而来),因此编译器无法确定数据成员 a 是哪一个副本。解决该问题的一个办法还是利用作用域限定符把基类 A 的数据成员与下一层基类 B 和 C 关联起来,即将错误语句改为

```
d1.B::a=100;                        // 或 d1.C::a=100
```

通过例 4-7 可以看出,保存多个成员的副本既浪费了存储空间还可能造成数据的不统一,并且,派生类在访问间接基类的成员时,要求指明派生路径,增加了编程的复杂性。为此,C++ 提供了虚基类(virtual base class)来解决这种多继承中的二义性问题。

虚基类并不是一种新的类型的类,而是一种派生的方式。如果采用虚基类方式定义派生类,则在创建派生类的对象时,类层次结构中某个虚基类的子对象只保留一个,即一

Ｖisual Ｃ++面向对象编程(第4版)

个派生类对象只有虚基类成员的一个副本,如图 4-2(b)所示。

采用虚基类方式定义派生类的方法很简单,只需在指定的基类名的前面加上关键字 virtual 即可,而定义虚基类时不要使用关键字 virtual,与一般基类定义没有什么不同。

例 4-8 修改例 4-7 中类 B 和 C 的定义,采用虚基类方式定义类 B 和 C。

```
...                             // 基类 A 本身的定义无须改动
class B : public virtual A {    // 类 A 是类 B 的虚基类
public:
    int b;
};
class C : public virtual A {    // 类 A 是类 C 的虚基类
public:
    int c;
};
...                             // 派生类 D 的定义和其他代码无须改动
```

在例 4-8 中,由于利用虚基类 A 定义派生类 B 和 C,多继承派生类 D 的对象 d1 中只有一个虚基类 A 的成员 a,因此,语句"d1.a=100"是合法的。

与普通的多继承方式相比,虚基类的成员在其派生类中只保存一个副本,这样既节约了内存空间和保证了数据的唯一,又避免了派生类中基类成员的不确定性。

与一般派生类一样,在调用虚基类的派生类的构造函数时,首先要调用虚基类的构造函数。但在多层次的多继承关系中,由于派生类的对象只包含一个虚基类子对象,虚基类的构造函数只能被调用一次。为保证虚基类的构造函数只被调用一次,C++ 规定,虚基类的构造函数是由最派生类(创建对象的类称为最派生类)的构造函数调用的,而该最派生类的非虚基类对虚基类构造函数的调用将被忽略。如果不采用虚基类方式定义派生类,该基类的构造函数是由其直接派生类(而不是间接派生类)的构造函数负责调用。这也是虚基类与普通基类的一个主要区别。

在例 4-8 中,虚基类的定义和使用非常简单,虚基类和派生类的构造函数的调用都是采取隐式方式,调用的都是默认的构造函数。即在创建最派生类 D 的对象时,通过最派生类 D 的默认构造函数自动调用虚基类的默认构造函数。

如果虚基类没有默认的构造函数,则在整个继承结构中虚基类的所有直接或间接派生类的构造函数都必须采用显式方式,在派生类的构造函数中指定要调用的虚基类的构造函数。当虚基类的最派生类的构造函数采用显式方式调用虚基类的构造函数时,该派生类的非虚基类对虚基类的构造函数的调用将被 C++ 编译器忽略,这样保证不重复调用虚基类的构造函数,从而对虚基类子对象只初始化一次。

与一般派生方式一样,基类构造函数的调用顺序按照类继承的层次顺序,同一层基类构造函数的调用顺序按照在定义派生类时基类声明的顺序。

例 4-9 虚基类构造函数的显式调用。

```cpp
#include <iostream.h>
class A {
private:
    int a;
public:
    A(int x)
    {
        a=x;
        cout<<"A constructor:"<<a<<endl;
    }
};
class B1 : virtual public A {        // A 是 B1 和 B2 的虚基类
private:
    int b1;
public:
    B1(int x, int y) : A(x)
    {
        b1=y;
        cout<<"B1 constructor:"<<b1<<endl;
    }
};
class B2 : virtual public A {        // A 是 B1 和 B2 的虚基类
private:
    int b2;
public:
    B2(int x, int y) : A(x)
    {
        b2=y;
        cout<<"B2 constructor:"<<b2<<endl;
    }
};
class C : public B1, public B2 {        // B1 和 B2 是 C 的直接基类,C 是最派生类
private:
    int c;
public:
    C(int x, int y, int z, int w) : B1(x, y), B2(x, z), A(x)
                                // 显式指定虚基类 A 的构造函数
```

```
    {
        c=w;
        cout<<"C constructor:"<<c<<endl;
    }
};
void main()
{
    C * pc=new C(1, 2, 3, 4);
    delete pc;
}
```

在派生类 B1 和 B2 中使用了虚基类 A,保证了类 B1 和 B2 的派生类 C 的对象只有一个虚基类子对象。在虚基类 A 的派生类 B1、B2 和 C 的构造函数中都显式调用了虚基类 A 的构造函数。但在实际运行中,当通过 new 运算动态创建派生类 C 的对象时,系统自动调用派生类 C 的构造函数,而派生类 C 的构造函数只调用一次虚基类 A 的构造函数,C 的直接基类 B1 和 B2(同时也是 A 的派生类)对虚基类 A 的构造函数的调用将被系统忽略。这一点可以从该程序的运行结果中看到,程序运行结果如下所示:

```
A constructor : 1
B1 constructor : 2
B2 constructor : 3
C constructor : 4
```

4.2　多态和虚函数

所谓多态是指属于不同类的对象对同样的消息可以作出完全不同的响应,即同一个消息可能会导致调用不同的方法。多态是一种将不同的行为和单个泛化记号相关联的能力,具体表现就是函数调用的“一个接口,多种实现”特性。多态是面向对象程序设计方法的重要内容,是在编程时经常用到的技术。在实际问题中,有时需要对针对同一个问题的不同对象使用不同的处理方法,而不仅仅是简单地继承基类定义的方法。多态解决了在不同层次的类中以及同一个类中,同名的成员函数之间的关系问题。

4.2.1　基类指针指向派生类对象

根据 C++ 指针的定义,一种类型的指针不能指向另一种类型的变量,但对于基类的指针和派生类的对象则是一个例外。根据赋值兼容规则,可以用基类的指针指向其派生类的对象(这是实现虚函数的前提条件)。实际上,派生类的对象可以认为是其基类的对象,但反过来则不然,也不允许用派生类的指针指向其基类的对象。

值得说明的是,即使将一个基类的指针指向其派生类的对象,通过该指针也只能访问派生类中从基类继承来的公有成员,而不能访问派生类中新增加的成员(见例 4-10),除非通过强制类型转换将基类指针转换为派生类指针。

例 4-10 利用基类的指针指向其派生类的对象。

```cpp
#include <iostream.h>
class A {
private:
    int a;
public:
    void setA(int i) { a=i; }
    void showA() { cout<<"a="<<a<<'\n'; }
};
class B : public A {
private:
    int b;
public:
    void setB(int i) { b=i; }
    void showB() { cout<<"b="<<b<<'\n'; }
};
void main()
{
    A a, * pa;              // pa 为基类对象的指针
    B b, * pb;              // pb 为派生类对象的指针
    pa=&b;                  // 基类指针 pa 指向派生类对象 b
    pa->setA(100);          // 通过基类指针 pa 访问派生类 B 中从基类 A 继承来的公有成员
    pa->showA();
    pb= (B * )pa;           // 将基类指针强制转换为派生类指针
    pb->setB(200);          // 不能通过基类指针 pa 访问派生类自己定义的成员
    pb->showB();
}
```

程序运行结果如下:

```
a=100
b=200
```

在例 4-10 的程序中,不允许出现以下语句,这些语句都将产生语法错误。

```
pa->setB();
pa->showB();
```

```
pb=&a;
```

如果把程序中的赋值语句"pa＝&b"改为"pa＝&a",虽然没有语法错误,但程序运行后会出现异常情况。因为随后的语句"pb＝(B＊)pa"把基类指针 pa 强制转换为派生类指针 pb,然后想通过 pb 访问对象 a 中并不存在的派生类成员 setB()或 showB()。

4.2.2 虚函数

从 4.1.1 节中的例 4-2 知道,派生类的成员函数可以覆盖基类的成员函数(派生类和基类的成员函数具有相同的函数名和形参声明)。而从例 4-10 知道,基类的指针可以指向其派生类的对象,但通过基类指针无法调用派生类中新定义的覆盖函数,只能通过派生类对象来使用这种覆盖功能。例如,如果将例 4-2 中 main()主函数的代码改为

```
A * pa;
B b;
pa=&b;
pa->show();
```

则虽然将指针 pa 指向派生类 B 的对象 b,但调用的还是基类 A 的成员函数 show(),而不是派生类 B 的成员函数 show()。如果想通过指向派生类对象的基类指针调用派生类中覆盖的成员函数,只有使用虚函数(virtual function)。

虚函数是在基类中冠以关键字 virtual 的成员函数。如果某个类的一个成员函数被声明为虚函数,这就意味着该成员函数在派生类中可能被重新定义。在实际问题中,有时需要对针对同一个问题的不同对象使用不同的处理方法,而不仅仅是简单地继承基类定义的方法。在一个类继承结构中,可以用一个虚函数实现多种不同的功能。

例如,在一个图形类继承结构中,设类 CShape 是所有具体图形类(如矩形、三角形和圆等)的基类,在基类 CShape 中可以将图形绘制函数 draw()定义为虚函数,在派生类中对函数 draw()重新进行定义,实现类的行为的多态。当通过基类指针 pShape 调用函数 draw()时,pShape->draw()可能是绘制一个矩形,也可能是绘制一个三角形或一个圆。具体绘制什么图形,取决于 pShape 所指的对象。

虚函数的声明方式是在基类中的函数声明语句前冠以关键字 virtual(在类体外定义虚函数时不能再加上 virtual)。虚函数的声明形式如下:

virtual <函数类型> <函数名>(<形参声明>);

在程序实际运行过程中,当通过基类的指针调用一个虚函数时,程序能够根据该指针当前所指的对象(基类或派生类)自动调用对应的类的成员函数。

例 4-11 虚函数的定义与调用。

```
#include <iostream.h>
class A {
public:
    virtual void show();            // 在基类中声明虚函数时加上关键字 virtual
};
class B : public A {
public:
    void show();                    // 在派生类中声明虚函数时可以省略 virtual
};
void A::show()                      // 定义虚函数时,不能再加关键字 virtual
{ cout<<"A::show\n"; }
void B::show()
{ cout<<"B::show\n"; }
void main()
{
    A a, * pa;
    B b;
    pa=&a; pa->show();              // 调用函数 A::show()
    pa=&b; pa->show();              // 调用函数 B::show()
}
```

程序运行结果如下:

```
A::show
B::show
```

可以看出,在基类 A 中将成员函数 show() 定义为虚函数,当通过基类指针 pa 调用虚函数 show() 时,究竟调用哪个类的成员函数完全由指针 pa 所指的对象决定。如果去掉基类 A 中函数 show() 前的关键字 virtual,则输出结果会是什么? 请读者思考。

在派生类中重新定义虚函数时,函数原型(包括返回类型、函数名、形参个数和类型)必须与基类完全一致。若在派生类中没有重新定义虚函数,则派生类继承基类的虚函数代码。虚函数必须通过对象或其指针调用,不能定义为静态成员函数。

将函数调用语句与函数代码关联是通过联编(binding)来实现的,有静态联编(static binding)和动态联编(dynamic binding)两种联编方式。静态联编是指在编译链接阶段进行的联编,又称早期绑定。动态联编是指在程序执行阶段进行的联编(因为在编译链接阶段不能确定要调用的函数),又称后期绑定。从多态的角度看,静态联编属于编译时多态(静态多态),动态联编属于运行时多态(动态多态)。

编译时多态是指在函数名(包括运算符)相同的情况下,编译器在编译阶段就能够根据函数参数类型的不同(虽然函数名相同)确定要调用的函数。这种静态多态是通过重载机制来实现的(见4.3节)。

运行时多态是指在函数名和函数参数类型都相同的情况下,在程序运行时才确定要调用的函数,这种动态多态是通过虚函数机制来实现的。在程序执行时,运行时多态能够根据基类指针所指对象的类型确定要调用的虚函数。

根据虚函数原理,编程时可以在基类和派生类中利用相同的函数名和形参类型分别定义不同的操作,这样就为同一个类继承结构中所有类的同一类行为(其实现方法可以不同)提供了一个统一的接口。动态多态体现了一个类继承结构中不同类的对象对同一个消息作出不同响应的能力。同一个消息可以发给相关的不同类的对象,当不同类的对象收到消息后,可以通过调用不同的成员函数(虚函数)进行不同的处理,做出不同的响应。微软基础类 MFC 大量使用虚函数来实现类的行为的多态,如视图类 CView 中常用的成员函数 OnDraw()就是一个虚函数。

虚函数可以用来设计一个易于扩充的系统。在设计系统时,将基类中那些功能可能发生变化的成员函数以虚函数的形式定义,这样就可以利用基类生成应用程序的一个框架(基类可以不给出具体的函数代码),然后根据需要再编写派生类的虚函数,对框架进行具体的加工。MFC 应用程序框架主要就是采用这种方法设计的。

4.2.3　虚析构函数

创建派生类的对象时首先会自动调用基类的构造函数,基于构造函数的特点和多态的意义,不可以将构造函数定义为虚函数。但是否可以将析构函数定义为虚函数?按照一般理解,当派生类的对象消亡时先调用派生类的析构函数,然后自动调用基类的析构函数,如此看来也没必要将析构函数定义为虚函数。但问题是:如果利用基类指针指向派生类对象,而派生类的对象是使用 new 运算动态生成的,这时可能会产生不确定的后果。因为如果使用 delete 运算删除派生类的对象,则只调用了基类的析构函数,而没有调用派生类的析构函数,这样就无法完成正确的对象清理工作。

如果将析构函数定义为虚函数(虚析构函数),就能完全避免上述不确定问题的出现,因为无论指针所指的对象是基类的对象还是派生类的对象,虚析构函数的使用都能保证程序调用对应的析构函数。虚析构函数是有意义的,而且经常使用。

例 4-12　虚析构函数的使用。

```
#include <iostream.h>
class Base {
public:
    Base() { cout<<"Base::constructor\n"; }          // 构造函数不能定义为虚函数
    virtual ~Base() { cout<<"Base::destructor\n"; }   // 析构函数是虚函数
};
```

```
class Derived : public Base {
public:
    Derived() { cout<<"Derived::constructor\n";  };
    ~Derived() { cout<<"Derived::destructor\n"; }     // 虚析构函数
};
void main()
{
    Base * pBase=new Derived;
    ...
    delete pBase;          // 先调用派生类 Derived 的析构函数,再调用基类 Base 的析构函数
}
```

程序运行结果如下：

```
Base::constructor
Derived::constructor
Derived::destructor
Base::destructor
```

由于使用了虚析构函数,当删除 pBase 所指派生类 Derived 的对象时,首先调用派生类 Derived 的析构函数,然后再自动调用基类 Base 的析构函数。如果析构函数不是虚函数,则得不到上面的运行结果(请读者思考会是什么结果)。因此,如果程序中可能通过 delete 运算删除派生类对象,就应该将析构函数(基类)定义为虚函数。

4.2.4　纯虚函数与抽象类

在有些情况下,在基类中不能给出虚函数的实现代码(其实现留给派生类完成),这时可以把这种虚函数声明为纯虚函数(pure virtual function)。区别于一般的虚函数,在基类中声明纯虚函数时,要在函数声明语句的后面加上"＝0"标记。

纯虚函数的声明形式如下：

virtual <数据类型> <成员函数名>(<形参表>)=0 ;

例如,以下语句声明了一个纯虚函数 area()：

```
virtual void area() =0;
```

纯虚函数是一种特殊的虚函数,它可以不定义具体的实现(没有函数体),仅为类族提供一个统一的接口。在派生类中如果给出了纯虚函数的具体实现,该函数在派生类中就成为一般的虚函数。注意,要将纯虚函数与函数体为空的虚函数区别开来。

一般情况下,基类和派生类都可以用来声明对象,但如果需要,可以把基类作为纯粹

的一种抽象,即它的一些行为(成员函数)不给出具体的实现,这样的类就被称为抽象类(abstract class)。显然,抽象类至少带有一个纯虚函数。

抽象类不能被用来声明对象(即不能实例化),只是被作为基类使用,因此,抽象类又被称为抽象基类(abstract base class)。抽象基类只提供了一个框架,为一个类族建立了一个公共的接口,而接口具体的实现由派生类去完成。在一般的类库中都使用了抽象基类,如类 CObject 就是微软基础类库 MFC 的抽象基类。

与一般基类一样,可以声明抽象类的指针和引用,这样通过指针或引用可以访问派生类的对象,并调用派生类的成员函数,从而实现虚函数的运行时多态。

值得说明的是,当基类是抽象类时,只有在派生类中对基类所有的纯虚函数给出具体实现代码,该派生类才不会再成为抽象类。

例 4-13 纯虚函数和抽象类的使用。

```cpp
#include  <iostream.h>
class CShape {                              // 定义抽象基类
protected:
    double s;
public:
    CShape() { s=0; }
    virtual double area()=0;                // 声明纯虚函数
};
class CCircle : public CShape {             // 定义具体的派生类
private:
    double r;
public:
    CCircle(double x) { r=x; }
    double area()                           // 定义虚函数
    {
        s=3.14159 * r * r;
        return s;
    }
};
void main()
{
    CShape * pCShape;                       // 可以声明指向抽象类的指针
    CCircle circle(45);
    pCShape=&circle;
    cout<<"area="<<pCShape->area()<<endl;
}
```

到此关于纯虚函数可能会产生一个误解：基类不能给出纯虚函数的实现代码。但实际上仍然允许为基类的纯虚函数给出具体的实现，如在例 4-13 中，可以在 CShape 类体外，以 CShape::area() 的形式给出纯虚函数 area() 的函数实现。注意，即使基类定义了纯虚函数的实现代码，在派生类中也必须对纯虚函数进行覆盖。否则，无法实现派生类的实例化，因为派生类仍是一个抽象类。

定义纯虚函数的主要目的是为了定义抽象类。若要定义一个抽象类，必须为类定义一个纯虚函数。如果类中没有合适的函数可以作为纯虚函数的话，可以把析构函数声明为纯虚函数。但是，类似于"virtual~CShape()=0"的纯虚析构函数的声明语句不能通过编译。因为构造函数、析构函数与其他成员函数不一样，当创建派生类对象时自动调用基类的构造函数，当派生类对象消除时自动调用基类的析构函数。因此，虽然析构函数可以是纯虚函数，但纯虚析构函数必须有具体的函数实现代码。这一点也并不违背纯虚函数的定义要求。当然，根据语法要求，不能将纯虚析构函数的定义直接放在类体中，而应该在类体外定义纯虚析构函数的实现代码。

例 4-14 定义一个含有纯虚析构函数的抽象类。

```
class CShape {                          // 定义抽象类
protected:
    double s;
public:
    CShape() { s=0; }
    virtual ~CShape() =0;               // 声明纯虚析构函数
    virtual double area() { return s; } // 函数体为空的虚函数
};
CShape::~CShape() {   }                 // 纯虚(析构)函数可以有实现代码
```

4.3   重载

重载包括函数重载（function overload）和运算符重载（operator overload）。区别于虚函数的运行时多态，重载体现了编译时多态，即在函数名（包括运算符）相同的情况下，编译器在编译阶段就能够根据不同的函数参数类型确定对应的函数。

4.3.1   函数重载

所谓函数重载，是指不同的函数可以拥有相同的函数名。即使重载的多个函数的函数名相同，编译器也能根据函数的参数类型的不同识别不同的函数。通过函数重载机制可以利用一个函数名定义多个函数，只不过要求这些函数的参数类型有所不同。函数重载机制提高了程序命名的统一性，使程序具有更好的可扩充性。

例 4-15 C++ 函数库中的求绝对值函数 abs()采用了函数重载机制,可以对 int、long 和 float 等数据类型的参数求绝对值。

```
#include <iostream.h>
int abs(int val)
{
    return (val<0) ?-val : val;
}
long abs(long val)
{
    return (val<0) ?-val : val;
}
float abs(float val)
{
    return (val<0) ?-val : val;
}
void main()
{
    int i=100;
    cout<<abs(i)<<endl;                      // int 型
    long l=-12345L;
    cout<<abs(l)<<endl;                      // long 型
    float f=-125.78F;
    cout<<abs(f)<<endl;                      // float 型
}
```

在例 4-15 中,3 个求绝对值函数的函数名相同,但参数类型不同,这时编译器能够根据不同的参数类型分别联编不同的函数。如果一组函数的功能类似(如求绝对值、求最大值、求平方等),但具体实现代码不同,就可以采用函数重载的方法设计函数。

值得注意的是,不能利用函数返回类型的不同来进行函数重载,因为在调用函数时无法根据函数的返回类型确定要调用的函数。例如,以下函数重载是非法的:

```
long abc(int);
float abc(int);
```

也不能利用函数参数的引用进行函数重载,下面的函数重载也是非法的:

```
void fun(int&);
void fun(int);
```

因为对于下面的函数调用语句,编译器无法决定要调用哪一个函数。

```
fun(i);                                   // i是一个整型变量
```

成员函数也可以重载,特别是构造函数的重载给类的定义带来很大的灵活性。当想用几种不同方法构建对象时,可以重载构造函数,为对象提供多种初始化方式。

例 4-16 构造函数的重载。

```
#include <iostream.h>
class Box {
private:
    int height, width, depth;
public:
    Box() { height=0; width=0; depth=0; }    // 避免给成员变量赋不安全的值
    Box(int ht, int wd, int dp)              // 重载构造函数
    { height=ht; width=wd; depth=dp; }
    int volume() { return height * width * depth; }
};
void main()
{
    Box box1;                                // 调用不带参数的构造函数
    Box box2(10, 15, 20);                    // 调用带参数的构造函数
    cout<<"volume1="<<box1.volume()<<", volume2="<<box2.volume()<<endl;
}
```

程序运行结果如下:

```
volume1=0,volume2=3000
```

在例 4-16 的程序中,类 Box 有两个构造函数。第一个构造函数不带参数,但利用默认值(如 0)初始化对象,以避免在调用成员函数 volume()时出现不合理的结果;第二个构造函数使用参数值初始化对象。这两个构造函数也可以合二为一,用一个构造函数实现,就像例题 4-3 中类 Point 和类 Circle 的构造函数那样。

const 声明可以用于成员函数的重载,例如,以下两个重载函数是合法的:

```
void print();
void print() const;
```

常成员函数和普通成员函数可以以重载的形式共存,具体是调用常成员函数还是调用普通成员函数,取决于调用者的类型。如果调用者是常对象或者常成员函数,调用的是常成员函数,否则调用的是普通成员函数。

例 4-17 常成员函数和普通成员函数的重载。

```
#include <iostream.h>
class Test {
public:
    void print() const;
    void print();
};
void Test::print() const
{
    cout<<"const print!"<<endl;
}
void Test::print()
{
    cout<<"print!"<<endl;
}
void main()
{
    const Test a;
    a.print();                          // 常对象调用的是常成员函数
    Test b;
    b.print();                          // 一般对象调用的是普通成员函数
}
```

程序运行结果如下:

```
const print!
print!
```

4.3.2 运算符重载

运算符重载就是对已有的运算符赋予多重含义,即对于不同类型的操作数,同一个运算符所表示的运算功能可以不同。运算符重载与函数重载实质是一样的,因为一个运算符完成的运算功能实际上是通过一个函数(称为运算符函数)实现的,进行运算就是调用一个运算符函数。

C++语言定义了+、-、*、/、++等运算符,但参加运算的操作数都是基本数据类型的数据。如果要对类的对象进行上述运算,就可以根据重载机制对某个运算符重新进行定义。例如,如果以一个名为 A 的类作为数据类型,对运算符"+"进行重载,即根据重载机制定义一个加法运算符函数,然后就可以对 A 的两个对象 obj1 和 obj2 进行加法运算,表达式 obj1+obj2 就被赋予了新的含义。虽然重载的运算符实现的功能也可以用一个一般的函数来完成,但运算符重载使程序更直观和更易于理解。

与函数重载类似,编译器是根据参加运算的操作数的类型来识别不同的运算。
例如,对于表达式"10+20",编译器将它看成如下的函数调用

```
int operator+(10, 20);                       // 参加运算的数是 int 型
```

而对于表达式"10.0+20.0",编译器将它看成如下的函数调用

```
float operator+(10.0, 20.0);                 // 参加运算的数是 double 型
```

可以将 operator+() 看成一个运算符函数,这些同名的运算符函数根据不同类型的
操作数完成不同的加法运算。

重载一个运算符,就是重新定义一个运算符函数,其一般形式如下:

```
<函数类型>  operator<运算符>(<形参表>)
{
    <函数体>
}
```

其中,<函数类型>表示运算结果的类型,<运算符>是要重载的运算符的名称,如+、
-、*、/、++等,<形参表>代表参加运算的操作数。

虽然运算符重载与函数重载实质相同,但运算符重载要比函数重载复杂得多。可以
采用普通函数的形式重载运算符(如例 4-18),也可以采用成员函数的形式重载运算符
(如例 4-19),两种方法的函数参数设置有所不同。此外,对单目运算++和--进行重
载时,如何区分前缀和后缀也是一个要注意的问题(见例 4-20)。

例 4-18 定义复数类型,采用普通函数的形式重载运算符"+"。

```
#include <iostream.h>
class Complex {
public:                              // 声明为公有成员,以便运算符函数(非成员函数)访问
    float r;                                 // 实部
    float i;                                 // 虚部
public:
    Complex(float x=0, float y=0) { r=x; i=y; }
};
Complex operator+(Complex c1 , Complex c2)    // 利用普通函数重载运算符
{
    Complex temp;
    temp.r=c1.r+c2.r;
    temp.i=c1.i+c2.i;
    return temp;
}
```

```
void main()
{
    Complex complex1(3.56f, 3.8f), complex2(12.8f, -5.2f);
    Complex complex;
    complex=complex1+complex2;    // 相当于 complex=operator+ (complex1, complex2);
    if(complex.i>0)                    // 输出实部和虚部,注意虚部的符号
        cout<<complex.r<<'+'<<complex.i<<'i'<<endl;
    else   if(complex.i<0)
        cout<<complex.r<<complex.i<<'i'<<endl;
    else
        cout<<complex.r<<endl;
}
```

程序运行结果如下:

```
16.36-1.4 i
```

在例 4-18 中,如果类 Complex 的数据成员 r 和 i 不是 public 属性,由于普通函数不能访问类的非公有成员,因此必须在类 Complex 中将运算符函数 operator+()声明为该类的友元函数,或者采用成员函数的形式重载运算符。

例 4-19 改写例 4-18 中的程序,采用成员函数的形式重载运算符。

```
#include <iostream.h>
class Complex {
private:                            // 声明为私有成员,可以在成员函数(运算符函数)中访问
    float r;                        // 实部
    float i;                        // 虚部
public:
    Complex(float x=0, float y=0) { r=x; i=y; }
    Complex operator+ (Complex);
    void display()                  // 输出实部和虚部,注意虚部的符号
    {
        if(i>0)
            cout<<r<<'+'<<i<<'i'<<endl;
        else   if(i<0)
            cout<<r<<i<<'i'<<endl;
        else
            cout<<r<<endl;
    };
};
Complex Complex :: operator+ (Complex other)    // 利用成员函数重载运算符
```

```
{
    Complex temp;
    temp.r=this->r+other.r;          // 可以省略 this 指针
    temp.i=this->i+other.i;
    return temp;
}
void main()
{
    Complex complex1(3.56f, 3.8f), complex2(12.8f, -5.2f);
    Complex complex;
    complex=complex1+complex2;        // 相当于 complex=complex1.operator+ (complex2);
    complex.display();
}
```

例 4-19 与例 4-18 所采用的方法有所不同,当利用非成员函数重载双目运算符时,运算符函数的第一个参数代表运算符左边的操作数,运算符函数的第二个参数代表运算符右边的操作数。当利用成员函数重载双目运算符时,运算符左边的操作数就是对象本身,不需要再将它作为运算符函数的参数,这时运算符函数只需要一个参数。

对于 C++ 中的"＋＋"和"－－"运算符,进行重载时要考虑前缀和后缀两种形式。当利用成员函数重载"＋＋"和"－－"运算符时,前缀运算符函数没有参数。但为了区别于前缀运算,后缀运算符函数要带一个参数。并且,对于后缀运算,必须返回运算之前原来的对象值,因此,需要声明一个临时变量,用来存放原来的对象值。

例 4-20　采用成员函数的形式重载单目运算符"＋＋"。

```
#include <iostream.h>
class Counter {
private:
    int value;
public:
    Counter() {value=0;}
    Counter operator++();                 // 前缀运算符
    Counter operator++(int);              // 后缀运算符
    void display()
    { cout<<"the value is: "<<value<<endl; }
};
Counter Counter :: operator++()
{
    value++;
    return * this;                        // 前缀运算变量值与返回值均加 1
```

```
}
Counter Counter :: operator++(int i)          // 参数 i 没有使用,只是用来区别前缀运算符
{
    Counter temp;
    temp.value=value++;
    return temp;                              // 后缀运算变量值加 1,返回值不变
}
void main()
{
    Counter obj1, obj2;
    obj2=obj1++;                              // 相当于 obj2=obj1.operator++(0);
    obj1.display();
    obj2.display();
    obj2=++obj1;                              // 相当于 obj2=obj1.operator++();
    obj1.display();
    obj2.display();
}
```

程序运行结果如下:

```
the value is: 1
the value is: 0
the value is: 2
the value is: 2
```

C++ 的数组没有越界检查功能,程序运行后如果发生数组越界错误,就可能出现不良后果,甚至造成系统崩溃。为了避免越界错误的发生,可以利用 C++ 类定义一个更安全的数组类型,这时需要对下标运算符"[ ]"进行重载,以排除越界的可能。注意,不能把下标运算符函数作为普通函数来定义,只能定义为一个类的成员函数。

例 4-21 定义一个数组类,对下标运算符"[ ]"进行重载。

```
#include <iostream.h>
#include <cstdlib>                            // 用于调用函数 exit()
class Integer {                               // 定义一个整数数组类
private:
    int * array;
    int len;
public:
    Integer(int size)
    {
        len=size;
```

```
            array=new int[size];
        }
        int& operator[ ](int i);          // 重载运算符"[ ]"
        ~Integer()
        {
            delete [ ]array;
        }
    };
    int& Integer::operator[](int i)       // 引用作为重载运算符函数的返回值类型,用于赋值
    {
        if(i<0 || i>len-1)
        {
            cout<<"error: leap the pale !"<<endl;      // 提示错误:数组越界
            exit(1);                      // 退出程序
        }
        return array[i];                  // "[ ]"运算成功,返回所访问的元素
    }
    void main()
    {
        Integer arr(10);                  // 声明一个自定义的整型数组
        for (int i=0; i<10; i++)
        {
            arr[i]=i+1;        // 使用引用作为重载返回值:可以进行左值(赋值)运算;否则不能
            cout<<arr[i]<<' ';
        }
        cout<<endl;
        cout<<arr[i]<<endl;               // 下标越界(i=10),重载运算符函数提示运行错误
    }
```

程序运行结果如下:

```
1 2 3 4 5 6 7 8 9 10
error: leap the pale !
```

例 4-21 定义了整型数组类 Integer,其中对下标运算符进行了重载,实现了下标越界检查机制。例如,当 i=10 时,下标超过数组的下界,对元素 arr[i] 的访问是非法的,运算符函数会提示越界错误,并提前结束程序,以避免异常情况发生。注意,一般将重载运算符函数的返回值声明为引用形式,以便能够对数组元素赋值;否则,不能对数组进行左值运算(作为赋值运算符的左值变量),如例 4-21 中的表达式 arr[i]=i+1。

运算符重载有以下限制:只能对 C++ 中已有的运算符进行重载,不可臆造新的运算

符;不能改变运算符操作数的个数;不能改变运算符原有的优先级和结合性。C++中大多数运算符都可以重载,但有些运算符不允许重载,包括成员运算符"."、成员指针运算符". *"、作用域限定符"::"和条件运算符"? :"等。微软基础类库 MFC 对一些运算符进行了重载,例如,类 CString 重载了运算符＋、＝、＝＝和!＝等。

4.4　模板

模板(template)是一个将数据类型参数化的程序设计工具,提供了一种将代码与数据类型相脱离的机制,即代码不受具体的数据类型的影响。模板包括函数模板(function template)和类模板(class template),在定义函数模板或类模板时不说明某些函数参数或数据成员的类型,而将它们的数据类型作为模板参数。在使用模板时再根据实参的数据类型确定模板参数(即数据类型)。模板在最大程度上实现了代码可重用,特别是当函数参数或数据成员的类型多样而函数或类的功能相同时。

4.4.1　函数模板

由 4.3.1 节知道,利用函数重载可以让多个函数共享一个函数名,但由于函数的参数类型不一样,即使重载的函数的功能完全一样,也必须为每一个函数重复编写代码。例如,例 4-15 中 3 个名为 abs 的函数都是用于求绝对值,但由于不同函数的参数类型不同,即使重载的函数的执行代码一样,也必须单独编写每一个函数。为了解决这种函数代码的重复问题,C++提供了函数模板。

函数模板是一种不说明某些形参的数据类型的函数。例如,下面定义了一个可对任何类型 T 的参数 val 进行操作(求绝对值)的函数模板。

```
template  <class T>                    // 或 template  <typename T>
T abs(T val)
{
    return val<0 ?-val : val;
}
```

其中,模板定义的第一条语句以关键字 template 开头,关键字 class(或 typename)表示其后的标识符 T 是模板参数(类型参数),用来指定函数模板 abs()中形参 val 的数据类型;随后是函数模板 abs()的定义。参数化的数据类型 T 可以用来声明函数形参和函数返回值,在函数体中还可以用来声明局部变量。

对于每一条函数模板调用语句,编译器根据函数实参的数据类型确定模板参数 T 的类型,并自动生成一个对应的函数,即模板函数。模板参数的类型不同,生成的模板函数也不同。因此,模板体现了一种参数化多态。

例 4-22　函数模板的定义和使用。

```cpp
#include <iostream.h>
template  <class T>                 // 声明模板和参数 T
T abs(T val)                        // 定义函数模板
{
    return val<0 ?-val : val;
}
void main()
{
    int i=100;
    cout<<abs(i)<<endl;            // 类型参数 T 被替换为 int
    long l=-12345L;
    cout<<abs(l)<<endl;            // 类型参数 T 被替换为 long
    float f=-125.78F;
    cout<<abs(f)<<endl;            // 类型参数 T 被替换为 float
}
```

　　函数模板将数据类型参数化,这使得在程序中能够使用不同类型的实参调用同一个函数模板。编译器编译时,为每一条函数模板调用语句生成函数模板的一个实例(模板函数),这个过程称为函数模板的实例化。函数模板本身并不产生可执行代码,只有在函数模板被实例化时,编译器才根据实参的数据类型进行类型参数的替换(这一点与宏有些类似),生成一个真正的函数,然后再对这个函数进行编译。

　　定义函数模板时也可以使用多个类型参数,这时,每个类型参数前面都要加上关键字 class 或 typename,其间用逗号分隔,形式如下所示:

template <class T1,class T2,class T3>

例 4-23　使用多个类型参数的函数模板。

```cpp
#include <iostream.h>
template <class T1, class T2>      // 两个类型参数 T1 和 T2
T1 Max( T1 x, T2 y)
{
    return x>=y ?x : (T1)y;
}
void main()
{
    int i=100;
    float f=127.25F;
    cout<<Max(i, f)<<endl;         // 类型参数 T1 替换为 int,T2 替换为 float
}
```

4.4.2 类模板

作为函数模板的推广,类模板是这样一种通用的类:在定义类时不说明某些数据成员、成员函数的形参及返回值的数据类型。类是对对象的抽象,而类模板是对类的抽象,即更高层次上的抽象。类模板被称为带参数(或参数化)的类,也被称为类工厂(class factory)。类模板通过实例化可以生成类的成员相同,而其中某些数据成员、成员函数的参数及返回值的数据类型不同的多个类。

为了实现模板的功能,与函数模板一样,定义类模板时必须将某些数据类型作为类模板的类型参数。而模板类的实现代码与普通类没有实质区别,只是在定义其成员时要用到类模板的类型参数。以下定义了含有一个类型参数 T 的类模板:

```
template <class T>                    // 或写成 template <typename T>
class MyTemClass {
private:
    T x;                              // 类型参数 T 用于声明数据成员
public:
    void SetX(T a) { x=a; }           // 类型参数 T 用于声明成员函数的参数
    T GetX() { return x; }            // 类型参数 T 用于声明成员函数的返回值
};
```

如果在模板类的外部定义模板类的成员函数,必须采用如下形式:

```
template <class T>                    // 不能省略 template 模板声明
void MyTemClass <T>:: SetX(T a)
{
    x=a;
}
```

与函数模板不同,类模板不是通过调用函数时实参的数据类型来确定类型参数的数据类型,而是通过使用类模板声明对象时所给出的实际数据类型来确定类型参数的数据类型。

以下语句利用类型参数为 int 的类模板声明了一个对象 intObject:

```
MyTemClass<int>  intObject;
```

对于上面的对象声明,编译器首先用 int 替换类模板中的类型参数 T,生成一个所有数据类型已确定的类(模板类),然后再利用这个类声明一个对象。

定义类模板时同样可以使用多个类型参数,并且类模板的类型参数表可以含有已确定类型的参数,其形式如下所示:

```
template <class T1,int i,class T2>    // 含有已确定类型 int 参数 i
```

```
class MyTemClass {
    ...                                      // 类模板的成员声明
}
```

对于这种含有已确定类型的参数的类模板,声明对象时必须给出已确定类型参数的具体值,其形式如下所示:

```
MyTemClass<int, 100, float>  MyObject;
```

例 4-24　使用多个类型参数的类模板。

```
#include <iostream.h>
template <class T1, class T2>        // 使用 2 个类型参数
class MyTemClass {                   // 定义类模板
private:
    T1 x;
    T2 y;
public:
    MyTemClass(T1 a, T2 b)          // 构造函数
    {
        x=a;
        y=b;
    }
    void ShowMax()                  // 输出最大的数据成员
    {
        cout<<"MaxMember="<<(x>=y? x:y)<<endl;
    }
};
void main()
{
    int a=100;
    float b=123.45F;
    MyTemClass<int, float>mt(a, b);  // 声明类模板的对象
    mt.ShowMax();
}
```

类模板可以作为基类使用,也可以作为派生类的方式进行定义。本节只是简单说明了类模板的使用方法,在实际应用中,可以利用类模板定义一些复杂的数据结构,如栈和队列、数组、链表等,有兴趣的读者可以阅读相关的书籍。需要说明一点,模板也存在弊端,大量使用模板可能导致代码膨胀。

标准 C++ 库大量使用了模板,如 C++ 标准模板库 STL(Standard Template Library)。模

板是泛型程序设计(generic programming)的基础,所谓泛型程序设计就是以独立于任何数据类型的形式编写代码。STL 就是泛型程序设计的一个典型代表。

4.5 Microsoft Visual C++ 的语法扩充

经过多年的发展,C++ 出现了很多版本,一些公司也推出了自己的 C++ 编译器。Microsoft 公司最早推出的 C++ 编译器是 Microsoft C++(1.0～8.0 版)。1993 年,Microsoft 公司发布了第一个可视化编译器 Visual C++ 1.0,以后又不断推陈出新,1998 年发布了 Visual C++ 6.0,2001 年发布了 Visual C++ 7.0(即 Visual C++ .NET),2015 年发布了 Visual C++ 2015(目前最新的稳定版本)。1998 年美国国家标准化协会(ANSI)和国际标准组织(ISO)联合正式制定了 C++ 国际标准,Visual C++ 编译器除了遵循一般的 C++ 标准,还结合自己的开发环境、工具和 MFC 类对 C++ 语法进行了一些扩充。

4.5.1 Visual C++ 扩充定义的数据类型

除了 C++ 规定的数据类型,考虑到 Windows 编程环境,Visual C++ 扩充定义了一些新的数据类型。为了保持一致性,API 应用程序和 MFC 应用程序中所用到的数据类型基本相同。一般而言,Visual C++ 的指针数据类型以 P 或 LP 作为前缀,句柄类型以 H 作为前缀。表 4-1 列出了常用的 Visual C++ 扩充定义的数据类型。

表 4-1　Visual C++ 扩充定义的数据类型

数 据 类 型	说　　明
FAR	对应于 far
NEAR	对应于 near
CONST	对应于 const,常量
BOOL	布尔类型,值为 TRUE(真)或 FALSE(假)
UINT	32 位无符号整型,对应于 unsigned int
BYTE	8 位无符号整型,对应于 unsigned char
WORD	16 位无符号整型,对应于 unsigned short int
DWORD	32 位无符号长整型,对应于 unsigned long int
SHORT	短整型
LONG	32 位长整型,对应于 long
LONGLONG	64 位长整型

续表

数 据 类 型	说 明
FLOAT	浮点型，对应于 float
CHAR	Windows 字符
VOID	任意类型
BSTR	32 位字符指针
LPCSTR	32 位字符串指针，指向一个常数字符串
LPSTR	32 位字符串指针
LPCTSTR	32 位字符串指针，指向一个常数字符串，用于移植到双字节字符集
LPTSTR	32 位字符串指针，用于移植到双字节字符集
LPVOID	32 位指针，指向一个未定义类型的数据
LPARAM	32 位消息参数，作为窗口函数或回调函数（call back）的参数
LPRESULT	32 位数值，作为窗口函数或回调函数（call back）的返回值
LPCRECT	32 位指针，指向一个 RECT 结构体的常量
PROC	指向回调函数的指针
WNDPROC	32 位指针，指向一个窗口函数
WPARAM	16 位或 32 位数值，作为窗口函数或回调函数（call back）的参数
HANDLE	对象句柄，其他还有 HPEN、HWND、HCURSOR、HDC、HFILE
COLORREF	32 位数值，代表一个颜色值

4.5.2 Visual C++ 运行库

运行库（run-time library）是程序在运行时所需要的库文件，它提供了诸如 printf()、sqrt()、strcpy()、strlen()、cin 和 cout 之类的标准函数和运算。Visual C++ 6.0 可以使用的运行库包括 C 运行库（C run-time library）、标准 C++ 库（standard C++ library）和旧 iostream 库（old iostream library）。Microsoft 公司的《Visual C++ 6.0 运行库参考手册》对 Visual C++ 的库函数给出了详细的说明。

在标准 C++ 推出以前，C++ I/O 操作使用旧 iostream 库。在 1998 年标准 C++ 推出以后，新 iostream 库和其他许多函数存放于标准 C++ 库，标准 C++ 库可以替代旧的库文件。为了区别于旧库的头文件，标准 C++ 库头文件名没有扩展名 h。标准 C++ 库引入了命名空间（namespace）的概念，必须通过 using 语句使用命名空间（见 2.6.4 节）。

根据用户程序包含的头文件可以确定是链接到旧库还是标准 C++ 库。例如,以下的文件包含指令包含一个带扩展名 h 的头文件(第 2、3、4 章中的大部分例题都是使用这种头文件),在链接时 Visual C++ 将自动链接到旧 iostream 库。

```
#include <iostream.h>                // 包含旧 iostream 库的头文件
```

以下文件包含指令包含一个不带扩展名 h 的头文件,并使用了命名空间 std,在链接时 Visual C++ 将自动链接到标准 C++ 库。

```
#include <iostream>                  // 包含新 iostream 库的头文件
using namespace std                  // 在命名空间 std 中使用新 iostream 库
```

如果要使用标准 C++ 类,必须通过命名空间 std 使用标准 C++ 库。例如,如果要使用标准 C++ 的 string 类,必须包含头文件 string 并使用命名空间 std,而不是包含 C 运行库中的头文件 string. h。两者的功能代码不一样。

运行库有静态链接库(Static Link Library,SLL)和动态链接库(Dynamics Link Library,DLL)两种类型(见 10.2 节)。静态链接库是文件扩展名为 lib 的文件(如 libc. lib),其中定义了供程序调用的一些函数。在编译、链接时,静态链接库就与程序相链接,因此,在编译、链接时就需要提供 LIB 文件。

区别于静态链接库,动态链接库是在程序运行时才与程序相链接。动态链接库文件的扩展名一般为 dll(如 msvcrt. dll),也可以是 exe、drv、ocx、sys 等(如 gdi. exe、sound. drv、comdlg32. ocx、win32k. sys)。对于动态链接库,在编译、链接时不需要 DLL 文件,只需要提供动态链接库的导入库文件。导入库文件的扩展名也是 lib,但它与静态链接库 LIB 文件有很大区别。导入库文件是用于链接 DLL 库的关联文件,其中没有定义函数代码,只保存有函数的入口地址,进行链接时帮助链接器找到 DLL 库中对应的函数。

Visual C++ 运行库和导入库文件如表 4-2 所示,可以利用 Visual C++ 集成开发环境设置表 4-2 所示的编译选项。执行 Project | Settings 命令,在 C/C++ 页面的 Category 下拉列表框选择 Code Generation 项,在 Use run-time library 下拉列表框可选择设置 Visual C++ 编译器默认的选项,如 Single-Threaded(单线程静态库)、Multithreaded(多线程静态库)、Multithreaded DLL(多线程动态链接库)和 Debug Multithreaded DLL(调试版多线程动态链接库)等,在 Project Options 框将显示这些设置。

表 4-2 所列的运行库用于生成发布版(release)程序。此外,Visual C++ 还提供了调试版运行库(run-time debug libraries),包括调试版 C 运行库、调试版标准 C++ 库和调试版 iostream 库。调试版运行库支持在调试程序时能够进入运行库函数,并提供了各种工具用于跟踪、分配、检测内存漏损和其他内存处理。调试版运行库和导入库的文件名是在一般库文件名后加上字符"d",如 libcd. lib、libcpmtd. lib 和 msvcirtd. lib 等,编译选项相应改为/MLd、/MTd 和/MDd。

表 4-2　Visual C++ 运行库和导入库文件

文 件 名	说　　明	编译选项
libc. lib	单线程静态库(C 运行库)	/ML
libcmt. lib	多线程静态库(C 运行库)	/MT
msvcrt. lib	多线程动态链接库 msvcrt. dll 的导入库(C 运行库)	/MD
libcp. lib	单线程静态库(标准 C++ 库)	/ML
libcpmt. lib	多线程静态库(标准 C++ 库)	/MT
msvcprt. lib	多线程动态链接库 msvcprt. dll 的导入库(标准 C++ 库)	/MD
libci. lib	单线程静态库(旧 iostream 库)	/ML
libcimt. lib	多线程静态库(旧 iostream 库)	/MT
msvcirt. lib	多线程动态链接库 msvcirt. dll 的导入库(旧 iostream 库)	/MD

4.5.3　运行时类型识别

运行时类型识别(Run-Time Type Information,RTTI)是这样一种机制:在程序运行时可以确定一个对象(变量)的类型。RTTI 主要有以下两种应用:使用 dynamic_cast 运算符确定一个基类指针是否指向派生类对象;使用 typeid 运算符确定指针所指类型。

dynamic_cast 运算符的使用形式如下:

dynamic_cast<指针类型>(<指针>)

其中,<指针类型>是类的指针、引用或 void * 类型,<指针>是一个指针变量或引用。该运算符的功能是将一个<指针>变量转换成<指针类型>所规定的类型,但实现这种转换需要一定的条件。如果<指针>的类型是<指针类型>的基类指针,该运算符检查<指针>是否指向<指针类型>的一个对象(派生类),如果是,运算后得到一个<指针类型>的指针,并且该指针仍然指向<指针>所指对象;否则,运算结果为 NULL(空)。值得说明的是,只有定义了虚函数的多态类才能使用 dynamic_cast 运算符。

例 4-25　使用 dynamic_cast 运算符检查一个基类指针是否指向其派生类对象。

```
#include <iostream.h>
class A {
public:
    virtual void f1() {   };              // 多态类才能使用 dynamic_cast 运算符
};
class B : public A {
```

```
public:
    void f1() {  };
};
void main()
{
    A * pAA=new A;                        // 基类指针 pAA 指向基类对象
    A * pAB=new B;                        // 基类指针 pAB 指向派生类对象
    B * pB1=dynamic_cast<B * >(pAA);      // 运算结果 pB1 等于 NULL
    B * pB2=dynamic_cast<B * >(pAB);      // 运算结果 pB2 等于 pAB
    cout<<"pB1="<<pB1<<", pB2="<<pB2<<endl;
}
```

指针 pAA 和 pAB 的类型都是基类 A 的指针,根据 dynamic_cast 运算的条件,pAA 没有指向一个派生类 B 的对象,因此,对 pAA 的运算结果为 NULL();而 pAB 指向了一个派生类 B 的对象,因此,对 pAB 的运算结果为 pAB 的值(赋值给 pB2)。当然,对于不同的计算机或不同的系统配置,pAB 有不同的地址值。

要使用 RTTI,需要设置编译选项/GR。在 Visual C++ IDE 中执行命令选项 Project|Settings|C/C++ |Category|C++ Language,选择 Enable Run-Time Type Information 项。然后执行 Build 命令对程序进行编译、链接,生成可执行程序。

在某种系统配置下,例 4-25 的程序运行结果如下:

```
pB1=0x00000000,pB2=0x00431E00
```

RTTI 的第二个应用是 typeid 运算符。typeid 比 dynamic_cast 功能更强,利用 typeid 运算符不仅可以确定一个对象是否属于类继承层次中的某个类,还可以确定程序运行时一个对象的类型。参加 typeid 运算的可以是变量、常量和数据类型。typeid 运算将类型信息保存在一个名为 type_info 的类中,运算结果是 type_info 类对象的常引用。

例 4-26 使用 typeid 运算符确定一个对象的实际类型。

```
#include <typeinfo.h>                    // 为了使用 typeid 运算符,必须包含该头文件
#include <iostream.h>
class Base     {                         // 确定多态类的继承关系,需要设置编译选项/GR
    virtual void fun() {   }
};
class Derived : public Base
{ };
void main()
{
    Derived deri;
```

```
Derived* pDeri=&deri;
Base* pBase=&deri;
cout<<typeid(pDeri).name()<<endl;
cout<<typeid(*pDeri).name()<<endl;
cout<<typeid(pBase).name()<<endl;                // 输出指针的类型
cout<<typeid(*pBase).name()<<endl;               // 输出指针所指对象的类型
cout<<typeid(deri).name()<<endl;                 // 输出对象的类型
int i=12345;
cout<<typeid(i).name()<<endl;                    // 输出变量的类型
if(typeid(i)!=typeid(float))                     // 判断对象的类型是否是 float
    cout<<"Type of i is not float."<<endl;
if(typeid(i)==typeid(int))                       // 判断对象的类型是否是 int
    cout<<"Type of i is int."<<endl;
if(typeid(i)==typeid(123))                       // 判断对象的类型是否是 int
    cout<<"Type of i is int."<<endl;
}
```

注意：使用 typeid 运算符必须包含头文件 typeinfo.h。如果利用 typeid 运算符确定多态类的继承关系,同样需要设置编译选项/GR。

程序运行结果如下：

```
class Derived *
class Derived
class Base *
class Derived
class Derived
int
Type of i is not float.
Type of i is int.
Type of i is int.
```

运行时类型识别(RTTI)机制在较先进的编译器如 Visual C++ 和 Borland C++ 中才得到支持,但微软基础类 MFC 并未使用 Visual C++ 所支持的 RTTI,它有自己的一套方法。MFC 提供了有关运行时类型识别的宏,其详细内容见 8.5 节。

4.5.4 编程规范

为了易于阅读和理解源程序,Visual C++ 源程序中变量的取名一般采用匈牙利表示法则(因 Microsoft 公司一位程序员的国籍而得名)。该法则要求每一个变量名都要有一个前缀,用于表示变量的数据类型,其后是能够体现变量含义的一串字符。例如,前缀 n

表示整型变量,前缀 sz 表示以 0 结束的字符串变量,前缀 lp 表示长指针变量。这些前缀还可以组合起来使用。前缀一般是小写字母,前缀后的第一个字母要大写。例如,nWidth 表示一个存放宽度的整型变量,lpszName 表示一个存放姓名的字符串指针变量。

在给类和成员变量取名时也使用特定的前缀,类一般以大写字母 C 作为前缀,成员变量一般以 m_作为前缀。例如,CView 是一个类(视图类),m_xStart 是一个类的整型成员变量(起点的 X 坐标)。此外,MFC 应用程序中常见的前缀 AFX(Application FrameWorks)表示与应用程序框架有关。表 4-3 列出了 Visual C++ 中常用的前缀。

表 4-3 Visual C++ 中的前缀及说明

前　　缀	表示的类型	例　　子
a	数组变量	aScore[50]
b	布尔变量	bFlag, bIsEnd
c	字符变量	cSex
n, i	整型变量	nWidth, iNum
x, y	无符号整型变量(X、Y 坐标)	xStart, yPos
s	字符串变量	sMyName
sz	以 0 结束的字符串变量	szMyName
p	指针变量	pszString, pMyDlg
lp	长指针变量	lpszMyname
h	句柄	hWnd, hPen, hDlg
fn	函数	fnCallBack()
m_	类的成员变量	m_xStart
C	类	CDialog, CView, CMysdiApp, CRuntimeClass
Afx, afx, AFX	应用程序框架	AfxGetApp(), afx_msg, AFX_IDS_APP_TITLE
ID*_	资源标识	ID_, IDD_, IDC_, IDB_, IDI_

习　　题

问答题

4-1　类的继承方式有哪 3 种? 试比较这 3 种继承方式之间的差别。

4-2　在例 4-2 中,如果派生类 B 没有重新定义函数 show(),程序运行结果如何?

4-3　假设派生类与基类某个成员函数的名称和形参表都相同,如果想在派生类的成员函数中调用基类的同名成员函数,有什么办法?

4-4　派生类构造函数和基类构造函数之间有什么关系? 派生类构造函数调用基类构造函数有哪两种方式? 它们的调用顺序是怎样的?

4-5　什么是多继承? 使用多继承会有什么问题? 如何定义多继承的派生类?

4-6　在多继承方式下,派生类构造函数和析构函数的调用顺序是怎样的?

4-7　什么是虚基类? 它有什么作用? 如何使用虚基类?

4-8　什么是多态? 多态分为哪两种? 请简述这两种多态的区别。

4-9　当基类指针指向派生类对象时,通过该指针可以访问派生类的哪些成员? C++ 允许基类指针指向派生类对象有何实际意义?

4-10　什么是虚函数? 虚函数与成员函数的覆盖有什么异同?

4-11　什么是静态联编? 什么是动态联编? 它们分别在什么情况下被采用?

4-12　构造函数和析构函数能否被定义为虚函数? 请阐述理由。

4-13　什么是抽象基类? 什么是纯虚函数? 在 C++ 中如何定义它们?

4-14　如果基类是一个抽象类,声明一个派生类的对象的同时是否也自动声明了一个基类的对象? 请说出理由。

4-15　析构函数是否可以被定义为纯虚函数? 如果可以,如何定义纯虚析构函数?

4-16　一个非抽象类能否派生出一个抽象类? 请举例说明。

4-17　什么是重载? C++ 重载分为哪几种? 它们之间有什么联系和区别?

4-18　有两个函数,其中一个函数的参数是 float 型,另一个函数的参数是 float 引用型,能否采用函数重载的方法定义这两个函数?

4-19　非成员函数重载运算符和成员函数重载运算符有什么不同之处?

4-20　什么是模板? 什么是模板的类型参数? 使用模板有什么优越性?

4-21　什么是函数模板? 请简述函数模板的定义和使用方法。

4-22　什么是类模板? 请简述类模板的定义和使用方法。

4-23　什么是运行库? Visual C++ 中的运行库包括哪几个? 如何设置编译选项?

4-24　如何确定程序是链接到标准 C++ 库还是旧 iostream 库? 请编程予以验证。

4-25　什么是 RTTI? 它主要有哪两种运算符?

4-26　简述 typeid 运算符的主要功能和使用方法。

4-27　什么是匈牙利表示法则? m_xEnd 代表一个什么类型的变量?

程序阅读题

4-28　以下程序说明派生类的构造函数自动调用基类的构造函数。程序有什么语法错误? 如有请予以修改。

```
#include <iostream.h>
class Point {
protected:
    int x, y;
public:
    Point(int a , int b)     { x=a; y=b; }
    int getX() { return x; }
    int getY() { return y; }
};
class Circle : public Point {
protected:
    int radius;
public:
    Circle(int a=0, int b=0, int r=0){ radius=r; }
    int getRadius() { return radius; }
};
void main()
{
    Circle c(100, 150, 200);
    cout<<"x="<<c.getX()<<", y="<<c.getY()<<", radius="<<c.getRadius()<<
    endl;
}
```

4-29 指出以下程序中的错误，并加以修改。

```
#include <iostream.h>
class A {
protected:
    int a;
public:
    void setData(int x) { a=x; }
    int getData() { return a; }
};
class B {
protected:
    int b;
public:
    void setData(int y) { b=y; }
    int getData() { return b; }
};
```

```
class C : public A, public B {
public:
    void setData(int x, int y) { a=x; b=y; }
};
void main()
{
    C c;
    c.setData(30, 70);
    cout<<"a="<<c.getData()<<", b="<<c.getData()<<endl;
}
```

4-30 写出下列程序运行后的输出结果。如果将 A 作为 B 和 C 的虚基类，程序运行的结果又如何？

```
#include <iostream.h>
class A {
public:
    A(int x) { cout<<"A constructor:"<<x<<endl; }
    A() { cout<<"A constructor"<<endl; }
};
class B : public A {
public:
    B(int x, int y) : A(x)
    { cout<<"B constructor:"<<y<<endl; }
};
class C : public A {
public:
    C(int x, int y) : A(x)
    { cout<<"C constructor:"<<y<<endl; }
};
class D : public C, public B {
public:
    D(int x, int y, int z, int w) : B(x, y), C(x, z)
    { cout<<"D constructor:"<<w<<endl; }
};
void main()
{
    D obj(1, 2, 3, 4);
}
```

4-31 写出下列程序运行后的输出结果。如果使用虚函数，运行结果又如何？

```
#include <iostream.h>
class A {
public:
    void show() { cout<<"A::show\n"; }
};
class B : public A {
public:
    void show() { cout<<"B::show\n"; }
};
void main()
{
    A a, * pa;
    B b;
    pa=&a; pa->show();
    pa=&b; pa->show();
}
```

4-32 写出下列程序运行后的输出结果。如果使用虚析构函数,运行结果又如何?

```
#include <iostream.h>
class A {
public:
    ~A() { cout<<"A::destructor\n"; }
};
class B : public A {
public:
    ~B() { cout<<"B::destructor\n"; }
};
void main()
{
    A * pA=new B;
    delete pA;
}
```

4-33 以下程序定义了一个抽象类。程序有什么语法错误?如有请予以修改。

```
class CShape {
protected:
    double s;
public:
    CShape() { s=0; }
```

```
        virtual ~CShape() = 0;
    };
```

4-34 写出下列程序运行后的输出结果。

```
#include <typeinfo.h>
#include <iostream.h>
class Base {
    virtual void fun() {   }
};
class Derived : public Base
{   };
void main()
{
    Derived deri;
    Base * pBase=&deri;
    if(typeid(* pBase)==typeid(Derived))
        cout<<"Derived !"<<endl;
    else
        cout<<"Base !"<<endl;
}
```

上机编程题

4-35 首先定义一个类 Point,然后定义类 Point 的派生类 CLine。两个类都有表示坐标的数据成员,要求有对应的设置和获取数据成员的成员函数。

4-36 定义类 CPerson,它有以下属性:姓名、身份证号、性别、年龄和相应的成员函数(无构造函数)。再利用类 CPerson 派生出类 CEmployee,派生类 CEmployee 增加了两个表示部门和薪水的数据成员,根据需要为派生类增加新的成员函数。

4-37 定义一个哺乳动物类 Mammal,再由此派生出狗类 Dog。声明一个 Dog 类对象,观察基类和派生类的构造函数和析构函数的调用顺序。

4-38 定义汽车类 Auto,并利用 Auto 类分别派生出小轿车类 Car 和卡车类 Truck。它们包括以下数据成员:型号、生产商、车重、颜色、最高时速、耗油量、载客数、载重量、变速箱类型(手动或自动挡)等和一些相关的成员函数。

4-39 假设图书馆的图书包含书名、编号和作者属性,读者包含姓名、ID 和借书属性,每位读者最多可以借 6 本书。编写程序列出某读者的借书情况。

4-40 修改习题 4-36 中的基类 CPerson 和派生类 CEmployee,为它们定义构造函数,要求派生类 CEmployee 的构造函数显式调用基类 CPerson 的构造函数。

4-41 修改例 4-1 中类 Point 和类 Circle 的定义,去掉设置坐标和设置半径的两个成员函数,改为利用构造函数设置坐标或半径。

4-42 利用时间类 Time(参考例 3-1)和日期类 Date(参考习题 3-24)多重派生出日期时间类 DateTime,并实现类的基本功能。

4-43 设计父亲类 Father、母亲类 Mother 和子女类 Child,其主要数据成员是姓名、年龄和民族,子女继承了父亲的姓和母亲的民族。声明一个子女对象,并输出子女及其父母的姓名和民族信息。

4-44 假设将例 4-4 中类 BaseA 和 BaseB 的成员函数 setA()和 setB()的函数名统一改为 set(),请重写 main()函数。

4-45 设类 X 分别派生出类 Y 和类 Z,类 Y 和类 Z 又共同派生出类 W,请用虚基类方式定义这些类。要求为类简单添加一些成员,并编写 main()函数进行验证。

4-46 为了解决例 4-7 中由于多继承而产生的二义性问题,可以利用一个指向基类 B(或 C)的指针指向派生类 D 的对象。请按此方法编程。

4-47 编写一个工资管理程序,将雇员类作为所有类的基类,其派生类包括经理类、销售员类、计件工类和小时工类。经理的收入为固定的月薪;销售员的收入是一小部分的基本工资加上销售额的提成;计件工的收入完全取决于其生产的工件数量;小时工的收入以小时计算,再加上加班费。

4-48 修改例 4-3 中的程序,为类 Point、Circle 和 Cylinder 添加计算面积的成员函数 area(),要求函数 area()采用虚函数的形式,并通过基类指针调用虚函数 area()。

4-49 修改例 4-3 中的程序,将类 Point、Circle 和 Cylinder 的析构函数改为虚析构函数,并编写代码验证所完成的功能。

4-50 修改习题 4-47 中的程序,将基类的工资计算函数改为纯虚函数。

4-51 修改习题 4-48 中的程序,将类 Point 的计算面积函数 area()改为纯虚函数。

4-52 定义一个抽象类 CShape,再利用 CShape 类分别定义两个派生类 CRectangle(表示矩形)和 CCircle(表示圆)。3 个类都有计算对象面积的成员函数 GetArea()和计算对象周长的成员函数 GetPerimeter(),在主函数中声明基类指针和派生类对象,并通过基类指针调用不同对象的计算面积和周长的成员函数。

4-53 用函数重载形式编写函数 square(),求一个 int 型或 double 型参数的平方。

4-54 用函数重载方法求两个整数、两个浮点数和两个字符中的最小者。

4-55 修改习题 3-29 中的类 Student,增加以下私有成员变量:高等数学、英语、操作系统和数据结构 4 门课的分数和总成绩。修改或增加以下成员函数:初始化学生姓名、学号、性别、年龄和 4 门课分数的构造函数,输入 4 门课分数的函数,计算学生总成绩的函数,输出学生信息的函数。编写一个主函数,调用原来的构造函数声明一个学生对象并输入其 4 门课的分数,再调用新增加的构造函数声明另一个学生对象。最后分别计算两个学生的总分,并在屏幕输出两个学生的所有信息。

4-56 采用类继承的方法(不直接修改类 Student)完成习题 4-55 所要求的功能。

4-57 定义一个 Teacher 类,该类有以下成员变量:教师姓名、ID 号、基本工资、奖金、所得税和实际发放数。还有以下成员函数:两个构造函数,一个用于只初始化教师姓名和 ID 号,一个用于初始化教师姓名、ID 号、基本工资、奖金和所得税;一个输入基本工资、奖金和所得税的函数;一个计算实际发放数的函数;一个输出教师信息的函数。编写主函数,调用第一个构造函数声明一个教师对象并输入其工资,再调用第二个构造函数声明一个教师对象。最后分别计算两个教师的实际发放数,并在屏幕输出。

4-58 为习题 4-57 中的类 Teacher 添加两个同名的成员函数 Add(),一个函数用于将其他教师的工资加到该教师中(如该教师替其他教师代课),一个函数用于将一个数值加到该教师中(如提高该教师的工资)。在主函数中编写代码验证所完成的功能。

4-59 定义矢量类型,给出平面上两个矢量的加法和减法运算。要求利用非成员函数重载运算符"+",利用成员函数重载运算符"−"。

4-60 修改例 4-18 中的程序,将类 Complex 的数据成员 r 和 i 改为 private 属性,将运算符"+"重载为类的友元函数。

4-61 采用重载运算符"++"的方法实现习题 3-24 要求的"日期加一天"操作。

4-62 采用重载运算符"+"的方法完成习题 4-58 中的两种工资增加功能。

4-63 设计一个表示字符串的类 CharArray,该类具有实现下标越界检查功能。编写主函数,验证字符串类 CharArray 所实现的功能。

4-64 编写一个函数模板:求 3 个数中的最大数。

4-65 编写一个冒泡排序的函数模板,并利用它分别对 int 型数和字符进行排序。

4-66 定义一个 Integer 类模板,用它来实现 C++ 的各种整数类型。

4-67 定义一个栈的类模板,并实现栈的初始化、进栈和出栈等操作。

4-68 建立类模板 Input,在调用构造函数时完成以下工作:

(1) 提示用户输入。

(2) 接收用户输入数据。

(3) 如果用户输入数据不在指定范围,重新提示用户输入。

Input 类的对象应当按如下形式声明(其中,prompt message 是提示信息,min_value 和 max_value 指定值的范围):

```
Input<int, int>  obj("prompt message", min_value, max_value);
```

4-69 采用另一种方法完成习题 4-47:将计算工资函数定义为非成员函数(不作为每一

个类的成员函数)。(提示：使用 RTTI 技术,将基类指针作为非成员函数的参数。)

4-70 定义一个基类和派生类,并分别声明它们的对象,然后输出对象的类型。声明一个基类指针,编程验证 RTTI 的功能：如果基类指针指向派生类对象,输出 TRUE；否则,输出 NULL。

第 5 章

创建应用程序框架

前面几章主要介绍了 C++ 基本程序设计方法,没有涉及 Windows 编程的内容。从本章开始,重点介绍利用 Visual C++ 进行 Windows 应用程序设计的方法。与 DOS 应用程序相比,Windows 应用程序以窗口的形式出现,内部采用消息处理机制,其编程原理和方法比较复杂。虽然应用程序的类型很多,但同一类型的 Windows 应用程序具有类似的界面风格(如相同的菜单栏和工具栏),其程序结构也大致相同。因此,可以为同一类型的应用程序设计一个模板,即应用程序框架(Application FrameWorks,AFX)。本章主要介绍利用 MFC AppWizard 应用程序向导创建 Windows 应用程序框架的方法,并介绍 ClassWizard 类向导和 Debug 调试工具的使用方法。

5.1 应用程序向导

与其他可视化软件开发环境一样,Visual C++ IDE 也提供了创建应用程序框架的向导 AppWizard 和相关的工具。应用程序向导实质上是一个源程序生成器,所完成的工作包括产生源代码、添加资源和设置编译选项。利用不同的应用程序向导可以自动创建不同类型或风格的应用程序,实现代码的可重用。应用程序向导在很大程度上减轻了程序员手工编写代码的工作量,使得程序员可以集中精力编写具体应用的代码。

5.1.1 Visual C++ 向导的类型

Visual C++ 集成开发环境提供了创建各种类型应用程序的向导,执行 File | New 命令就列出了所有的应用程序向导,供程序员进行选择。下面给出 Visual C++ 集成开发环境提供的向导类型及简要的说明。

- ATL COM AppWizard:创建一个包含 ActiveX 控件的活动模板库 ATL(Active Template Library)。

- Cluster Resource Type Wizard：创建能够在微软群服务器上模拟和管理的项目。
- Custom AppWizard：利用用户定制的模板向导创建项目。
- Database Project：创建数据库项目。
- DevStudio Add_in Wizard：创建一个用 C++ 或汇编语言编写的、类似于 Developer Studio 形式的外接程序。
- Extended Stored Proc Wizard：在 SQL Server 上创建一个建立扩展存储的程序。
- ISAPI Extension Wizard：利用 ISAPI(Internet Server API)创建网页浏览程序。
- Makefile：制作 Makefile 生成文件，定制自己项目的集成开发环境。
- MFC ActiveX Control Wizard：创建基于 MFC 的 ActiveX 控件。
- MFC AppWizard[dll]：创建基于 MFC 的动态链接库。
- MFC AppWizard[exe]：创建基于 MFC 的应用程序，这是最常用的向导。
- New Database Wizard：在 SQL 服务器上创建一个 SQL Server 数据库。
- Utility Project：创建自定义编译规则的项目，该项目可以作为一些子项目的主项目，它不产生 LIB、DLL 或 EXE 文件。
- Win32 Application：创建 Win32 应用程序，采用 API 方法编程。
- Win32 Console Application：创建 DOS 环境下的 Win32 控制台应用程序，采用 C++ 或 C 语言进行编程。这是在前几章中用到的向导。
- Win32 Dynamic-Link Library：创建 Win32 动态链接库，采用 API 方法编程。
- Win32 Static Library：创建 Win32 静态链接库，采用 API 方法编程。

Visual C++ 集成开发环境提供的关于程序的向导种类很多，除了创建基于 MFC 应用程序的向导，还有创建其他类型应用程序的向导。在上面列出的所有向导中，MFC 应用程序向导 MFC AppWizard[exe]是最常用的向导，本节将重点进行介绍。此外，MFC ActiveX Control Wizard、MFC AppWizard[dll]、Win32 Application、Win32 Console Application、Win32 Dynamic-Link Library 等向导也较常用。

5.1.2　MFC AppWizard 的使用步骤

区别于 DOS 应用程序，即使一个最简单的 Windows 应用程序，也必须是以窗口的形式显示运行，这就需要编写一些复杂的程序代码。同一类型应用程序的框架窗口风格一般相同，如具有相同的菜单栏、工具栏、状态栏和客户区，并且基本菜单命令的功能也相同，如具有相同的文件操作命令和编辑命令。因此，同一类型应用程序建立框架窗口的基本代码都是一样的(尽管有些参数不一定相同)，可以为同一类型的应用程序设计一个统一的应用程序框架。为了避免程序员重复编写这些代码，一般的可视化软件开发工具都提供了创建 Windows 应用程序框架的向导。

MFC AppWizard[exe]是一个创建基于 MFC 的 Windows 应用程序的向导，当利用

MFC AppWizard[exe]向导创建一个项目时,向导能够自动生成一个 MFC 应用程序的框架。MFC 应用程序框架将那些每个应用程序都共同需要的代码封装起来,这些代码完成的任务包括初始化应用程序、建立应用程序界面和处理基本的 Windows 消息,这样使得程序员不必花费时间去做那些重复的工作,而把精力放在编写实质性的代码上。

即使不添加任何代码,当执行编译、链接命令后,Visual C++ 集成开发环境也可以利用 MFC 应用程序框架生成一个 Windows 界面风格的应用程序。

MFC AppWizard[exe]向导按步骤引导用户创建一个应用程序框架。在向导的每一步都提供了一个对话框和一些选项,程序员通过选择不同的选项,可以创建不同类型和风格的 MFC 应用程序,并可定制不同的程序界面窗口。例如,程序是单文档、多文档应用程序,还是基于对话框的程序,是否支持数据库操作,是否可以使用 ActiveX 控件以及是否具有联机帮助等。

下面以建立一个 SDI 单文档应用程序为例说明 MFC AppWizard[exe]应用程序向导的使用方法和每一个操作步骤对话框中各选项的含义。

例 5-1 编写一个单文档应用程序 Mysdi,程序运行后在程序视图窗口中显示文本串"这是一个单文档程序!"。

【编程说明与实现】

(1) 在 Visual C++ IDE 中执行 File | New 菜单命令,打开如图 5-1 所示的 New 对话框。

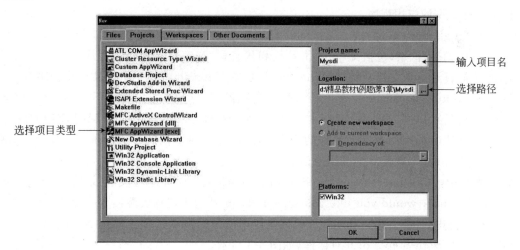

图 5-1　New 对话框

(2) 确认 New 对话框的当前页面为 Projects,在左栏的项目类型列表框中选择 MFC AppWizard[exe]项,在 Project Name 框输入项目的名称,本例为 Mysdi。在 Location 框输入项目所在的路径,可以单击其右侧的"…"浏览按钮来对默认的路径进行修改。向导将在该路径下建立一个名为 Mysdi 的文件夹,用于存放这个项目的所有文件。设置好后,单击 OK 按钮,打开 MFC AppWizard-Step1 对话框,如图 5-2 所示。

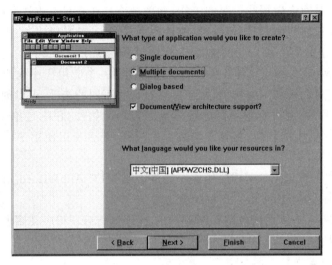

图 5-2　MFC AppWizard[exe]第 1 步

（3）在 MFC AppWizard-Step1 对话框中选择要创建应用程序的类型,向导可以创建以下 3 种类型的应用程序。

- Single document：单文档（SDI）应用程序,程序运行后出现标准的 Windows 界面,它由框架（包括菜单栏、工具栏和状态栏）和客户区组成。程序运行后一次只能打开一个文档。例如,Windows 记事本 Notepad 就是一个 SDI 应用程序。

- Multiple documents：多文档（MDI）应用程序,与 SDI 应用程序不同,MDI 程序运行后可以同时打开多个文档。例如,Microsoft Word 就是一个 MDI 应用程序。

- Dialog based：基于对话框的应用程序,程序以对话框的形式出现。例如,计算器 Calculator 就是一个基于对话框的应用程序。

选项中,"Document/View architecture support?"询问是否支持文档/视图结构。"What language would you like your resources in ?"用于选择资源语言的种类。

在本例中,选择 Single document,其他使用向导的默认选项。单击 Next 按钮,打开 MFC AppWizard-Step 2 of 6 对话框,如图 5-3 所示。

（4）在 MFC AppWizard-Step 2 of 6 对话框中选择应用程序支持数据库的方式,其中包括以下选项。

- None：创建的应用程序不包括任何对数据库的操作功能,但程序员以后可以手工添加对数据库的操作代码。此项为默认选项。

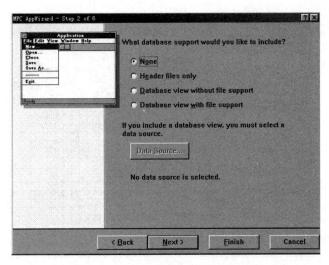

图 5-3　MFC AppWizard[exe]第 2 步

- Header files only：提供了最简单的数据库支持，仅在项目的 stdAfx. h 文件中使用♯include 指令包含 afxdb. h 和 afxdao. h 两个文件（定义 MFC 数据库类的头文件），但并不生成与数据库相关的类，程序员需要时可以自己创建。
- Database view without file support：包含了所有的数据库头文件，并生成了相关的数据库类和视图类，但不支持文档的序列化，向导创建的应用程序的 File 主菜单中将不包含有关文件操作的菜单命令项。
- Database view with file support：包含了所有的数据库头文件，生成了相关的数据库类和视图类，并支持文档的序列化。

　　值得说明的是，后两个选项必须在上一步选择"Document/View architecture support?"项时才有效。并且，若选择了后两项，还必须通过 Data Source 按钮设置数据源。

　　本例使用向导的默认选项，单击 Next 按钮，打开 MFC AppWizard-Step 3 of 6 对话框，如图 5-4 所示。

　　（5）在 MFC AppWizard-Step 3 of 6 对话框中选择应用程序所支持的复合文档类型。OLE 和 ActiveX 一起被称为复合文档技术，其中包括以下选项。

- None：应用程序不支持任何复合文档，该项是默认选项。
- Container：应用程序作为复合文档容器，能容纳所嵌入或链接的复合文档对象。
- Mini-server：微型复合文档服务器，应用程序可以创建和管理复合文档对象，对于所创建的复合文档对象，集成应用程序可以嵌入，但不能链接。微型服务器不能

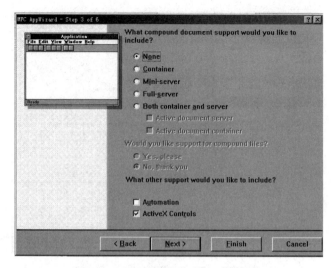

图 5-4　MFC AppWizard[exe]第 3 步

作为一个单独的程序运行,而只能由集成应用程序来启动。

- Full-server:完全复合文档服务器,除了具备上面微型服务器的功能外,应用程序支持链接式对象,并可作为一个单独的程序运行。

- Both container and server:应用程序既可作为一个复合文档容器,又可作为一个可单独运行的复合文档服务器。

- Yes,please:应用程序支持复合文档文件格式的序列化,可以将复合文档对象保存在硬盘中。

- No,thank you:应用程序不支持复合文档文件格式的序列化,只能将复合文档对象加载到内存,不能保存在硬盘中。

- Automation:应用程序支持自动化,应用程序可以操作其他程序所创建的对象,或提供自动化对象给自动化客户访问。

- ActiveX Controls:应用程序可使用 ActiveX 控件,此项也是默认选项。

在本例中,保留 None 选项,取消 ActiveX Controls 选项。单击 Next 按钮,打开 MFC AppWizard-Step 4 of 6 对话框,如图 5-5 所示。

(6) 在 MFC AppWizard-Step 4 of 6 对话框中设置应用程序的外观特征,如设置工具栏和状态栏,其中包括以下选项。

- Docking toolbar:默认选项,为应用程序添加一个标准的工具栏。

- Initial status bar:默认选项,为应用程序添加一个标准的状态栏。

- Printing and print preview:默认选项,应用程序支持打印和打印预览的功能。

- Context-sensitive Help:应用程序具有上下文相关帮助功能。

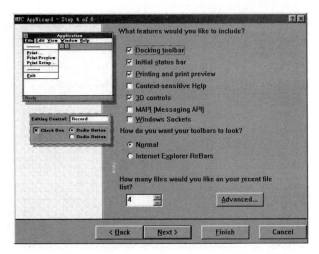

图 5-5   MFC AppWizard[exe]第 4 步

- 3D controls：默认选项，应用程序界面具有三维外观。
- MAPI(Message API)：应用程序能使用邮件 API，具有发送电子邮件的功能。
- Windows Sockets：应用程序能使用 WinSock 套接字，支持 TCP/IP 协议。

在该对话框中还可以设置应用程序工具栏的风格，有以下两个选项。

- Normal：应用程序工具栏采用传统风格，此项是默认选项。
- Internet Explorer ReBars：应用程序工具栏采用 IE 浏览器风格。

在应用程序的 File 主菜单中会列出最近使用过的文档，"How many files would you like on your recent file list?"框中的数字为可列出文档的最多个数，默认值为 4。

单击对话框中右下角的 Advanced 按钮可进行更高级的设置，可以修改文件名或扩展名，也可以进一步调整程序用户界面窗口的样式，如设置边框厚度和最小化、最大化、关闭按钮等。

同前面一样，本例使用默认选项。单击 Next 按钮，打开 MFC AppWizard-Step 5 of 6 对话框，如图 5-6 所示。

(7) 在 MFC AppWizard-Step 5 of 6 对话框中设置应用程序的风格，包括以下选项。

- MFC Standard：应用程序采用 MFC 标准风格（文档/视图结构），该项是默认选项。
- Windows Explorer：应用程序采用 Windows 资源管理器风格。

在该对话框中还可以选择 MFC AppWizard[exe]向导是否为源代码生成注释。

- Yes，please：向导在源程序中自动加入注释，该项是默认选项。
- No，thank you：向导不在源程序中加入注释。

在该对话框中还可以设置 MFC 库与应用程序的链接方式。

- As a shared DLL：采用共享动态链接库的方式，即在程序运行时才调用 MFC 库。

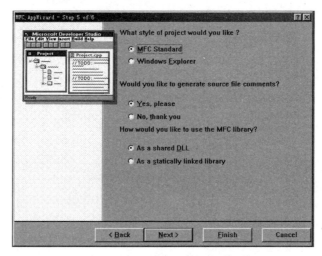

图 5-6　MFC AppWizard[exe]第 5 步

采用此方式可减少程序所占空间,该项是默认选项。

- As a statically linked library：采用静态链接库(SLL)的方式,即在编译、链接时把要用到的 MFC 库与应用程序相链接。采用此方式能提高运行速度,且不用考虑程序最终运行环境中是否有 MFC 库。但采用此方式增加了程序所占空间。

本例使用默认选项,单击 Next 按钮,打开 MFC AppWizard-Step 6 of 6 对话框,如图 5-7 所示。

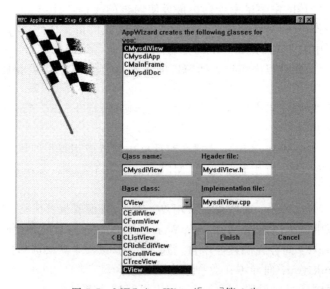

图 5-7　MFC AppWizard[exe]第 6 步

（8）在 MFC AppWizard-Step 6 of 6 对话框中列出了向导将创建的类，可以修改一些类默认的类名和对应的头文件名、源文件名。对某些类（如 CMysdiView）还可以选择不同的基类。单击 Finish 按钮，打开 New Project Information 对话框，如图 5-8 所示。

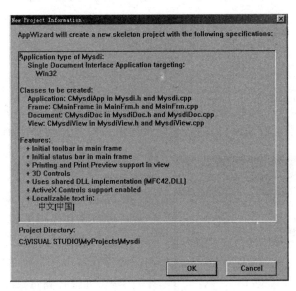

图 5-8　生成项目的信息

（9）在 New Project Information 对话框中，根据用户在前面各步骤对话框中所做的选择列出将要创建项目的有关信息，如应用程序的类型、创建的类和文件名、应用程序的特征以及项目所在的路径。若要修改这些内容，可单击 Cancel 按钮返回到前一个对话框。最后，单击 OK 按钮，MFC AppWizard[exe]向导将开始创建应用程序框架。

当应用程序框架创建成功后，Developer Studio 将装入应用程序项目，并在 Workspace（工作区）窗口打开这个项目。一个应用程序是以项目为单位来进行组织和管理的。若想在同一个路径下重新创建一个同名的项目，必须首先将原来的项目删除或移走。

利用 MFC AppWizard[exe]向导创建应用程序框架后，无须手工添加任何代码，就可以对程序进行编译、链接，生成一个应用程序。但一般情况下，程序员应根据程序功能需要，利用 Developer Studio 中的集成工具向应用程序框架添加具体的代码。

在本例中，需要在成员函数 CMysdiView∷OnDraw()中添加显示文本"这是一个单文档程序！"的代码。在 Workspace 窗口单击 ClassView 页面，单击 CMysdiView 类左边的"＋"展开该类，双击其中的成员函数 OnDraw()，在编辑窗口出现该成员函数的代码，在指定位置添加如下黑体所示的代码。

```
void CMysdiView :: OnDraw(CDC * pDC)
{
    CMysdiDoc * pDoc = GetDocument();
    ASSERT_VALID(pDoc);
    // TODO: add draw code for native data here
    pDC->TextOut(100, 100, "这是一个单文档程序!");    // 在坐标(100, 100)处显示文本串
}
```

函数 TextOut()是 CDC 类的成员函数,其功能是在指定位置输出字符串。第 1、2 个参数是坐标位置,第 3 个参数是要输出的字符串。MFC 应用程序一般在视图类的成员函数 OnDraw()中实现屏幕输出,因为在重绘程序窗口时将自动调用函数 OnDraw(),这样保证了要输出的内容在每一次打开窗口时都能够显示。

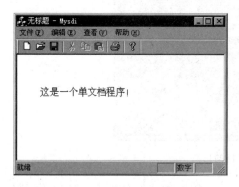

图 5-9　运行程序 Mysdi

执行 Build 命令(F7 键)编译链接程序,程序运行后将在程序视图窗口显示文本串"这是一个单文档程序!",其运行结果如图 5-9 所示。

在 Workspace 窗口的 ClassView 页面展开一个类,可以看到每一个类的成员变量和成员函数的左边都有一个小图标,它们分别有不同的含义,表示成员变量和成员函数的 3 种访问属性。每种图标及说明如表 5-1 所示。

表 5-1　ClassView 中各图标的含义

图标	说　明	图标	说　明
◆	表示公有成员变量	◆	表示公有成员函数
🔒◆	表示私有成员变量	🔒◆	表示私有成员函数
🔑◆	表示保护成员变量	🔑◆	表示保护成员函数

若在 MFC AppWizard-Step 1 对话框(如图 5-2 所示)中选择 Dialog based 项,向导将创建一个基于对话框的应用程序。这时,MFC AppWizard[exe]向导将给出与创建单文档和多文档应用程序有所不同的操作步骤,其主要原因是基于对话框的应用程序一般不包含文档操作,不支持数据库和复合文档的使用。基于对话框的应用程序运行后首先出现一个对话框,一般的软件安装程序就是由一系列对话框组成的。下面通过一个例子说明如何利用 MFC 应用程序向导创建一个对话框应用程序。

例 5-2 编写一个基于对话框的应用程序 MyDialog,程序运行后显示一个对话框。

【编程说明与实现】

(1) 执行 File | New 菜单命令,打开如图 5-1 所示的 New 对话框。在 New 对话框中选择 MFC AppWizard[exe]项,输入程序名 MyDialog,然后单击 OK 按钮,打开如图 5-2 所示的 MFC AppWizard-Step 1 对话框。

(2) 在 MFC AppWizard-Step 1 对话框中选择 Dialog based 选项,然后单击 Next 按钮,打开如图 5-10 所示的 MFC AppWizard-Step 2 of 4 对话框。

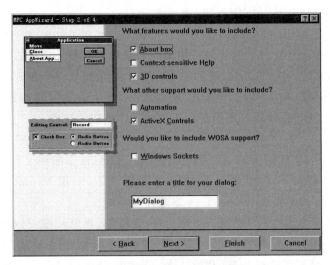

图 5-10 创建对话框应用程序的第 2 步

(3) 在 MFC AppWizard-Step 2 of 4 对话框中设置应用程序的外观特征和扩展功能需求,包含如下选项。

- About box:在应用程序中加入显示程序版本信息的对话框。
- Context-sensitive Help:在应用程序中加入上下文相关帮助。
- 3D controls:应用程序界面具有三维外观。
- Automation:应用程序支持自动化。
- ActiveX Controls:应用程序可使用 ActiveX 控件。
- Windows Sockets:应用程序可使用 WinSock 套接字进行网络通信。
- Please enter a title for your dialog:在该编辑框中输入对话框的标题。

选择相应选项后,单击 Next 按钮,进入下一步。

(4) 创建对话框应用程序后续的步骤与创建单文档或多文档应用程序的步骤(5)和(6)相同(如图 5-6 和图 5-7 所示)。按照向导引导的步骤进行操作,就自动创建了应用程序的项目,并在 Developer Studio 中打开了对话框编辑器和浮动的控件工具栏。

执行 Build 编译链接命令(F7 键)得到应用程序,程序运行后出现一个对话框,如图 5-11 所示。

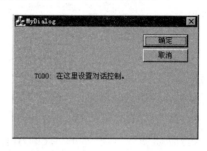

图 5-11 运行程序 MyDialog

5.1.3 MFC 应用程序的开发流程

利用 Visual C++ 编写 Windows 应用程序有 3 种不同的方法。第一种方法是利用 Win32 应用程序接口 API(Application Programming Interface)提供的函数,直接用 C/C++ 编写应用程序;第 2 种方法是利用微软基础类 MFC 提供的类作为基类(MFC 通过类对绝大部分 API 进行了封装),采用面向对象的程序设计方法,用C++ 语言编写程序;第 3 种方法是最常采用的方法,既利用 MFC,又利用 MFC AppWizard[exe]应用程序向导,即首先利用 MFC AppWizard[exe]应用程序向导生成基本的 MFC 应用程序框架,然后按照 MFC 机制和原理向应用程序框架添加具体的应用代码。

MFC 是 Visual C++ 的核心。尽管使用 Visual C++ 进行编程不是一定要使用 MFC,使用 MFC 也不是一定离不开 Visual C++ 这一编程工具,许多编程工具都提供了对 MFC 的支持(如 Borland C++)。但事实上,在大多数情况下,利用 Visual C++ 编程离不开 MFC,利用 MFC 编程也需要 Visual C++ 集成开发环境。

MFC 类库将所有图形用户界面 UI 的元素(如窗口、菜单和按钮)都以类的形式进行了封装,MFC AppWizard[exe]应用程序向导根据继承机制利用 MFC 派生出自己的类,并对 Windows 应用程序进行分解,利用 MFC 派生类对应用程序重新进行组装,同时还规定应用程序中各个 MFC 派生类对象之间的相互联系,实现了标准 Windows 应用程序的功能。这就是应用程序向导生成的所谓 MFC 应用程序框架。

一个完整的 Windows 应用程序首先要有一个用户界面,这就涉及窗体、对话框、控件和菜单等多种资源,虽然可以通过调用 Windows API 函数建立用户界面,但这大大增加了编程的难度和程序员的工作负担,而应用程序框架则使这些问题得到了很好的解决。在例 5-1 和例 5-2 两个例子中,即使没有为程序添加具体的代码,编译、链接程序后也能得到一个标准用户界面和通用功能的应用程序。当然,编写一个实现具体功能的 MFC 应用程序不会像例 5-1 和例 5-2 那么简单,一般需要完成以下几个步骤。

(1)根据应用程序特性和外观界面要求在 MFC AppWizard[exe]应用程序向导各步骤对话框中选择相应的选项,创建应用程序的一个框架。

(2)利用资源编辑器为程序编辑或添加资源,如编辑菜单、添加对话框等。

(3)利用 ClassWizard 类向导或手工添加类、成员变量和成员函数的声明。

(4)根据程序功能要求编写具体的函数代码。

（5）编译、链接程序。如果程序有语法错误，需要修改源程序，直到没有编译、链接错误，才能得到可执行程序。

（6）测试应用程序各项功能，如果程序没有实现程序设计所要求的功能，启动调试器进行调试，找出并修改程序设计中的逻辑设计错误。

Visual C++ IDE 为 MFC 提供了大量的支持工具，除了 MFC AppWizard[exe]向导，还提供了 ClassWizard 类向导。利用 ClassWizard 类向导可以很方便地对某个消息进行处理，在5.3节将对 ClassWizard 类向导进行详细介绍。为程序添加具体的代码时还经常要用到资源编辑器，资源编辑器的使用方法已在1.3节中进行了介绍。图 5-12 形象说明了编写一个 MFC 应用程序的流程、所用到的工具及主要生成的文件。

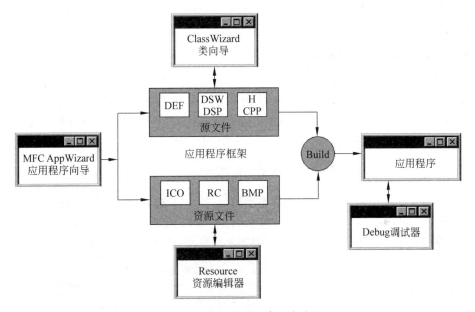

图 5-12　MFC 应用程序开发流程

编程时，除了编辑现有的资源，有时还需要向项目添加新的资源，这时可以利用 Insert 菜单的相关命令创建一个新的资源。打开 Insert 菜单，执行 Resource 命令，就打开如图 5-13 所示的 Insert Resource 对话框。在 Resource Type 框中选择一个资源类型，单击 New 按钮即可向项目添加一个资源。

可以为 Visual C++ MFC 编程作一个形象的比喻，Developer Studio 中的集成工具（如 MFC 应用程序向导和 ClassWizard 类向导）使得程序员的程序设计工作犹如做选择题，MFC 应用程序向导创建好的应用程序框架使得程序员的程序设计工作犹如做填充题，而程序员犹如软件集成装配车间里的技术工人。

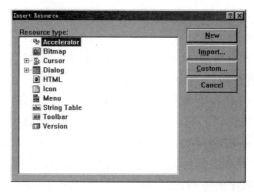

图 5-13　添加资源

5.2　应用程序向导生成的文件

　　MFC AppWizard[exe]应用程序向导相当于一个源程序生成器,能够根据用户在向导各步骤对话框中的选项生成一系列源代码文件,这些文件通过一个项目相互关联,并最终可以生成一个可执行程序。

5.2.1　应用程序向导生成的文件类型

　　Visual C++ 中文件类型很多,项目类型不同,向导生成的文件的类型也不同。表 5-2 列出了 MFC AppWizard[exe]向导生成的文件类型,主要有 C++ 头文件、C++ 实现源文件、资源文件和项目文件。当进行编辑、编译和链接时,还要生成一些临时文件。

表 5-2　MFC AppWizard[exe]向导生成的文件类型

后缀	类　　型	说　　明
dsw	工作区文件	将项目的详细情况组合到 Workspace(工作区)中
dsp	项目文件	存储项目的详细情况并替代 mak 文件
h	C++ 头文件	存储类的定义代码
cpp	C++ 源文件	存储类的成员函数的实现代码
rc	资源脚本文件	存储菜单、工具栏和对话框等资源
rc2	资源文件	用来将资源包含到项目中
ico	图标文件	存储应用程序图标
bmp	位图文件	存储位图
clw	ClassWizard 类向导文件	存储 ClassWizard 类向导使用的类信息
ncb	没有编译的浏览文件	保留 ClassView 和 ClassWizard 使用的详细情况
opt	可选项文件	存储自定义的 Workspace(工作区)中的显示情况

MFC AppWizard[exe]应用程序向导为一般的 SDI 应用程序生成了 4 个类,这些类都是 MFC 类的派生类。这里的"一般的 SDI 应用程序"是指向导每一步都采用默认选项,如不支持数据库和 OLE 对象等。例如,在例 5-1 中向导为应用程序 Mysdi 生成了框架窗口类 CMainFrame、文档类 CMysdiDoc、视图类 CMysdiView 和应用程序类 CMysdiApp,这 4 个类的 MFC 基类分别是 CWinApp、CFrameWnd、CDocument 和 CView,它们的继承关系如图 5-14 所示。

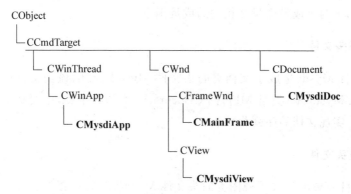

图 5-14 应用程序主要类的继承关系

MFC AppWizard[exe]应用程序向导根据一定的规则为生成的派生类取名(可以在向导的第 6 步改变类名和有关的文件名),一般的命名规则如下:

Class Name =C +ProjectName +ClassType

一个 C++ 类一般由头文件(∗.h)和源文件(∗.cpp)两类文件所支撑。头文件用于定义类,包括指明派生关系、声明成员变量和成员函数。源文件用于实现类,主要定义成员函数的实现代码和消息映射。例如,应用程序视图类 CMysdiView 的两个支持文件是头文件 MysdiView.h 和源文件 MysdiView.cpp。

下面以例 5-1 中创建的应用程序 Mysdi 为例,介绍 MFC AppWizard[exe]应用程序向导所生成的各类文件及功能。

5.2.2 应用程序向导生成的头文件

除了关于对话框类 CAboutDlg(CAboutDlg 类的定义和实现代码都放在应用程序类的源文件 Mysdi.cpp 中),应用程序向导为框架窗口类、文档类、视图类和应用程序类这 4 个类生成了头文件。此外,向导还创建了资源头文件和标准包含头文件。应用程序向导生成的头文件一共有 6 种,下面逐一进行简要介绍。

1. 框架窗口类头文件

向导为项目 Mysdi 生成了框架窗口类的头文件 MainFrm.h,该头文件用于定义框架窗口类 CMainFrame。对于不同的 SDI 应用程序,向导生成的框架窗口类名、文件名都相同。CMainFrame 类是 MFC 的 CFrameWnd 类的派生类,主要负责创建标题栏、菜单栏、工具栏和状态栏。CMainFrame 类声明了框架窗口中的工具栏 m_wndToolBar 和状态栏 m_wndStatusBar 两个成员变量和相关的成员函数。

2. 文档类头文件

向导为项目 Mysdi 生成了文档类的头文件 MysdiDoc.h,该头文件用于定义文档类 CMysdiDoc。CMysdiDoc 类是 MFC 的 CDocument 类的派生类,主要负责应用程序数据的保存和装载,实现文档的序列化功能。

3. 视图类头文件

向导为项目 Mysdi 生成了视图类的头文件 MysdiView.h,该头文件用于定义视图类 CMysdiView。视图类用于处理客户区窗口,它是框架窗口的一个子窗口。CMysdiView 类是 MFC 的 CView 类的派生类,主要负责客户区文档数据(包括文本和图形)的显示,以及如何进行人机交互。

4. 应用程序类头文件

向导为项目 Mysdi 生成了应用程序类的头文件 Mysdi.h,该头文件用于定义应用程序类 CMysdiApp。CMysdiApp 类是 MFC 的 CWinApp 类的派生类,主要负责完成应用程序的初始化、程序的启动和程序运行结束时的清理工作。

5. 资源头文件

在项目中资源通过资源标识符 ID 加以区别,通常将一个项目中所有的资源标识符放在头文件 Resource.h 中定义。向导为项目 Mysdi 生成了资源头文件 Resource.h,该文件用于定义项目中所有的资源标识符,如 About 对话框 ID、主框架 ID 等,并给 ID 分配一个整数值。标识符的命名有一定的规则,以不同的前缀开始,如 IDR_MAINFRAME 代表有关主框架的资源,包括主菜单、工具栏及图标等。表 5-3 列出了 MFC 所规定的资源标识符前缀和所表示的资源类型。

表 5-3 MFC 中资源标识符前缀

标识符前缀	说　明
IDR_	主菜单、工具栏、应用程序图标和快捷键表
IDD_	对话框
IDC_	控件和光标
IDS_	字符串
IDP_	信息对话框的字符串
ID_	菜单命令项

6. 标准包含头文件

向导为项目 Mysdi 生成了标准包含头文件 StdAfx.h,该文件用于包含一般情况下要用到的头文件,如 MFC 类的声明文件 afxwin.h、使用工具栏和状态栏的文件 afxext.h,这些头文件一般都存放在路径"…\Microsoft Visual Studio\VC98\MFC\Include"下。StdAfx.h 文件和 StdAfx.cpp 文件用来生成预编译文件。

在定义类的头文件中的开始位置(类的正式定义前)有一段编译预处理指令,这些指令用来设置 Developer Studio 的编程环境,例如,保证头文件在编译时仅被编译一次。Developer Studio 中的资源编辑器、ClassWizard 类向导和编译器都可能用到这些代码,用户可不必关心其详细的含义。这些编译预处理指令形式如下:

```
#if !defined(AFX_MAINFRM_H__DE1F30C9_677C_11D6_888D_98F37B75EE70__INCLUDED_)
#define AFX_MAINFRM_H__DE1F30C9_677C_11D6_888D_98F37B75EE70__INCLUDED_
#if _MSC_VER >1000
#pragma once
#endif // _MSC_VER >1000
```

5.2.3 应用程序向导生成的源文件

对应于每一个在头文件中定义的类,都有一个类的实现源文件。源文件主要定义在头文件中声明的成员函数的实现代码和消息映射。应用程序向导生成的源文件也包括 6 种,以下介绍其中的 5 种,资源文件(*.rc)在 5.2.4 节进行介绍。

1. 框架窗口类源文件

向导为项目 Mysdi 生成了框架窗口类的源文件 MainFrm.cpp,该文件包含了框架窗口类 CMainFrame 的实现代码,主要是 CMainFrame 类成员函数的实现,它所实现的框架窗口是应用程序的主窗口。

在 CMainFrame 类的成员函数中，AssertValid()和 Dump()是两个用于程序调试的函数，其中 AssertValid()函数用来诊断 CMainFrame 对象是否有效，Dump()函数用来输出 CMainFrame 对象的状态信息；OnCreate()函数的主要功能是创建工具栏 m_wndToolBar 和状态栏 m_wndStatusBar，而视图窗口的创建则是由其基类 CFrameWnd 类的成员函数 OnCreate()通过调用 OnCreateClient()函数完成的；PreCreateWindow()函数是一个虚函数，如果要创建一个非默认风格的窗口，可以重载该函数，以便在重载的函数中通过修改 CREATESTRUCT 结构参数 cs 来改变窗口类、窗口风格、窗口大小和位置等。

值得说明的是，向导为每一个类生成的成员函数有很多，不要因为没有使用某个成员函数而删除其声明和实现代码。并且，一般不要轻易修改那些以灰色字体显示的代码，因为这些代码一般是通过资源编辑器或 ClassWizard 类向导进行维护的。

例 5-3 修改例 5-1 中的程序 Mysdi，使程序运行窗口没有"最大化"按钮。

【编程说明与实现】

在 Workspace 窗口打开 ClassView 页面，单击 CMainFrame 类左边的"+"展开该类的成员变量和成员函数。双击其中的成员函数 PreCreateWindow()，在源代码编辑窗口打开该成员函数，在函数中指定位置添加如下黑体所示的代码。

```
BOOL CMainFrame :: PreCreateWindow(CREATESTRUCT& cs)
{
    if( !CFrameWnd :: PreCreateWindow(cs) )
        return FALSE;
    // TODO: Modify the Window class or styles here by modifying
    // the CREATESTRUCT cs
    cs.style&= ~WS_MAXIMIZEBOX;                    // 取消窗口右上角的最大化按钮
    return TRUE;
}
```

按 F7 键(Build)得到可执行程序。按 Ctrl+F5 键(Execute)执行该程序后，可以看到程序窗口右上角最大化按钮处于禁用状态。

2. 文档类源文件

向导为项目 Mysdi 生成了文档类的源文件 MysdiDoc.cpp。文档类 CMysdiDoc 除定义了两个用于调试的成员函数 AssertValid()和 Dump()(与框架类 CMainFrame 类似)，还定义了两个与文档操作相关的成员函数 OnNewDocument()和 Serialize()。当执行应用程序的 File|New 命令时，MFC 应用程序框架会调用函数 OnNewDocument()来完成

新建文档的工作；而函数 Serialize( )负责文档数据的读写操作（在 6.5 节进行详细介绍）。

由于 SDI 单文档应用程序中只处理一个文档对象，当应用程序执行 New 命令时，文档对象已经生成，因此文档类 CMysdiDoc 的构造函数不会再被调用。因此，不要在构造函数中进行文档对象成员变量的初始化，而应在 OnNewDocument( )函数中进行（参看例 5-4）。还要说明一点，在文档派生类 CMysdiDoc 重载的 OnNewDocument( )函数中，需要首先调用基类 CDocument 的 OnNewDocument( )函数。

3. 视图类源文件

向导为项目 Mysdi 生成了视图类的源文件 MysdiView. cpp，该文件主要定义了视图类 CMysdiView 的成员函数。与框架窗口类和文档类一样，视图类 CMysdiView 也定义了两个用于调试的成员函数 AssertValid( )和 Dump( )。此外，还定义了两个与文档显示相关的成员函数 GetDocument( )和 OnDraw( )。

视图对象用来显示文档对象的内容，函数 GetDocument( )用于获取当前文档对象的指针 m_pDocument。如果生成的程序是 Release(发布)版，函数 GetDocument( )是作为内联(inline)函数来实现的。

OnDraw( )函数是一个很重要的虚函数，负责文档对象的数据在用户视图区的显示输出。在例 5-1 和例 5-4 中，就是在重载的成员函数 OnDraw( )中添加显示输出文本串的代码。在向导生成的成员函数 OnDraw( )中调用了函数 GetDocument( )。

例 5-4 修改例 5-1 中的程序 Mysdi，为 CMysdiDoc 文档类定义一个字符串成员变量，并在 OnNewDocument( )函数中初始化成员变量。在 OnDraw( )函数中访问该成员变量，并在程序视图窗口显示。

【编程说明与实现】

(1) 在头文件 MysdiDoc. h 中找到文档类 CMysdiDoc 的定义，如下所示，为该类添加一个成员变量 m_szText 的定义，用于保存要显示的文本信息。

```
public:
    char * m_szText;
```

(2) 在文档类源文件 MysdiDoc. cpp 中找到成员函数 OnNewDocument( )的定义，添加如下黑体所示的初始化 m_szText 的代码。

```
BOOL CMysdiDoc :: OnNewDocument ( )
{
    if (!CDocument :: OnNewDocument ())
        return FALSE;
```

```
// TODO: add reinitialization code here, SDI documents will reuse this document
m_szText = "这是一个单文档程序!";              // 初始化 m_szText
return TRUE;
}
```

（3）在视图类源文件 MysdiView. cpp 中找到成员函数 OnDraw()的定义,向导创建的函数框架中已自动添加了函数 GetDocument()的调用语句,以获取与当前视图相关联的文档指针 pDoc。可以手工添加如下黑体所示的代码,通过 pDoc 访问文档类 CMysdiDoc 的成员变量 m_szText,用于在屏幕上输出文本串。

```
void CMysdiView :: OnDraw(CDC * pDC)              // pDC 是当前输出设备环境的指针
{
    CMysdiDoc * pDoc = GetDocument();
    ASSERT_VALID(pDoc);                          // 得到当前文档指针 pDoc
    // TODO: add draw code for native data here
    pDC->TextOut(100, 100, pDoc->m_szText);      // 通过 pDoc 访问文档对象的成员变量
}
```

按 F7 键(Build)得到可执行程序,其运行结果与例 5-1 完全一样。

注意：本书约定所有例题的代码中,以黑体显示的部分都是手工添加的代码,其他部分是向导自动添加的代码。

4. 应用程序类源文件

向导为项目 Mysdi 生成了应用程序类的源文件 Mysdi. cpp,该文件是应用程序的主文件,MFC 应用程序的初始化、启动运行和结束都是由应用程序对象来完成的。在 Mysdi. cpp 文件中定义了应用程序类 CMysdiApp 的成员函数,还定义了关于对话框类 CAboutDlg 和它的实现代码。为了说明应用程序类 CMysdiApp 的主要功能,以下列出了应用程序类源文件 Mysdi. cpp 的部分源代码和注释。

```
...
BEGIN_MESSAGE_MAP(CMysdiApp, CWinApp)
    //{{AFX_MSG_MAP(CMysdiApp)
    ON_COMMAND(ID_APP_ABOUT, OnAppAbout)
    // ClassWizard 将在此处添加和删除消息映射宏
    ...
    ON_COMMAND(ID_FILE_PRINT_SETUP, CWinApp :: OnFilePrintSetup)
END_MESSAGE_MAP()
// CMysdiApp construction
CMysdiApp :: CMysdiApp()
```

```
{
    // TODO: 在此处添加构造函数代码
    // 把所有重要的初始化信息放在 InitInstance 过程当中
}
// 声明唯一的 CMysdiApp 对象 theApp(应用程序对象)
CMysdiApp theApp;
// CMysdiApp 的初始化
BOOL CMysdiApp :: InitInstance()
{
    // 如果在第 3 步保留 ActiveX Controls 选项,则生成语句 AfxEnableControlContainer();
    // 标准初始化
    // 如果不使用这些特征并希望减少最终可执行代码的长度
    // 可以去掉以下专门的初始化代码
#ifdef _AFXDLL
    // 程序能够使用 3D 控件,当以动态链接库方式使用 MFC 时调用下面的函数
    Enable3dControls();
#else
    // 程序能够使用 3D 控件,当以静态链接库方式使用 MFC 时调用下面的函数
    Enable3dControlsStatic();
#endif
    // 设置应用程序的注册键
    // TODO: 应该为这个字符串设置适当的内容,如公司名或组织名
    SetRegistryKey(_T("Local AppWizard-Generated Applications"));
    // 装入应用程序 INI 文件中的设置信息,如文件菜单中的"最近使用的文件列表"菜单项
    LoadStdProfileSettings();
    // 注册应用程序所使用的文档模板,文档模板用于链接文档、框架窗口和视图
    CSingleDocTemplate * pDocTemplate;
    pDocTemplate = new CSingleDocTemplate(
        IDR_MAINFRAME,
        RUNTIME_CLASS(CMysdiDoc),
        RUNTIME_CLASS(CMainFrame),                  // SDI 框架窗口
        RUNTIME_CLASS(CMysdiView));
    AddDocTemplate(pDocTemplate);
    // 分离命令行参数
    CCommandLineInfo cmdInfo;
    ParseCommandLine(cmdInfo);
    // 发送命令行参数指定的操作命令,以完成操作
    if (!ProcessShellCommand(cmdInfo))
        return FALSE;
```

```
        // 主窗口已经初始化,在此显示并刷新窗口
        m_pMainWnd->ShowWindow(SW_SHOW);
        m_pMainWnd->UpdateWindow();
        return TRUE;
    }
    ...
```

WinMain()主函数是 Windows 应用程序的入口点,但在向导生成的应用程序框架(源程序)中看不见该函数,它在 MFC 中已定义好并与应用程序相链接。每个基于 MFC 的应用程序都有一个 CWinApp 类派生类的对象,它就是在 Mysdi. cpp 文件中声明的一个全局变量——CMysdiApp 类对象 theApp。这样就可以在 MFC 定义的 WinMain()函数中获取该对象指针,然后通过应用程序对象指针调用应用程序对象的成员函数。

Mysdi. cpp 文件定义了一个重要的成员函数 InitInstance(),应用程序通过该函数完成应用程序对象的初始化。当启动应用程序时,WinMain()函数要调用 InitInstance()函数。应用程序向导生成的 InitInstance()函数主要完成以下几个方面的任务。

(1)注册应用程序。Windows 应用程序通过系统注册表来注册。注册表是一个文件,它存储了计算机上所有应用程序实例化信息。MFC 应用程序利用注册表存储所有的启动信息,这些信息保存在 Win. ini、System. ini 或某个应用程序的 ini 文件中。通过调用 SetRegistryKey()函数完成与注册表的连接,可以将函数中的参数内容修改为自己的公司名,这样就可在注册表中为应用程序添加一节内容,将应用程序的初始化数据保存在注册表中。在函数 InitInstance()中还调用了函数 LoadStdProfileSettings(),以便从 ini 文件中装载标准文件选项或 Windows 注册信息,如最近使用过的文件名等。

(2)创建并注册文档模板。应用程序的文档、视图、框架和所涉及的资源形成了一种固定的联系,这种固定的联系就称为文档模板。有关文档模板的详细内容请参阅 6.1.3 节。函数 InitInstance()的另一个主要功能就是通过文档模板类 CDocTemplate 将框架窗口对象、文档对象及视图对象联系起来。文档模板对象创建后,调用 CWinApp 的成员函数 AddDocTemplate 来注册文档模板对象。

(3)处理命令行参数。启动应用程序时,除了应用程序名,还可以附加一个或几个运行参数,如指定一个文件名,这就是所谓的命令行参数。在成员函数 InitInstance()中调用了函数 ParseCommandLine(),以便将应用程序启动时的命令行参数分离出来,生成 CCommandLineInfo 类对象 cmdInfo;再调用函数 ProcessShellCommand(),根据命令行参数完成指定的操作,如打开命令行中指定的文档或打开新的空文档。

(4)通过调用窗口类的成员函数 ShowWindow()和 UpdateWindow()显示和刷新所创建的框架窗口。

如果程序员需要完成程序的其他一些初始化工作,可在 InitInstance()函数中添加自

己的代码。初始化完成后,WinMain()函数将调用 CWinApp 的成员函数 Run()来处理消息循环。当应用程序结束时,成员函数 Run()将调用函数 ExitInstance()来做最后的程序清理工作。这些函数的详细功能请参阅 8.3.2 节中的内容。

5. 标准包含文件

向导为项目 Mysdi 生成了标准包含文件 StdAfx.cpp,该文件用于包含 StdAfx.h 标准包含头文件。StdAfx.cpp 文件用于生成项目的预编译头文件(Mysdi.pch)和预编译类型信息文件(StdAfx.obj),预编译文件用于提高项目的编译速度。

由于大多数 MFC 应用程序的源文件都包含 StdAfx.h 头文件(其中包含了一些共同要使用的头文件),如果在每个源文件中都重新编译 StdAfx.h 头文件,整个编译过程将浪费大量的时间。为了提高编译速度,Visual C++ 编译器可以首先将项目中那些共同要使用的头文件编译出来,首次编译后将结果存放在一个名为预编译头文件的中间文件中。以后再编译时直接读出中间文件,而无须重新编译,这样就节约了编译时间。

5.2.4 应用程序向导生成的资源文件

Windows 编程的一个主要特点是资源和代码的分离,即菜单、工具栏、字符串表和对话框等资源与基本的源代码相互独立,这样使得对这些资源的修改不影响源代码。例如,可以将字符串表翻译成另一种语言,而无须改动源代码。当 Windows 装入一个应用程序时,一般情况下,程序的资源数据并不同时装入内存,而是在应用程序执行过程中需要时(如创建窗口、显示对话框或装载位图),才从硬盘读取相应的资源数据。资源的使用使 Windows 应用程序的外观和功能更加标准化,编程也更容易。

利用 MFC 应用程序向导创建一个 Windows 应用程序时,向导将自动生成一些有关资源的文件,包括资源文件、图标文件和位图文件等。项目主要在一个扩展名为.rc 的资源文件中定义资源,该资源文件是文本文件,可用文本编辑器打开,但在 Visual C++ IDE 中是利用资源编辑器进行编辑。在资源文件中只定义了菜单脚本和字符串等内容,没有定义图标和位图等图形资源,但保存了它们所在的文件名和路径。图标和位图等图形资源分别保存在单独的文件中。下面对这些与资源有关的文件进行简单介绍。

1. 资源文件

向导为项目 Mysdi 生成的资源文件包括 Mysdi.rc 和 Mysdi.rc2。其中,Mysdi.rc 是 Visual C++ IDE 生成的脚本文件,它使用标准的 Windows 资源定义语句,可通过资源编译器转换为二进制资源,并加入到应用程序的可执行文件中。资源编译器是 Visual C++ IDE 编译器的一部分。一般利用 Visual C++ IDE 的资源编辑器对资源进行可视化编辑,也可通过 Open 命令以文本方式打开一个资源文件进行编辑。Mysdi.rc2 文件一般用于定义 Visual C++ IDE 资源编辑器不能编辑的资源。

2. 图标文件

向导为项目 Mysdi 生成了应用程序的图标文件 Mysdi. ico。在 Windows 资源管理器中,图标是作为应用程序的图形标识。程序运行后,图标出现在主窗口标题栏的最左端。在 Visual C++ IDE 中,可利用图像编辑器编辑和修改应用程序的图标。

3. 文档图标文件

向导为项目 Mysdi 生成了文档图标文件 MysdiDoc. ico。文档图标一般用于多文档应用程序中,在程序 Mysdi 中没有显示这个图标,但编程时可以利用相关函数来获取该图标资源并显示图标(参看例 5-5),文档图标资源的 ID 为 IDR_MYSDITYPE。

4. 工具栏按钮位图文件

向导为项目 Mysdi 生成了工具栏按钮的位图文件 Toolbar. bmp,该位图是应用程序工具栏中所有按钮的图形表示。可利用工具栏编辑器对按钮位图进行编辑。

例 5-5 修改例 5-1 中的程序 Mysdi,在视图区显示文档图标。

【编程说明与实现】

打开项目 Mysdi,在视图类的成员函数 OnDraw()中添加如下黑体所示的代码:

```
void CMysdiView :: OnDraw(CDC * pDC)
{
    CMysdiDoc * pDoc = GetDocument();
    ASSERT_VALID(pDoc);
    pDC->TextOut(100, 100, "这是一个单文档程序!");
    HICON hDocIcon=AfxGetApp()->LoadIcon(IDR_MYSDITYPE);    // 加载文档图标
    pDC->DrawIcon(10,10,hDocIcon);                          // 显示图标
}
```

编译、链接并运行程序,可以看到程序视图窗口显示了一个文档图标。

5.2.5 应用程序向导生成的其他文件

除了上述用于生成可执行程序的源代码文件和资源文件,MFC AppWizard[exe]应用程序向导还为项目生成了其他一些在 Developer Studio 开发环境中必须使用的文件,如项目文件、项目工作区文件和 ClassWizard 类向导文件。

1. 项目文件

Visual C++ IDE 以项目作为程序设计的基本单元,项目用于管理组成应用程序的所

有元素,项目用项目文件 DSP(Developer Studio Project)来描述。向导为项目 Mysdi 生成了项目文件 Mysdi. dsp,通过该项目文件将项目中的所有文件组织成一个整体。项目文件保存了项目中源文件和资源文件的有关信息(如文件名和路径),同时还保存了项目的编译设置等信息(如 debug、release 设置)。

Workspace(工作区)窗口的 FileView 页面以树形结构形式列出项目中所有的文件,可通过 File 菜单和 Project 菜单中的有关命令添加源文件、资源文件和其他文件到项目中。如果要从项目中删除文件,在 FileView 页面选中要删除的文件,然后按 Delete 键。但注意,这只是解除了文件与项目的关联,并没有从硬盘上真正删除该文件。

2. 工作区文件

为了创建应用程序,必须在 Developer Studio 的工作区中打开项目,这些应用程序工作区的设置信息保存在工作区文件 DSW(Developer Studio Workspace)中。向导为项目 Mysdi 生成了工作区文件 Mysdi. dsw,该文件将一个 DSP 项目文件与具体的 Developer Studio 结合在一起,它保存了上一次用户操作结束时 Developer Studio 窗口的状态、位置以及针对该项目工作区所做的设置等信息。

注意,DSW 和 DSP 文件代替了以前版本 Visual C++ 4 的 MDP 和 MAK 文件。在集成开发环境中一般通过打开项目工作区文件(. dsw)来打开指定的项目,也可通过打开项目文件(. dsp)来打开项目,但此时 Developer Studio 将提示用户是否需要创建一个新的项目工作区。

3. 类向导文件

向导为项目 Mysdi 生成了类向导文件 Mysdi. clw,该文件存储了 MFC ClassWizard 类向导使用的类信息,如类信息的版本、类的数量、每个类的头文件和源文件、项目所用到的对话框控件和菜单命令的编号。利用 ClassWizard 类向导添加新的类、为类添加成员变量和成员函数时都要使用该文件,利用 ClassWizard 类向导建立和编辑消息映射、创建成员函数原形时所需的信息也存储在该文件中。在 Developer Studio 中通过 Open 命令以文本方式打开文件 Mysdi. clw,可以看到该文件的内容。如果丢失了 clw 文件,下次使用 ClassWizard 类向导时会出现提示对话框,询问是否想重新创建这个文件。

4. 项目自述文件

向导为项目 Mysdi 生成了自述文件 Readme. txt,该文件介绍了向导所创建文件的内容和功能,并告诉用户在什么位置添加自己的代码以及如何更改资源语言。

5.3 ClassWizard 类向导

利用应用程序向导生成 MFC 应用程序框架后,一般需要为自动生成的类添加消息处理成员函数,为对话框控件添加关联的成员变量,有时还需要添加新的 MFC 类的派生类,这些工作都可以借助于 ClassWizard 类向导来完成。MFC ClassWizard 类向导能够根据程序员的要求以半自动化的方式添加程序代码,它是进行 MFC 应用程序设计时一个必不可少的交互式工具,在今后的程序设计中要经常用到。

5.3.1 ClassWizard 的功能

ClassWizard 类向导可以用来定制现有的类或建立新的类,如把消息映射到类的成员函数,把对话框的某个控件与类的成员变量相关联。编程时,利用 ClassWizard 能够大大简化一些细节问题,如成员变量和成员函数的声明,定义放在何处,它们如何命名,成员函数如何与消息联系在一起。

只有在打开或创建一个项目后,View 主菜单中才会出现 ClassWizard 菜单项,这时才能使用 ClassWizard。一般通过 Ctrl＋W 快捷键启动 ClassWizard。

如图 5-15 所示,MFC ClassWizard 对话框共有 5 个页面,Message Maps 页面用来处理消息映射,为消息添加或删除处理函数,查看已被处理的消息并定位消息处理函数代码;Member Variables 页面用来为对话框类添加或删除成员变量,这些成员变量必须与控件关联;Automation 页面提供了对 OLE 自动化类的属性和方法的管理;ActiveX Events 页面用于管理 ActiveX 类所支持的 ActiveX 事件;Class Info 页面显示应用程序中所包含类的信息,如一个类的头文件、源文件和基类等信息。

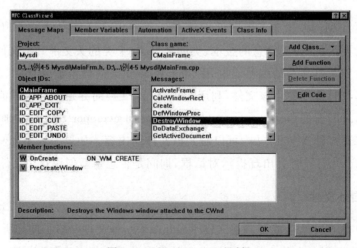

图 5-15　ClassWizard 对话框

利用 MFC ClassWizard 编程时,经常要用到的是 Message Maps 页面和 Member Variables 页面。本节主要学习利用 ClassWizard 添加消息处理函数的方法,而添加与控件相关联的成员变量的方法将在第 7 章介绍。

5.3.2 添加消息处理函数

ClassWizard 的 Message Maps 页面主要用于添加与消息处理有关的代码,包括消息映射宏和消息处理函数(handler)。如图 5-15 所示,Message Maps 页面有 5 个列表框。其中,Project 框列出当前工作区中的项目,Class name 框列出当前项目中的类,这两个框是下拉列表框。Object IDs 框列出当前类所有能接收消息的对象(ID),包括类、菜单项和控件。Messages 框列出在 Object IDs 框中所选对象可处理的消息和可重载的 MFC 虚函数。Member functions 框列出当前类已创建的消息处理函数,开头的"V"标记表示该函数是虚函数,"W"标记表示该函数是窗口消息处理函数。

当在 Member functions 框中单击一个函数时,在 Messages 框中将定位与函数对应的消息。在 Messages 框选择一个消息,单击 Add Function 按钮可为指定的消息添加一个消息处理函数。单击 Edit Code 按钮将退出 ClassWizard,打开源代码编辑器并定位到指定的消息处理函数,然后程序员就可以添加具体的函数源代码。

单击 Delete Function 按钮可以删除已生成的消息处理函数。注意,为了避免由于误操作而删除函数代码,类向导此时只在头文件中删除了函数声明,在源文件中删除了消息映射项,实际的函数代码必须由程序员手工删除。否则,编译时会出现语法错误。

下面通过一个例子说明如何利用 ClassWizard 添加消息处理函数。

例 5-6 编写一个 SDI 应用程序 MyMessage,程序运行后在程序视图窗口左击或右击鼠标时分别弹出不同的信息对话框,显示左击或右击鼠标的次数。

【编程说明与实现】

(1) 利用 MFC AppWizard[exe]向导创建一个单文档应用程序 MyMessage。

(2) 为视图类 CMyMessageView 添加两个 private 属性、int 型的成员变量 m_nLeft 和 m_nRight。在 Workspace(工作区)窗口的 ClassView 页面右击 CMyMessageView,在出现的弹出式菜单中,选择 Add Member Variable 命令项打开添加成员变量对话框,如图 5-16 所示。在对话框中输入变量类型和变量名,选择变量的属性。也可以采用手工方

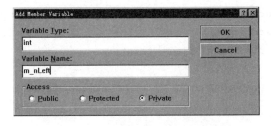

图 5-16 "添加成员变量"对话框

法直接在头文件中添加一般的成员变量。

（3）在视图类 CMyMessageView 的构造函数中添加初始化成员变量的代码，如下所示：

```
CmyMessageView :: CMyMessageView()
{
    // TODO: add construction code here
    m_nLeft=0;                                      // 初始化成员变量
    m_nRight=0;
}
```

（4）分别添加鼠标单击或右击的消息处理函数。按快捷键 Ctrl＋W 启动 ClassWizard，在 Message Maps 页面的 Class name 和 Object IDs 框选择 CMyMessageView。在 Messages 框选择 WM_LBUTTONDOWN(左击鼠标)消息，然后单击 Add Function 按钮；选择 WM_RBUTTONDOWN(右击鼠标)消息，然后单击 Add Function 按钮。最后单击 OK 按钮退出 MFC ClassWizard 对话框，这时，ClassWizard 将在视图类 CMyMessageView 的头文件中声明了 OnLButtonDown() 和 OnRButtonDown() 两个消息处理函数，在源文件中生成了消息处理函数的框架代码，并在 BEGIN_MESSAGE_MAP 和 END_MESSAGE_MAP() 中定义了消息映射。有关鼠标消息处理的内容可参阅 6.3 节。

（5）在 MFC ClassWizard 对话框的 Message Maps 页面定位到已添加的消息处理函数，单击 Edit Code 按钮可编写具体的函数代码。在消息处理函数 OnLButtonDown() 和 OnRButtonDown() 中的指定位置添加如下代码，以累加左击或右击鼠标的次数，并弹出一个提示信息框。

```
void CMyMessageView :: OnLButtonDown (UINT nFlags, CPoint point)
                                                    // 左击鼠标消息处理
{
    // TODO: Add your message handler code here and/or call default
    m_nLeft++;                                      // 左击鼠标次数加一
    CString strOutput;                              // 生成用于输出的格式化字符串
    strOutput.Format("The times of left button down: %d", m_nLeft);
    MessageBox(strOutput);                          // 弹出提示信息框
    CView :: OnLButtonDown(nFlags, point);
}
void CMyMessageView :: OnRButtonDown(UINT nFlags, CPoint point)
                                                    // 右击鼠标消息处理
{
    // TODO: Add your message handler code here and/or call default
```

```
    m_nRight++;                                          // 右击鼠标次数加一
    CString strOutput;                                   // 生成用于输出的格式化字符串
    strOutput.Format("The times of right button down: %d", m_nRight);
    MessageBox(strOutput);                               // 弹出提示信息框
    CView :: OnRButtonDown(nFlags, point);
}
```

编译、链接并运行程序 MyMessage,每当在视图窗口左击或右击鼠标时,将弹出显示左击或右击鼠标次数的信息对话框。

添加一般的成员函数可以采用手工方法,直接在头文件和源文件中分别添加函数声明和函数代码;也可以在 Workspace(工作区)的 ClassView 页面右击,从弹出式菜单中选择 Add Member Function 命令添加成员函数,如图 5-17 和图 5-18 所示。

图 5-17　在工作区使用弹出式菜单

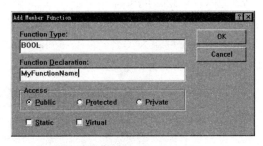

图 5-18　添加一般成员函数

5.3.3　添加类

利用 ClassWizard 可以为项目添加一个类,但只能添加 MFC 类的派生类。在 MFC ClassWizard 对话框的每个页面都有 Add Class 按钮,单击 Add Class 按钮会出现一个弹出式菜单,选择其中的 New 菜单项将打开 New Class 对话框,如图 5-19 所示。在 New Class 对话框的 Name 编辑框中输入要添加的类的类名,在 Base class 下拉列表框中选择一个 MFC 类作为基类,该下拉列表框列出了常用的 MFC 类,但有些类(如根类 CObject)没有在框中列出。对于基于对话框的类,可从 Dialog ID 下拉列表框中选择一个对话框模板资源。Automation 框用于选择是否使用基类的自动化服务。File name 框显示与类对应的文件名,单击 Change 按钮可以修改默认的文件名。最后,单击 OK 按钮,ClassWizard 类向导就添加了一个类,并生成了与类对应的头文件和源文件。

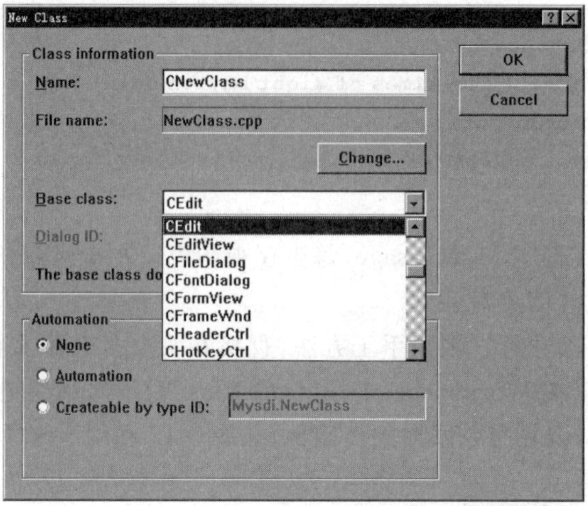

图 5-19　利用 ClassWizard 添加新类

　　若要为项目添加一个其他 MFC 类的派生类、非 MFC 类的派生类或普通类,只能利用 Visual C++ IDE 的 Insert 菜单。执行 Insert|New Class 菜单命令,打开与图 5-19 有所不同的 New Class 对话框,如图 5-20 所示。在 Class type 下拉列表框选择 Generic Class,在 Name 框输入类名,在 Base class 框输入基类名和访问权限。也可以采用手工编写代码的方法在现有的类定义文件中添加一个类,但项目中没有对应的头文件和源文件。

图 5-20　执行 Insert|New Class 菜单命令添加类

　　编程时有时需要删除一个类,Visual C++ IDE 没有提供直接删除类的方法。按照

C++ 编程习惯，一般用一个头文件和一个源文件定义一个类。因此，若要删除一个对应有头文件和源文件的类，首先退出 ClassWizard，然后利用 Windows 资源管理器把这两个文件删除或移到别的文件夹。当重新打开 ClassWizard，在 Class name 下拉列表框选择已删除的类时，系统将给出信息框，提示找不到类的信息，并提示是删除这个类还是改变与这个类对应的文件，选择 Remove 则从项目中删除这个类。注意，若是在其他文件中包含了（使用 ♯include 指令）被删除的头文件或者使用了被删除的类，就必须手工删除或修改相应的代码。最后，在 Visual C++ IDE 中以 Text 方式打开 DSP 文件，在 SOURCE 说明位置删除该类的头文件和源文件的说明，退出 Visual C++ IDE 后再重新打开项目文件就看不到已删除的类。

5.4　程序调试

程序调试是程序设计的一个必要环节，一个程序一般要经过很多次调试才能保证其正确性。因此可以说，程序不是编出来的，而是调出来的。程序调试分为修改源程序语法错误和修改程序逻辑设计错误两个阶段。利用编译器只能找出源程序的语法错误，程序逻辑设计上的错误可以利用一些调试工具来查找。程序调试的水平与程序员的经验密切相关，也取决于程序员的实际编程能力。程序员应该熟练掌握各种调试工具的使用，这样才能真正利用功能强大的软件开发工具进行编程。

5.4.1　查找源程序中的语法错误

对于源程序中的语法错误，编译时编译器就能自动找出来。在 Visual C++ IDE 中执行编译、链接命令（Build，F7 键）后，如果源程序有语法错误，编译器将在 Output（输出）窗口给出语法错误提示信息。错误提示信息的格式如下：

<源程序路径>(行):<错误代码>:<错误内容说明>

例如，假如在编辑源程序时，将函数名 TextOut 中的大写字母 O 误写为数字 0，则编译器会给出如下的语法错误提示信息：

```
D:\Mysdi\MysdiView.cpp (61): error C2039: 'Text0ut': is not a member of 'CDC'
```

错误代码给出了源程序语法错误类别和编号，语法错误分为一般错误（error）和警告错误（warning）两种。当出现 error 错误时不会生成可执行程序，而出现 warning 错误时可以生成可执行程序，但程序运行时可能发生错误。严重的 warning 错误还会引起死机故障，因此应该尽量消除 warning 错误。

error 错误出现的情况有很多种，常见的错误有以下几种：少写一个括号或分号，写错一个单词或大小写错误，变量、函数未定义或重定义，没有包含需要的头文件。warning

错误出现的情况一般只有几种,如一个定义的变量没有使用,一个浮点值被赋值给一个整型变量,main()函数有返回值却没有给出。可以在 Project Settings 对话框的 C/C++ 页面设置调试选项和错误等级。

需要说明的是,编译器给出的错误提示信息可能不十分准确,并且一处错误往往会引出若干条错误提示信息。一个有经验的程序员根据这些信息就能够判断具体的语法错误,修改一个错误后马上编译程序就可能减少很多条错误提示信息。通过多次的编译使程序中的错误逐渐减少,直到没有语法错误,最后得到一个可执行程序。

在链接阶段也可能给出错误提示信息。与编译阶段不同,链接错误提示信息不给出错误发生的具体位置,这是因为链接的程序是目标文件(obj),无法确定错误发生的准确位置。发生链接错误时,一般是程序中调用了某个函数,而链接程序却找不到该函数的定义,这时应该注意函数名是否正确或动态链接库的设置是否正确。另外,由于程序规模较大,需要分为几个文件分别编译,然后再链接,这时可能出现全局变量没有声明或重复声明的错误。

在 Output 窗口中双击错误提示信息可以返回到源程序编辑窗口,并通过一个箭头符号定位到产生错误的语句。如果安装了 MSDN,在 Output 窗口选择一条错误提示信息,按 F1 键打开 MSDN 联机帮助,并显示该错误代码更详细的说明和有关的例子。

5.4.2 Debug 调试器

为了方便查找和修改程序中的逻辑设计错误,Visual C++ IDE 提供了一个重要的集成调试工具——Debug 调试器。利用 Debug 调试器可以动态地进行程序调试,如使程序执行到断点处暂时停下来,然后通过单步执行跟踪,观察变量、表达式和函数调用关系,可以分析程序的实际执行情况。即使程序没有设计错误,程序员也可以使用 Debug 调试器分析一个程序的执行过程,这对于学习 MFC 应用程序框架的工作原理以及如何定制自己的应用程序都是非常有用的。

利用 Visual C++ IDE 可以生成 Debug(调试版)和 Release(发布版)两种版本的程序。Debug 版生成的中间文件及可执行文件放在 Debug 文件夹中,目标文件包含所有的调试信息,但程序没有进行优化。Release 版生成的文件放在 Release 文件夹中,目标文件不包含任何调试信息,不能进行程序调试,但程序进行了优化。编程时一般先生成一个 Debug 版程序,程序经过调试确认无误后,再编译、链接生成一个 Release 版程序。

在启动 Debug 调试器前,应先编译、链接生成一个 Debug 版的程序。Visual C++ IDE 默认设置是 Debug 版,但若生成一个 Release 版程序后,需要重新设置为 Debug 版。通过执行 Build|Set Active Configuration 菜单命令可以设置当前的程序版本。

Build 主菜单中有一个 Start Debug 子菜单,其中含有启动 Debug 调试器的命令。如执行其中的 Go(快捷键为 F5)命令后,程序便在调试器中运行,直到断点处停止。启动调试器后,Debug 菜单取代 Build 菜单出现在菜单栏中,同时出现一个停靠式 Debug 工具栏和一些调试窗口,如图 5-21 所示。

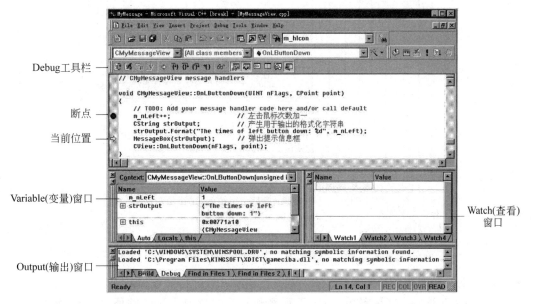

图 5-21　Debug 调试器

在调试过程中,屏幕上可同时出现调试器窗口和程序运行窗口。调试时有时需要切换到程序运行窗口,可以通过反复按 Alt＋Tab 组合键进行切换。

Debug 工具栏是一个可浮动的工具栏,该工具栏分为 4 个区,共有 16 个按钮。Debug 工具栏第 1、第 2 个区按钮的功能同 Debug 主菜单中的菜单项是一一对应的,用于完成主要的调试功能。Debug 工具栏各按钮的功能说明如图 5-22 所示。

除了 Debug 工具栏,Debug 调试器还提供了一些辅助窗口,即调试窗口,用于显示程序的调试信息。调试窗口汇集了许多信息,但通常并不需要观察所有信息,而且有限的屏幕空间也限制了打开窗口的个数。一般情况下,当进入程序调试时,除了打开常见的 Output 输出窗口,Debug 调试器还自动打开 Variable 和 Watch 窗口。

Output(输出)窗口(见图 5-21)主要用于显示有关 Build 和 Debug 操作的信息,包括编译链接错误提示信息和调试时一些调试宏的输出信息。

Variable(变量)窗口(见图 5-21)用于观察和修改某个作用域内所有变量的当前值,调试器可根据当前程序运行过程中变量的变化情况自动选择应显示的变量。可以在 Variable 窗口的 Context 下拉列表框选择要查看的函数,然后调试器会在窗口中显示函数的局部变量的当前值。该窗口有 3 个页面,Auto 页面显示当前语句或前一条语句中变量的值和函数的返回值;Locals 页面显示当前函数中局部变量的值;This 页面以树形方

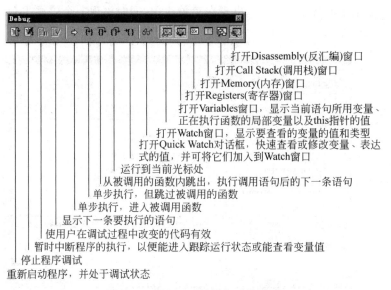

图 5-22 Debug 工具栏与功能说明

式显示当前类的对象的所有数据成员,单击"+"号可展开指针所指对象。

Watch(查看)窗口(见图 5-21)用于观察和修改变量或表达式的值,但需要程序员在该窗口手工设置要观察的变量或表达式。单击 Watch 窗口 Name 栏下的空白框,可添加要观察的变量或表达式。可以将要查看的变量分为 4 组,分别放在 Watch1、Watch2、Watch3 和 Watch4 页面内。

在调试窗口中用红色表示变量的值在程序当前的执行过程中发生了改变。可以在调试窗口中手工改变变量的值,程序将采用新的变量值向后继续运行。若变量是一个对象、对象引用或指针,调试窗口将自动展开变量,显示其成员信息。

除了上述主要调试窗口,使用 Debug 调试器调试程序时还可根据特殊的需要打开其他一些调试窗口。Registers(寄存器)窗口用于显示通用寄存器和 CPU 状态寄存器的内容;Memory(内存)窗口用于显示当前内存的内容;Call Stack(调用栈)窗口用于列出所有调用未结束的函数;Disassembly(反汇编)窗口用于列出反汇编后得到的汇编语言代码。

在其他主菜单中也含有一些与调试有关的调试命令。例如,通过 View 主菜单中的 Debug Windows 子菜单可以打开指定的调试窗口,通过 Edit 主菜单中的 Breakpoints 命令可以进行断点的设置、取消、使用或禁用等操作。

5.4.3 跟踪调试程序

即使源程序没有语法错误,最后生成的可执行程序也不能正常运行或没有达到设计要求,这类程序设计上的错误称为逻辑设计错误或缺陷(bug)。跟踪调试程序是查找此类逻辑设计错误最常采用的动态方法。跟踪调试的基本原理就是让程序按照源代码设计流程一步一步地执行,通过观察和分析程序执行过程中数据和代码执行流程的变化来查找程序设计的逻辑错误。

采用传统的程序设计工具调试程序时,程序员为了进行跟踪调试,一般需要在程序中人为设置断点,如加入输出变量值的语句。而在 Visual C++ IDE 中除了可以采用诸如 TRACE 调试宏(参见 8.5 节)输出需要的信息,更方便的调试手段是利用 Debug 调试器直接进行程序的跟踪调试。Debug 调试器可以帮助程序员分析和查找程序中的逻辑设计错误,通过代码的逐条执行,检查程序中任何位置变量的内容,以找到发生错误的大致位置。使用 Debug 调试程序时可以设置断点、单步执行和观察数据变化。

设置断点就是在源程序的某语句行设置一个暂停点,这样,在调试器中运行程序时可以强制程序执行到断点时暂时停止运行。设置断点的方法很简单,只需在源代码编辑窗口将光标移到要设置断点的语句行,然后单击最右端的 Insert/Remove Breakpoint 手掌图标按钮(快捷键为 F9),如图 5-23 所示。可以在启动 Debug 调试器后再设置断点。断点用一个红色的圆点表示,当被调试的程序停在某个断点时,该圆点中出现一个黄色箭

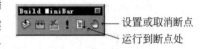

图 5-23　设置断点

头,表示程序当前的执行位置。若要在一个成员函数的开头处设置断点,可在 Workspace(工作区)的 ClassView 页面中选择该成员函数,右击,在弹出菜单中选择 Set Breakpoint 命令。

当程序运行到断点时将暂时停止运行,此时可查看或设置程序中的数据内容,并可对代码作小的修改。接下来也可以采用单步执行的方法跟踪程序的执行。

单步执行也是一个有效的程序调试手段,能够使程序按照源代码的编写流程一行一行地执行。Debug 工具栏提供的单步执行操作有以下 3 种情况(参见图 5-22):

(1)单步执行程序,若遇见函数调用语句,则进入函数内部。单击 Debug 工具栏上的 Step Into 按钮(快捷键为 F11)即可完成该功能。

(2)单步执行程序,若遇见函数调用语句,不进入调用函数的内部,跳过该函数。单击 Debug 工具栏上的 Step Over 按钮(快捷键为 F10)即可完成该功能。一般而言,刚开始调试时,如果不能断定一个函数是否有错,可以暂时执行该命令先跳过该函数。

(3)从当前的函数中跳出。有时无意进入某个不想跟踪的函数,可单击 Debug 工具栏上的 Step Out 按钮,此时程序流程将转到该函数调用语句后的第一条语句。

单步执行程序的一个主要目的就是观察程序当前位置数据变化的情况。Debug 单步执行程序时可以利用的信息非常丰富,可通过观察变量、表达式、调试输出信息、内存、寄存器和函数栈的内容来了解程序的运行情况。跟踪调试时可以很方便地查看某个变量的值,只需将光标在该变量上停留片刻,就会出现一个黄色的 DataTips 信息框,其中显示了

光标所指变量的值。要查看表达式的值,必须用光标将该表达式全选上。

下面通过一个例子学习如何利用 Debug 调试器跟踪调试程序。

例 5-7 编写一个单文档应用程序 Ellipse,程序运行后在程序视图窗口根据所提供的参数绘制 5 个纵向排列整齐的椭圆。

【编程说明与实现】

利用 MFC AppWizard[exe]应用程序向导建立一个单文档应用程序 Ellipse,在成员函数 OnDraw()中添加如下代码:

```
void CEllipseView :: OnDraw(CDC * pDC)
{
    CEllipseDoc * pDoc = GetDocument();
    ASSERT_VALID(pDoc);
    int yLeft[5]={0,70,140,210,280};
    int yRight[5]={70,140,210,280,350};
    for ( int i=1; i<=5; i++)                    // 绘制 5 个纵向排列整齐的椭圆
    pDC->Ellipse(100, yLeft[i], 300, yRight[i]);
                                       // 参数:椭圆外接矩形左上角和右下角坐标
}
```

编译、链接并运行程序 Ellipse,程序没有按要求绘制出 5 个椭圆。为了找到程序设计错误,首先应该跟踪绘制椭圆的函数 OnDraw()。将光标移到 OnDraw()函数的开头位置,单击工具栏最右端的手掌图标按钮设置一个断点。按 F5 键启动 Debug 调试器使程序运行到断点处暂停,然后通过不断按 F10 键单步跟踪执行程序,在单步执行过程中观察椭圆参数的实际值。可以发现,当 i=1 时,yLeft[i]=70,yRight[i]=140,不是设计所要求的 0 和 70。继续单步执行,当 i=5 时,yLeft[i]=7806880,yRight[i]=0,更不是设计所要求的参数,如图 5-24 所示。

分析后不难发现,在引用数组元素时违反了 C++ 数组的下标是从 0 开始的规定,并且当 i=5 时已经出现了越界错误。将 for 语句改为

```
for ( int i=0; i<5; i++);
```

重新编译、链接并运行程序 Ellipse,程序绘出了 5 个纵向排列整齐的椭圆。

注意:利用 Debug 调试器单步跟踪 OnDraw()函数时将无法打开应用程序窗口,因为在从调试器窗口切换到应用程序窗口时,由于打开应用程序窗口需要调用 OnDraw()函数,而执行 OnDraw()函数时又进入单步跟踪,使得又重新切换到调试器窗口。在这种情况下可以使用 Visual C++ IDE 提供的远程调试(remote debug)功能,即将程序放在另外一台 PC 上运行,然后在本机对程序进行调试。

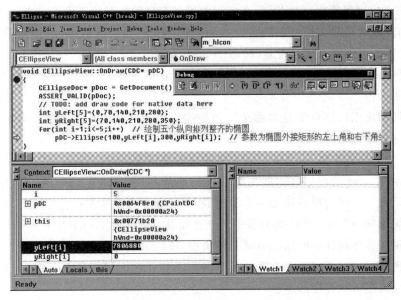

图 5-24　单步跟踪调试程序 Ellipse

习　　题

问答题

5-1　Visual C++ IDE 提供了哪些类型的程序向导？最常用的向导有哪几个？

5-2　MFC AppWizard[exe]应用程序向导能创建哪几种类型的应用程序？创建一个 SDI 应用程序有哪几个步骤？简要说明每一操作步骤对话框中各选项的含义。

5-3　利用 MFC AppWizard[exe]向导建立一个 SDI 应用程序时，如何进一步设置程序界面窗口的边框厚度和最小化、最大化、关闭按钮？

5-4　利用 Visual C++ 编写 Windows 应用程序可以采取哪几种方法？编写一个 MFC 应用程序一般有哪几个步骤？简述向项目添加一个资源的方法。

5-5　什么是 MFC 应用程序框架？它与 MFC 应用程序向导有何关系和区别？

5-6　Visual C++ 中有哪些文件类型？MFC AppWizard[exe]应用程序向导主要生成了哪些文件？分别有什么作用？项目文件和工作区文件有什么不同？

5-7　MFC AppWizard[exe]应用程序向导为 SDI 应用程序创建了哪几个类？它们的基类分别是哪个？这些类分别完成什么程序功能？

5-8　资源头文件 Resource.h 中主要有哪些内容？IDR_用于作为哪些类型资源标识符的前缀？应用程序 Mysdi 的资源文件 Mysdi.rc 和 Mysdi.rc2 有何区别？

5-9 在 SDI 应用程序中,如何进行文档对象成员变量的初始化工作? 在视图类成员函数中如何获取当前文档对象的指针? 如何访问文档对象的数据(成员变量)? 如果直接在视图类中定义成员变量,操作上有何不同?

5-10 在例 5-4 中,文档类 CMysdiDoc 的成员变量 m_szText 能否被定义为私有的? 请说明理由。

5-11 全局的应用程序对象是指哪个? 请简述应用程序类的成员函数 InitInstance()主要完成哪几个方面的工作。

5-12 StdAfx. h 文件和 StdAfx. cpp 文件的内容是什么? 它们有什么作用?

5-13 ClassWizard 类向导有哪些主要功能? 如何利用 ClassWizard 类向导添加消息处理函数? 如何为项目添加一个常用的 MFC 类的派生类?

5-14 如何添加一个非 MFC 类的派生类或普通类? 如何删除一个类?

5-15 请说明程序设计中的错误有哪几种类型,可以采取什么方法找到错误?

5-16 试比较 Debug 和 Release 两种版本的程序有什么区别。在 Developer Studio 中如何设置当前的程序版本?

5-17 如何启动 Debug 调试器? 它有哪些主要功能?

5-18 Debug 调试器提供了哪些调试窗口? Variable 和 Watch 窗口用于显示什么内容? 试列举查看变量当前值的 3 种方法。

5-19 Debug 工具栏主要有哪些按钮? 请简述它们的功能。

5-20 使用 Debug 调试程序的手段主要有哪些? 如何设置和使用断点? 请说明单步执行程序时的几种不同情况及如何使用。

5-21 利用 Debug 调试器分析例 5-6 中程序 MyMessage 的执行过程。

上机编程题

5-22 利用 MFC AppWizard[exe]应用程序向导创建一个名为 SDILine 的单文档程序,除了默认选项,程序还满足以下要求:

(1) 程序不支持 ActiveX 控件,不具备打印功能;程序窗口没有最大化按钮;文件菜单中可列出最近 9 个曾使用过的文件。

(2) 调用函数 LineTo()在视图窗口画一条直线。

5-23 利用 MFC AppWizard[exe]应用程序向导创建一个名为 Mymdi 的 MDI 多文档应用程序,并说明向导生成的类和文件与 SDI 单文档应用程序有哪些不同。

5-24 编写一个基于对话框的应用程序 Dialog。利用 MFC AppWizard[exe]向导创建基于对话框的程序时,与单文档和多文档应用程序相比,操作过程有哪些不同?

5-25 参照例 5-3 修改例 5-1 中的程序 Mysdi,当程序处理文档时,不将当前的文档名添加到程序框架窗口的标题栏中。(提示:取消窗口的 FWS_ADDTOTITLE 风格。)

5-26 修改习题 5-22 中的程序 SDILine,为 CSDILineDoc 文档类对象定义两个整型的成员变量,在 OnNewDocument()函数中初始化成员变量。在 OnDraw()函数中访问这两个成员变量,以它们的值作为终点坐标画一条直线。

5-27 编写一个 SDI 应用程序,在程序视图窗口显示应用程序的图标。

5-28 编写一个 SDI 应用程序,程序运行后,单击鼠标时在程序视图窗口显示文本串,以表示单击鼠标的次数。(提示:调用函数 Invalidate()刷新视图。)

5-29 修改例 5-6 中的程序 MyMessage,将变量 m_nLeft 和 m_nRight 定义为文档类的成员变量,程序所实现的功能不变。

5-30 利用 MFC AppWizard[exe]向导创建一个应用程序,再利用 ClassWizard 类向导为程序添加一个类 CMyWnd,该类是 MFC 窗口类 CWnd 的派生类。再为项目添加一个类 CMyClass,该类是 MFC 根类 CObject 的派生类。

5-31 假设在编写例 5-6 中的程序 MyMessage 时,没有进行第三步成员变量的初始化工作,请使用 Debug 调试器找出程序设计错误。

5-32 利用 MFC AppWizard[exe]向导建立一个 Win32 Console Application 项目,并编写下面的程序代码,程序将依据用户的键盘输入而显示不同的信息。请判断程序是否有语法错误,并用 Debug 调试器找出程序的逻辑设计错误。

```
#include <stdio.h>
main()
{
    char cInputKey;
    printf ("Do you like Visual C++Programming? (Y or N):");
    cInputKey=getchar();
    if (cInputKey='Y')
        printf("Just wait untill you see what you can do!\n");
    if (cInputKey='N')
        printf ("Keep trying! I bet you'll change your mind.\n VC++OOP can be a
        blast!\n");
}
```

5-33 以下程序运行后,对象 obj1 和 obj2 的值都为 1,不符合++运算的要求。请使用 Debug 调试器找出程序中的设计错误。

```
#include <iostream.h>
class Counter
{
private:
    int value;
```

```
public:
    Counter() {value=0;}
    Counter operator++();
    void display() { cout<<"the value is: "<<value<<endl; }
};
Counter Counter :: operator++()
{
    value++;
    return *this;
}


void main()
{
    Counter obj1, obj2;
    obj2=obj1++;
    obj1.display();
    obj2.display();
}
```

5-34 编写程序在视图窗口画一个矩形,并编写鼠标消息处理函数。要求:在矩形内单击鼠标时,显示"击中矩形"信息;在矩形外单击鼠标时,把矩形移动到鼠标单击的位置。

第 **6** 章

文档与视图

文档/视图结构是 MFC 应用程序最基本的程序结构,适用于大多数 Windows 应用程序,Microsoft Word 就是一个典型的文档/视图结构的 Windows 应用程序。文档/视图结构是 MFC 的基石,掌握文档/视图结构对于利用 MFC 编程有着重要的意义。第 5 章已经涉及文档/视图结构的应用程序,本章将对文档/视图结构进行全面的介绍,并结合实例进行应用。本章主要介绍文档/视图结构的工作机制和文档的读写原理,并介绍菜单、工具栏和状态栏等程序界面元素的设计方法。

6.1 文档/视图结构

计算机的一个主要应用是信息管理,而信息是用数据表示的,因此,对数据的管理和显示是多数软件都要完成的一项任务。采用传统的编程方法,数据的管理和显示是一项复杂的任务,并且不同的程序员可能有不同的处理方法。为了统一和简化数据处理,Microsoft 公司提出了文档/视图结构的概念。文档和视图完成了应用程序的大部分功能,是 MFC 应用程序的核心。文档/视图结构已成为 Windows 应用程序的一个标准。

6.1.1 文档/视图结构概述

文档(document)是应用程序需要处理的数据的集合,包括文本、图形、图像和表格等类型。在 MFC 中,一个文档对应于用户当前打开的一个文件。文档的主要作用是把数据的处理从用户界面的管理中分离出来,并提供一个与视图交互的接口。

视图(view)是文档在应用程序窗口中的一个映像。视图就像一个观景器,用户通过视图看到文档,并借助视图修改文档,视图充当了文档与用户之间的媒介物。应用程序通过视图向用户显示文档中的数据,并把用户的输入解释为对文档的操作。一个视图总是与一个文档对象相关联,用户通过与文档相关联的视图与文档进行交互。当用户打开一个文档时,应用程序就会创建一个与之相关联的视图。

在 MFC 文档/视图结构中,数据的处理分为数据的管理和显示两部分。文档用于管理和读写数据,而视图用来显示和编辑数据。MFC 文档/视图结构应用程序是一个标准的 Windows 应用程序,程序除了具有标准的窗口和界面元素,还提供了一个专门的数据显示区,称为客户区(client area)。用户对数据的编辑、修改操作都要通过客户区完成,而客户区的管理由视图负责,如成员函数 OnDraw()负责客户区的显示。

一个视图是一个没有边框的窗口,位于主框架窗口中的客户区。视图是文档对外显示的窗口,但它并不能完全独立,必须依附在一个框架窗口内。图 6-1 说明了文档、视图和框架窗口之间的关系。

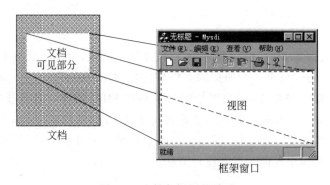

图 6-1　文档与视图的关系

一个视图只能拥有一个文档,但一个文档可以同时拥有多个视图。例如,同一个文档可以在切分的子窗口中同时显示,或者在 MDI 应用程序中的多个子窗口中同时显示。一个文档在程序中可以支持不同类型的视图,例如,一个字处理程序可以提供一个显示文档全部内容的视图,也可以提供只显示部分标题的大纲式的视图。视图除了在屏幕上显示,也可在打印机上输出。

文档/视图结构的基本出发点是把数据处理类从用户界面处理类中分离出来,使得每一个类专门完成指定的工作。数据通常保存在文档类的成员变量中,文档类通过一个被称为序列化(serialize)的成员函数 Serialize()将成员变量存储到磁盘文件中。MFC 应用程序框架为文档的序列化提供了支持,例如,提供了保存文档命令(File|Save)的处理函数。在此基础上只需对函数稍加修改,就可以为自定义的文档类提供序列化功能。

文档/视图结构是 MFC 的一大特色,但是文档/视图结构牵涉许多类,其中的关系比较复杂,需要处理的消息繁多,程序员特别是初学者很难掌握它们之间的相互关系,自己动手编写一个 Windows 标准的文档/视图结构应用程序是一项艰巨的任务。如果利用 MFC AppWizard 应用程序向导创建文档/视图结构应用程序,很多细节问题就不需要程序员自己解决,因为向导创建的 MFC 应用程序框架已经把程序的主要结构设计好,模块与模块间的消息传递路径已确定好,消息处理函数也已定义好。程序员可以把主要的精力放在具体的数据结构设计和数据显示处理上,而不是花在模块的沟通和消息的传递上。在文档与视图的关系中,应用程序框架起到了穿针引线的作用,它采用文档/视图结构处理 Windows 发送的消息,并按照消息处理函数功能的不同,将不同消息的响应分别分布在文档类和视图类中。在 MFC 应用程序框架的基础上,程序员要做的一般工作是:在文档类中加入数据成员,建立自己的菜单并为菜单添加命令处理函数,在视图类中编写成员函数,用于实现文档的显示和编辑。

　　文档/视图结构的最大优点是把 Windows 程序通常要做的工作分成若干个定义好的类,这样有利于程序的模块化和扩充,编程时只需修改所涉及的类。MFC 通过其文档类和视图类提供了大量有关数据处理的方法,包括数据管理与显示的成员函数,并且,这些成员函数很多都是虚函数,可以在派生类中进行继承或重载。

　　文档/视图结构并没有完全要求所有数据都在文档类中定义,视图类也可以有自己的数据。按照文档/视图结构的一般处理方法,在视图类中不定义数据,需要时从文档类中获取,但这种方法并不总是方便和高效的。相反的例子是,在一个文本编辑程序中,如果在视图中缓存部分数据,这样既方便了编程,又避免了视图对文档的频繁访问,提高了程序的运行效率。

6.1.2　文档与视图之间的相互作用

　　在 C++ 面向对象程序设计中,对象的数据成员(一般为私有属性)和成员函数(一般为公有属性)被抽象出来,并封装在一个类中,一般通过成员函数访问数据成员,这种封装确保了类基本上是自己管理自己。MFC 文档/视图结构应用程序包含了多个类,为了管理这些类,除了考虑哪一个类用于保存数据,哪一个类用于显示数据,一个主要的问题是文档数据更改后如何保持视图显示的同步,即文档与视图如何进行交互。

　　在文档、视图和应用程序框架之间包含了一系列复杂的相互作用过程,文档与视图的交互是通过类的公有数据成员和成员函数实现的。文档类和视图类是 MFC 中常用的两个类,它们的成员函数很多,这里先介绍几个主要的成员函数。

1. 视图类的成员函数 GetDocument()

　　一个视图对象有且只有一个与之相关联的文档对象。GetDocument()是视图类的成员函数,视图对象通过调用 GetDocument()函数得到当前文档,即返回与视图相关联的文档对象的指针,利用这个指针就可以访问文档类及其派生类的公有成员变量和成员函数。例如,在成员函数 OnDraw()中就调用了 GetDocument()函数。同样,也可以在自己添加的视图类成员函数中调用 GetDocument()函数。但注意,为了能在视图类中访问文档类的数据,文档类的数据成员一般都定义为公有的。

当利用 MFC AppWizard 应用程序向导创建一个 SDI 单文档应用程序 Mysdi 时,生成了一个视图派生类,并在类中定义了函数 GetDocument()。该函数有 Debug 和 Release 两个版本。Debug 版函数代码如下所示:

```
CMysdiDoc* CMysdiView :: GetDocument()        // non-debug version is inline
{   // CMysdiView 是 CView 的派生类,CMysdiDoc 是 CDocument 的派生类
    ASSERT(m_pDocument->IsKindOf(RUNTIME_CLASS(CMysdiDoc)));
    return (CMysdiDoc*)m_pDocument;
    // m_pDocument 是 CArchive 类的数据成员,指向当前文档对象
}
```

Release 版的 GetDocument()函数是内联函数,如下所示:

```
#ifndef _DEBUG                                    // debug version in MysdiView.cpp
inline CMysdiDoc* CMysdiView :: GetDocument()
    { return (CMysdiDoc*)m_pDocument; }
#endif
```

2. CDocument 类的成员函数 UpdateAllViews()

一个文档对象可以有多个视图对象与之相关联,但一个文档对象只反映当前视图的变化。当一个文档的数据通过某个视图被修改后,与它关联的每一个视图都必须对修改作出反应。因此,视图在需要时必须进行重绘,即当文档数据发生改变时,必须通知到所有相关联的视图对象,以便更新所显示的数据。更新与当前文档有关的所有视图的方法是调用文档类的成员函数 UpdateAllViews(),它是 CDocument 类的成员函数,而不是其派生类的成员函数。该函数声明如下:

```
void UpdateAllViews(CView* pSender, LPARAM lHint=0L,CObject* pHint=NULL );
```

如果在文档派生类的成员函数中调用该函数,其第一个参数 pSender 设为 NULL,表示所有与当前文档相关联的视图都要重绘;如果在视图派生类的成员函数中通过当前文档指针调用该函数,其第一个参数 pSender 设为当前视图,如下形式:

```
GetDocument()->UpdateAllViews(this);
```

在第 6.2 节的例 6-3 中就是通过调用函数 UpdateAllViews(NULL)来更新视图。

3. 视图类的成员函数 OnUpdate()

当调用 CDocument 类的成员函数 UpdateAllViews()时,实际上是调用了所有相关视图的成员函数 OnUpdate(),以实现相关视图的更新。另外,在视图类 CView 的初始化

成员函数 OnInitialUpdate()中也调用了 OnUpdate()函数。因此,完全可以参照此方法,在自己的视图派生类的成员函数中直接调用 OnUpdate()函数刷新当前视图。

视图类 CView 的成员函数 OnUpdate()如下所示:

```
void CView :: OnUpdate(CView* pSender, LPARAM /*lHint*/, CObject* /*pHint*/)
{
    ASSERT(pSender !=this);
    UNUSED(pSender);                             // unused in release builds
    // invalidate the entire pane, erase background too
    Invalidate(TRUE);        // 使整个窗口矩形无效,通过调用 OnDraw()更新整个视图窗口
}
```

可以看出,视图类 CView 的成员函数 OnUpdate()是通过调用窗口类 CWnd 的成员函数 Invalidate()刷新整个客户区。因此,也可以参照此方法,在视图类的成员函数直接调用成员函数 CWnd::Invalidate()(或 InvalidateRect)刷新视图。

OnUpdate()函数是一个虚函数,为了提高效率,可以只对视图的小部分数据变化区域进行更新,这时需要在视图派生类中重载 OnUpdate()函数。重载 OnUpdate()函数时,应该根据 UpdateAllViews()函数传过来的参数 lHint 设定要更新的区域,然后通过调用函数 CWnd::InvalidateRect()使该区域无效,发出 WM_PAINT 消息,从而触发 OnDraw()函数,重绘要更新的区域。当然,此时的 OnDraw()函数也应作相应的修改。

总而言之,刷新视图时默认的函数调用过程是:CDocument::UpdateAllViews()→CView::OnUpdate()→CWnd::Invalidate()→OnPaint()→OnDraw()。

6.1.3 多文档

MFC 基于文档/视图结构的应用程序分为单文档和多文档两种类型。多文档应用程序有一个主窗口,但在主窗口中可以同时打开多个子窗口,每一个子窗口对应一个不同的文档。利用 MFC AppWizard[exe]向导可以很方便地创建一个多文档应用程序。

例 6-1 编写一个多文档应用程序 Mymdi,程序运行后在程序视图窗口显示文本串"这是一个多文档程序!"。

【编程说明与实现】

首先利用 MFC AppWizard[exe]应用程序向导创建一个 MDI 多文档应用程序框架,只需在 MFC AppWizard-Step1 向导第 1 步选择 Multiple documents 程序类型。生成项目后,在成员函数 CMymdiView::OnDraw()中添加如下显示文本的代码:

```
pDC->TextOut(50, 10, "这是一个多文档程序!");
```

编译、链接并执行程序,新建多个文档后得到如图 6-2 所示的结果。

图 6-2　多文档应用程序界面

从图 6-2 的程序界面可以看到,MDI 使用与 SDI 不同的框架窗口。SDI 的框架窗口是唯一的主框架窗口,窗口类是类 CMainFrame,由 MFC 类 CFrameWnd 派生而来。MDI 的框架窗口分为主框架窗口和子框架窗口,区别于 SDI,MDI 的主框架窗口不包含视图,分别由每个子框架窗口包含一个视图。因此,MDI 的主框架窗口不与某个打开的文档相关联,而只与子框架窗口相关联。MDI 主框架窗口类是类 CMainFrame,由 MFC 类 CMDIFrameWnd 派生而来;MDI 子框架窗口类是类 CChildFrame,由 MFC 类 CMDIChildWnd 派生而来。

在文档/视图结构应用程序中,数据以文档类的对象的形式存在。文档对象通过视图对象显示出来,而视图对象又是框架窗口的一个子窗口,并且涉及文档操作的菜单和工具栏等资源也是建立在框架窗口上。这样,文档、视图、框架和所涉及的资源形成了一种固定的关系,这种固定的关系就称为文档模板(document template)。也就是说,文档模板描述了对应于每一种类型文档的视图和窗口的类型。

一个应用程序可以支持多种类型的文档,当打开某种类型的文档时,应用程序必须确定哪一种文档模板用于解释这种文档。在应用程序初始化时,必须首先注册文档模板,以便程序利用这个模板来完成框架窗口、视图、文档对象的创建和资源的装入。

MFC 提供了一个文档模板类 CDocTemplate,它是一个抽象基类,程序员不能直接使用。CDocTemplate 类有两个派生类 CSingleDocTemplate 和 CMultiDocTemplate,分别用于单文档和多文档。文档模板类是类模板(见 4.4.2 节)的一个应用,类模板是用来创建不同类的类工厂。文档模板的管理由 CWinApp 应用程序对象负责,这些内容体现在其成员函数 InitInstance()中。

在 SDI 或 MDI 应用程序中注册文档模板,首先需要通过 new 运算调用文档模板类的构造函数生成一个 CSingleDocTemplate 或 CMultiDocTemplate 类对象,然后通过调用函数 AddDocTemplate()注册该文档模板对象。

CSingleDocTemplate 类构造函数的声明如下:

```
CSingleDocTemplate( UINT nIDResource, CRuntimeClass * pDocClass,
                    CRuntimeClass * pFrameClass, CRuntimeClass * pViewClass );
```

该构造函数的第一个参数是模板使用的资源 ID,MFC AppWizard 应用程序向导所生成的应用程序框架资源中的菜单、工具栏、图标和快捷键都有相同的资源 ID。其他 3 个参数是文档类、框架类和视图类的 CRuntimeClass 对象的指针,程序可以通过 RUNTIME_CLASS 宏获取 CRuntimeClass 对象的指针。CRuntimeClass 类具有动态创建对象的功能,使得程序可以不指定明确的对象名而动态地创建类的对象。

打开路径"Microsoft Visual Studio\VC98\MFC\Include"下的 MFC 头文件 Afxwin.h,可以看到 CDocTemplate 类有 m_pDocClass、m_pFrameClass 和 m_pViewClass 三个成员变量,分别是文档、框架和视图的 CRuntimeClass 对象的指针数据类型。还有一个成员变量 m_nIDResource,它是文档模板要使用的用户界面对象资源 ID,包括菜单、按钮和快捷键等资源。这 4 个成员变量都作为 CDocTemplate 类构造函数的参数。

下列两段代码分别摘自 SDI 应用程序 Mysdi 和 MDI 应用程序 Mymdi 的初始化函数 InitInstance(),请注意黑体代码的不同。

SDI 程序的 InitInstance()函数如下:

```
CSingleDocTemplate* pDocTemplate;
pDocTemplate=new CSingleDocTemplate(          // 单文档模板
    IDR_MAINFRAME,                            // 主框架资源的 ID
    RUNTIME_CLASS(CMysdiDoc),
    RUNTIME_CLASS(CMainFrame),                // SDI 主框架窗口类
    RUNTIME_CLASS(CMysdiView));
AddDocTemplate(pDocTemplate);
```

MDI 程序的 InitInstance()函数如下:

```
CMultiDocTemplate* pDocTemplate;
pDocTemplate=new CMultiDocTemplate(           // 多文档模板
    IDR_MYMDITYPE,                            // 子框架资源的 ID
    RUNTIME_CLASS(CMymdiDoc),
    RUNTIME_CLASS(CChildFrame),               // MDI 子框架窗口类
    RUNTIME_CLASS(CMymdiView));
```

```
AddDocTemplate(pDocTemplate);
```

MDI 应用程序可以通过多次调用 AddDocTemplate()函数加入多个文档模板,每个模板可以指定不同的文档类、视图类、MDI 子框架窗口类和资源。

CDocument 类有一个 CDocTemplate * 指针型的成员变量 m_pDocTemplate,回指其文档模板。CFrameWnd 类有一个 CView * 指针型的成员变量 m_pViewActive,指向当前视图。应用程序类 CWinApp 一直保留文档模板对象,直到自身销毁时,这要等到整个应用程序运行结束时。

6.2 菜单设计

菜单、工具栏和状态栏是 Windows 应用程序的重要界面元素,是用户与应用程序进行交互的接口,它们共同体现了 Windows 应用程序用户界面的友好性。Windows 应用程序的菜单用于传递用户选择的操作,便于用户使用程序的各种功能。通过菜单也可以直观地了解应用程序的基本功能。

6.2.1 建立菜单资源

菜单(menu)在 Windows 应用程序中是作为一种资源使用的,Visual C++ IDE 提供了一个可视化菜单资源编辑器,以便对应用程序的菜单进行编辑。从程序设计的角度看,菜单是应用程序中可操作命令的集合,体现了程序所具备的功能。当用户选择某一菜单项时就会调用指定的命令处理函数,完成相应的功能。

利用 MFC AppWizard 应用程序向导创建文档/视图结构的应用程序时,向导将自动生成 Windows 标准的菜单资源和命令处理函数。但这个默认生成的主框架菜单资源往往不能满足实际的需要,一般需要利用菜单资源编辑器对应用程序的菜单进行修改和添加。下面通过一个例子介绍如何利用菜单资源编辑器建立菜单。

例 6-2 编写一个单文档应用程序 DrawCoin,为程序添加一个"画硬币"主菜单,并在其中添加"增加硬币"和"减少硬币"两个菜单项。

【编程说明与实现】

(1) 首先利用 MFC AppWizard[exe]向导创建 SDI 应用程序 DrawCoin。然后在工作区的 ResourceView 页面中选择并展开 Menu,双击其中的 IDR_MAINFRAME 项,在编辑窗口打开菜单资源编辑器,显示应用程序向导所创建的菜单资源。

(2) 为程序添加主菜单。双击菜单栏右边的虚线空白框,弹出菜单项属性对话框,如图 6-3 所示。在 Caption 框输入主菜单标题"画硬币(&C)",字符 & 用于在显示 C 时加下画线,以表示其快捷键为 Alt+C。注意,主菜单只有标题而没有相应的 ID 标识。

(3) 菜单是按层次结构来组织的,必须为主菜单添加菜单项。回到菜单编辑器,在刚

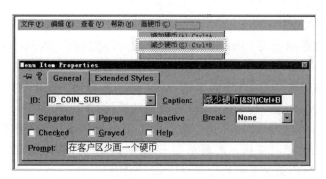

图 6-3　添加主菜单

建立的主菜单"画硬币(C)"下方双击虚线空白框,弹出菜单项属性对话框。ID 是菜单项的标识,在此框中按编程规范输入 ID_COIN_ADD。在 Caption 框输入菜单项的标题"增加硬币(&A)\tCtrl＋A",&A 表示在当前主菜单下的快捷键为 A;"\t"使后面的内容右对齐;Ctrl＋A 表示该菜单项的加速键,但此处仅仅是一个提示作用,要真正成为加速键还需要使用加速键编辑器(详见例 6-6)。在 Prompt 框输入状态栏提示信息"在客户区多画一个硬币"。按上面同样步骤,为菜单添加菜单项"减少硬币(&S)\tCtrl＋B",如图 6-4所示。

图 6-4　添加菜单项

在菜单项属性对话框中,Pop-up 表示菜单项是一个弹出式子菜单,Separator 表示菜单项是一个水平线分隔条,Checked 表示菜单项前加上一个选中标记,Grayed 表示菜单项是灰显的,Inactive 表示菜单项是不活动的,Break 表示菜单项是否放在新的一列。若要在两个菜单项之间加入一个水平分隔条,先双击菜单下部空白虚线框,在随后弹出的菜单项属性对话框中选中 Separator 复选框以设置分隔属性。最后关闭属性对话框后,将该分隔条拖到合适位置。

Visual C++面向对象编程(第4版)

6.2.2　添加菜单命令处理函数

　　菜单实际上是一系列命令的列表,当一个菜单项被选中后,一个含有该菜单项 ID 标识的 WM_COMMAND 命令消息将发送到应用程序窗口,应用程序将该消息转换为一个函数(命令消息处理函数)调用。命令消息来自用户界面对象,是由于菜单项、工具栏或快捷键等被操作而发送的 WM_COMMAND 消息。

　　在 6.2.1 节的例 6-2 中仅仅添加了菜单,并没有实现菜单的功能,即没有添加与菜单项对应的命令处理函数。因此,添加的菜单项是灰显的,表示菜单当前处于不可用状态。添加菜单项后,应该为添加的菜单项指定一个处理函数,即利用 ClassWizard 类向导添加一个消息处理函数。利用 ClassWizard 类向导添加菜单命令 WM_COMMAND 的消息处理函数后,类向导将自动添加一个消息映射,格式如下:

```
ON_COMMAND(MenuItemID, MemberFunction)
```

其中,参数 MenuItemID 是菜单项的 ID 标识,参数 MemberFunction 是处理该消息的成员函数名。一个菜单项的 WM_COMMAND 消息意味着程序执行后用户选择了该菜单项,或选择了对应的工具栏按钮和快捷键,系统将产生一个命令消息(详见 8.1.3 节)。除了添加消息映射,ClassWizard 类向导还生成了消息处理函数的框架代码。

　　例 6-3　为例 6-2 中的程序 DrawCoin 新建的菜单项添加命令处理函数。

　　【编程说明与实现】

　　(1) 首先为文档派生类 CDrawCoinDoc 添加一个数据类型为 int、属性为 public 的成员变量 m_nCoins,用于保存要画硬币的数量。

　　(2) 添加消息处理函数,对成员变量 m_nCoins 初始化。按下快捷键 Ctrl＋W 启动类向导,在 Class Name 框和 Object IDs 框分别选择类 CDrawCoinDoc,在 Messages 框选择 DeleteContents,单击 Add Function 按钮添加消息处理函数,该函数在用户重新使用(打开或创建)一个文档时调用。然后单击 Edit Code 按钮,编辑器定位到已添加的消息处理函数,在函数中添加如下初始化 m_nCoins 的代码:

```
void CDrawCoinDoc :: DeleteContents()
{
    // TODO: Add your specialized code here and/or call the base class
    m_nCoins=1;                              // 初始化成员变量
    CDocument :: DeleteContents();
}
```

　　(3) 为新建的菜单项"增加硬币"和"减少硬币"添加命令处理函数,在函数中分别对成员变量 m_nCoins 加 1 或减 1。启动 ClassWizard 类向导,在 Class Name 框选择类 CDrawCoinDoc,在 Object IDs 框选择 ID_COIN_ADD("增加硬币"菜单项的 ID),在

Messages 框选择 COMMAND，单击 Add Function 按钮。同样，为 ID_COIN_SUB（菜单项"减少硬币"）添加命令处理函数。为两个函数添加如下所示的代码：

```
void CDrawCoinDoc :: OnCoinAdd()
{
    m_nCoins++;                         // 硬币数量加 1
    UpdateAllViews(NULL);               // 刷新视图
}
void CDrawCoinDoc :: OnCoinSub()
{
    if(m_nCoins>0)   m_nCoins--;        // 硬币数量减 1
    UpdateAllViews(NULL);
}
```

（4）修改 OnDraw() 函数，根据 m_nCoins 的值画出指定个数的硬币。

```
void CDrawCoinView :: OnDraw(CDC * pDC)
{
    CDrawCoinDoc * pDoc = GetDocument();
    ASSERT_VALID(pDoc);
    for(int i=0; i<pDoc->m_nCoins; i++)
    {
        int y=200-10 * i;
        pDC->Ellipse(200,y,300,y-30);    // 用两个偏移的椭圆表示 1 枚硬币
        pDC->Ellipse(200,y-10,300,y-35);
    }
}
```

编译、链接并运行程序，执行"画硬币"菜单命令后得到如图 6-5 所示的结果。

图 6-5　运行程序 DrawCoin

利用 ClassWizard 类向导为菜单项添加命令处理函数时,可以看到在 Messages 框除了 COMMAND 消息,还有一个 UPDATE_COMMAND_UI 消息,它被称为更新用户界面命令消息。有时一个菜单项处于禁止使用状态(呈灰显状态),例如,例 6-3 中的程序刚运行时,菜单项"减少硬币"不可用,因为刚开始时在客户区一个硬币也没有画出。UPDATE_COMMAND_UI 消息为根据程序当前运行情况对菜单项的使用状态进行动态设置提供了一种简洁的方法。但该消息只适用于菜单项,不适用于顶层的主菜单。

例 6-4 为例 6-3 中的程序 DrawCoin 添加更新用户界面命令消息处理函数。

【编程说明与实现】

利用 ClassWizard 类向导为 ID_COIN_SUB(菜单项"减少硬币")添加更新用户界面命令 UPDATE_COMMAND_UI 的消息处理函数,代码如下:

```
void CDrawCoinDoc :: OnUpdateCoinSub(CCmdUI * pCmdUI)
{
    if (m_nCoins<1)  pCmdUI->Enable(FALSE);      // 禁止使用该菜单项(灰显)
    else  pCmdUI->Enable(TRUE);                  // 允许使用该菜单项
}
```

编译、链接并运行程序 DrawCoin,当客户区没有一个硬币时,菜单项"减少硬币"处于不可用状态。

在 MFC 应用程序中,视图类、文档类和框架类等许多类都能接收菜单命令消息。一般而言,从 MFC 类 CCmdTarget 派生出来的类都可以加入 MFC 应用程序的消息循环。根据 MFC 应用程序消息管理机制可知,命令消息都会被 MFC 应用程序框架拦截,由应用程序框架根据内部的消息映射宏决定调用哪个类的消息处理函数。虽然文档对象不是窗口对象,它也可以处理消息。但文档对象处理的消息是有限的,只能处理菜单(工具栏、快捷键)命令消息,不能处理其他类型的消息。

至于到底应该将菜单命令映射到哪个类,需要由该命令的功能来决定。如果一个命令同视图的显示有关,就应该将其映射到视图类;如果同文档成员变量的操作有关,就映射到文档类;如果命令完成通用功能,一般映射到框架窗口类。有时无法对功能进行准确分类,则可以将菜单命令映射到任意一个类,看看是否能够完成要求的功能。

不要将一个菜单命令同时映射到框架窗口类、视图类和文档类,从下面的例 6-5 可以看到,即使将一个菜单命令同时映射到多个不同类的成员函数,其中只有一个成员函数的映射是有效的。在 MFC 文档/视图结构中,映射有效的优先级顺序为视图类、文档类、框架窗口类。

例 6-5 编写一个单文档应用程序 MyMenu,将一个菜单命令映射到多个不同类的成员函数上,观察运行结果有什么变化。

【编程说明与实现】

(1) 首先利用 MFC AppWizard[exe]应用程序向导创建 SDI 应用程序 MyMenu,然后,打开应用程序框架的菜单资源 IDR_MAINFRAME。利用菜单编辑器在"查看"主菜单中添加菜单项"消息框(&M)",其 ID 为 ID_VIEW_MESSAGE。

(2) 启动 ClassWizard 类向导,为菜单项"查看|消息框"(ID_VIEW_MESSAGE)同时添加 3 个 COMMAND 命令处理函数,即在 Class Name 框分别选择视图类 CMyMenuView、文档类 CMyMenuDoc 和框架窗口类 CMainFrame,函数代码如下:

```
void CMainFrame :: OnViewMessage()
{
    MessageBox("Invoke CMainFrame member function !");
}
void CMyMenuView :: OnViewMessage()
{
    MessageBox("Invoke CMyMenuView member function !");
}
void CMyMenuDoc :: OnViewMessage()
{
    AfxMessageBox("Invoke CMyMenuDoc member function !");
}
```

由于在一个成员函数中只能调用本类和其基类的成员函数,因此,将菜单命令映射到不同的类时,在命令处理函数中能调用的函数不尽相同。例如,映射到文档类的命令处理函数不能调用 CWnd 类的成员函数 MessageBox(),只能调用全局函数 AfxMessageBox()或 API 函数::MessageBox()。

(3) 编译、链接并运行程序 DrawCoin,执行"查看|消息框"菜单命令,可以看到调用的是视图类的命令处理函数。如果删除视图类的命令处理函数,则调用文档类的命令处理函数。再删除文档类的命令处理函数,则调用框架窗口类的命令处理函数。

虽然一个菜单命令不能映射到多个成员函数,但多个菜单命令可以映射到同一个成员函数。其方法很简单,只要将不同命令的 ID 值设置成同一个值即可。

前面提到,命令消息可来源于多种界面对象,除了菜单,快捷键也可产生命令消息。使用键盘快捷键可以提高操作效率,并且由于快捷键总是与菜单项配合使用,所以不必为快捷键单独添加消息处理函数。1.3.2 节已介绍过快捷键和快捷键资源编辑器,下面通过一个例子进一步学习快捷键的设置方法。

例 6-6 完善例 6-4 中程序 DrawCoin 的快捷键功能。

【编程说明与实现】

在项目工作区的 ResourceView 页面展开 Accelerator,双击 IDR_MAINFRAME,打

开快捷键编辑器。双击快捷键列表底部的空白行打开快捷键属性对话框,在 ID 下拉框中选择 ID_COIN_ADD,在 Key 编辑下拉框输入快捷键 A,如图 6-6 所示。组合键在 Modifiers 栏中设置,用来确定 Ctrl、Alt 和 Shift 是否为快捷键的一部分。Type 栏用来确定 Key 值是键的名称还是 ASCII 值,一般不使用 ASCII 值作为快捷键。采用同样方法为菜单项 ID_COIN_SUB 添加快捷键 Ctrl+B。编译、链接程序后就为"增加硬币"和"减少硬币"两个菜单项实现了快捷键功能。

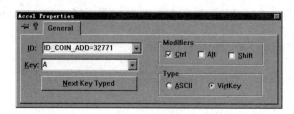

图 6-6 添加快捷键 Ctrl+A

设置快捷键的一种简单方法是先单击 Next Key Typed 按钮,再按合适的字母键或功能键即可。Windows 对键盘使用的是虚键码(virtual-key code),这是一种与设备无关的键盘代码。每一个键的虚键码都有一个值,如 VK_ESCAPE 表示 Esc 键,VK_SPACE 表示空格键,VK_0 表示 0 键,VK_A 表示 A 键,VK_F1 表示 F1 键,VK_LBUTTON 表示鼠标左键。

6.2.3 弹出式菜单

菜单分为两类,除了前述的依附于框架窗口的固定菜单,另一类是浮动的弹出式菜单(pop-up menu),也称快捷菜单或上下文菜单。这两类菜单都由 MFC 类 CMenu 管理。不同于其他的可视窗口元素类,CMenu 类直接由 MFC 类 CObject 派生而来。

弹出式菜单用于快捷地访问当前可用的菜单项。当右击鼠标后,就会弹出一个弹出式菜单,其显示的菜单项取决于鼠标所指的对象。一般而言,弹出式菜单是利用已有的菜单项来生成的,但也可以为弹出式菜单单独创建一个菜单资源,然后通过调用类 CMenu 的成员函数 LoadMenu()装入所创建的菜单资源,生成一个弹出式菜单。

弹出式菜单是在程序运行过程中动态生成的。当右击鼠标并释放后,系统将发送 WM_CONTEXTMENU 消息。因此,可以通过为 WM_CONTEXTMENU 添加消息处理函数的方法来生成一个弹出式菜单。在消息处理函数中,首先声明一个菜单对象并创建它,然后添加菜单项(已有菜单资源)或装入菜单资源(单独创建),最后调用 CMenu 类的成员函数 TrackPopupMenu()显示创建的弹出式菜单。WM_CONTEXTMENU 消息是在收到 WM_RBUTTONUP(释放鼠标右键)消息后由 Windows 产生的。注意,如果在 WM_RBUTTONUP 的消息处理函数中不调用基类的处理函数,那么应用程序将不会收到 WM_CONTEXTMENU 消息。

例 6-7 为程序 DrawCoin 的"画硬币"菜单添加弹出式菜单。

【编程说明与实现】

利用 ClassWizard 类向导为视图类添加 WM_CONTEXTMENU 的消息处理函数，并编写如下创建一个弹出式菜单的代码：

```
void CDrawCoinView :: OnContextMenu(CWnd * pWnd, CPoint point)
{
    CMenu menuPopup;                          // 声明菜单对象
    if (menuPopup.CreatePopupMenu())          // 创建一个弹出式菜单
    {
        // 向菜单 menuPopup 中添加菜单项
        menuPopup.AppendMenu(MF_STRING, ID_COIN_ADD, "增加硬币\tCtrl+A");
        menuPopup.AppendMenu(MF_STRING, ID_COIN_SUB, "减少硬币\tCtrl+B");
        // 显示弹出式菜单,并对用户选择的菜单项作出响应
        menuPopup.TrackPopupMenu(TPM_LEFTALIGN, point.x, point.y, this);
    }
}
```

在消息处理函数中，CMenu 类的成员函数 AppendMenu()用于向 menuPopup 菜单对象添加菜单项。该函数的第一个参数指定加入的菜单项的风格,值 MF_STRING 表示菜单项是一个字符串;第 2 个参数指定要加入的菜单项的 ID,如 ID_COIN_ADD;第 3 个参数指定菜单项的显示文本。CMenu 类的成员函数 TrackPopupMenu()用于在指定位置显示弹出式菜单,并响应用户的菜单项鼠标选择,发送菜单命令消息。该函数的第一个参数是位置标记,TPM_LEFTALIGN 表示以 X 坐标为标准左对齐显示菜单;第 2 个和第 3 个参数指定弹出式菜单的屏幕坐标,一般直接使用主调函数中的函数参数;第 4 个参数指定拥有弹出式菜单的窗口,一般为 this 指针。

编译、链接并运行程序,右击鼠标并释放后得到如图 6-7 所示的运行结果。

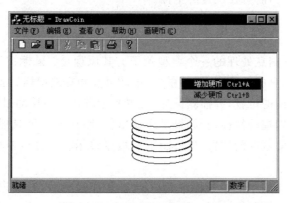

图 6-7　弹出式菜单的运行结果

6.3 鼠标消息处理

Windows 是基于事件的消息驱动系统,用户所有的输入都是以消息的形式传递给应用程序的,鼠标作为一种常用的输入设备也不例外。当用户利用鼠标进行操作时,鼠标驱动程序将硬件信号转换成 Windows 可以识别的信息,Windows 根据这些信息构造鼠标消息,并将消息发送到应用程序的消息队列中。在 5.3.2 节已经涉及鼠标消息处理的内容,本节对鼠标消息处理再进行一个较全面的介绍。

6.3.1 鼠标消息

鼠标一般有左键、右键和滚动滑轮,对鼠标的操作包括单击、双击、按住、释放、移动和拖动等。当对鼠标进行操作时,产生的消息主要包括 WM_LBUTTONDOWN(按下鼠标左键)、WM_RBUTTONDOWN(按下鼠标右键)、WM_LBUTTONUP(释放鼠标左键)、WM_RBUTTONUP(释放鼠标右键)和 WM_LBUTTONDBLCLK(双击鼠标左键)和WM_MOUSEMOVE(移动鼠标)等。

鼠标消息分为以下两类:在客户区操作鼠标所产生的客户区鼠标消息和在非客户区(如在标题栏、菜单栏、工具栏和状态栏等)操作鼠标所产生的非客户区鼠标消息。通过消息结构中的消息参数 wParam 来区分这两类消息。客户区鼠标消息发送到应用程序后,可以由应用程序自己处理。非客户区鼠标消息由 Windows 操作系统处理,应用程序一般不需要处理。例如,在非客户区单击鼠标的消息 WM_NCLBUTTONDOWN(按下左键)和 WM_NCRBUTTONDOWN(按下右键)等都是非客户区鼠标消息。

利用 MFC ClassWizard 类向导生成的鼠标消息处理函数一般都有两个参数:一个类型为 UINT 的参数 nFlags,表示鼠标按键和键盘上控制键的状态;一个类型为 CPoint 的参数 point,表示鼠标当前所在位置的坐标。

6.3.2 一个简单的绘图程序

绘图程序是鼠标消息处理的一个典型例子。其原理是:鼠标被用作画笔,绘图过程中要进行不同鼠标消息的处理,如按下鼠标、拖动鼠标和释放鼠标。当用户按下鼠标左键时,必须记录鼠标当前的位置,并捕获鼠标、设置光标形状。当移动鼠标时,先判断鼠标左键是否同时被按住(即拖动鼠标)。如果是拖动鼠标,则从上一个鼠标位置到当前位置画一段直线,并保存当前鼠标的位置,供绘制下一段直线用。当释放鼠标左键时,将鼠标释放给系统。

例 6-8 编写一个简单的绘图程序 MyDraw,程序运行后,当用户在客户区窗口按下鼠标左键并拖动时,根据鼠标移动的轨迹绘制出连续的线段。

【编程说明与实现】

（1）首先利用 MFC AppWizard 应用程序向导创建一个 SDI 应用程序 MyDraw，然后为视图类 CMyDrawView 添加成员变量。线段起始点坐标定义为 CPoint 类型，鼠标拖曳标记定义为 bool 型。绘图时要采用标准的十字光标，定义一个 HCURSOR 型成员变量。在视图类 CMyDrawView 的头文件中增添如下成员变量的定义：

```
protected:                            // 定义有关鼠标作图的成员变量
    CPoint m_ptOrigin;                // 起始点坐标
    bool m_bDragging;                 // 拖曳标记
    HCURSOR m_hCross;                 // 光标句柄
```

（2）在视图类 CMyDrawView 的构造函数中初始化拖曳标记，设置十字光标。

```
CMyDrawView :: CMyDrawView()
{
    // TODO: add construction code here
    m_bDragging=false;                // 初始化拖曳标记
    m_hCross=AfxGetApp()->LoadStandardCursor(IDC_CROSS);   // 获得十字光标句柄
}
```

（3）利用 ClassWizard 类向导为视图类添加按下鼠标左键 WM_LBUTTONDOWN、移动鼠标 WM_MOUSEMOVE 和释放鼠标左键 WM_LBUTTONUP 的消息处理函数。

```
void CMyDrawView :: OnLButtonDown(UINT nFlags, CPoint point)  // 按下鼠标左键
{
    // TODO: Add your message handler code here and/or call default
    SetCapture();                     // 捕捉鼠标
    :: SetCursor(m_hCross);           // 设置十字光标
    m_ptOrigin=point;
    m_bDragging=TRUE;                 // 设置拖曳标记
// CView :: OnLButtonDown(nFlags, point);
}
void CMyDrawView :: OnMouseMove(UINT nFlags, CPoint point)    // 移动鼠标
{
    // TODO: Add your message handler code here and/or call default
    if(m_bDragging)
    {
        CClientDC dc(this);
        dc.MoveTo(m_ptOrigin);
        dc.LineTo(point);             // 绘制线段
        m_ptOrigin=point;             // 新的起始点
```

```
        }
// CView :: OnMouseMove(nFlags, point);
    }
void CMyDrawView :: OnLButtonUp(UINT nFlags, CPoint point)        // 释放鼠标左键
{
    // TODO: Add your message handler code here and/or call default
    if(m_bDragging)                              // 按住鼠标左键拖动鼠标
    {
        m_bDragging=false;                       // 清拖曳标记
        ReleaseCapture();                        // 释放鼠标,还原鼠标形状
    }
// CView :: OnLButtonUp(nFlags, point);
    }
```

系统中任一时刻只有当前窗口才能捕获鼠标。在 OnLButtonDown()函数中通过调用 CWnd 类的成员函数 SetCapture()捕获鼠标,由于在客户区捕获鼠标后在非客户区就不能使用鼠标,因此,使用鼠标画图结束后应该调用函数 ReleaseCapture()释放鼠标。

（4）在应用程序的初始化成员函数 InitInstance()中设置窗口标题。

```
BOOL CMyDrawApp :: InitInstance()
{
    AfxEnableControlContainer();
    …
    m_pMainWnd->UpdateWindow();
    m_pMainWnd->SetWindowText("简单的绘图程序");         // 设置标题栏
    return TRUE;
}
```

编译、链接并运行程序后,就可以利用鼠标在客户区绘制线段了,如图 6-8 所示。图中每一条曲线都是由无数条线段组成的。但现在的 MyDraw 程序还有一个缺陷:当改变窗口大小或将窗口最小化后再重新打开,原来绘制的图形没有显示出来。其原因是这时调用的是视图类的刷新函数 OnDraw(),而在该函数中没有提供绘制线段的功能。

为了解决上述缺陷,需要在 OnDraw()函数中添加代码,以重绘以前用鼠标所绘制的线段。因此,在利用鼠标绘图时必须把表示线段的坐标数据保存起来。可以为线段定义一个类 CLine,将线段的起点和终点坐标作为类的成员变量,并定义相应的成员函数。在文档类 CMyDrawDoc 中,应该为线段设计一个合适的动态数据结构,用于保存大量且数量不确定的直线图形对象。

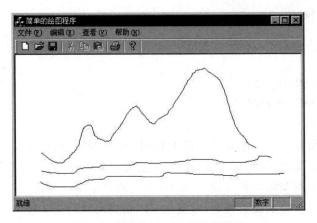

图 6-8 程序 MyDraw 的绘图效果

例 6-9 完善例 6-8 中的绘图程序 MyDraw,在重新打开窗口时实现重绘功能。

【编程说明与实现】

(1) 为线段定义新类 CLine。执行 Insert|New Class 命令,弹出 New Class 对话框。在 Class type 框选择 Generic Class,在 Name 框输入 CLine,在 Base class 框输入 CObject,单击 OK 按钮,自动生成类 CLine 的头文件 Line.h 和实现文件 Line.cpp。

(2) 为类 CLine 定义成员变量和成员函数。一条线段需要起点和终点两个点的坐标来确定,在头文件 Line.h 中定义两个表示起点和终点的成员变量 m_pt1 和 m_pt2,其类型为 CPoint 类。定义成员函数 DrawLine(),根据 pt1 和 pt2 两点画一条直线。

```
class Cline : CObject
{
private:
    CPoint m_pt1;                          // 表示一条线段起点的坐标
    CPoint m_pt2;                          // 表示一条线段终点的坐标
public:
    CLine();
    virtual ~CLine();
    CLine(CPoint pt1, CPoint pt2);         // 声明线段类的构造函数
    void DrawLine(CDC * pDC);              // 声明绘制线段的成员函数
};
```

在实现源文件 Line.cpp 中编写如下成员函数的实现代码:

```
CLine :: CLine(CPoint pt1, CPoint pt2)
{
    m_pt1=pt1;
```

```
        m_pt2=pt2;
}
void CLine :: DrawLine(CDC * pDC)
{
    pDC->MoveTo(m_pt1);
    pDC->LineTo(m_pt2);
}
```

(3) 一般使用数组来保存多条线段的数据,而且 MFC 提供了实现动态数组的类模板。类 CObArray 支持 CObject 指针数组,用它定义的对象可以动态生成。这样可将存放每条线段数据的变量的指针存到 CObArray 类的对象中。为此,在 CMyDrawDoc 文档类中定义以下成员变量和成员函数,并包含 CLine 类定义的头文件 Line.h。

```
#include "Line.h"
#include <afxtempl.h>                          // 使用 MFC 类模板需要包含该头文件
class CMyDrawDoc : public CDocument
{
    ...
protected:
    CTypedPtrArray<CObArray, CLine * >m_LineArray;  // 存放线段对象指针的动态数组
public:
    CLine * GetLine(int nIndex);               // 获取指定序号线段对象的指针
    void AddLine(CPoint pt1, CPoint pt2);      // 向动态数组中添加新的线段对象的指针
    int GetNumLines();                         // 获取线段的数量
    ...
};
```

成员变量 m_LineArray 是 MFC 数组类模板 CTypedPtrArray 的对象(类模板的相关内容见 4.4.2 节)。使用模板 CTypedPtrArray 需要指定两个模板类型参数,如下所示:

CTypedPtrArray <BASE_CLASS, TYPE>

其中,参数 BASE_CLASS 指定基类,可以是 CObArray 或 CPtrArray;参数 TYPE 指定存储在基类数组中元素的类型。本例中,这两个参数分别是 CObArray 和 CLine * ,表示 m_LineArray 是 CObArray 类的派生类对象,用来存放 CLine 对象的指针。注意,为了使用 MFC 类模板,必须包含 MFC 头文件 afxtempl.h。

在实现源文件 MyDrawDoc.cpp 中编写如下成员函数的实现代码:

```
void CMyDrawDoc :: AddLine(CPoint pt1, CPoint pt2)
{
```

```
        CLine * pLine =new CLine(pt1, pt2);        // 新建一条线段对象
        m_LineArray.Add(pLine);                    // 将该线段对象加到动态数组
}
CLine * CMyDrawDoc :: GetLine(int nIndex)
{
        if(nIndex< 0||nIndex>m_LineArray.GetUpperBound())        // 判断是否越界
            return NULL;
        return m_LineArray.GetAt(nIndex);          // 返回给定序号线段对象的指针
}
int CMyDrawDoc :: GetNumLines()
{
        return m_LineArray.GetSize();              // 返回线段的数量
}
```

（4）当拖动鼠标时，除了绘制线段，还要保存当前线段的起点和终点坐标。因此，在视图类 CMyDrawView 的鼠标移动消息处理函数 OnMouseMove() 中添加如下代码：

```
void CMyDrawView :: OnMouseMove(UINT nFlags, CPoint point)
{
    // TODO: Add your message handler code here and/or call default
    if(m_bDragging)                               // 按住鼠标左键拖动鼠标
    {
        CMyDrawDoc * pDoc=GetDocument();          // 获得文档对象的指针
        ASSERT_VALID(pDoc);                       // 测试文档对象是否运行有效
        pDoc->AddLine(m_ptOrigin, point);         // 加入线段到指针数组
        CClientDC dc(this);
        dc.MoveTo(m_ptOrigin);
        dc.LineTo(point);                         // 绘制线段
        m_ptOrigin=point;                         // 新的起始点
    }
//CView :: OnMouseMove(nFlags, point);
}
```

（5）为了在改变程序窗口大小后或重新打开窗口时显示窗口中原有的图形，需要在 OnDraw() 函数中添加代码，重新绘制前面利用鼠标所绘制的线段。这些线段的坐标是 CLine 类的成员变量，所有 CLine 对象的指针已保存在动态数组 m_LineArray 中。

```
void CMyDrawView :: OnDraw(CDC * pDC)
{
    CMyDrawDoc * pDoc =GetDocument();
    ASSERT_VALID(pDoc);
```

```
// TODO: add draw code for native data here
int nIndex=pDoc->GetNumLines();          // 取得线段的数量
TRACE("nIndex1 =%d \n", nIndex);         // 调试程序用,可以注释掉
// 循环画出每一段线段
while(nIndex--)                          // 数组下标从 0 到 nIndex-1
{
    TRACE("nIndex2 =%d \n", nIndex);     // 调试程序用,可以注释掉
    pDoc->GetLine(nIndex)->DrawLine(pDC); // 类 CLine 的成员函数
}
}
```

注意:在本例中如果利用 Debug 调试器按照一般方法单步跟踪 OnDraw() 函数,将无法查看变量 nIndex 的动态变化情况,因为不能打开应用程序窗口绘制线段。解决的办法是,先执行 Go 命令(F5 键)启动 Debug 调试器,程序执行后在程序窗口绘制一些线段,然后再在 OnDraw() 函数中设置断点,进行单步跟踪。也可以利用 TRACE 调试宏输出有关变量的内容(见例中的代码)。

生成程序 MyDraw 后,运行程序并在客户区绘图,改变程序窗口大小或将窗口最小化后再重新打开,原来绘制的图形仍然出现在窗口中。

6.4　工具栏和状态栏设计

为了满足用户界面的友好性,大部分 Windows 应用程序都为用户提供了工具栏和状态栏。工具栏方便用户直接选择程序提供的功能,状态栏用于显示有关操作的提示信息。利用 MFC AppWizard 应用程序向导创建一个文档/视图结构应用程序时,如果在向导的第 4 步接受默认的选项,创建的应用程序自动具有标准的工具栏和状态栏。

6.4.1　添加工具栏按钮

工具栏由一些形象化的位图按钮组成,以图标的方式表示应用程序的操作命令。工具栏结合了菜单和快捷键的优点,具有直观快捷、便于用户使用的特点。但由于工具栏要占用显示空间,所以只能将常用的命令做成按钮放到工具栏上,并且在需要的时候可以将工具栏隐藏起来。

工具栏每个按钮一般都与一个菜单命令项对应,单击工具栏按钮也产生对应的命令消息。因此,在利用工具栏编辑器(使用方法见 1.3.2 节)添加过工具栏按钮后,为了使新添加的按钮具有指定的功能,只需让该按钮的 ID 值与对应菜单命令项的 ID 值相同即可,不再需要添加对应的命令消息处理函数。当然,如果工具栏按钮没有对应的菜单项,就必须利用 ClassWizard 类向导为工具栏按钮添加一个命令消息处理函数。

例 6-10 为例 6-7 中的程序 DrawCoin 的"画硬币"菜单项添加工具栏按钮。

【编程说明与实现】

（1）打开应用程序项目 DrawCoin,在 Workspace（工作区）的 ResourceView 页面展开 Toolbar 文件夹,双击其下的 IDR_MAINFRAME 项打开工具栏编辑器。单击工具栏资源最后的空白按钮,用画笔工具分别绘制一个"＋"按钮和"－"按钮。注意,拖动按钮向右或向左移动一点距离,就可以添加或删除垂直分隔条。

（2）在工具栏资源上双击添加的"＋"按钮弹出其属性对话框,按图 6-9 所示进行设置。"＋"按钮的 ID 是 ID_COIN_ADD,与"增加硬币"菜单项的 ID 相同。Prompt 框中的"\n 增加硬币"表示工具按钮的 Tooltip 提示信息为"增加硬币"。采用同样方法设置"－"按钮的属性,其功能与"减少硬币"菜单项相同。

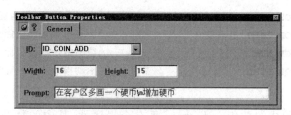

图 6-9 设置工具栏按钮的属性

编译、链接并运行程序 DrawCoin,程序运行界面如图 6-10 所示,现在用户就可以利用工具栏按钮进行相关的操作。

工具栏也是资源,向导生成的标准工具栏的 ID 为 IDR_MAINFRAME。MFC 应用程序框架在类 CMainFrame 中定义了一个工具栏类 CToolBar 的对象 m_wndToolBar,通过在 CMainFrame 类的成员函数 OnCreate（）中调用 CToolBar 类的成员函数 CreateEx（）创建工具栏。如果要改变工具栏的默认风格或外观,可以修改成员函数 CreateEx（）的调用参数。CToolBar 类还有其他一些常用的成员函数,例如,SetButtonInfo（）函数用于设置按钮的 ID、风格和图像号,SetButtonText（）函数用于设置按钮上的文本,SetSizes（）函数用于设置按钮的大小,SetHeight（）函数用于设置工具栏的高度。

对一些功能复杂的应用程序,经常需要创建多个不同的工具栏。如果要自己编程生成工具栏,首先必须添加一个工具栏资源并定制工具栏按钮,然后参照 MFC 应用程序框架添加工具栏的方法,构造一个 CToolBar 类的对象,通过调用 CToolBar 类的成员函数 Create（）或 CreateEx（）生成指定风格的工具栏并链接到 CToolBar 对象,最后通过调用 CToolBar 类的成员函数 LoadToolBar（）装入创建的工具栏。

6.4.2 定制状态栏

状态栏是位于程序主窗口底端的一个子窗口,用于显示当前操作的提示信息和程序的运行状态。状态栏一般包括状态信息行和状态指示器,状态信息行动态显示应用程序串表资源中的字符串,状态指示器显示有关键盘的状态信息。MFC应用程序默认的状态栏分为4个区域:第1个区域显示菜单或工具栏的提示信息;第2个区域Caps Lock显示键盘的大小写状态;第3个区域Num Lock显示键盘的数字状态;第4个区域Scroll Lock显示键盘的滚动状态。状态栏上的每个区域又称为一个面板(panel)。

利用MFC AppWizard应用程序向导创建应用程序时,在CMainFrame类中定义了一个成员变量m_wndStatusBar,它是状态栏类CStatusBar的对象。在MFC应用程序框架的实现文件MainFrm.cpp中,为状态栏定义了一个静态数组indicators。

```
static UINT indicators[ ] =
{
    ID_SEPARATOR,                          // 定义分隔符,作为提示信息行的面板标识
    ID_INDICATOR_CAPS,                     // 大写指示器面板标识
    ID_INDICATOR_NUM,                      // 数字指示器面板标识
    ID_INDICATOR_SCRL,                     // 滚动指示器面板标识
};
```

这个由提示符构成的数组indicators具有全局属性,其中的每个元素代表状态栏上一个指示器面板的ID值,这些ID在应用程序的串表资源String Table中进行了说明。可以通过增加新的ID标识来增加用于显示状态信息的指示器面板。状态栏显示的内容由数组indicators确定,确定了在状态栏上显示的各指示器的标识以及标识的个数。

MFC应用程序在CMainFrm类的成员函数OnCreate()中通过调用CStatusBar类的成员函数Create()创建状态栏,并调用CStatusBar类的成员函数SetIndicators()设置状态栏中的每个指示器面板。默认状态栏ID是ID_VIEW_STATUS_BAR。状态栏显示的内容可以修改,CStatusBar类的成员函数SetPaneText()用于在状态栏上显示指定信息,成员函数SetPaneInfo()用于改变一个指示器面板的ID、风格和宽度。

例6-11 修改例6-10中的程序DrawCoin,在状态栏显示硬币的数量。

【编程说明与实现】

(1)打开应用程序项目DrawCoin,在工作区的ResourceView页面展开String Table文件夹,双击其中的String Table,单击列表最底端的空白框弹出String Properties对话框,在ID框输入ID_INDICATOR_COIN,在Caption框输入"硬币数量"。

(2)为了显示硬币数量,需要在状态栏添加一个ID为ID_INDICATOR_COIN的指示器面板,将数组indicators进行如下修改:

```
static UINT indicators[ ] =
{
    ID_SEPARATOR,                          // status line indicator
```

```
    ID_INDICATOR_COIN,                        // 显示硬币数量指示器
    ID_INDICATOR_CAPS,
    ID_INDICATOR_NUM,
    ID_INDICATOR_SCRL,
};
```

（3）修改 OnDraw() 函数，添加显示硬币数量的代码。在 OnDraw() 函数中先通过访问 CWinApp 类的公用成员变量 m_pMainWnd 获取应用程序主窗口的指针，然后通过调用 CWnd 类的成员函数 GetDescendantWindow() 获取状态栏子窗口的指针。最后调用函数 SetPaneText() 在第二个面板位置显示硬币数量。

```
void CDrawCoinView :: OnDraw(CDC * pDC)
{
    CDrawCoinDoc * pDoc = GetDocument();
    ASSERT_VALID(pDoc);
    // TODO: add draw code for native data here
    …
    CString strCoins;
    // 先获得主窗口指针，再获得状态栏的指针
    CStatusBar * pStatus= (CStatusBar * )AfxGetApp()->m_pMainWnd->
                         GetDescendantWindow(ID_VIEW_STATUS_BAR);
    if(pStatus)
    {
        strCoins.Format("硬币:%d", pDoc->m_nCoins);      // 设置要显示的信息
        pStatus->SetPaneText(1, strCoins);            // 显示硬币数量,面板编号从 0 开始
    }
}
```

编译、链接并运行应用程序 DrawCoin，其运行结果如图 6-10 所示。

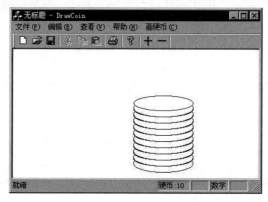

图 6-10　程序 DrawCoin 的工具栏和状态栏

在例 6-11 中也可以通过访问框架窗口类 CMainFrame 的成员变量 m_wndStatusBar 来获取状态栏的指针,但由于 m_wndStatusBar 成员变量是 protected 属性,因此需要编写一个访问 m_wndStatusBar 成员变量的成员函数,或者直接修改其属性。

6.5 文档的读写

涉及数据处理的应用程序一般都要考虑文档数据的存储,在 Visual C++ 中可以采用以下 3 种方法实现磁盘数据的读写处理:①采用 C++ 文件流(包括 ifstream、ofstream 和 fstream 等)的方法处理文件;②将文件作为 MFC 类 CFile 的一个对象进行处理;③利用 MFC 类 CArchive 对文档进行序列化处理。在 MFC 应用程序中一般采用序列化的方法进行文档的读写,这样可以避免直接处理一个物理文件。

6.5.1 使用 CFile 类

CFile 类是一个有关文件处理的 MFC 类,使用 CFile 类可以进行文件的打开、关闭和读写操作。CFile 类由 CObject 类直接派生而来,是 MFC 中所有其他文件类的基类。使用 MFC 的类时(包括 CFile)需要在相关文件中包含头文件 afx.h。

进行文件操作首先需要打开文件。有两种打开文件的方法:一种方法是调用带参数的构造函数直接打开由参数指定的文件;另一种方法是先调用不带任何参数的构造函数构造一个 CFile 对象,然后调用 CFile 类的成员函数 Open() 打开指定的文件。打开文件时要指定文件的名称(包括路径)和访问方式。常用的文件访问方式如表 6-1 所示,这些标志可以通过"或"运算符"|"而同时使用,以满足多种操作的需要。

表 6-1 CFile 类常用的文件访问方式

方　　式	说　　明
CFile::modeCreate	创建一个新文件,如果文件已存在,则将文件原有内容清除
CFile::modeNoTruncate	与 CFile::modeCreate 组合使用,但不将文件原有内容清除
CFile::modeRead	以只读方式打开文件
CFile::modeReadWrite	以读写方式打开文件
CFile::modeWrite	以只写方式打开文件
CFile::typeBinary	设置文件为二进制模式(只在 CFile 类的派生类中使用)
CFile::typeText	设置文件为文本模式(只在 CFile 类的派生类中使用)

以下代码是利用带参数的构造函数打开文件。

```
CFile file("C: \\MyFile.txt", CFile::modeCreate|CFile::modeWrite);
```

以下代码是利用成员函数 Open()打开文件。

```
CFile file;
file.Open("C: \\TestFile.txt", CFile::modeCreate|CFile::modeReadWrite
                                        |File::modeNoTruncate);
```

上面代码以读写方式打开文件 TestFile. txt,如果文件不存在就创建一个新的文件,如果文件已经存在则不将其文件长度截断为 0(即保留文件原有内容)。

文件读写是最常用的文件操作,主要通过调用 CFile 类的成员函数 Read()和 Write()来实现,其函数原型分别为

UINT Read(void(lpBuf, UINT nCount);
void Write(const void(lpBuf, UINT nCount);

其中,参数 lpBuf 为内存缓冲区的首地址,nCount 为要读写的字节数。Read()函数的返回值为实际读取的字节数,该值小于或等于 nCount。返回值如果小于 nCount 则说明已经读到文件末尾,如继续读取,将返回 0。因此,通常可以根据实际读取的字节数是否小于指定的字节数或等于 0 来判断读取是否到达文件结尾。

文件读写操作结束后需要关闭文件,可以调用 CFile 类的成员函数 Close()关闭文件,也可以通过 CFile 类的析构函数自动关闭文件。当调用 Close()函数关闭文件时,CFile 类的对象仍然存在,因此,在调用 Close()函数关闭一个文件后,可以继续用同一个 CFile 类的对象去打开其他文件。

例 6-12 利用 CFile 类编写一个文件复制程序。

利用 Win32 Console Application 向导建立一个控制台应用程序 CopyFile,并加入一个 C++ 源文件,其源程序如下所示。

```
#include <iostream.h>
#include <afx.h>                    // 在 C++程序中使用 MFC 的类需要包含头文件 afx.h
void main()
{
    CFile fileSrc, fileDes;
    char strSrc[20], strDes[20];
    cout<<"Please input the source file name: ";
    cin>>strSrc;
    cout<<"Please input the destination file name: ";
    cin>>strDes;
    fileSrc.Open(strSrc, CFile::modeRead);                       // 打开源文件
    fileDes.Open(strDes, CFile::modeCreate|CFile::modeWrite);  // 打开目标文件
```

```
    char ch;
    while(fileSrc.Read(&ch, 1))              // 每一次读一个字节,直到文件结束
        fileDes.Write(&ch, 1);               // 每一次写一个字节
    fileSrc.Close();                         // 关闭源文件
    fileDes.Close();                         // 关闭目标文件
}
```

如果要在 C++ 程序中使用 MFC 的类,除了需要在程序前面包含头文件 afx.h,还需要对项目进行使用 MFC 的设置。方法如下:执行 Project|Settings 菜单命令,在 Link 页面设置 Microsoft Foundation Classes 项,可以将该项设置为 Use MFC in a Shared DLL 或 Use MFC in a Static Library。

值得说明的是,例 6-12 中的 CopyFile 程序没有考虑异常处理,而在打开或读写文件时可能发生异常情况,一般需要进行异常处理,其方法见 10.1 节。

6.5.2 序列化

持久性(persistence)是指对象所具有的保存和加载其状态的能力,即对象能够在程序运行结束前将对象的当前状态写入永久性存储体中,以后在程序再运行时通过数据的读取而恢复对象的状态。这种保存和恢复对象状态的过程称为序列化(serialize)。

为实现对象的持久性,对象应该具备将状态值(由成员变量表示)写入永久性存储体(通常是磁盘)和从磁盘中读出的方法(即成员函数)。由于绝大多数的 MFC 类是直接或间接地由 MFC 根类 CObject 派生而来的,而 CObject 类具备了基本的序列化功能,因此,这些 MFC 类都具有持久性。在利用 MFC 应用程序向导生成文档/视图结构的应用程序框架时,向导就已经为文档类提供了序列化能力。

MFC 应用程序文档的序列化是在文档类的成员函数 Serialize()中进行,MFC 应用程序向导在创建应用程序时生成了文档派生类序列化函数 Serialize()的框架。Serialize()函数由一个 if-else 结构组成,如下所示:

```
void CMyDoc :: Serialize(CArchive& ar)        // 类 CMyDoc 是文档类的派生类
{
    if(ar.IsStoring())
    {
        // TODO:add storing code here
    }
    else
    {
        // TODO:add loading code here
    }
}
```

在 Serialize() 函数中, 参数 ar 是一个 CArchive 类的对象(引用), 文档数据的序列化操作通过 CArchive 对象来完成, CArchive 对象由应用程序框架创建。CArchive 类的成员函数 IsStoring() 用于判断文档操作是读数据还是写数据。

大多数 MFC 应用程序在实现对象的持久性时并非直接使用 MFC 的 CFile 类对磁盘文件进行读写, 而是通过 CArchive 对象间接使用 CFile 类的功能。CArchive 类的构造函数有一个 CFile 指针参数, 当创建一个 CArchive 对象时, 该对象与一个 CFile 类或其派生类的对象关联, 即与一个打开的文件相关联。CArchive 对象为读写 CFile 对象中的序列化数据提供了一种安全的缓冲机制, 它们之间形成了如下关系:

Serialize() 函数 ←→ CArchive 对象 ←→ CFile 对象 ←→ 磁盘文件

当写文档数据时, 通过 CArchive 对象 ar 把序列化数据存放在一个缓冲区中, 直至缓冲区满时才把数据写到与 CArchive 对象 ar 相关联的那个文件中。当从文档读数据时, CArchive 对象 ar 将数据从关联的文件读取到缓冲区, 直至缓冲区满才把数据从缓冲区读入到可序列化的对象中。CArchive 类有一个数据成员 m_pDocument, 在执行打开文件或保存文件命令时, 应用程序框架会把该数据成员设置为要被序列化的文档。

MFC 通过序列化实现了文档数据的保存和装入的幕后工作, 这样就不需要重载打开、读写和保存文件等成员函数, 避免了直接进行磁盘 I/O 操作, 也避免了文件操作时的异常处理(见 10.1 节)。程序员要做的工作是完善序列化函数 Serialize()。

例 6-13   修改例 6-11 中的程序 DrawCoin, 使程序具有序列化功能。

【编程说明与实现】

打开应用程序项目 DrawCoin, 完善文档类的序列化成员函数 Serialize()。

```
void CDrawCoinDoc :: Serialize(CArchive& ar)
{
    if (ar.IsStoring())
    {
        // TODO: add storing code here
        ar<<m_nCoins;                    // 保存硬币数量
    }
    else
    {
        // TODO: add loading code here
        ar>>m_nCoins;                    // 读取硬币数量
    }
}
```

在 OnDraw() 函数中设置文档修改标志, 以便退出程序时提示用户保存当前文档, 代码如下:

```
pDoc->SetModifiedFlag();
```

编译、链接后得到的程序 DrawCoin 就具有序列化功能,程序能够将绘制硬币的数量保存在磁盘中,下次程序再运行时可以重新显示以前所绘制的图形。

CArchive 对象是单向的,不能通过一个 CArchive 对象既读数据,又写数据。通过调用 CArchive 类的成员函数 IsStoring()来判断当前 CArchive 对象的读、写属性。此外,与面向 cin、cout 流的输入、输出方式类似,CArchive 对象允许对文档数据使用重载的流提取(>>)和流插入(<<)操作符进行读写操作。

当执行 File 菜单中的 New、Open、Save 和 Save as 等命令时,应用程序都会调用文档派生类的成员函数 Serialize(),实现与序列化有关的操作。例如,当执行 File|Save 命令时,MFC 应用程序框架调用文档类 CDocument 的成员函数 OnFileSave(),该函数完成如下几个基本工作:

(1) 文档对象获取当前文件 CFile 对象的指针,创建一个 CArchive 对象。

(2) 文档对象调用成员函数 Serialize(),并把创建的 CArchive 对象作为参数传递给成员函数 Serialize()。

(3) Serialize()函数根据函数 IsStoring()的返回值(true)执行 if 语句的第一个分支,利用 CArchive 对象 ar 把序列化数据写入关联的文件中。

当用户执行 File|Open 命令时,MFC 应用程序框架将调用应用程序对象的成员函数 CWinApp::OnFileOpen(),完成相应的数据读取功能。

序列化的使用有一些限制,例如,序列化只能顺序读写文件,不能进行随机读取;只能处理二进制文件,不能处理文本文件。要实现这些功能,可以直接使用 CFile 类及其派生类对文件进行处理。

6.5.3 自定义类的序列化

为了使一个自定义类的对象具有持久性,必须使自定义类支持序列化。通过例 6-13可以看出,如果要保存的数据是文档派生类的数据成员,那么实现文档的序列化非常简单,只需要对序列化函数 Serialize()进行完善。但要让一个自定义的类支持序列化就没那么简单,因为数据的读取和写入都由自定义类自己去完成。当然,这种处理方式也符合面向对象程序设计的方法特征。

自定义类实现序列化必须满足以下 4 个条件:

(1) 类必须直接或间接地从 MFC 根类 CObject 派生而来。

(2) 类必须定义一个不带参数的构造函数。当从磁盘载入文档时调用该构造函数来创建一个可序列化的对象,使用从文件中读出来的数据填充对象的成员变量。

(3) 要使用 MFC 序列化宏。在类的头文件中使用 DECLARE_SERIAL 宏;在类的实现文件中使用 IMPLEMENT_SERIAL 宏。

（4）自定义类必须重载序列化成员函数 Serialize()。由于不同类的数据成员各不相同，可序列化的类应该重载 Serialize() 函数，使其支持对特定数据的序列化。并且，任何需要序列化的对象都应该在文档派生类中作为数据成员进行声明。

例 6-14 完善例 6-9 中的绘图程序 MyDraw，使之能将绘制的图形保存在磁盘上。

【编程说明与实现】

（1）在例 6-9 中已定义了用来保存线段数据的 CLine 类，它已是 CObject 类的派生类，且已定义了一个不带参数的构造函数。按照序列化的条件，在 CLine 类的声明头文件 Line. h 中添加函数 Serialize() 的声明和 DECLARE_SERIAL 宏。

```
class CLine : public CObject            // 序列化类是 CObject 类的派生类
{
private:
    // 定义成员变量,表示一条线段起点和终点的坐标
    CPoint m_pt1;
    CPoint m_pt2;
public:
    CLine();                            // 序列化类有一个不带参数的构造函数
    virtual ~CLine();
    CLine(CPoint pt1, CPoint pt2);      // 声明线段的构造函数
    void DrawLine(CDC * pDC);           // 声明绘制线段的成员函数
    void Serialize(CArchive &ar);       // 类 CLine 的序列化函数
    DECLARE_SERIAL(CLine)               // 序列化类声明宏
};
```

（2）在实现源文件 Line. cpp 中的成员函数定义前添加 IMPLEMENT_SERIAL 宏。

```
IMPLEMENT_SERIAL(CLine, CObject, 1)       // 序列化类实现宏
```

在上面的 IMPLEMENT_SERIAL 宏中，第一个参数指定要序列化的类，第二个参数指定要序列化的类的基类，第三个参数指定版本号。

编写 CLine 类的序列化函数 Serialize() 的实现代码，如下所示：

```
void CLine :: Serialize(CArchive &ar)
{
    if(ar.IsStoring())
        ar<<m_pt1<<m_pt2;               // 保存对象的数据
    else
        ar>>m_pt1>>m_pt2;               // 读出对象的数据
}
```

（3）以上实现了 CLine 类的序列化，但只是一条线段的序列化。在例 6-9 的文档类

中定义了 CObArray 型的变量 m_LineArray,由于 CObArray 类自身提供了序列化函数,作为 CObArray 类的对象 m_LineArray 可以直接进行序列化。变量 m_LineArray 中存放的是 CLine 对象的指针,自然会调用类 CLine 的序列化函数。这样通过对 m_LineArray 变量的序列化完成多个 CLine 对象的序列化,即完成所有线段数据的读写。

```
void CMyDrawDoc :: Serialize(CArchive& ar)
{
    if (ar.IsStoring())
    {
        // TODO: add storing code here
        m_LineArray.Serialize(ar);          // 调用 CObArray 类的序列化函数
    }
    else
    {
        // TODO: add loading code here
        m_LineArray.Serialize(ar);          // 调用 CObArray 类的序列化函数
    }
}
```

(4) 至此,MyDraw 程序已实现了文档的读写功能。若希望执行 File|New 命令后,程序能将当前客户区窗口中所绘制的图形清除,需要进一步完善 MyDraw 程序。当执行 File|New 命令时,将调用文档类的成员函数 OnNewDocument(),该函数又调用另一个成员函数 DeleteContents()。另外,执行 File|Open 命令时也会调用 DeleteContents() 函数。DeleteContents() 函数是虚函数,可以在文档派生类中重载该函数,以完成删除当前文档对象内容的功能。在 Workspace(工作区)中右击文档派生类 CMyDrawDoc,在弹出的菜单中选择 Add Virtual Function 命令,在随之打开的对话框中选中 DeleteContents 项,然后单击 Add and Edit 按钮,添加如下所示的代码:

```
void CMyDrawDoc :: DeleteContents()        // 重载成员函数,清除当前文档的内容
{
    int nIndex=GetNumLines();
    while(nIndex--)
        delete m_LineArray.GetAt(nIndex);  // 清除线段
    m_LineArray.RemoveAll();               // 释放指针数组
    CDocument :: DeleteContents();
}
```

(5) 最后,为程序设计提示文档保存功能。当打开新的文档或退出程序时一般需要提示用户是否保存当前文档。实现这个功能很容易,因为 MFC 应用程序框架已完成了

主要工作,程序员只需在修改文档后调用文档类的成员函数 SetModifiedFlag()设置修改标志。本例中,在文档派生类的成员函数 AddLine()中设置修改标志。

```
void CMyDrawDoc :: AddLine(CPoint pt1, CPoint pt2)
{
    CLine * pLine=new CLine(pt1, pt2);        // 新建一条线段对象
    m_LineArray.Add(pLine);                   // 将该线段对象加到动态数组
    SetModifiedFlag();                        // 设置文档修改标志
}
```

编译、链接并运行程序,可以看到程序 MyDraw 具有了序列化功能。

6.6 滚动视图和多视图

MFC 为应用程序提供了多种不同的视图类,除了经常使用的一般视图类 CView,编程时还可以使用其他视图类,如滚动视图类 CScrollView、文本编辑视图类 CEditView、对话框视图类 CFormView 和列表视图类 CListView 等,这些视图类都是从 CView 类派生而来的。在利用 MFC AppWizard 应用程序向导创建一个文档/视图结构的应用程序时,在向导的第 6 步可以为应用程序选择不同的视图类。

6.6.1 滚动视图

到目前为止,例 6-14 中的 MyDraw 程序所能显示图形的大小受限于客户区窗口的大小,这对于某些应用来说是不合适的,如当实际文档的大小大于视图窗口时。在 Windows 应用程序中,为了解决这个问题,可以为视图窗口加上垂直滚动条和水平滚动条,使客户区窗口变为一个可移动的观景器,从而能够显示完整的文档。

为了实现滚动视图的功能,MFC 专门提供了一个滚动视图类 CScrollView。在使用 CScrollView 类时,一般情况下,使用默认的滚动值,且不需要自己处理滚动消息,但编程时可能要使用 CScrollView 类常用的一些成员函数。例如,SetScrollSizes()函数用于设置整个滚动视图的大小以及每一页、每一行的大小,GetTotalSize()函数用于获取滚动视图的大小,GetScrollPosition()函数用于获取当前可见视图左上角的坐标。

创建 MFC 应用程序时,默认情况下一般采用 CView 类作为视图的基类。如果要为程序增加滚动功能,可直接在原来程序的基础上进行修改。具体步骤如下:

(1) 利用替换命令将源程序中的视图基类 CView 改为 CScrollView。

(2) 重载视图类的虚函数 OnInitialUpdate()或消息 WM_CREATE 的消息处理函数 OnCreate(),根据文档大小设置滚动视图。简单起见,可以不设置每一页、每一行的大小,只设置整个滚动视图的大小为一个较大的常量值。

（3）注意客户区坐标与逻辑坐标的转换。例如，在鼠标消息处理函数中一般使用 CClientDC 客户设备环境，其坐标是客户区坐标；而在 OnDraw()函数中使用的是逻辑坐标，对应于整个文档。因此，在保存文档数据时，要进行相应的坐标数据转换。

例 6-15 为程序 MyDraw 增加滚动视图的功能。

【编程说明与实现】

（1）打开应用程序项目 MyDraw，利用 Edit|Replace 命令将文件 MyDrawView. h 和 MyDrawView. cpp 中所有的字符串 CView 替换为 CScrollView。

（2）在工作区右击类 CMyDrawView，在弹出的菜单中选择 Add Virtual Function 命令，在随之打开的对话框中选择 OnInitialUpdate 项，然后单击 Add and Edit 按钮，添加如下所示的代码：

```cpp
void CMyDrawView :: OnInitialUpdate()
{
    CScrollView :: OnInitialUpdate();
    // TODO: Add your specialized code here and/or call the base class
    CSize sizeTotal;
    sizeTotal.cx=sizeTotal.cy=1000;         // 定义滚动视图的大小
    SetScrollSizes(MM_TEXT, sizeTotal);     // 设置滚动视图的映射模式和大小
}
```

（3）MyDraw 程序使用的坐标系是 MM_TEXT 映射模式，刚开始时坐标系原点为客户区左上角，X 轴向右、Y 轴向下为正向。当滚动视图时，客户区左上角已不是坐标系原点，但 OnLButtonDown()、OnMouseMove()及 OnLButtonUp()等鼠标消息处理函数的参数(坐标)仍以客户区左上角为坐标系原点。这样，虽然当时不会影响图形绘制，但滚动之后再调用 OnDraw()函数刷新视图时，重绘线段的位置不正确。因此，在保存线段的坐标时，应加上当时客户区原点的坐标。

```cpp
void CMyDrawView :: OnMouseMove(UINT nFlags, CPoint point)
{
    if(m_bDragging)
    {
        CMyDrawDoc * pDoc=GetDocument();    // 获得文档对象的指针
        ASSERT_VALID(pDoc);                 // 测试文档对象是否运行有效
        CPoint ptOrg, ptStart, ptEnd;
        ptOrg=GetScrollPosition();          // 获得当前工作区原点的坐标
        ptStart=m_ptOrigin+ptOrg;           // 加上原点的坐标来修正线段的坐标
        ptEnd=point+ptOrg;
        pDoc->AddLine(ptStart, ptEnd);      // 加入线段到指针数组
```

```
            CClientDC dc(this);
            dc.MoveTo(m_ptOrigin);
            dc.LineTo(point);                    // 绘制线段
            m_ptOrigin=point;                    // 新的起始点
        }
//      CScrollView :: OnMouseMove(nFlags, point);
    }
```

经过以上修改,程序 MyDraw 就实现了滚动视图的功能。限于篇幅,这里只讨论了滚动视图,其他视图的使用方法在本书其他章节中有所涉及。

6.6.2 多视图

文档与视图分离使得一个文档对象可以和多个视图相关联,这样可以更容易地实现多视图的应用程序。例如,Excel 制表程序能够对表格数据采用多种视图来显示,可以是网络状表格,也可以是条形表格。同一份文档数据既可以用文字方式表示,也可以用图形方式表示。

一般多视图应用程序都是 MDI 程序,但 SDI 程序也可以实现多视图。对于 SDI 应用程序,除了采用拆分窗口的方法(利用 CSplitterWnd 类)实现多视图,还可以利用子框架窗口实现多视图,本节的例子就是采用这种方法。

一个视图总是通过文档模板与一个框架窗口和一个文档相关联,而在 6.1.3 节中知道,文档模板对象是在应用程序的初始化成员函数 InitInstance()中创建的。在利用 MFC AppWizard 应用程序向导创建一个 MDI 应用程序后,程序自动具有了多视图的功能。执行"窗口|新建窗口"(ID_WINDOW_NEW)命令,程序将为当前文档打开多个视图。在 Visual C++ IDE 中通过 Find in Files 命令,在路径"…\Microsoft Visual Studio\VC98\MFC\SRC"下的文件 Winmdimdi. cpp(1128)中可以找到菜单项 ID_WINDOW_NEW 的命令处理函数 CMDIFrameWnd::OnWindowNew(),其代码如下:

```
void CMDIFrameWnd :: OnWindowNew()
{
    CMDIChildWnd * pActiveChild =MDIGetActive();
    CDocument * pDocument;
    if (pActiveChild ==NULL ||
        (pDocument =pActiveChild->GetActiveDocument()) ==NULL)
    {
        TRACE0("Warning: No active document for WindowNew command.\n");
        AfxMessageBox(AFX_IDP_COMMAND_FAILURE);
        return;                                  // command failed
```

```
    }
    // otherwise we have a new frame !
    CDocTemplate * pTemplate =pDocument->GetDocTemplate();    // 具体应用时修改该行
    ASSERT_VALID(pTemplate);
    CFrameWnd* pFrame =pTemplate->CreateNewFrame(pDocument, pActiveChild);
    if (pFrame ==NULL)
    {
        TRACE0("Warning: failed to create new frame.\n");
        return;                                    // command failed
    }
    pTemplate->InitialUpdateFrame(pFrame, pDocument);
}
```

通过分析以上代码,总结出 MFC 实现多视图的基本方法,主要有以下几个步骤:

(1) 利用类向导建立新的视图类。

(2) 在函数 InitInstance()中构建一个与新的视图类相关联的文档模板对象,但暂时不要加入它。在函数 ExitInstance()中删除构建的文档模板对象。

(3) 在相关菜单命令处理函数中调用函数 CDocTemplate∷CreateNewFrame(),为构建的文档模板创建框架窗口。调用函数 CDocTemplate∷InitialUpdateFrame()更新视图。

依据上述步骤,下面通过一个例子介绍实现多视图的具体方法。

例 6-16　编写一个 MDI 应用程序 MyEditor,当执行"窗口|斜体窗口"菜单命令时重新打开一个窗口,并以斜体加下画线的方式显示同一个文档的内容。

【编程说明与实现】

(1) 启动 MFC AppWizard 应用程序向导,创建一个名为 MyEditor 的 MDI 应用程序。在向导第 1 步选择 Multiple documents 项;在向导第 4 步单击 Advanced 按钮打开 Advanced Options 对话框,将文件名后缀(File extension)设置为 txt;在第 6 步将视图类的基类设置为 CEditView 类。

(2) 利用 ClassWizard 类向导创建一个新的视图类 CItalicView,其基类为 CView。

(3) 在应用程序类的头文件 MyEditor.h 中定义一个模板对象指针的成员变量,并声明成员函数 ExitInstance()。

```
class CMyEditorApp : public CWinApp
{
public:
    CMyEditorApp();
    CMultiDocTemplate* m_pTemplateItalic;    // 模板对象的指针
```

```
public:
virtual BOOL InitInstance();
virtual int ExitInstance();          // 声明成员函数 ExitInstance()
...
}
```

在应用程序类实现源文件 MyEditor. cpp 的函数 InitInstance()中添加构建新的模板对象的代码,并编写成员函数 ExitInstance()的实现代码。

```
BOOL CMyEditorApp :: InitInstance()
{
    ...
    CMultiDocTemplate * pDocTemplate;
    pDocTemplate = new CMultiDocTemplate(
        IDR_MYEDITTYPE,
        RUNTIME_CLASS(CMyEditorDoc),
        RUNTIME_CLASS(CChildFrame),      // custom MDI child frame
        RUNTIME_CLASS(CMyEditorView));
    AddDocTemplate(pDocTemplate);
    m_pTemplateItalic = new CMultiDocTemplate(
        IDR_MYEDITTYPE,
        RUNTIME_CLASS(CMyEditorDoc),
        RUNTIME_CLASS(CChildFrame),      // custom MDI child frame
        RUNTIME_CLASS(CItalicView));
    // create main MDI Frame window
    ...
}
int CMyEditorApp :: ExitInstance()        // 重载成员函数 ExitInstance()
{
    delete m_pTemplateItalic;             // 删除新构建的文档模板对象
    return CWinApp :: ExitInstance();
}
```

在文件 MyEditor. cpp 开头位置加入文件包含指令,如下所示:

```
#include "ItalicView.h"
```

(4) 为文档类添加一个 public 属性、CString 类型的成员变量 m_strText。

(5) 打开 IDR_MYEDITTYPE 菜单资源,在主菜单"窗口"中添加菜单项"斜体窗口",将其 ID 设为 ID_WINDOW_ITALIC。利用 ClassWizard 类向导在类 CMainFrame 中为菜单项 ID_WINDOW_ITALIC 添加命令处理函数,参考在 6.6.2 节前面介绍的成员

函数 CMDIFrameWnd::OnWindowNew(),添加如下代码:

```cpp
void CMainFrame :: OnWindowItalic()
{
    CMDIChildWnd * pActiveChild =MDIGetActive();            // 获得子窗口
    // 获得当前文档
    CMyEditorDoc* pDocument= (CMyEditorDoc * )pActiveChild->GetActiveDocument();
    CString strText;
    CEditView * pView= (CEditView * )pActiveChild->GetActiveView();
                                                           // 获得当前视图
    pView->GetEditCtrl().GetWindowText(strText);    // 获得视图中编辑控件的文本内容
    if(strText!="")   pDocument->m_strText=strText;
    // 获得新的文档模板的指针,重点修改之处
    CDocTemplate * pTemplate = ((CMyEditorApp * )AfxGetApp())->m_pTemplateItalic;
    ASSERT_VALID(pTemplate);
    // 创建新的框架窗口
    CFrameWnd * pFrame =pTemplate->CreateNewFrame(pDocument, pActiveChild);
    pTemplate->InitialUpdateFrame(pFrame, pDocument);   // 更新视图
}
```

在文件 MainFrm.cpp 开头位置加入文件包含指令,如下所示:

#include "MyEditorDoc.h"

(6) 改写视图类 CItalicView 的成员函数 OnDraw(),实现斜体显示的功能。

```cpp
void CItalicView :: OnDraw(CDC * pDC)
{
    CMyEditorDoc* pDoc = (CMyEditorDoc * )GetDocument();
    CFont fontItalic;                                      // 定义字体
    fontItalic.CreateFont(0,0,0,0,0,1,1,0,0,0,0,0,0,0);
                                                           // 创建带下画线的斜体字体
    CFont * pOldFont=pDC->SelectObject(&fontItalic);      // 设置新的字体
    CRect rectClient;
    GetClientRect(rectClient);                             // 得到客户窗口大小
    // 函数 DrawText()用于输出多行文本,参数 DT_WORDBREAK 表示自动换行
    pDC->DrawText(pDoc->m_strText, rectClient, DT_WORDBREAK);
    pDC->SelectObject(pOldFont);                           // 恢复原来的字体
}
```

在文件 ItalicView.cpp 开头位置加入文件包含指令,如下所示:

```
#include "MyEditorDoc.h"
```

　　编译、链接并运行程序，在编辑窗口键盘输入一些字符，然后执行"窗口|斜体窗口"菜单命令可以看到斜体加下画线的文本，如图 6-11 所示。

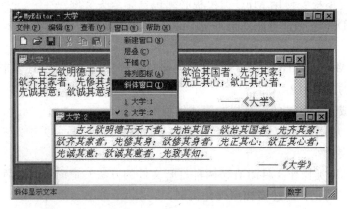

图 6-11　多视图应用程序

习　　题

问答题

6-1　什么是文档？什么是视图？MFC 应用程序中的文档和视图分别完成什么程序功能？简述文档/视图结构的概念及其主要特点。

6-2　文档、视图和应用程序框架之间如何相互作用？通过哪几个主要的成员函数完成文档和视图之间的相互交互？

6-3　刷新视图的方法有哪几种？可以调用哪些函数刷新视图？它们有什么区别？请说明 MFC 应用程序框架刷新视图时默认的函数调用顺序。

6-4　简述 SDI 和 MDI 的概念，并比较二者的异同。

6-5　什么是文档模板？它有什么功能？简述文档模板的使用方法。

6-6　Windows 应用程序的界面由哪几个部分组成？它有哪些界面元素？

6-7　如何建立菜单？简述添加菜单命令处理函数的方法。

6-8　什么是 UPDATE_COMMAND_UI 消息？如何设置一个菜单项为禁用状态？

6-9　菜单命令可以映射哪些类？当将一个菜单命令同时映射到不同类的成员函数上，映射有效的优先顺序是怎样的？

6-10　什么是键盘虚键码？为什么要使用键盘虚键码？

6-11　什么是弹出式菜单？它是由什么消息引发的？简述添加弹出式菜单的方法。

6-12 鼠标消息分为哪两类？常用的鼠标消息有哪几个？鼠标消息处理函数一般都有哪两个函数参数？

6-13 在程序中如何捕获鼠标？如何释放鼠标？

6-14 什么是类模板？使用 MFC 类模板必须包含哪个头文件？

6-15 试利用 Debug 调试器跟踪例 6-9 中的 OnDraw()函数,查看变量 nIndex 的动态变化情况。

6-16 在利用 MFC AppWizard[exe]向导创建应用程序时,如何设置才能使程序不含一个标准的工具栏？

6-17 如何生成一个自己的工具栏？简述编程的步骤。

6-18 在 MFC 应用程序框架中,为了实现状态栏的功能,在哪个类中定义了一个什么样的成员变量？

6-19 利用 CFile 类操作文件时有哪两种打开文件的方法？请简述其过程。

6-20 什么是序列化？简述文档序列化机制。

6-21 利用 CFile 类读写文件和利用序列化读写文档有何异同？

6-22 MFC 应用程序框架如何实现序列化？简述自定义类的序列化方法。

6-23 MFC 提供的常用滚动视图类是哪一个？列举出该类常用的成员函数。

6-24 如何利用 MFC AppWizard[exe]向导创建一个滚动视图应用程序？如何为一个标准视图 CView 的应用程序添加滚动视图功能？

6-25 多视图分为哪几种情况？简述 MFC 应用程序框架实现多视图的方法。

6-26 利用应用程序向导创建一个文本编辑器程序时,需要进行哪些设置？

6-27 找到函数 CMDIFrameWnd::OnWindowNew()的源代码并仔细阅读,说出每一条语句的功能。

上机编程题

6-28 试编写一个 MDI 应用程序,在客户区从左至右滚动显示文本串"欢迎使用《Visual C++ 面向对象编程(第 4 版)》"。

6-29 编写一个单文档应用程序 SDIDraw,为程序添加主菜单"我的菜单",并添加"显示文本"和"画图"两个菜单项。编写上述两个菜单项的命令处理函数,分别在客户区显示一行文本或画一个圆。

6-30 修改习题 6-29 中的程序 SDIDraw,当显示文本后,"显示文本"菜单项处于不可用状态;当画一个圆后,"画图"菜单项处于不可用状态。

6-31 为程序 SDIDraw 新增加的菜单项添加快捷键、工具栏按钮和弹出式菜单。

6-32 采用另一种方法为例 6-6 中的程序 DrawCoin 添加弹出式菜单,要求为弹出式菜单专门建立一个菜单资源,在 WM_RBUTTONUP 消息函数中装入菜单并显示。

（提示：需要调用函数 ClientToScreen()将客户区坐标转化为屏幕坐标。）

6-33 编写一个应用程序，当在视图中单击鼠标时，在单击处显示鼠标的坐标。

6-34 设计一个应用程序，当双击鼠标后弹出一个信息框，显示双击鼠标的次数。

6-35 仿照程序 MyDraw 编写一个名为 MyLine 的程序，与 Windows"画图"工具一样，在利用鼠标画一条直线时，按住鼠标左键并拖曳，可以随鼠标移动动态地画出当前直线，当释放左键后才真正画出一条所需要的直线。要求程序具有窗口重绘功能。

6-36 编写一个 SDI 应用程序，将其工具栏放在框架窗口的底部，且工具栏不能被拖动（即工具栏左端没有宽的竖条）。（提示：使用风格参数 CBRS_BOTTOM，取消风格参数 CBRS_GRIPPER。）

6-37 修改例 6-10 中的程序 DrawCoin，为主菜单"画硬币"中的菜单项添加独立的工具栏资源，工具栏按钮的功能不变。

6-38 采用另一种方法实现例 6-11 中所要求的状态栏提示功能，通过访问框架类的成员变量 m_wndStatusBar 来获取状态栏的指针。

6-39 编写一个应用程序，实现在状态栏显示当前时间的功能。

6-40 编写一个应用程序，程序能在状态栏显示鼠标的坐标。

6-41 编写一个单文档应用程序，为程序添加"写文件"和"读文件"两个菜单项。利用 CFile 类编程：选择"写文件"菜单项时，将文本串"欢迎使用《Visual C++ 面向对象编程（第 4 版）》"写入一个指定的文件；选择"读文件"菜单项时，打开指定的文件，读取文本串，并将文本串显示在弹出的信息对话框中。

6-42 参照例 6-14，完善习题 6-35 中的绘图程序 MyLine，要求能够将绘制好的图形保存在磁盘上。

6-43 设计一个简单的编辑器：重载键盘消息，接收用户输入字符并在客户区显示。要求能够将输入的内容保存在磁盘上。

6-44 为习题中的绘图程序 MyLine 添加滚动视图的功能，要求将整个滚动视图的大小设置为 2048×2000，每一页大小为 512×500，每一行的大小为 20×18。

6-45 采用与例 6-15 不同的方法为程序 MyDraw 添加滚动视图的功能，要求在视图类的消息处理函数 OnCreate()中设置滚动视图。

6-46 参照例 6-15 中的程序 MyDraw 和 Windows 画笔编制一个画椭圆的单文档程序，鼠标左键按下位置为外接矩形左上角位置，鼠标左键弹起位置为外接矩形右下角位置。要求实现鼠标拖曳绘制功能，并能够保存所绘制的图形。

6-47 编写一个 MDI 应用程序，分别以标准形式和颠倒形式显示同一个文本串。

6-48 编写一个 SDI 应用程序 SDIEditor，实现类似于例 6-16 中程序 MyEditor 的多视图功能。

第 7 章

对话框和控件

对话框(dialog box)是人机交互的窗口,Windows 应用程序通过对话框完成输入、输出操作。控件(control)是嵌入在对话框或其他父窗口中的一个特殊的子窗口,是完成输入、输出操作的功能部件。对话框与控件关系密切,几乎每个对话框上都嵌入了控件,对话框通过控件与用户进行交互。本章介绍一般对话框的工作原理和编程方法,并通过实例介绍控件的使用方法。

7.1　对话框概述

Windows 应用程序的人机交互功能是通过对话框实现的,对话框除了用来显示提示信息(如程序启动时显示版权、操作步骤和运行进度),其主要功能是用于接收用户的输入数据。在 MFC 中,对话框的功能被封装在 CDialog 类中,而 CDialog 类是 CWnd 类的派生类,因此,对话框实际上也是一个窗口,具有一般窗口的所有功能。

7.1.1　基于对话框的应用程序

对话框的一个典型应用是通过应用程序的菜单命令或工具栏按钮打开一个对话框,完成输入、输出功能。此外,对话框也可以作为一个程序的主界面,如一般的软件安装程序就是这种基于对话框的应用程序。可以利用 MFC AppWizard 应用程序向导创建一个基于对话框的应用程序,即在 MFC AppWizard 应用程序向导的第 1 步选择 Dialog Based 项。由于对话框应用程序一般不包含文档,无须支持数据库和复合文档功能,这时的应用程序向导将出现与单文档和多文档应用程序不同的操作步骤。按照对话框应用程序向导提示的步骤进行操作就创建了一个对话框应用程序项目。

例 7-1　编写一个对话框应用程序 MyDialog,程序运行后首先显示一个对话框,并在对话框上显示文本串"这是一个对话框应用程序!"。

【编程说明与实现】

（1）执行 File|New 菜单命令，出现 New 对话框，选择 MFC AppWizard［exe］项，输入程序名 MyDialog，单击 OK 按钮。在随后出现的 MFC AppWizard-Step 1 对话框窗口中选择 Dialog based 选项，单击 Finish 按钮就创建了应用程序项目，并在 Developer Studio 中打开了对话框编辑器和控件工具栏，如图 7-1 所示。

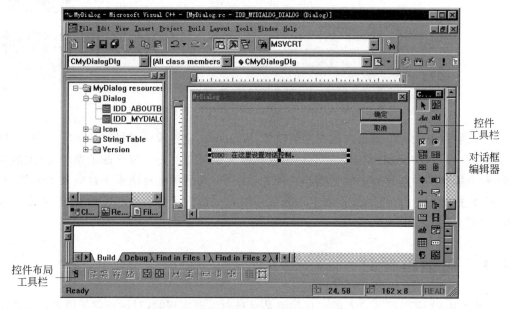

图 7-1　对话框应用程序项目的开发窗口

（2）去掉对话框中标题为"TODO：在这里设置对话控制。"的静态文本控件，调整对话框大小，在成员函数 CMyDialogDlg::OnPaint() 中添加如下代码：

```
void CMyDialogDlg::OnPaint()
{
    if (IsIconic())
    {
        CPaintDC dc(this);                  // device context for painting
        ...
    else
    {
        CPaintDC dc(this);                  // device context for painting
        dc.SetBkMode(TRANSPARENT);          // 将背景设置为透明模式
        dc.TextOut(20, 50, "这是一个对话框应用程序!");
        CDialog::OnPaint();
    }
```

```
}
```

执行 Build 命令（F7 键）生成应用程序，程序运行后得到如图 7-2 所示的结果。

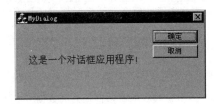

图 7-2　MyDialog 的运行结果　　　　　　　图 7-3　CDialog 类的派生关系

7.1.2　对话框类 CDialog

为了方便编程实现对话框功能，MFC 提供了一系列对话框类，其中最重要的对话框类是 CDialog 类。CDialog 类是其他所有 MFC 对话框类的基类，程序员在程序中创建的对话框类一般也是 CDialog 类的派生类。CDialog 类提供了对话框编程的接口，实现了对话框消息响应和处理机制。CDialog 类的派生关系如图 7-3 所示。

CDialog 类从 CWnd 类派生而来，所以继承了 CWnd 类的成员函数，具有 CWnd 类的基本功能，如利用成员函数移动、显示或隐藏对话框窗口。根据对话框的特点，CDialog 类增加了一些新的成员函数，扩展了功能。表 7-1 列出了对话框编程时常用的一些成员函数，在程序员自己创建的对话框派生类中可以直接调用。大部分成员函数是虚函数，可以在派生类中重载。除了 CDialog 类的成员函数，CWnd 类和 CWinApp 类也提供了一些成员函数用于对话框的管理。表 7-1 中所涉及的模态对话框和非模态对话框的概念可参阅 10.3 节。

表 7-1　有关对话框的常用成员函数

成员函数	功　能
CDialog∷CDialog()	通过调用派生类的构造函数，根据对话框模板资源定义一个对话框
CDialog∷DoModal()	激活模态对话框，显示对话框窗口
CDialog∷Create()	根据对话框模板资源创建非模态对话框窗口。如果对话框不是 Visible 属性，还需通过调用函数 CWnd∷ShowWindow()显示对话框窗口
CDialog∷OnOk()	单击 OK 按钮时调用该函数，接收对话框输入数据，关闭对话框
CDialog∷OnCancel()	单击 Cancel 按钮或按 Esc 键时调用该函数，不接收对话框输入数据，关闭对话框
CDialog∷OnInitDialog()	WM_INITDIALOG 的消息处理函数，在调用 DoModal()或 Create()函数时系统发送 WM_INITDIALOG 消息，在显示对话框前调用该函数进行初始化工作

成员函数	功　能
CDialog::EndDialog()	关闭模态对话框窗口。关闭并销毁非模态对话框时调用函数 CWnd::DestroyWindow()
CWnd::ShowWindow()	显示或隐藏对话框窗口
CWnd::DestroyWindow()	关闭并销毁非模态对话框
CWnd::UpdateData()	通过调用 DoDataExchange()设置或获取对话框控件的数据
CWnd::DoDataExchange()	被 UpdateData()调用,以实现对话框数据交换,不能直接调用
CWnd::GetWindowText()	获取对话框窗口的标题
CWnd::SetWindowText()	修改对话框窗口的标题
CWnd::GetDlgItemText()	获取对话框中控件的文本内容
CWnd::SetDlgItemText()	设置对话框中控件的文本内容
CWnd::GetDlgItem()	获取控件或子窗口的指针
CWnd::MoveWindow()	移动对话框窗口
CWnd::EnableWindow()	使窗口处于禁用或可用状态

7.1.3　信息对话框

信息对话框也称消息对话框,前面章节已多次使用信息对话框来显示有关的提示信息。信息对话框是一种最简单的对话框,只能输出信息,不能用来输入数据。信息对话框不需要程序员创建就可以直接使用,MFC 提供了相应的函数用于打开信息对话框。以下是有关函数的声明:

```
int AfxMessageBox(LPCTSTR lpText, UINT nType=MB_OK, UINT nlDHelp=0);
int MessageBox(HWND hWnd, LPCTSTR lpText, LPCTSTR lpCaption, UINT nType);
int CWnd::MessageBox(LPCTSTR lpText, LPCTSTR lpCaption=NULL, UINT nType=MB_OK);
```

这 3 个函数分别是 MFC 全局函数、Windows API 函数和 CWnd 类的成员函数,它们的功能基本相同,但适用范围有所不同。AfxMessageBox()和::MessageBox()函数可以在程序中任何地方使用,而 CWnd::MessageBox()成员函数只能用于控件、对话框和窗口等一些窗口类中。函数参数中,lpText 表示信息对话框中要显示的文本串;lpCaption 表示对话框的标题,为 NULL 时使用默认标题;hWnd 是对话框父窗口的句柄,为 NULL 时表示没有父窗口;nlDHelp 表示信息的上下文帮助 ID;nType 表示对话框的图标和按钮风格。这 3 个函数都将返回用户选择按钮的情况,如返回值 IDOK、IDCANCEL 和

IDABORT 分别表示用户按下了 OK、Cancel 和 Abort 按钮。

表 7-2 和表 7-3 分别列出了信息对话框中用到的图标类型和按钮类型，图标类型参数和按钮类型参数可以用运算符"|"来组合。

表 7-2　信息对话框中可用的图标

图 标 类 型	参 数
✖	MB_ICONHAND、MB_ICONSTOP、MB_ICONERROR
？	MB_ICONQUESTION
⚠	MB_ICONEXCLAMATION、MB_ICONWARNING
ⓘ	MB_ICONASTERISK、MB_ICONINFORMATION

表 7-3　信息对话框中常用的按钮

参 数	按 钮 类 型
MB_ABORTRETRYIGNORE	表示含有 Abort、Retry 和 Ignore 按钮
MB_OK	表示含有 OK 按钮
MB_OKCANCEL	表示含有 OK 和 Cancel 按钮
MB_RETRYCANCEL	表示含有 Retry 和 Cancel 按钮
MB_YESNO	表示含有 Yes 和 No 按钮
MB_YESNOCANCEL	表示含有 Yes、No 和 Cancel 按钮

例如，在软件安装过程中为了弹出如图 7-4 所示的警告信息对话框并进行相应的处理，可以编写如下代码：

图 7-4　使用警告信息对话框

```
int nChoice=MessageBox("文件复制失败!", "错误",
MB_ICONWARNING|MB_ABORTRETRYIGNORE );
switch(nChoice)
{
    case IDABORT:              // 用户按下"终止"按钮
        ...                    // 添加相应处理代码
    case IDRETRY:              // 用户按下"重试"按钮
        ...                    // 添加相应处理代码
    case IDIGNORE:             // 用户按下"忽略"按钮
        ...                    // 添加相应处理代码
}
```

7.2　使用对话框

从 MFC 编程的角度看,一个对话框是由对话框模板资源和对话框类共同生成的。进行对话框编程时,首先需要创建对话框模板资源,并向对话框模板资源添加控件;然后生成对话框类,并添加与控件关联的成员变量和消息处理函数;最后在程序中显示对话框并访问与控件关联的成员变量。其中常规性的工作都可以利用集成工具对话框编辑器和 ClassWizard 类向导完成,不需要程序员手工编写相关的代码。

7.2.1　一般对话框工作流程

当定义了一个对话框类后,就可以利用这个对话框类声明一个对话框对象,即一个准备在屏幕上显示的对话框。定义自己的对话框类时一般用 CDialog 类作为基类,在声明一个对话框对象时调用了对话框类的构造函数,同时自动调用基类 CDialog 的构造函数。CDialog 类构造函数常用的重载形式如下所示:

CDialog (UINT nIDTemplate, CWnd * pParentWnd=NULL);

其中,nIDTemplate 是对话框模板资源的 ID 标识(对话框是作为一种资源被使用,一个对话框对象是建立在对话框模板资源的基础之上);pParentWnd 是对话框父窗口的指针,当其父窗口是应用程序主窗口时,该值为 NULL(默认值)。

声明了一个对话框对象后,就可以调用对话框类的成员函数 DoModal()建立对话框并显示对话框窗口。例如,假设已定义了一个名为 CMyDialog 的对话框类,为了在屏幕上显示一个对话框,可以编写如下代码:

```
CMyDialog myDlg;                    // 声明对话框对象
myDlg.DoModal();                    // 显示对话框窗口
```

DoModal()函数是一个常用的对话框函数,用于显示或关闭对话框窗口。当显示对话框后,DoModal()函数启动对话框的消息循环,以响应用户的操作。对话框中一般都有 OK 和 Cancel 按钮,用户单击它们后将关闭对话框,结束对话框消息循环。用户单击 OK 按钮时,DoModal()函数将调用对话框类的成员函数 OnOK(),然后返回一个值 IDOK;用户单击 Cancel 按钮时,DoModal()函数将调用对话框类的成员函数 OnCancel(),然后返回一个值 IDCANCEL。程序可以根据 DoModal()函数的返回值判断用户关闭对话框时所做的操作,从而进行不同的处理。

在 OnOK()和 OnCancel()函数中调用了 EndDialog()函数,以便关闭对话框。一般对话框的工作流程如图 7-5 所示,这里假设对话框派生类是 CMyDialog。右侧的矩形框表示函数调用,双向箭头表示调用关系。可以在路径"…\Microsoft Visual Studio\VC98

\MFC\SRC\"下的文件 Dlgcore. cpp 中找到图 7-5 中有关的函数代码。

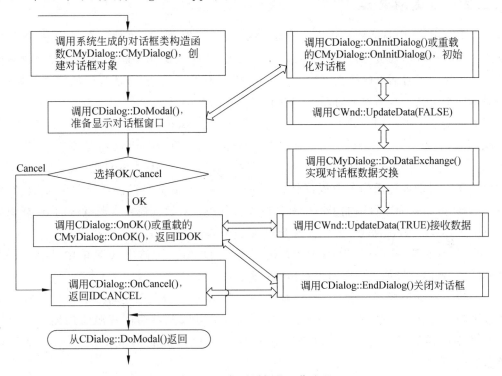

图 7-5 一般对话框的工作流程

在显示对话框之前一般需要进行对话框的初始化工作,对话框的初始化可以在 3 个不同的阶段所调用的函数中进行:对话框类的构造函数;WM_CREATE 的消息处理函数;WM_INITDIALOG 的消息处理函数。由于在构造函数中不能返回初始化失败的情况,因此在对话框类的构造函数中尽量避免完成太多的初始化工作。对话框也是窗口,在创建窗口时也会收到 WM_CREATE 消息,因此可以在该消息处理函数中进行一些成员变量的初始化。但通常的做法是在消息 WM_INITDIALOG 的处理函数 OnInitDialog()中进行初始化,因为在收到 WM_INITDIALOG 消息时,对话框窗口和控件已创建,但还没有在屏幕上显示。此时自然可以设置对话框中每个控件的外观、尺寸、位置及其他属性。实际上,DoModal()函数就调用 OnInitDialog()函数进行对话框的初始化。

7.1 节介绍了基于对话框的应用程序,实际上对话框更多的使用是在文档/视图结构应用程序中。例如,执行一个菜单命令弹出一个对话框,或者在应用程序类的初始化成员函数 InitInstance()中调用 DoModal()函数,使程序正式运行前首先显示一个对话框。

7.2.2 创建对话框

在 Windows 中对话框是作为一种资源被使用,在程序中要创建一个对话框,首先要创建一个对话框模板资源,然后创建一个与对话框模板资源相关联的对话框类。对话框模板资源规定了对话框的属性(如大小、位置、风格和类型等)和对话框中的控件及属性,而对话框类定义了对话框和对话框上每个控件的行为。

为了给应用程序项目添加一个对话框模板资源,执行 Insert|Resource 命令(或按 Ctrl+R 组合键),弹出 Insert Resource 资源列表框。若单击 Dialog 项左边的"+"号,将展开一些特殊类型的对话框资源,如对话工具栏、对话视图和属性对话框等。一般情况下都使用通用对话框资源作为模板,所以在 Insert Resource 框中直接选择 Dialog 项,然后单击 New 按钮就为项目添加了一个对话框模板资源。对话框模板资源默认的 ID 标识为 IDD_DIALOGn,默认标题 Caption 为 Dialog,并有 OK 和 Cancel 两个按钮。

也可以在 Workspace(工作区)右击资源项 Dialog,从弹出式菜单中选择 Insert Dialog 项,就能直接加入一个通用对话框资源。

创建了对话框模板资源后,需要利用 ClassWizard 类向导创建与对话框模板资源相关联的对话框类。在创建对话框类之前或之后,都可以向对话框资源添加控件。但只有在创建对话框类之后,才可以为对话框添加与控件关联的成员变量和消息处理函数。

如果在对话框模板资源的非控件区域双击鼠标或按 Ctrl+W 组合键,系统将自动启动 ClassWizard 类向导。由于 ClassWizard 类向导发现已添加了一个对话框模板资源,却没有设计相关的对话框类,因此将弹出如图 7-6 所示的 Adding a Class 对话框,询问是否需要为对话框资源创建一个对话框类。

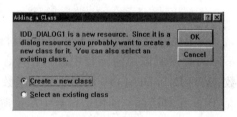

图 7-6　准备创建一个对话框类

在 Adding a Class 对话框中单击 OK 按钮,弹出 New Class 对话框,如图 7-7 所示。在 New Class 对话框中,Name 框用于输入对话框类的名称;File Name 框列出与类对应的文件名,单击 Change 按钮可改变默认的文件名;Base class 下拉框列出可选择的对话框基类;Dialog ID 下拉框列出对应的对话框资源的 ID。ClassWizard 类向导生成对话框类时,将对话框资源 ID 标识作为枚举常量 IDD 的值存放在类定义中。程序运行后创建对话框对象时,对话框类的构造函数将 IDD 标识传递给基类(如 CDialog)的构造函数。最后显示对话框时,DoModal()函数将 IDD 标识传递给 Windows,Windows 将指定的对话框资源装入内存。

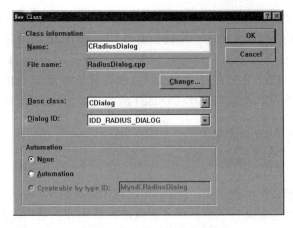

图 7-7　输入对话框类的信息

例 7-2　为单文档应用程序 Mysdi 添加一个对话框模板资源和相关的对话框类。

【编程说明与实现】

（1）首先向应用程序项目添加一个对话框模板资源。在 Workspace（工作区）右击资源项 Dialog，从弹出式菜单中执行 Insert Dialog 命令，插入一个对话框模板资源。

（2）设置对话框的属性。直接按 Enter 键（或将光标指向对话框的空白位置后右击鼠标，从弹出式菜单中选择 Properties 项），弹出一个如图 7-8 所示的"对话框属性"对话框。该属性对话框用于设置对话框的通用属性、风格和扩展风格。

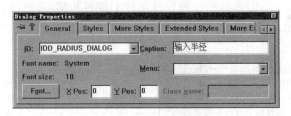

图 7-8　"对话框属性"对话框

在属性对话框的 General 页面可以设置对话框资源的标识 ID、标题 Caption 和字体 Font。此外，XPos/YPos 框表示对话框左上角在父窗口中的 X、Y 坐标，都为 0 时表示居中；当对话框上需要有菜单栏时可通过 Menu 栏输入或选择一个菜单资源。本例中，将 ID 设为 IDD_RADIUS_DIALOG，Caption 为"输入半径"，如图 7-8 所示。

Styles 页面用于设置是否有标题栏（Title bar），是否有最大化或最小化按钮，还可以设置水平或垂直滚动条。More Styles 页面用于设置是否可见（Visible）、居中（Center）等风格。Extend Styles 页面可以为客户区设置凹陷的边框（Client edge）。

（3）创建对话框模板资源后就可以创建对话框类。双击对话框资源的非控件区域，弹出 Adding a Class 对话框（如图 7-6 所示）。单击 OK 按钮弹出 New Class 对话框（如

图 7-7 所示），在该对话框的 Name 框输入 CRadiusDialog 作为类名，然后单击 OK 按钮回到 MFC ClassWizard 窗口，再单击 OK 按钮退出 ClassWizard 类向导。

ClassWizard 类向导在 RadiusDialog.h 头文件 CRadiusDialog 类的定义中，将创建的对话框资源的 ID 值（IDD_RADIUS_DIALOG）作为枚举常量 IDD 的值。CRadiusDialog 类的构造函数把这个 IDD 传递给基类 CDialog 的构造函数，如下语句所示：

```
enum { IDD=IDD_RADIUS_DIALOG };
CRadiusDialog::CRadiusDialog(CWnd* pParent) : CDialog(CRadiusDialog::IDD,
                                                      pParent)
```

除了直接使用对话框模板资源，还可以在内存中动态创建对话框模板，这时需要利用 DLGTEMPLATE 结构定义对话框的尺寸和风格。具体方法是：首先调用 CDialog 类的构造函数创建一个对象，然后以 DLGTEMPLATE 结构作为参数调用 CDialog 类的成员函数 InitModalIndirect()创建对话框，最后调用 DoModal()函数显示对话框。

7.2.3 添加控件及关联的成员变量

对话框与控件有着密不可分的关系，如果没有控件，对话框不能实现具体的交互功能。结合对话框编辑器，利用 Controls（控件）工具栏可以向对话框模板资源添加控件。如果 Visual C++ IDE 窗口中没有出现 Controls 工具栏，只需将光标指向 Visual C++ IDE 的工具栏并右击鼠标，从弹出式菜单中选择 Controls 项。Controls 工具栏上的每一个图标都代表一种控件，将光标在一种控件图标上停留片刻，系统就会显示该种控件的提示信息。图 7-9 给出了 Controls 工具栏中的所有控件和控件类型说明。

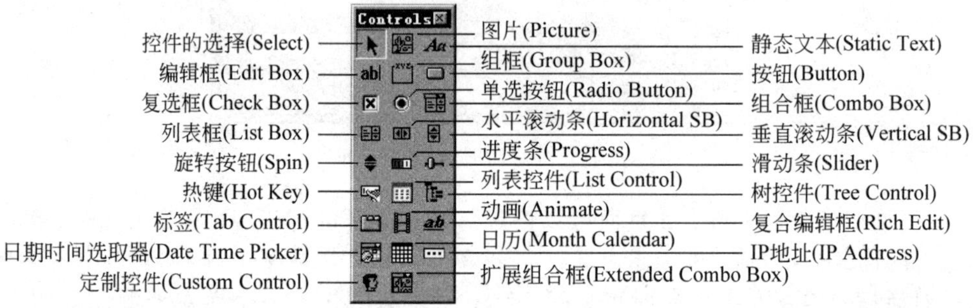

控件的选择(Select)　图片(Picture)　静态文本(Static Text)
编辑框(Edit Box)　组框(Group Box)　按钮(Button)
复选框(Check Box)　单选按钮(Radio Button)　组合框(Combo Box)
列表框(List Box)　水平滚动条(Horizontal SB)　垂直滚动条(Vertical SB)
旋转按钮(Spin)　进度条(Progress)　滑动条(Slider)
热键(Hot Key)　列表控件(List Control)　树控件(Tree Control)
标签(Tab Control)　动画(Animate)　复合编辑框(Rich Edit)
日期时间选取器(Date Time Picker)　日历(Month Calendar)　IP地址(IP Address)
定制控件(Custom Control)　扩展组合框(Extended Combo Box)

图 7-9　控件工具栏及控件说明

向对话框资源添加控件时，Visual C++ 采用的是一种所见即所得（WYSIWYG）的可视化工作方式。如果要添加一个控件，先在 Controls 工具栏单击要添加的控件类型，再将光标移到对话框空白区域并单击鼠标，就可以将选择的控件加入对话框模板资源。控件的添加和编排更详细的方法可参阅 7.3.2 节。

在生成对话框类并添加控件后，就可以利用 ClassWizard 类向导为对话框模板资源上的一个控件添加一个或多个关联的成员变量（属于对话框类）。ClassWizard 类向导的 Member Variables 页面主要用来添加和删除与对话框控件关联的成员变量，在对话框编程时经常使用该页面。ClassWizard 类向导的 Member Variables 页面如图 7-10 所示。

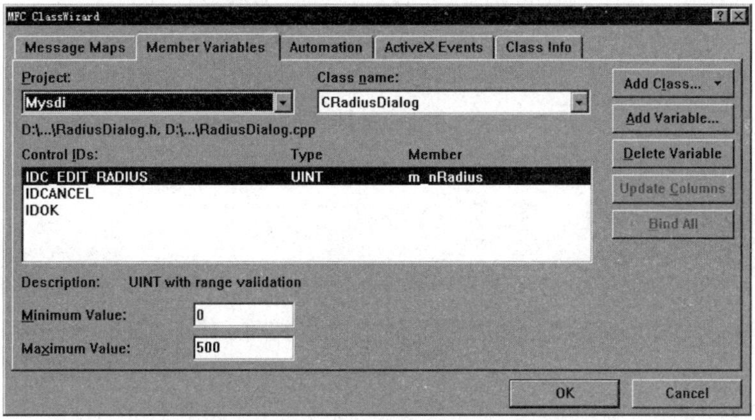

图 7-10　ClassWizard 类向导的成员变量页面

在 Member Variables 页面中，Class name 下拉框用于选择要添加成员变量的对话框类；Control IDs 框用于选择控件，因为要添加的成员变量总是与一个对话框控件 ID 联系在一起，这些成员变量代表控件对象本身或控件的某项属性。单击 Add Variable 按钮创建一个与控件关联的成员变量，单击 Delete Variable 按钮删除与控件关联的某个成员变量。Control IDs 框列出对话框资源上已有的控件，第一列 Control IDs 表示控件的 ID，第二列 Type 表示成员变量的数据类型，第三列 Member 表示成员变量名。

选定对话框类和控件 ID 后，单击 Add Variable 按钮，将弹出 Add Member Variable 对话框，如图 7-11 所示。Member variable name 框用于输入成员变量名，ClassWizard 类向导建议以"m_"作为成员变量名的前缀。Category 下拉框用于选择成员变量的类别，可为 Control 或 Value。Variable type 下拉框用于选择成员变量的数据类型。

如果在 Category 下拉框中选择 Value 项，表示要为控件的某项属性定义一个成员变量，如用于控件接收用户输入的变量。这时还需要通过 Variable type 下拉框为成员变量选择不同的数据类型。例如，对于编辑框控件，成员变量的类型可以是 int、float、long 和 BOOL 等 C++ 数据类型或

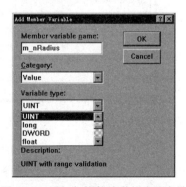

图 7-11　添加与控件关联的成员变量

UINT、CString 等 Visual C++ 自定义数据类型。

如果在 Category 下拉框中选择 Control 项,则表示定义的成员变量代表控件对象本身。Control 类别的成员变量实质是一个控件对象,其类型是 MFC 控件类。例如,对于编辑框控件,此时成员变量的类型为 CEdit。这样可以通过添加的控件对象访问控件类的成员变量和调用控件类的成员函数,实现对控件行为的设计和管理。

可以为一个控件同时定义一个 Control 类别的成员变量和一个 Value 类别的成员变量。注意,这些变量都是作为对话框派生类的成员变量,为了在程序其他地方能够直接访问添加的成员变量,它们都被声明为 public 属性。

例 7-3 完善例 7-2 中的 Mysdi 程序,向对话框模板资源添加需要使用的控件,并添加与控件关联的成员变量。

【编程说明与实现】

(1)向对话框模板资源添加控件。在 Controls 工具栏中选择 StaticText 控件,为对话框 IDD_RADIUS_DIALOG 添加一个静态文本控件,其标题(Caption)为"请输入半径",该控件作为输入编辑框的提示文本。在 Controls 工具栏中选择 Edit Box 控件,为对话框 IDD_RADIUS_DIALOG 添加一个编辑框控件,并将控件的 ID 改为 IDC_EDIT_RADIUS,该控件用于接收用户的输入数据,结果如图 7-12 所示。

图 7-12 为 Mysdi 程序的对话框添加控件

(2)添加与编辑框控件关联的成员变量。按快捷键 Ctrl＋W 启动 ClassWizard 类向导,单击 Member Variables 标签。在 Class name 下拉框选择类 CRadiusDialog,在 Control IDs 框选择编辑框控件 IDC_EDIT_RADIUS,单击 Add Variable 按钮弹出 Add

Member Variable 对话框。在 Add Member Variable 对话框为编辑框控件添加一个名为 m_nRadius 的 Value 值类别的成员变量，其数据类型为 UINT(见图 7-11)。

添加结束后回到 Member variables 页面，在 Control IDs 列表框中显示了目前已创建的成员变量及其类型。为了使用对话框数据校验(DDV)功能(见 7.2.4 节)，在该页面的左下角输入成员变量 m_nRadius 的最小值 0 和最大值 500(见图 7-10)。如果需要修改已添加的成员变量，必须先删除该变量，然后再进行添加操作。

在 MFC ClassWizard 对话框中单击 OK 按钮退出 ClassWizard 类向导，向导将在对话框类的头文件、类 CRadiusDialog 的定义中添加如下成员变量的声明语句：

```
public:
    UINT m_nRadius;                          // 表示与编辑框控件关联的成员变量
```

ClassWizard 类向导在对话框类的实现文件、成员函数 DoDataExchange() 中添加以下对话框数据交换(DDX)和对话框数据校验(DDV)代码：

```
DDX_Text(pDX, IDC_EDIT_RADIUS, m_nRadius);  // 实现 DDX
DDV_MinMaxUInt(pDX, m_nRadius, 0, 500);     // 实现 DDV
```

至此，已为程序 Mysdi 创建了一个可以使用的对话框，然后可以通过创建的对话框类声明对话框对象。下面通过例子说明在程序中如何使用创建的对话框。

例 7-4 完善例 7-3 中的 Mysdi 程序，通过"编辑"菜单中的"输入半径(I)"命令打开"输入半径"对话框并接收用户的输入，根据输入的半径画一个圆。

【编程说明与实现】

(1) 为了在视图对象中接收并存储对话框编辑控件的值，在视图类 CMysdiView 中手工定义一个 UINT 类型的成员变量 m_nCViewRadius。

(2) 利用菜单编辑器在"编辑"菜单中增加一个菜单项"输入半径(I)"，其 ID 标识为 ID_EDIT_INPUTRADIUS，Caption 为"输入半径(&I)..."。按快捷键 Ctrl＋W 启动 ClassWizard 类向导，在视图类中为 ID_EDIT_INPUTRADIUS 菜单项添加消息 COMMAND 的处理函数，在函数中添加如下代码：

```
void CMysdiView::OnEditInputradius()
{
    // TODO: Add your command handler code here
    CRadiusDialog dlg;                       // 声明一个对话框对象
    dlg.m_nRadius=100;                       // 设置编辑框显示的初始值
    if (dlg.DoModal()==IDOK)                 // 显示对话框
    {
        m_nCViewRadius=dlg.m_nRadius;        // 接收并存储编辑框数据
        Invalidate();                        // 刷新视图
```

```
        }
   }
```

(3) 在视图类的构造函数 CMysdiView() 中将成员变量 m_nCViewRadius 初始化为 0。在成员函数 OnDraw() 中添加如下绘制圆的语句：

```
pDC->Ellipse(0, 0, 2 * m_nCViewRadius, 2 * m_nCViewRadius);
```

在视图类的实现文件 MysdiView.cpp 的开头位置加入包含对话框类头文件的语句，如下所示：

```
#include "RadiusDialog.h"
```

编译、链接并运行程序 Mysdi，选择执行"编辑"菜单中的"输入半径(I)"命令项就打开了标题为"输入半径"的对话框。输入半径后，单击"确定"按钮，程序将在客户区根据输入的半径绘制一个圆，其运行结果如图 7-13 所示。

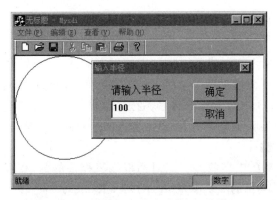

图 7-13　在 Mysdi 程序中使用对话框

除了利用 ClassWizard 类向导在对话框类中生成与控件关联的成员变量，还可以通过调用 CWnd 类的成员函数 GetDlgItem() 取得对话框中控件临时对象的指针，然后通过该指针访问控件类的属性和调用控件类的成员函数。但需要说明的是，由于该指针是临时性的，因此函数 GetDlgItem() 只能在对话框类的成员函数中调用。GetWindowText()、SetWindowText()、GetDlgItemInt()、GetDlgItemText() 和 SetDlgItemText() 等成员函数的使用范围也与函数 GetDlgItem() 一样。

例 7-5　修改例 7-4 中 Mysdi 程序，采用另一种方法获取对话框编辑控件的数据。要求只向对话框添加控件，但不能添加与控件关联的成员变量。

【编程说明与实现】

(1) 打开例 7-4 的应用程序项目 Mysdi，利用 ClassWizard 类向导删除已添加的编辑框控件的成员变量 m_nRadius。

（2）利用 ClassWizard 类向导为对话框类 CRadiusDialog 添加 WM_INITDIALOG 的消息处理函数，编写如下代码：

```
BOOL CRadiusDialog::OnInitDialog()
{
    CDialog::OnInitDialog();
    // TODO: Add extra initialization here
    CString strRadius;
    strRadius.Format("%d",100);
    CEdit * pEdit= (CEdit * )GetDlgItem(IDC_EDIT_RADIUS); // 获取控件临时对象的指针
    pEdit->SetWindowText(strRadius);                      // 设置编辑框显示的初始值
    return TRUE;              // return TRUE unless you set the focus to a control
}
```

（3）在对话框类 CRadiusDialog 中手工定义一个 public 属性、UINT 类型的成员变量 m_nDiaCtlRdu。利用 ClassWizard 类向导在对话框类中为 IDOK（"确定"按钮控件）添加消息 BN_CLICKED 的消息处理函数，在函数中编写如下代码：

```
void CRadiusDialog::OnOK()
{
    // TODO: Add extra validation here
    m_nDiaCtlRdu=GetDlgItemInt(IDC_EDIT_RADIUS);         // 接收编辑框数据
    CDialog::OnOK();
}
```

（4）改写菜单项"输入半径（I）"的命令处理函数，程序代码如下所示：

```
void CMysdiView::OnEditInputradius()
{
    // TODO: Add your command handler code here
    CRadiusDialog dlg;                                   // 声明一个对话框对象
    if (dlg.DoModal()==IDOK)                             // 显示对话框
    {
        m_nCViewRadius=dlg.m_nDiaCtlRdu;                 // 保存编辑框数据
        Invalidate();                                    // 刷新视图
    }
}
```

编译、链接并运行程序 Mysdi，程序除了没有对话框数据校验（DDV）功能，其他功能与例 7-4 实现的功能完全一样。

7.2.4 对话框数据交换(DDX)和校验(DDV)

对话框是通过控件实现用户输入数据的接收和程序输出信息的显示,但更进一步的问题是程序如何获取控件中的数据和在控件中设置要显示的数据。虽然可以利用 CWnd 类的成员函数 GetDlgItemText()、SetDlgItemText()和 SetWindowText()等来访问和设置控件中的数据(见例 7-5),但 MFC 采用的是独特的对话框数据交换(Dialog Data Exchange,DDX)机制,通过将控件与对话框类的成员变量关联,实现控件与对话框(成员变量)的数据交换功能。并且,控件与成员变量相关联的代码由 ClassWizard 类向导自动添加,不需要程序员手工编写。

MFC 提供了 CDataExchange 类实现对话框数据交换(DDX)机制,对话框数据交换功能由其成员函数 DoDataExchange()完成。但实际上成员函数 DoDataExchange()是通过调用 DDX 函数将控件与成员变量关联,完成数据在控件和成员变量之间的交换。

DDX 函数是一个全局函数,其函数声明如下:

```
void AFXAPI DDX_type(CDataExchange * pDX, int CtrlID, VariableType& m_data);
```

其中,type 表示成员变量的类别(Category),为 Control 或 Text 等;pDX 是一个指向数据交换类 CDataExchange 的对象的指针;CtrlID 是进行数据交换的控件标识 ID;引用参数 m_data 是进行数据交换的成员变量名。

例如,假设利用 ClassWizard 类向导为一个 ID 为 IDC_EDIT_INPUT 的编辑框控件添加了两个与控件关联的成员变量 m_nInput(Value 类别)和 m_cEditInput(Control 类别),ClassWizard 类向导将在对话框派生类的成员函数 DoDataExchange()中添加如下 DDX 函数调用的语句:

```
DDX_Text(pDX, IDC_EDIT_INPUT, m_nInput);
DDX_Control(pDX, IDC_EDIT_INPUT, m_cEditInput);
```

其中,函数 DDX_Text()表明 m_nInput 是一个 Value 值类别的成员变量,用于接收用户在编辑框中的输入数据;函数 DDX_Control()表明 m_cEditInput 是一个 Control 控件类别的成员变量,代表控件对象本身,通过该变量(对象)可以调用 MFC 控件类的成员函数,实现对控件的管理。

除了对话框数据交换(DDX),MFC 还提供了对话框数据校验(Dialog Data Validation,DDV)机制。对话框数据校验(DDV)用于检查数据的有效性,如检查数值数据是否在给定的最小值和最大值之间,字符串数据的长度是否在给定的范围之内。对话框数据校验功能是通过调用对应的 DDV 函数完成的。与 DDX 函数一样,DDV 函数也是全局函数,也是在成员函数 DoDataExchange()中被调用。

DDV 函数主要有下面两种形式,分别用于校验数值数据和字符串数据。

```
    void AFXAPI DDV_MinMaxVariableType (CDataExchange * pDX,
              VariableType m_data, VariableType minVal, VariableType maxVal);
    void AFXAPI DDV_MaxChars(CDataExchange * pDX, CString const& m_data, int nChars);
```

其中,VariableType 是成员变量的数据类型,m_data 是成员变量,minVal 和 maxVal 分别是数值数据的最小值和最大值;nChars 是字符串数据的最大长度。

直接通过 ClassWizard 类向导为对话框添加 DDV 的功能。当利用 ClassWizard 类向导添加成员变量时,如果在窗口的左下角输入数据的范围,ClassWizard 类向导将添加函数 DDV 的调用语句。例如,当添加一个 UINT 类型的成员变量 m_nInput 时,如果指定其最小值和最大值分别为 1 和 100,则 ClassWizard 类向导将在 DoDataExchange()函数中添加以下 DDV 函数调用的语句:

```
    DDV_MinMaxUInt(pDX, m_nInput, 1, 100);
```

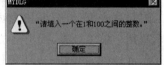

程序运行后,如果用户输入的数据不是 1~100,
DDV 将显示一个如图 7-14 所示的信息对话框,提示用
户有效的数据范围。

图 7-14 DDV 给出的信息对话框

需要说明的是,虽然 DoDataExchange()函数实现了 DDX/DDV 功能,但一般不能直接调用 DoDataExchange()函数,它是由 CWnd 类的成员函数 UpdateData()调用的。可以通过成员函数 UpdateData()调用的参数控制数据在控件和成员变量之间的传递方向,当调用形式为 UpdateData(TRUE)时,程序通过调用 DoDataExchange()函数将数据从控件传递到关联的成员变量;当调用形式为 UpdateData(FALSE)时,通过调用 DoDataExchange()函数将数据从成员变量传递到关联的控件,实现了控件在刷新后重新获取成员变量的值。图 7-15 形象地说明了这种数据交换过程。

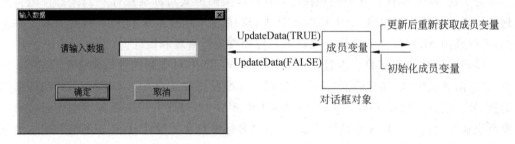

图 7-15 对话框数据交换(DDX)机制

表面上看程序中也并没有调用 UpdateData()函数,但是当调用 CDialog 类的成员函数 DoModal()显示对话框时,将自动调用 CDialog 类的成员函数 OnInitDialog()完成初始化工作。在 OnInitDialog()函数中调用了 UpdateData(FALSE),将数据从成员变量传递到关联的控件,从而在控件中显示。而单击对话框上的 OK 按钮时将调用

CDialog 类的成员函数 OnOK(),在 OnOK()函数中调用了 UpdateData(TRUE),将数据从控件传递到关联的成员变量。因此,不管 MFC 将 DDX 技术如何复杂化,只需知道:DDX 就如同一条双向通道,而方向控制开关就是 UpdateData()函数的 BOOL 型参数。

DDX 和 DDV 不仅适用于编辑框,还适用于复选框、单选按钮、列表框和组合框等数据输入用控件,MFC 为它们提供了对应的 DDX 和 DDV 函数。

7.3 标准控件

Windows 提供的控件分为标准控件和公共控件两类。标准控件包括静态控件、编辑框、按钮、列表框、组合框和滚动条等,可以满足大部分交互界面程序设计的要求。例如,编辑框用于输入数据,复选框按钮用于选择不同的选项,列表框用于选择要输入的内容。除了标准控件,Windows 还提供了一些通用的公共控件,如滑块、进度条、列表视控件、树视控件和标签控件等,以实现应用程序用户界面风格的多样性。

7.3.1 控件概述

控件是嵌入在对话框或其他父窗口中,完成具体输入、输出功能的独立小部件。控件作为程序与用户之间的一个接口,对话框通过控件与用户进行交互。控件实际上也是一个窗口,作为窗口,控件就具有窗口的一般功能和属性,可以通过调用窗口管理函数如 MoveWindow()、ShowWindow()和 EnableWindow()等实现控件的移动、显示/隐藏和禁用/可用等操作,也可以重新设置控件的尺寸和风格等属性。

为了在 MFC 应用程序中使用控件,MFC 以类的形式对标准控件和公共控件进行了封装。表 7-4 列出了 MFC 中主要的控件类,这些类大部分是从 CWnd 类直接派生而来的,可以利用 MFC 控件类提供的成员函数对控件进行管理和设计。

用户对控件的操作将引发控件事件,Windows 产生对应的控件通知 Notification 消息,消息由其父窗口(如对话框)接收并处理。标准控件发送 WM_COMMAND 控件通知消息,公共控件可以发送 WM_COMMAND 和 WM_NOTIFY 控件通知消息。通过消息参数识别发出消息的控件和具体的事件,消息参数中包含了控件 ID 标识和通知码。通知码前缀最后一个字母为 N,如 BN_CLICKED(单击按钮事件)、EN_UPDATE(编辑框刷新)、CBN_SETFOCUS(组合框得到焦点)。

在进行控件消息处理的编程时,MFC 为程序员提供了很大的帮助。程序员不必关心消息具体的发送和接收情况,可以利用 ClassWizard 类向导自动将控件映射到成员变量,将控件消息映射到成员函数,然后再手工编写具体的处理代码。

表 7-4 常用的 MFC 控件类

MFC 类	控 件	MFC 类	控 件
CStatic	静态文本、图片控件	CTreeCtrl	树视控件
CEdit	编辑框	CTabCtrl	标签
CButton	按钮、复选框、单选按钮、组框	CAnimateCtrl	动画控件
CComboBox	组合框	CRichEditCtrl	复合编辑框
CListBox	列表框	CDateTimeCtrl	日期时间选取器
CScrollBar	滚动条	CMonthCalCtrl	日历
CSpinButtonCtrl	旋转按钮	CComboBoxEx	扩展组合框
CProgressCtrl	进度条	CStatusBarCtrl	状态条控件
CSliderCtrl	滑块	CToolBarCtrl	工具条控件
CListCtrl	列表视控件	CImageList	图像列表

　　控件在程序中可作为对话框的控件或独立的窗口两种形式存在,因此控件的创建方法也有两种。一种方法是在对话框模板资源中指定控件,这样当应用程序创建对话框时,Windows 就会为对话框创建控件,编程时一般都采用这种方法。另一种方法是通过调用 MFC 控件类的成员函数 Create()创建控件,也可以调用 API 函数 CreateWindow()或 CreateWindowEx()创建控件,这时必须指定控件的窗口类。控件属于某个窗口类,这个窗口类可以在应用程序中定义并注册,但一般使用 Windows 系统的预定义窗口类,如名为 BUTTON、COMBOBOX、EDIT、LISTBOX、SCROLLBAR 等的窗口类。

　　控件一般用于对话框,但也可以用于其他窗口,如可以在视图窗口显示控件。这时,需要首先声明一个 MFC 控件类的对象,然后调用 Create()函数及其他成员函数显示控件并设置控件属性(见例 7-12)。实际编程应用时经常在 CFormView 视图中使用控件。

　　为了使用 Windows 标准控件,编程时必须在程序源文件中包含 Windows. h(该文件已包含在 Afxwin. h 头文件中)或 Winuser. h 头文件。为了使用其他多数公共控件,必须包含 Commctrl. h 头文件,该文件已按照 Afxv_w32. h→Afxver_. h→Afx. h→Afxwin. h 的顺序被包含。为了使用属性表(property sheets),必须包含 Prsht. h 头文件(该文件已包含在 Commctrl. h 头文件中)。一般情况下,MFC 应用程序框架已自动包含了上述头文件。其他与控件有关的文件还有 Comctl32. dll、Comctl32. lib(Import 函数库,在 Afx. h 文件中用语句♯pragma comment 设置)、afxcmn. h(声明 MFC 公共控件类,已被 Stdafx. h 标准头文件包含)。

7.3.2 组织控件

创建对话框模板资源后,需要利用对话框编辑器和 Controls(控件)工具栏对控件进行添加、删除和编辑。同时,为了使对话框界面美观和控件布局合理,需要对控件的大小和位置进行编排。这些组织控件的工作都采用了可视化的操作方式,并且按下 Ctrl+T 快捷键就能立刻测试对话框运行时的界面效果。

1. 添加或删除控件

打开对话框编辑器和控件工具栏,如图 7-1 所示。在控件工具栏中先单击要添加的控件,再把光标指向对话框模板资源(此时光标呈十字形状),在对话框指定位置处单击,该控件将被添加到对话框中指定的位置。也可以用光标选定控件工具栏中的控件,然后按住鼠标不放,采用拖曳鼠标的方法将控件拖到对话框中。要删除已添加的控件,先单击对话框中的控件,再按 Delete 键即可删除指定的控件。

2. 设置控件属性

单击对话框中需设置属性的控件,然后按 Enter 键(或右击,在弹出式菜单中选择 Properties 项),打开 Properties 对话框,在 Properties 对话框中设置控件的属性。有时为了修改多个控件的属性,可以将属性对话框始终保持打开,这时只需按下属性对话框左上角的图钉按钮,如图 7-16 所示。

3. 调整控件大小

对于静态文本控件,当设置标题时,控件的大小会自动改变。对于其他控件,先单击控件,然后利用控件周围的尺寸调整点来改变控件的大小,如图 7-17 所示。所选对象(对话框或控件)的位置和大小将显示在 Visual C++ IDE 状态栏的右下角。

图 7-16 保持属性对话框始终打开

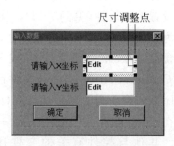

图 7-17 改变控件的大小尺寸

4. 同时选取多个控件

同时选取多个控件有两种方法：一种方法是在对话框内按住鼠标不放，拖曳出一个大的虚线框，然后释放鼠标，被该虚线框所包围的控件都被同时选取；另一种方法是按住Shift(或Ctrl)键不放，然后用鼠标连续选取多个控件。

5. 移动和复制控件

当单个或多个控件被选取后，按方向键或用鼠标拖动选择的控件就可以移动控件。若在鼠标拖动过程中按住Ctrl键则复制选择的控件，复制的控件保持原来控件的大小和属性。并且，控件能够通过复制和粘贴操作加入到其他对话框，甚至整个对话框资源也能复制到其他应用程序项目。

6. 编排控件

编排控件主要是指同时调整对话框中一组控件的大小或位置。编排控件有两种方法：一种方法是使用如图7-18所示的控件布局工具栏(一般位于Visual C++ IDE的底端)，自动编排对话框中同时选定的多个控件；另一种方法是使用Layout菜单，当打开对话框编辑器时，Layout菜单将出现在菜单栏上。为了便于在对话框上精确定位各个控件，控件布局工具栏还提供了网格、标尺等辅助功能，通过工具栏上最后两个按钮进行网格和标尺的切换。当使用网格时，添加或移动控件时都将自动定位在网格线上。

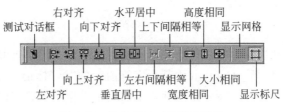

图7-18 控件布局工具栏及说明

7.3.3 控件的共有属性

控件的属性决定了控件的外观和风格，控件的属性通过控件属性对话框来设置。控件属性对话框上有若干页面，如General(通用属性)、Styles(风格)及Extended Styles(扩展风格)等(见图7-16)，其中General页面用于设置控件的通用属性，Styles和Extended Styles页面用来设置控件的外观和辅助属性。不同控件有不同的属性，但都具有通用属性，如控件标识ID、标题Caption等，表7-5列出了控件的通用属性说明。

表 7-5　控件的 General(通用)属性说明

项　目	说　明
ID	控件的标识,对话框编辑器自动为控件分配一个 ID 值
Caption	控件的标题,作为程序运行时在控件位置上显示的文本
Visible	指明显示对话框时该控件是否可见
Group	用于指定一个控件组中的第一个控件
HelpID	表示为该控件建立一个上下文相关的帮助标识 ID
Disabled	指定控件初始化时是否禁用
Tab Stop	表示对话框运行后该控件可以通过使用 Tab 键来获取焦点

1. 控件 ID

每个控件都有一个 ID 标识,对话框编辑器给每一个添加的控件分配一个默认的 ID 标识,但程序员自己最好用一个容易理解记忆的字符串设置 ID 值。控件 ID 以 IDC_ 开头,对话框 ID 以 IDD_ 开头。ID 命名时最好包括控件类型,例如 IDC_BUTTON 前缀用于按钮,IDC_EDIT 前缀用于编辑框。ID 可以由字母、数字及下画线字符组成,必须以字母或下画线字符开头,MFC 约定全部使用大写字母。ID 值实质上是一个常量,不同控件的 ID 值不能相同。编程时可以通过 ID 标识使用控件。

2. Caption

静态文本、组框和按钮等控件都有一个标题(Caption)属性,此属性用于在程序执行后显示控件上的文本标题。Caption 中某个字符前面的"&"标记表示该字符是控件的命令键(显示时字符有下画线),表示该控件除了响应单击鼠标操作,还响应命令键或 Alt＋命令快捷键的操作。

3. Group

Group 属性用于对一组控件进行编组,编组的目的是可以让用户使用键盘方向键在同一组控件中进行切换。设置该属性表示该控件是某个控件组中的第一个控件,此控件后所有未选择 Group 属性的控件均被看成同一组,直到出现另一个选择 Group 属性的控件;下一个选择 Group 属性的控件作为另一组控件中的第一个控件。Group 属性常用于单选按钮(Radio Button)和复选框(Check Box)。

4. Tab Stop

程序运行后用户除了可以利用鼠标选择控件,还可以利用键盘 Tab 键来获取对话框窗口的操作焦点,获取焦点的控件能够响应当前的键盘输入。控件获取焦点后,按空格键就执行控件所对应的命令。任何时候对话框中只能有一个控件拥有焦点,一般情况下,拥有焦点的控件或者有一个黑色边框或者有一个虚线框,或者有一个闪烁的光标位于控件中。用户按一下 Tab 键,焦点会从一个控件移到下一个控件。TabStop 属性用于设置控件是否能通过 Tab 键获取焦点,当选择了 TabStop 项,该控件才可以获取焦点。

控制焦点从一个控件移到下一个控件的巡回顺序是由 TabOrder 顺序所确定的。添加控件时,对话框编辑器会根据控件的添加顺序自动设置相应的 Tab 键巡回顺序。执行 Layout | TabOrder 菜单命令(快捷键为 Ctrl+D),对话框模板资源中每个控件上将显示一个数码,表明它在 Tab 键顺序中的序号,如图 7-19 所示。

按下组合键 Ctrl+D 可以设置新的 Tab 键顺序。若想改变所有控件的 Tab 键顺序,只需按照所要求的 Tab 键顺序依次用鼠标单击各个控件(包括没有设置 TabStop 属性的控件)。对于与原来 Tab 键顺序号一

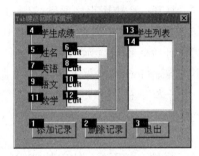

图 7-19　设置 Tab 键巡回顺序

致的控件,也必须单击它。如果只想改变某些控件的 Tab 键顺序,则应按住 Ctrl 键并单击最后一个不需要改变 Tab 键顺序的控件,然后释放 Ctrl 键,再按所要求的 Tab 键顺序依次单击其余的控件。

7.3.4　静态控件

静态控件(static control)是用来显示一个文本串或图形的控件,包括静态文本控件、图片控件(picture control)和组框(group box)。静态文本控件显示一般不需要变化的文本;图片控件显示边框、矩形、图标或位图等图形;组框显示一个文本标题和一个矩形边框,通常用来作为一组控件的外围边界,并将一组控件组织在一起。封装静态文本控件和图片控件的 MFC 类是 CStatic 类,而封装组框的 MFC 类是 CButton 类,因此,组框又可以归类于按钮控件(见 7.3.6 节)。

所有静态控件默认的 ID 标识都为 IDC_STATIC,如果要为一个静态控件添加成员变量或消息处理函数,必须重新为它指定一个唯一的 ID 标识。而且静态控件是一种单向交互的控件,一般只能在控件上输出某些信息(文本或图形),并不用来响应用户的输入。即静态控件可以接收消息,基本上不发送消息。如果想使静态控件响应输入而发送消息,需要设置控件的 Notify 风格属性。

编程时用得最多的静态文本控件,被用来作为其他控件的标题,主要是作为编辑框的标题,因为编辑框本身不能设置标题。如果静态文本控件 Caption 标题有下画线字符(用字符"&"设置),则执行这个命令键时,由于静态控件一般不能获取焦点,焦点将被下一个 Tab 键顺序的控件(如编辑框)获取。

每一个静态文本控件最多可以显示 255 个字符,可以使用"\n"换行符,并可以通过 Styles 页面的 Align text 下拉框设置显示文本的左、右或居中对齐方式,还可以通过 Sunken、Modal frame、Border 和 Client edge 等属性设置控件的凹陷、凸起及边框风格。

例 7-6　修改程序的关于对话框(IDD_ABOUTBOX),设计为自己喜欢的风格。

【编程说明与实现】

图 7-20　设置自定义风格的
静态文本控件

打开一个应用程序项目,双击工作区 ResourceView 资源页面中的对话框模板资源 IDD_ABOUTBOX。调整对话框和标题为"版权所有…"静态文本控件的大小,在 Caption 框输入文本串"\n 版权所有(C)2017\n 设计者　王育坚\n 软件测试　清华大学出版社\n 鉴定　Bjarne Stroustrup \ n　(C++原创者)",在 Align text 下拉框选择 Left 项,设置 Sunken 和 Client edge 属性。按下 Ctrl+T 快捷键得到如图 7-20 所示的测试结果。

7.3.5　编辑框

编辑框(edit box)又称文本框或编辑控件,也是一种常用的控件。编辑框一般与静态文本控件一起使用,用于数据的输入和输出。编辑框提供了键盘输入和完整的编辑功能,可以输入各种文本、数字或者口令,并可进行退格、删除、剪切和粘贴等操作。当编辑框获取焦点时,框内会出现一个闪动的插入符。

编辑框有单行编辑和多行编辑功能,由其 Multiline 属性决定。编辑框其他常用的属性有: Align text 设置文本对齐方式;Number 表示只能输入数字;Password 表示输入编辑框的字符都将显示为"*";Border 用于设置控件周围的边框;Uppercase 或 Lowercase 表示输入编辑框的字符全部转换成大写或小写形式;Read-Only 表示只能输出数据。

利用 MFC 提供的对话框数据校验(DDV)功能,编辑框能够校验用户的输入是否符合要求,即用户输入字符串的长度或输入数值的大小是否在规定的范围内。

当编辑框的文本被修改或者被滚动时,会向其父窗口(对话框窗口)发送消息,可以利用 ClassWizard 类向导对对话框类中添加对应的消息处理函数。编辑框发送的常用消息有:当编辑框中的文本被修改且新的文本显示之后发送消息 EN_CHANGE;当文本被修改且新的文本显示之前发送消息 EN_UPDATE;当编辑框失去键盘输入焦点时发送消息 EN_KILLFOCUS;当编辑框得到键盘输入焦点时发送消息 EN_SETFOCUS;当字符数目到达限定值时发送消息 EN_MAXTEXT。

例 7-7 编写一个 SDI 应用程序 Password，程序启动后首先显示一个如图 7-21 所示的"用户身份确认"对话框，当用户输入正确的口令后才能进入程序的主界面。

【编程说明与实现】

（1）首先创建一个 SDI 应用项目 Password，向项目添加两个 Icon（图标）并绘制它们，其 ID 分别为 IDI_ICONUSER 和 IDI_ICONPASS。添加一个 ID 为 IDD_IDENTITY、标题为"用户身份确认"的对话框模板资源，并向对话框添加如表 7-6 所示的控件。

图 7-21 "用户身份确认"对话框

表 7-6 为对话框添加的控件

控件类型	控 件 ID	设置的非默认属性	成 员 变 量
图片	IDC_STATIC	Type 为 Icon，Image 为 IDI_ICONUSER	
图片	IDC_STATIC	Type 为 Icon，Image 为 IDI_ICONPASS	
静态文本	IDC_STATIC	Caption 为"用户名"	
静态文本	IDC_STATIC	Caption 为"口令"	
复选框	IDC_CHECKSHOW	Caption 为"显示口令"	m_ButtonCheck
编辑框	IDC_EDITNAME		m_strUserName
编辑框	IDC_EDITPASS		m_strPassword
编辑框	IDC_EDITSHOWPASS	Read-only（只读属性）	m_strShowPass

（2）利用 ClassWizard 类向导创建对话框类 CPasswordDlg，并分别为编辑框控件 IDC_EDITNAME、IDC_EDITPASS 和 IDC_EDITSHOWPASS 添加 3 个类型为 CString 的成员变量 m_strUserName、m_strPassword 和 m_strShowPass，分别用于接收用户名、接收口令和显示口令，它们的字符个数最多都为 6。为复选框 IDC_CHECKSHOW 添加一个 Control 类别（类型为 CButton）的成员变量 m_ButtonCheck。

（3）利用 ClassWizard 类向导在对话框类中为编辑框 IDC_EDITPASS 添加消息 EN_CHANGE 的处理函数。为了实现编辑框控件与成员变量的数据交换和校验，需要调用成员函数 UpdateData()，并将输入的口令传送到编辑框 IDC_EDITSHOWPASS。

```
void CPasswordDlg::OnChangeEditpass()
{
    // TODO: Add your control notification handler code here
```

```
if(m_ButtonCheck.GetCheck())                // 判断是否选择了"显示口令"项
{
    UpdateData();
    m_strShowPass=m_strPassword;            // 将口令送给 IDC_EDITSHOWPASS 的成员变量
    UpdateData(FALSE);                      // 在编辑框 IDC_EDITSHOWPASS 中显示口令
}
}
```

（4）编写代码，在应用程序类的初始化成员函数 InitInstance()中显示"用户身份确认"对话框，并验证用户名和口令是否正确。

```
#include "PasswordDlg.h"           // 在 Password.cpp 文件开始位置包含对话框类的头文件
BOOL CPasswordApp::InitInstance()
{
    int nCount=0;                           // 口令输入次数
    while(nCount<3)
    {
        CPasswordDlg PassDlg;
        if(PassDlg.DoModal()==IDOK)         // 显示对话框
            if((strcmp(PassDlg.m_strUserName, "FBI007")!=0) || // 验证用户名和口令
                (strcmp(PassDlg.m_strPassword, "USA911")!=0))
            {
                MessageBox(NULL, "用户名或口令错误,请重试!",
                                "错误信息", MB_OK|MB_ICONERROR);
                nCount++;
            }
            else                            // 口令正确
                break;
        else                                // 单击"取消"按钮,退出程序
        {
            return FALSE;
        }
    }
    if(nCount>=3)
    {
        MessageBox(NULL, "口令输入已经超过 3 次,请退出!",
                                "错误信息", MB_OK|MB_ICONERROR);
        return FALSE;                       // 退出程序
    }
    AfxEnableControlContainer();
```

```
        ...
    }
```

按下 F7 键执行 Build 命令创建应用程序,Password 程序运行后首先显示"用户身份确认"对话框。当选择"显示口令"项时,输入的口令将在下面的编辑框中显示出来,其运行结果如图 7-21 所示。

7.3.6 按钮

按钮(button)包括按键按钮(push button)、单选按钮(radio button)、复选框(check box)和组框(group box)4 种类型,图 7-22 给出了这 4 种类型的按钮控件。虽然封装这 4 种按钮控件的 MFC 类都是 CButton 类,但它们具有不同的功能。按键按钮在被按下时会立即执行某个命令,也被称为命令按钮;单选按钮用于在一组互相排斥的选项中选择其中一项;复选框用于在一组选项中选择其中一项或多项;组框用来作为一组控件的外围边界,可以使一组控件关联在一起,经常与一组单选按钮或一组复选框一起使用。

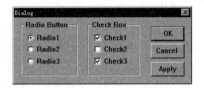

图 7-22　4 种不同的按钮

几乎所有的对话框都使用按键按钮,如简单的 OK 按钮。通过控件 Properties 属性对话框可以设置按钮的不同风格,如通过 Default button 属性设置一个默认按钮。默认按钮是指按下 Enter 键将执行命令功能的按钮,即表示按下了该按钮。一个对话框只能有一个默认按钮,通常情况下将 OK 按钮设置为默认按钮。默认按钮的周围有一个黑色边框,如图 7-22 中的 OK 按钮。

按键按钮其他常用的属性还有:Owner draw 属性表示可以利用对话框的 WM_DRAWITEM 消息处理函数 OnDrawItem()定制按钮的外观;Icon 表示用一个 BS_ICON 图标代替原来的文本标题;Bitmap 表示用一个 BS_BITMAP 位图代替原来的文本标题;Notify 表示当单击或双击按钮时将通知其父窗口;Flat 使按钮不具有立体风格;Client edge、Static edge 和 Modal frame 用于设置按钮的外观;Accept files 表示当利用鼠标将一个文件拖曳到按钮上时,将发送消息 WM_DROPFILES。

单选按钮由一个圆圈和紧随其后的文本标题组成,当被选中时,圆圈中就出现一个黑点。单选按钮设置 Auto 属性为默认属性,Auto 属性表示若选中同组中的某个单选按钮,则自动清除其余单选按钮的选中状态,保证一组选项中始终只有一项被选中。通常将一组单选按钮放在一个组框控件中,在一组单选按钮中,第一个(Tab 键顺序)按钮最重要,其 ID 值可用于在对话框中为控件建立关联的成员变量。必须为同组的第一个单选按钮设置 Group 属性,而同组其他单选按钮不能再设置 Group 属性。

复选框由一个空心方框和紧随其后的文本组成,当被选中时,空心方框中就出现一个

"√"或"×"标记。不同于单选按钮,在一组复选框中每次可以同时选择多项。除了选中和没选中两种状态,复选框还有第三种状态,此时复选框显示为暗色,表示用户不可以选择该项。通过设置控件的 Tri-state 属性得到这种三态复选框。另外,可以通过设置 Push-like 属性使单选按钮或复选框具有普通按钮的外观。

按钮控件只能发送通知码为 BN_CLICKED(单击按钮)和 BN_DOUBLECLICKED(双击按钮)的 WM_COMMAND 消息,经常需要编写按钮的 BN_CLICKED 消息处理函数。CButton 类提供了一些成员函数实现对按钮控件对象的控制和管理,如利用成员函数 GetCheck()或 SetCheck()获取或设置单选按钮、复选框的当前状态,利用成员函数 GetButtonStyle()或 SetButtonStyle()获取或改变按钮控件的风格。

例 7-8 编写一个对话框应用程序 ColrButn,对话框中有两个用于选择颜色模式的单选按钮和 3 个用于选择具体颜色的复选框,只有在彩色模式下才能选择三种不同颜色的组合。对话框运行效果如图 7-23 所示,当用户单击"应用"按钮时,对话框右边的按键按钮将根据选择的颜色实现按钮的自画。

图 7-23　按钮示例运行结果

【编程说明与实现】

(1)创建一个基于对话框的应用程序 ColrButn,将对话框模板资源的标题改为"使用按钮控件",并参照图 7-23 向对话框中添加如表 7-7 所示的控件。按下 Ctrl+D 快捷键,设置合适的 Tab 键顺序。

表 7-7　为对话框添加的控件

控件类型	控 件 ID	设置的非默认属性	成 员 变 量
组框	IDC_STATIC	Caption 为"模式"	
组框	IDC_STATIC	Caption 为"颜色"	
单选按钮	IDC_RADIOCLR	Caption 为"彩色",Group,Tab stop	m_nColor
单选按钮	IDC_RADIOBLK	Caption 为"单色"	
复选框	IDC_CHECKRED	Caption 为"红",Group	m_bRed
复选框	IDC_CHECKGREEN	Caption 为"绿"	m_bGreen
复选框	IDC_CHECKBLUE	Caption 为"蓝"	m_bBlue
按键按钮	IDC_BUTNDRAW	Caption 为"自画按钮",Group,Owner draw	
按键按钮	IDC_BUTNAPPLY	Caption 为"应用",Default button	

（2）利用 ClassWizard 类向导为单选按钮 IDC_RADIOCLR 添加 int 型的成员变量 m_nColor，为复选框 IDC_CHECKRED、IDC_CHECKGREEN 和 IDC_CHECKBLUE 分别添加 BOOL 型的成员变量 m_bRed、m_bGreen 和 m_bBlue。

（3）利用 ClassWizard 类向导在对话框类中为单选按钮 IDC_RADIOBLK 和 IDC_RADIOCLR 添加消息 BN_CLICKED 的处理函数。当选择单色模式时，3 个颜色复选框处于禁用状态；当选择彩色模式时，3 个颜色复选框才处于可用状态。

```
void CColrButnDlg::OnRadioblk()                 // 单击"单色"按钮的消息处理函数
{
    // TODO: Add your control notification handler code here
    CWnd * pWndButn;
    pWndButn=GetDlgItem(IDC_CHECKRED);          // 获得复选框对象的指针
    pWndButn->EnableWindow(FALSE);              // 禁用复选框,下同
    pWndButn=GetDlgItem(IDC_CHECKGREEN);
    pWndButn->EnableWindow(FALSE);
    pWndButn=GetDlgItem(IDC_CHECKBLUE);
    pWndButn->EnableWindow(FALSE);
}
void CColrButnDlg::OnRadioclr()                 // 单击"彩色"按钮的消息处理函数
{
    // TODO: Add your control notification handler code here
    CWnd * pWndButn;
    pWndButn=GetDlgItem(IDC_CHECKRED);
    pWndButn->EnableWindow();                    // 可以使用复选框,下同
    pWndButn=GetDlgItem(IDC_CHECKGREEN);
    pWndButn->EnableWindow();
    pWndButn=GetDlgItem(IDC_CHECKBLUE);
    pWndButn->EnableWindow();
}
```

（4）利用 ClassWizard 类向导为按键按钮 IDC_BUTNAPPLY 添加 BN_CLICKED 消息处理函数。为了重绘按钮 IDC_BUTNDRAW，必须使该按钮区域无效并刷新它，以便自动调用控件自画消息 WM_DRAWITEM 的消息处理函数。

```
void CColrButnDlg::OnButnapply()                // 单击"应用"按钮的消息处理函数
{
    // TODO: Add your control notification handler code here
    CWnd * pWndButn=GetDlgItem(IDC_BUTNDRAW);
    pWndButn->Invalidate();                      // 使按钮区域无效,以便能够更新、重绘
```

```
    pWndButn->UpdateWindow();                    // 发送 WM_PAINT 消息,更新无效区域
}
```

(5) 利用 ClassWizard 类向导为对话框类添加 WM_DRAWITEM 消息处理函数,在函数中首先需要调用成员函数 UpdateData() 接收单选按钮和复选框的选择数据,然后根据选择的颜色绘制按钮。

```
void CColrButnDlg::OnDrawItem(int nIDCtl, LPDRAWITEMSTRUCT lpDrawItemStruct)
{
    UpdateData();                                // 利用 DDX 得到单选按钮和复选框成员变量的值
    COLORREF clrButn;
    if(m_nColor==0)                              // 彩色模式,选择具体的颜色
        clrButn=RGB(m_bRed ? 255 : 0, m_bGreen ? 255 : 0, m_bBlue ? 255 : 0);
    else
        clrButn=RGB(0, 0, 0);                    // 单色
    CDC dc;
    dc.Attach(lpDrawItemStruct->hDC);            // 连接句柄
    if(nIDCtl==IDC_BUTNDRAW)
    {
        CWnd * pWndButn=GetDlgItem(IDC_BUTNDRAW);
        CRect rectButn;
        pWndButn->GetClientRect(&rectButn);      // 获取按钮所占区域
        dc.FillSolidRect(&rectButn, clrButn);    // 绘制按钮
    }
    dc.Detach();                                 // 分离句柄
    CDialog::OnDrawItem(nIDCtl, lpDrawItemStruct);
}
```

(6) 在对话框类 CColrButnDlg 的构造函数中,ClassWizard 类向导已对添加的控件成员变量进行了初始化,如将成员变量 m_nColor 的初始值设为−1。为了在刚显示对话框时就默认"彩色"选项,将成员变量 m_nColor 的初始值改为 0。

按下 F7 键执行 Build 命令即创建了应用程序。ColrButn 程序运行后,在彩色模式下可以选择不同颜色的组合。

7.3.7　列表框

为了方便用户在指定的选项中选择需要的选项,这些选项可以采用直观的列表形式显示出来,Windows 提供了能够实现这种功能的列表型控件。列表型控件包括列表框、组合框、列表视控件和树视控件 4 种,其中列表框是一种最简单的列表型控件。列表框(list box)是一个列出了一些文本项的窗口,常用来显示类型相同的一系列文本信息,如

文件名、城市名和用户名等。与复选框类似,用户可以选择其中一项或多项,但列表框中选项的数目和内容可以动态变化,通过编程可向列表框添加或删除某些选项。当列表项超出列表框的显示区域时,列表框会自动添加一个滚动条。

列表框有 Single(单选)、Multiple(多选)、Extended(扩展多选)和 None(不选)4 种风格,在控件 Properties(属性)对话框的 Selection 下拉框中设置以上 4 种风格。默认风格为单选列表框,表示用户一次只能选择一个选项;多选列表框允许在按下 Shift 或 Ctrl 键的同时利用鼠标选择多个选项;扩展多选列表框除了具备多选列表框的功能,还允许在按下 Shift 键的同时利用方向键选择多个选项,且可以通过鼠标拖曳来选择多个选项;不选风格列表框表示用户不能选择任何项。

列表框还有很多其他属性,可用来定义列表框的外观及操作方式。列表框其他常用的属性有:Sort 表示列表项按字母顺序排列;Multi-column 指定一个具有水平滚动的多列列表框;Vertical scroll 指定在列表框中创建一个垂直滚动条;Want key input 表示当列表框有输入时向父窗口发送相应消息;Disable no scroll 表示当列表项能全部显示时禁用垂直滚动条;No integral height 表示程序运行时根据当初设置的尺寸大小显示列表框,而不管所有列表项能否完全显示出来。

当列表框中发生了某个事件,如双击列表框中某一项时,列表框就会向其父窗口发送一条通知消息。列表框常用的通知消息有:双击列表框中的列表项时发送消息 LBN_DBLCLK;列表框获得键盘输入焦点时发送消息 LBN_SETFOCUS;列表框失去键盘输入焦点时发送消息 LBN_KILLFOCUS;列表框中的当前选择项发生改变时发送消息 LBN_SELCHANGE。

封装列表框控件的 MFC 类是 CListBox 类,当列表框创建之后,在程序中可以通过调用 CListBox 类的成员函数实现列表项的添加、删除、修改和获取等操作。CListBox 类的常用成员函数及功能如表 7-8 所示,例 7-9 使用了其中的一些函数。

表 7-8　CListBox 类的常用成员函数

成 员 函 数	功 　 能
AddString()	向列表框增加列表项,当列表框具有 Sort 属性时,添加的列表项将自动排序
InsertString()	在指定的位置插入列表项,若位置参数为−1,则在列表框末尾添加列表项
DeleteString()	删除指定的列表项
ResetContent()	清除列表框中所有的列表项
FindString()	在列表框中查找前缀匹配的列表项
FindStringExact()	在列表框中查找完全匹配的列表项
SelectString()	在列表框中查找所匹配的列表项,若查找成功则选择该列表项

续表

成 员 函 数	功　　能
GetCurSel()	获得列表框中当前选择的列表项,返回该列表项的位置序号
SetCurSel()	设定某个列表项为选中状态(呈高亮显示)
GetText()	获取列表项的文本
SetItemData()	将一个 32 位数与一个列表项关联起来
SetItemDataPtr()	将一个指针与一个列表项关联起来,该指针可以指向一个数组或结构体
GetItemData()	获取通过函数 SetItemData()设置的某个列表项的关联数据
GetItemDataPtr()	获取通过函数 SetItemDataPtr()设置的某个列表项关联数据的指针

例 7-9　编写一个对话框应用程序 ExmpList,对话框中有一个列表框,当用户单击列表框中的一个列表项(一个国家)时,在 4 个编辑框分别显示指定国家的名称、首都、面积和人口。单击"添加"按钮时,"国家"编辑框中的文本将被添加到列表框中;单击"删除"按钮时,当前的列表项将被删除。对话框运行效果如图 7-24 所示。

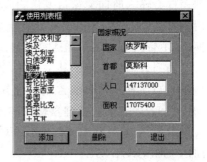

图 7-24　列表框示例运行结果

【编程说明与实现】

(1) 创建一个基于对话框的应用程序 ExmpList,将对话框模板资源的标题改为"使用列表框",并参照图 7-24 向对话框中添加如表 7-9 所示的控件。利用 ClassWizard 类向导为有关控件添加关联的成员变量(见表 7-9 中的最后一列)。

表 7-9　为对话框添加的控件

控件类型	控件 ID	设置的非默认属性	成员变量
列表框	IDC_LISTSTATE		CListBox m_ListBx
组框	IDC_STATIC	Caption 为"国家概况"	
静态文本	IDC_STATIC	Caption 为"国家"	
	IDC_STATIC	Caption 为"首都"	
	IDC_STATIC	Caption 为"人口"	
	IDC_STATIC	Caption 为"面积"	

续表

控件类型	控件 ID	设置的非默认属性	成员变量
编辑框	IDC_EDITNAME		CString m_strName
	IDC_EDITCAPITAL		CString m_strCapital
	IDC_EDITPOPULAT		DWORD m_nPopulat
	IDC_EDITAREA		DWORD m_nArea
按钮	IDC_BUTNADD	Caption 为"添加", Default button	
	IDC_BUTNDEL	Caption 为"删除"	
	IDCANCEL	Caption 为"退出"	

注意：基于对话框应用程序中的对话框模板资源的 ID 标识一般不能修改，若修改则无法为对话框添加成员变量和成员函数。同样，利用 ClassWizard 类向导创建一个对话框类后，也不能再轻易修改其 ID。若非要修改 ID，则必须对该对话框类定义中的枚举值 IDD 作相应的修改。

（2）打开 ExmpListDlg.h 头文件，在类 CExmpListDlg 中定义一个结构体类型，用于声明与列表项关联的数据项。

```
private:
    struct SState
    {
        CString strName;
        CString strCapital;
        DWORD nPopulat;
        DWORD nArea;
    };
```

（3）利用 ClassWizard 在对话框类中为按钮 IDC_BUTNADD 和 IDC_BUTNDEL 添加消息 BN_CLICKED 的处理函数。单击"添加"按钮时，如果编辑的"国家"是一个新项，则向列表框添加该项。单击"删除"按钮将删除列表框中当前的列表项。

```
void CExmpListDlg::OnButnAdd()                        // 添加列表项
{
    // TODO: Add your control notification handler code here
    UpdateData(TRUE);                                  // 获得控件中的数据
    if (m_strName.IsEmpty())                           // 判断"国家"名称是否为空
    {
        MessageBox("国家名称不能为空!");
```

```
        return;
    }
    m_strName.TrimLeft();                              // 去掉 m_strName 左边的空格
    m_strName.TrimRight();                             // 去掉 m_strName 右边的空格
    if ((m_ListBx.FindString(-1, m_strName))!=LB_ERR)
    {
        MessageBox("列表框中已有该项,不能再添加!");
        return;
    }
    int nIndex=m_ListBx.AddString(m_strName);          // 向列表框添加国家名
    SState stState;                                    // 将国家数据项与新增的列表项关联起来
    stState.strName=m_strName;
    stState.strCapital=m_strCapital;
    stState.nPopulat=m_nPopulat;
    stState.nArea=m_nArea;
    m_ListBx.SetItemDataPtr(nIndex, new SState(stState));   // 建立关联
}
void CExmpListDlg::OnButnDel()                         // 删除列表项
{
    // TODO: Add your control notification handler code here
    int nIndex=m_ListBx.GetCurSel();                   // 获得当前列表项的索引
    if (nIndex!=LB_ERR)
    {
        delete (SState * )m_ListBx.GetItemDataPtr(nIndex);
                                                       // 释放关联数据所占的内存空间
        m_ListBx.DeleteString(nIndex);                 // 删除列表框当前选项
        m_strName=m_strCapital="";                     // 设置编辑框控件数据
            m_nPopulat=m_nArea=0;
        UpdateData(FALSE);                             // 在编辑框中显示数据
    }
    else
            MessageBox("没有选择列表项或列表框操作失败!");
}
```

注意:若在添加列表项时调用 SetItemDataPtr()函数关联数据项,不要忘记在进行删除时要先将关联数据项所占的内存空间释放,然后再删除列表项。本例将一个 SState 结构体变量的指针与列表框中的一个"国家"列表项相关联。

(4)为列表框 IDC_LISTSTATE 添加消息 LBN_SELCHANGE(当前选择项发生改变)的处理函数。当选中列表框中的某个国家,相应的数据项在编辑框中显示出来。

```
void CExmpListDlg::OnSelchangeListState()         // 当前选择项发生改变
```

```
{
    // TODO: Add your control notification handler code here
    int nIndex=m_ListBx.GetCurSel();
    if (nIndex!=LB_ERR)
    {
        SState * pstSta=(SState * ) m_ListBx.GetItemDataPtr(nIndex);
                                              // 获得关联数据
        m_strName=pstSta->strName;            // 设置控件成员变量
        m_strCapital=pstSta->strCapital;
        m_nPopulat=pstSta->nPopulat;
        m_nArea=pstSta->nArea;
        UpdateData(FALSE);                    // 显示数据
    }
}
```

（5）为对话框添加消息 WM_DESTROY（关闭对话框）的消息处理函数。

```
void CExmpListDlg::OnDestroy()                 // 关闭对话框
{
    CDialog::OnDestroy();
    // TODO: Add your message handler code here
    for (int nIndex=m_ListBx.GetCount()-1; nIndex>=0; nIndex--)
    {
        // 删除所有与列表项相关联的数据,释放内存
        delete (SState * )m_ListBx.GetItemDataPtr(nIndex);
    }
}
```

按下 F7 键（执行 Build 命令）创建应用程序 ExmpList。程序运行后，可以在列表框中添加或删除列表项。当添加的列表项超过列表框所能显示的范围时，程序自动为列表框加入一个滚动条，如图 7-24 所示。选择不同的列表项时，编辑框能显示关联的数据项。

例 7-9 中的列表项都是在程序运行后由用户手工添加的，如果程序退出后重新运行，列表框中不会保留原来的列表项。可以对本程序进行改进，在程序退出前保存列表框中的选项，而在对话框的初始化成员函数中向列表框添加已保存的列表项。

7.4 公共控件

Microsoft 公司在推出 Windows 95 时，将其中一些流行的控件作为公共控件（common control）引入 Windows 中，公共控件的使用大大提高了应用程序界面的表现

力。Visual C++ IDE 支持这些公共控件的编程,在控件工具栏中提供了旋转按钮、滑块、进度条、标签、列表视和树视控件等公共控件。早期的标准控件定义在 System 目录下的 User.exe 文件中,作为 Windows 的一个组成部分。在 Windows 95 中引入的 15 个公共控件定义在 System 目录下的 Comctl32.dll 文件中,也作为 Windows 的一组成部分。与标准控件一样,MFC 对这些公共控件以类的形式进行了封装(见表 7-4),在 Visual C++ 安装路径"…\Microsoft Visual Studio\VC98\MFC\Include\"下的 MFC 头文件 afxcmn.h 中定义了封装这些公共控件的类,如 CProgressCtrl、CListCtrl 和 CTreeCtrl 等。

7.4.1 旋转按钮

旋转按钮(spin)控件又称微调控件,其外观是一对箭头按钮。程序运行后,用户通过单击旋转按钮控件的箭头按钮可以微调其中的数值,这个值表示旋转按钮滚动位置或另一个与旋转按钮相关联的控件中的数据。当应用程序需要用户在某个范围内选择或输入一个值时可以使用旋转按钮,其好处是无须当心用户输入一个无效值而导致程序的崩溃,因为用户无法输入一个控件规定范围以外的值。

旋转按钮控件经常和一个关联控件(如编辑框)绑在一起使用,用户只需单击旋转按钮控件的上、下箭头,就能设置关联控件中的数据内容,其效果如图 7-25 所示。对用户而言,一个旋转按钮和它的关联控件看起来就像一个控件。当旋转按钮没有配备关联控件时,就像一个简单的滚动条。例如,在标签对话框中,如果显示的属性页太多,就经常使用独立的旋转按钮控件来滚动属性页。

关联控件 —— 旋转按钮

图 7-25　旋转按钮和关联控件

在作为关联控件使用时,还必须设置旋转按钮与关联控件的关系。可以在程序中通过调用成员函数设置关联控件,但常用的方法是通过控件 Properties 对话框直接设置关联控件。在 Alignment 下拉框设置旋转按钮与关联控件的位置关系,Right 和 Left 分别表示旋转按钮紧靠在关联控件的右内侧或左内侧,Unattached 表示旋转按钮的位置与关联控件无关。属性 Auto buddy 表示旋转按钮把它的前一个控件(按 TabOrder 顺序)作为关联控件。属性 Set buddy integer 表示单击旋转按钮的上、下箭头时,关联控件窗口能自动显示所选择的值。

旋转按钮有 Vertical(垂直)或 Horizontal(水平)两种风格,在控件 Properties 属性对话框的 Orientation 下拉框设置这两种风格。旋转按钮其他常用的属性有:Wrapt 表示当旋转按钮达到最大(最小)值时重新回到最小(最大)值;No thousands 表示取消显示数值中的千分位分隔符;Arrow keys 表示可以使用键盘"↑"和"↓"键改变控件位置值。

由于 MFC 已将 API 方式下的旋转按钮控件的消息处理函数封装在 MFC 旋转按钮类 CSpinButtonCtrl 中,编程时很少需要处理旋转按钮控件消息。单击旋转按钮时发送消息 UDN_DELTAPOS,由于内存不够不能完成滚动时发送消息 NM_OUTOFMEMORY,利用 ClassWizard 类向导可以添加这两种消息的处理函数。

对旋转按钮的操作通过调用 MFC 类 CSpinButtonCtrl 的成员函数来完成,其主要的成员函数有:SetRange()、GetRange()用于设置、获取旋转按钮的上下限范围;SetPos()、GetPos()用于设置、获取旋转按钮的当前位置值;如果在控件 Properties 对话框没有设置关联控件,可以利用函数 SetBuddy()动态设置关联控件;函数 GetBuddy()用于获得关联控件窗口的指针。

在进行旋转按钮控件的编程时,需要编写的程序代码很少。向对话框模板资源添加旋转按钮控件和映射的成员变量后,只需在对话框的初始化成员函数 OnInitDialog()中通过与控件关联的成员变量调用 CSpinButtonCtrl 类的成员函数,设置旋转按钮最小、最大值范围和当前位置。例 7-10 说明了旋转按钮控件的编程方法。

例 7-10 编写一个单文档应用程序 ExmpComctl,执行"测试控件|公共控件"菜单命令打开一个对话框,对话框有一个带旋转按钮的编辑框,用于输入圆周线的宽度。单击旋转按钮,在编辑框显示旋转按钮所表示的线宽。单击 OK 按钮,程序根据线宽在客户区绘制一个圆。对话框控件布局效果和运行结果分别如图 7-26 和图 7-27 所示。

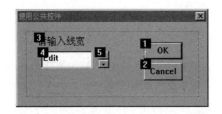

图 7-26 对话框布局及控件 TabOrder 顺序

图 7-27 旋转按钮示例运行结果

【编程说明与实现】

(1) 首先利用 MFC AppWizard 向导创建一个单文档应用程序 ExmpComctl,向项目中加入一个 ID 为 IDD_COMCTL、标题为"使用公共控件"的对话框资源。向对话框添加一个标题为"请输入线宽"的静态文本控件和一个 ID 为 IDC_EDITLINEWT 的编辑框,在编辑框右边添加一个 ID 为 IDC_SPINLINEWT 的旋转按钮。为了把旋转按钮和编辑框关联在一起,设置如图 7-26 所示的 TabOrder 顺序,并设置旋转按钮的 Vertical、Right、Auto buddy、Set buddy integer、Wrapt 和 Arrow keys 属性。

(2) 双击对话框模板资源,利用 ClassWizard 类向导创建对话框类 CComctlDlg,并为旋转按钮控件 IDC_SPINLINEWT 添加一个类型为 CSpinButtonCtrl 的成员变量 m_Spin,为编辑框 IDC_EDITLINEWT 添加类型为 UINT 的成员变量 m_nLineWt,并将其最小值和最大值设为 0 和 10。为了限制用户输入一个无效值,可以设置编辑框的 Read-only 属性。

(3) 利用 ClassWizard 为对话框类添加 WM_INITDIALOG 的消息处理函数,在函数中设置旋转按钮的最小值和最大值范围及当前位置。

```
BOOL CComctlDlg::OnInitDialog()                      // 初始化对话框时调用
{
    CDialog::OnInitDialog();
    // TODO: Add extra initialization here
    // m_Spin.SetBuddy(GetDlgItem(IDC_EDITLINEWT));
                                                      // 动态设置关联控件时调用该函数
    m_Spin.SetRange(0, 10);                          // 设置旋转按钮的最小值和最大值
    m_Spin.SetPos(1);                                // 设置旋转按钮的当前位置
    return TRUE;                // return TRUE unless you set the focus to a control
}
```

（4）在菜单栏添加菜单项"测试控件|公共控件"，其 ID 为 ID_TEST_COMCTL。利用 ClassWizard 在 CExmpComctlView 类中添加该菜单项的命令处理函数。

```
void CExmpComctlView::OnTestComctl()
{
    // TODO: Add your command handler code here
    CComctlDlg dlg;
    if (dlg.DoModal()!=IDOK)                          // 获取编辑框中用户选择或输入的数据
        return;
    Invalidate();                                    // 使用户视图区域无效,以便能够更新、重绘
    UpdateWindow();                                  // 刷新用户视图区域
    CClientDC dc(this);
    CPen penNew, * ppenOld;
    penNew.CreatePen(PS_SOLID, dlg.m_nLineWt, RGB(0, 0, 0));   // 创建指定宽度的画笔
    ppenOld=dc.SelectObject(&penNew);                // 选择创建的画笔
    dc.Ellipse(0, 0, 200, 200);
    dc.SelectObject(ppenOld);                        // 恢复原来的画笔
}
```

在 ExmpSpinView.cpp 文件的开头位置用 #include 指令包含 CComctlDlg 对话框类定义的头文件 ComctlDlg.h。编译、链接并运行程序，执行"测试控件|公共控件"命令打开对话框，旋转按钮被置于编辑框的右内侧，如图 7-27 所示。单击旋转按钮可改变编辑框中的值。单击 OK 按钮根据设置的线宽在客户区绘制一个圆。

7.4.2 滑块

当需要在某个范围内输入一个数据时，除了使用滚动条和旋转按钮，还可以使用滑块控件。滑块(slider)控件也称滑动条或游标控件，由滑杠、可沿着滑杠方向移动的滑动块

和可选的刻度标尺组成。用户可以通过鼠标或键盘移动滑动块,滑动块不同的位置代表不同的数值。Windows 中显示器分辨率的设置就使用了滑块控件。

与滚动条控件相比,滑块控件两端没有滚动条所具有的箭头按钮。与旋转按钮控件相比,滑块控件更具独立性,一般不需要关联控件。

通过设置滑块控件的属性可使滑块具有不同的风格。Orientation 下拉框设置滑块控件的 Vertical(垂直)或 Horizontal(水平)风格;Point 设置刻度标尺的位置,Both 表示滑动块是一个矩形块,Top/Left 表示标尺位于滑杠的左边或上方,Bottom/Right 表示标尺位于滑杠的右边或下方;Tick marks 和 Auto ticks 表示滑块控件的标尺具有刻度;Enable selection 表示滑杠是一个凹嵌的矩形条,这时可以利用成员函数 SetSelection()设置滑块位置的建议区间,用蓝色表示程序规定的正常值范围。例如,用滑块表示温度是 0～100℃时,可以设置正常的室温在 16～25℃。

当移动滑动块时将发送滚动消息,垂直滑块控件发送 WM_VSCROLL 消息,水平滑块控件发送 WM_HSCROLL 消息。注意,利用 ClassWizard 类向导为滑块控件添加 WM_VSCROLL 或 WM_HSCROLL 消息处理函数时与其他控件消息有所不同,因为当操作滚动条控件、滑块控件或滚动视图窗口时都发送这两条消息。因此,在 MFC ClassWizard 对话框的 ObjectIDs 列表框中,只有选择对话框资源的 ID 才能显示上述两条滚动消息,而选择滑块控件的 ID 则无法添加消息处理函数。但可以在消息处理函数中根据函数参数得到发出滚动消息的控件 ID,以区分不同控件的滚动消息。

进行滑块控件编程时经常需要调用封装滑块控件的 MFC 类 CSliderCtrl 的有关成员函数,以设置滑块的最小值、最大值和刻度出现的疏密,有时还需要设置行和页间距。这些成员函数的名称和功能很多都与旋转按钮控件类的成员函数相同。滑块控件中常用的成员函数及功能说明如表 7-10 所示。

表 7-10 滑块控件 CSliderCtrl 类常用的成员函数

成员函数	功　　能	成员函数	功　　能
GetLineSize()	返回滑块行的大小	GetPos()	返回滑块的当前位置
SetLineSize()	设置滑块行的大小	SetPos()	设置滑块的当前位置
GetPageSize()	返回滑块页的大小	GetTic()	返回某个刻度标记的位置值
SetPageSize()	设置滑块页的大小	SetTic()	设置某个刻度标记的位置值
GetRange()	获取滑块的最小和最大位置	GetNumTics()	返回滑块刻度标记的总数
SetRange()	设置滑块的最小和最大位置	SetTicFreq()	设置滑块标尺的刻度密度
GetSelection()	获取滑块的建议范围	GetBuddy()	返回关联控件的指针
SetSelection()	设置滑块的建议范围	SetBuddy()	设置关联控件

例 7-11 完善例 7-10 中的应用程序 ExmpComctl,向对话框添加一个滑块控件,用于设置圆的半径。在对话框中单击 OK 按钮,程序根据设置的线宽和半径在视图区画一个圆。对话框运行结果如图 7-28 所示。

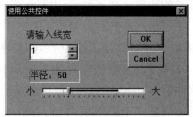

图 7-28 滑块示例运行结果

【编程说明与实现】

(1) 打开应用程序项目 ExmpComctl,向对话框资源添加如下控件:一个 ID 为 IDC_ STATICRADIUS、标题为"半径"的静态文本控件,设置控件的 Static edge 属性;两个标题分别为"小"和"大"的静态文本控件;一个 ID 为 IDC_SLIDERRADIUS 的滑块控件,设置控件的 Bottom/Right、Tick marks、Auto ticks 和 Enable selection 属性。

(2) 利用 ClassWizard 为滑块控件 IDC_SLIDERRADIUS 添加一个类型为 CSliderCtrl 的成员变量 m_Slider,添加一个类型为 int 的成员变量 m_nRadius。找到对话框消息 WM_INITDIALOG 的处理函数(见例 7-10),添加以下代码,设置滑块值的范围、刻度、当前位置和正常值的范围。

```
BOOL CComctlDlg::OnInitDialog()                  // 初始化对话框时调用
{
    CDialog::OnInitDialog();
    // TODO: Add extra initialization here
    m_Spin.SetRange(0, 10);                     // 设置旋转按钮的最小值和最大值
    m_Spin.SetPos(1);                           // 设置旋转按钮的当前位置
    m_Slider.SetRange(1, 200);                  // 设置滑块的最小值和最大值范围为 1~200
    m_Slider.SetTicFreq(10);                    // 设置滑块刻度标尺,每 10 个单位一个标记
    m_Slider.SetPos(50);                        // 设置滑动块的当前位置
    m_Slider.SetSelection(50, 150);             // 设置滑块正常值的范围为 50~150
    SetDlgItemText(IDC_STATICRADIUS, "半径:50");   // 设置静态文本控件的显示内容
    return TRUE;                   // return TRUE unless you set the focus to a control
}
```

(3) 利用 ClassWizard 为对话框类 CComctlDlg 添加 WM_HSCROLL(水平滚动消息)的处理函数,注意在 ObjectIDs 列表框中选择对话框类 CComctlDlg(非滑块控件的 ID)。函数参数 nSBCode 表示滚动通知码。

```
void CComctlDlg::OnHScroll(UINT nSBCode, UINT nPos, CScrollBar * pScrollBar)
{
    // TODO: Add your message handler code here and/or call default
```

```
if(pScrollBar->GetDlgCtrlID()==IDC_SLIDERRADIUS)
                                              // 判断滚动消息是否由滑块发出
    m_nRadius=m_Slider.GetPos();
                                    // 也可通过调用 UpdateData()获取滑块当前位置值
CString strRadius;
strRadius.Format("半径: %d", m_nRadius);
SetDlgItemText(IDC_STATICRADIUS, strRadius);    // 设置静态文本控件的显示文本
CDialog::OnHScroll(nSBCode, nPos, pScrollBar);
}
```

(4) 将视图类的菜单命令处理函数 OnTestComctl()中的绘圆语句改为

```
dc.Ellipse(0, 0, 2*dlg.m_nRadius, 2*dlg.m_nRadius);    // 根据设置的半径绘圆
```

编译、链接并运行程序 ExmpComctl,执行"测试控件|公共控件"菜单命令后打开如图 7-28 所示对话框后,可以设置线宽和半径。单击"确定"按钮,程序根据设置的线宽和半径在客户区绘制一个圆。

7.4.3 进度条

进度条(progress)是一个在进行某些操作时能够给出操作进度提示信息的控件。这些操作可以是一个排序过程或者是一个读入文件的过程,Windows 资源管理器在复制和移动文件时就使用了进度条控件。此外,进度条控件也能用来动态模拟显示某些参数的值,如温度、水平面高度以及音响系统频率等。

从形状上看,进度条由一个细长的矩形区域和一些填充块构成,通过进度条从头到尾的填充过程告诉用户当前的操作进度。当矩形区域被填满时,整个操作过程也就结束了。进度条控件除了在对话框上使用,也可以在客户区和状态栏上使用。

编程时一般使用进度条的默认属性,其常用的属性有:Border 表示进度条有一个边框;Vertical 表示垂直进度条;Smooth 表示填充块之间没有间隔。

与其他表示范围值的控件一样,进度条控件也有一个"范围"和"当前位置",范围表示整个操作需要完成的工作量,当前位置表明该操作已完成了多少。初始化时只需设置进度条值的范围、当前位置和使用步长,而位置的改变会使进度条控件自动重绘自己。一般而言,进度条控件只能用于输出,不需要进行消息处理。

为了设置和获得进度条的有关参数,需要调用 MFC 进度条控件类 CProgressCtrl 的有关成员函数。CProgressCtrl 类常用的成员函数有:函数 GetRange()、SetRange()用于获取、设置控件的范围值;函数 GetPos()、SetPos()用于获取、设置控件的当前位置;函数 SetStep()用于设置步长;函数 StepIt()用于在控件窗口填充一个小方块。

例 7-12 编写一个单文档应用程序 PrgresAnmt,执行"测试控件|进度条和动画"菜

单命令时在视图区播放一段动画,并用进度条提示动画播放的进程。

【编程说明与实现】

(1) 在以前所介绍的实例中,控件一般添加在对话框上。而本例将在视图中创建并显示控件。首先利用 MFC AppWizard 向导创建一个单文档应用程序 PrgresAnmt,在视图类 CPrgresAnmtView 的定义中手工添加以下两个成员变量:

```
private:
    CProgressCtrl m_progBar;                    // 在视图中添加的进度条控件
    CAnimateCtrl m_avi;                          // 在视图中添加的动画控件
```

(2) 利用 ClassWizard 为视图类 CPrgresAnmtView 添加消息 WM_CREATE 的处理函数,在函数中创建动画和进度条控件,并设置进度条的范围、步长和起始位置。

```
int CPrgresAnmtView::OnCreate(LPCREATESTRUCT lpCreateStruct)
{
    if (CView::OnCreate(lpCreateStruct)==-1)
        return-1;
    // TODO: Add your specialized creation code here
    m_avi.Create(WS_CHILD, CRect(20, 40, 280, 70), this, IDC_AVI);  // 创建动画控件
    m_progBar.Create(WS_CHILD|WS_BORDER, CRect(20, 100, 280, 120),
                            this, IDC_PROGRESSBAR);                 // 创建进度条
    m_progBar.SetRange(1, 260);                                      // 设置进度条范围
    m_progBar.SetStep(10);                                           // 设置步长
    m_progBar.SetPos(0);                                             // 设置起始位置
    return 0;
}
```

进度条控件类和动画控件类的成员函数 Create() 中有一个控件 ID 参数 IDC_AVI 和 IDC_PROGRESSBAR,可以执行 View|Resource Symbols|New 菜单命令添加它们,并为它们分配一个默认值。

(3) 为程序添加菜单项"测试控件|进度条和动画",其 ID 为 ID_TEST_PROGANI。利用 ClassWizard 在视图类 CPrgresAnmtView 中添加该菜单项的命令处理函数。

```
void CPrgresAnmtView::OnTestProgAni()
{
    // TODO: Add your command handler code here
    m_progBar.ShowWindow(TRUE);                     // 显示控件
    m_avi.ShowWindow(TRUE);
    m_avi.Open(IDR_AVI1);                           // 打开 AVI 资源
    for(int i=0; i<26; i++)
```

```
    {
        m_avi.Play(0,-1,-1);                    // 播放 AVI 动画
        Sleep(1800);                            // 等待播放结束
        m_progBar.StepIt();                     // 填充一个小方块
    }
    m_avi.Close();                              // 关闭打开的 AVI 动画,释放内存
    m_progBar.ShowWindow(FALSE);                // 隐藏控件窗口
    m_avi.ShowWindow(FALSE);
}
```

CAnimateCtrl 类的 Open()可以直接打开一个 AVI 动画文件,但如果为了使程序能够脱离原动画文件而运行,可以将动画文件作为一种资源添加到项目中,如上面 Open()函数中的参数 IDR_AVI1。具体方法是:先将一个动画文件(如本例的 filecopy.avi 文件)复制到当前项目目录,再执行 Insert|Resource|Import 菜单命令,将该文件作为自己命名的一种资源类型(如 AVI)导入项目中。

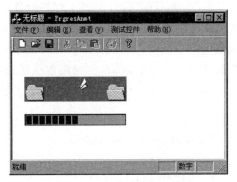

图 7-29　进度条示例运行结果

编译、链接并运行程序,执行"测试控件|进度条和动画"菜单命令后出现如图 7-29 所示的结果。

7.4.4　标签

标签(tab)控件也称选项卡控件,在功能上好比一个文件柜上的标签。标签控件用于在一个窗口显示多个页面,每个页面都配有一个带有标题的标签,单击其中的一个标签就显示对应的页面。在 Windows 应用程序中经常使用标签控件,如 Visual C++ 集成开发环境中的 Properties 对话框就使用了标签控件。

标签控件作为一个控件一般需要放在一个对话框上,同时一个标签控件由多个标签页组成,每个标签页一般又与一个对话框相对应。编程时使用标签控件,就可以在一个窗口的相同区域定义多个标签页,其中每个标签页上的对话框可以使用不同的控件,分别实现不同的对话功能。

但要注意一点,标签是作为一个控件而使用的,它不是对话框。因此,编程时不能直接在各个标签页上添加控件,只能在选中不同标签时在相同位置显示含有不同控件的对话框。如同一般的 MFC 编程那样,这些对话框可以作为资源添加到项目中。标签控件实现的是在不同标签页的对话框窗口之间进行切换,而不只是标签页的显示切换。

标签控件可设置的属性有很多,主要属性有:Alignment 下拉列表用于设置每个标

签的宽度为 Right Justify(自动随标题长度调节,默认值)或 Fixed Width(固定宽度); Buttons 表示标签采用按钮形状;Multiline 表示标签可以多行的形式显示;Hottrack 表示当光标通过一个标签时标签的标题呈蓝色;Bottom 表示标签位于控件的底端;Vertical 表示标签以垂直的方式出现。

要实现标签的切换功能,必须对标签控件的有关消息进行处理。当用户鼠标单击某个标签时,标签控件向父窗口发送通知消息 NM_CLICK。选择不同的标签时,分别发送消息 TCN_SELCHANGING(标签切换之前)和 TCN_SELCHANGE(标签切换后)。在消息处理函数中可以通过调用 MFC 标签控件类的成员函数返回当前所选择的标签。

MFC 类 CTabCtrl 提供了标签控件的各项功能,通过其成员函数实现了对控件及其数据结构的操作。编程时常用的成员函数有:函数 InsertItem()、DeleteItem()用于插入或删除一个标签;函数 GetCurlSel()、SetCurSel()用于获取所选择标签的索引号或设置当前标签。在 CTabCtrl 类的很多成员函数中都用到一个 TCITEM 结构的参数(取代了以前的 TC_ITEM 结构),该结构用于设置每一个标签的属性。

TCITEM 结构类型的定义如下:

```
typedef struct tagTCITEM {
    UINT mask;                // TCIF_掩码,用于指明结构中哪些成员有效
    DWORD dwState;            // 标签页的当前状态
    DWORD dwStateMask;        // dwState 掩码,指明成员 dwState 中哪些位有效
    LPTSTR pszText;           // 标签标题
    int cchTextMax;           // 标签标题字符串的最大长度
    int iImage;               // 与标签关联的图像列表的索引,若没有则为-1
    LPARAM lParam;            // 应用程序自定义的与标签页相关的数据
} TCITEM;
```

例如,下面的代码向标签控件添加一个标题为 My TabPage 的标签页:

```
CTabCtrl m_TabCtl;              // 创建一个标签控件
TCITEM tci;                     // 声明一个 TCITEM 结构
tci.mask=TCIF_TEXT;             // 指明结构体成员 pszText 有效
tci.pszText="My TabPage";       // 标签名为 My TabPage
m_TabCtl.InsertItem(0, &tci);   // 将这个标签页作为标签控件的第一个标签
```

例 7-13 编写一个 SDI 应用程序 ExmpTabCtl,执行"测试控件|标签控件"菜单命令打开一个标签对话框,对话框有两个标签页,在每个标签页分别显示例 7-9 中的"使用列表框"和例 7-11 中的"使用公共控件"对话框,并完成与这两个例题相同的程序功能。

【编程说明与实现】

(1) 利用 MFC AppWizard 应用程序向导创建一个 SDI 应用程序 ExmpTabCtl。向项目中加入一个 ID 为 IDD_TABCTL、标题为"使用标签控件"的对话框资源，向对话框添加一个 ID 为 IDC_TAB 的标签控件。双击对话框资源，利用 ClassWizard 创建对话框类 CTabDlg，并为标签控件 IDC_TAB 添加一个类型为 CTabCtrl 的成员变量 m_Tab。

(2) 依次打开例 7-9 和例 7-11 中的项目，利用 Copy 和 Paste 命令将例 7-9 和例 7-11 项目中标题分别为"使用列表框"和"使用公共控件"的对话框资源复制到本项目。为了作为标签对话框使用，必须重新设置这两个对话框的一些属性。设置对话框的 Child 属性，并通过 Border 下拉框设置无边界属性 None，取消 Title bar 属性。然后分别双击这两个对话框资源，创建对应的对话框类 CComboDlg 和 CComctlDlg。

(3) 为了避免再次利用 ClassWizard 为这两个对话框类添加成员变量和消息处理函数，首先关闭 Visual C++ IDE，然后利用 Windows 资源管理器的"复制"和"粘贴"命令将例 7-9 和例 7-11 项目中对话框类定义的头文件 ComboDlg.h、ComctlDlg.h 和实现文件 ComboDlg.cpp、ComctlDlg.cpp 复制到当前项目路径下。将对话框类实现文件中开头位置的 ♯include 指令所包含的原应用程序类的头文件改为当前项目应用程序类的头文件 ExmpTabCtl.h，即：♯include ExmpTabCtl.h。

(4) 利用 ClassWizard 为对话框类 CTabDlg 添加 WM_INITDIALOG 的消息处理函数，在函数中通过调用成员函数 InsertItem()在标签控件中生成两个标签页。

```
BOOL CTabDlg::OnInitDialog()
{
    CDialog::OnInitDialog();
    // TODO: Add extra initialization here
    TCITEM tci;
    tci.mask=TCIF_TEXT;
    tci.pszText="使用列表框";        // 标签标题
    m_Tab.InsertItem(0, &tci);      // 生成第一个标签
    tci.pszText="使用公共控件";
    m_Tab.InsertItem(1, &tci);      // 生成第二个标签
    return TRUE;                    // return TRUE unless you set the focus to a control
}
```

(5) "使用列表框"对话框和"使用公共控件"对话框作为"使用标签控件"对话框的子对话框，因此在对话框类 CTabDlg 的定义中声明如下两个成员变量：

```
public:
```

```
CComctlDlg m_ComctlDlg;
CComboDlg m_ComboDlg;
```

在对话框类 CTabDlg 定义头文件 TabDlg.h 的开头位置添加如下文件包含语句：

```
#include "ComboDlg.h"
#include "ComctlDlg.h"
```

利用 ClassWizard 为对话框类 CTabDlg 添加 WM_SHOWWINDOW 的消息处理函数，在函数中创建两个标签页的对话框，并显示第一个对话框窗口。

```
void CTabDlg::OnShowWindow(BOOL bShow, UINT nStatus)
{
    CDialog::OnShowWindow(bShow, nStatus);
    // TODO: Add your message handler code here
    if(bShow)
    {
        m_ComboDlg.Create(IDD_COMBODLG, this);       // 创建第一个标签页的对话框
        m_ComboDlg.MoveWindow(20, 40, 300, 180);     // 移动对话框窗口到合适位置
        m_ComboDlg.ShowWindow(SW_SHOW);              // 显示第一个对话框
        m_ComctlDlg.Create(IDD_COMCTL, this);        // 创建第二个标签页的对话框
        m_ComctlDlg.MoveWindow(20, 40, 300, 180);    // 移动对话框窗口到合适位置
        m_ComctlDlg.ShowWindow(SW_HIDE);             // 隐藏第二个对话框
    }
}
```

(6) 利用 ClassWizard 在对话框类 CTabDlg 中为标签控件 IDC_TAB 添加消息 NM_CLICK 的消息处理函数，单击标签时显示对应的对话框窗口。

```
void CTabDlg::OnClickTab(NMHDR * pNMHDR, LRESULT * pResult)
{
    // TODO: Add your control notification handler code here
    switch(m_Tab.GetCurSel())
    {
    case 0:
        m_ComctlDlg.ShowWindow(SW_HIDE);             // 隐藏其他对话框
        m_ComboDlg.ShowWindow(SW_SHOW);              // 显示当前标签页的对话框
        break;
    case 1:
        m_ComboDlg.ShowWindow(SW_HIDE);              // 隐藏其他对话框
        m_ComctlDlg.ShowWindow(SW_SHOW);             // 显示当前标签页的对话框
```

```
        break;
    }
    * pResult=0;
}
```

(7) 当用户单击"使用标签控件"对话框中的 OK 按钮时,程序需要获取"使用公共控件"子对话框中控件的数据,利用 ClassWizard 重载对话框的 OnOK()函数。

```
void CTabDlg::OnOK()
{
    // TODO: Add extra validation here
    m_ComctlDlg.UpdateData(TRUE);        // 获取"使用公共控件"对话框中控件的数据
    CDialog::OnOK();
}
```

(8) 添加菜单项"测试控件|标签控件",其 ID 为 ID_TEST_TAB。利用 ClassWizard 在视图类 CExmpTabCtlView 中添加该菜单项的命令处理函数,根据接收的控件数据绘圆。这里,黑体代码表示与例 7-11 中功能相同的函数代码的不同之处。

```
void CExmpTabCtlView::OnTestTab()
{
    CTabDlg dlg;
    if (dlg.DoModal()!=IDOK)
        return;
    Invalidate();                        // 使用户视图区域无效,以清除上一次画的圆
    UpdateWindow();                      // 刷新用户视图区域
    CClientDC dc(this);
    CPen penNew, * ppenOld;
    penNew.CreatePen(PS_SOLID, dlg.m_ComctlDlg.m_nLineWt, RGB(0, 0, 0));
    ppenOld=dc.SelectObject(&penNew);    // 选择创建的画笔
    dc.Ellipse(0, 0, 2 * dlg.m_ComctlDlg.m_nRadius, 2 * dlg.m_ComctlDlg.m_nRadius);
    dc.SelectObject(ppenOld);            // 恢复原来的画笔
}
```

在文件 ExmpTabCtlView.cpp 的开头位置用♯include 指令包含 CTabDlg 类定义的头文件 CTabDlg.h。由于复制来的文件的创建时间比本项目早,必须执行 Build|Rebuild All 菜单命令才能生成要求的执行程序。程序的对话框运行结果如图 7-30 所示。

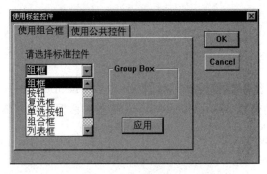

图 7-30　标签控件示例运行结果

习　　题

问答题

7-1　对话框的功能是什么？控件与对话框有何相同之处？

7-2　什么是基于对话框的应用程序？简述如何利用 MFC AppWizard 应用程序向导创建一个基于对话框的应用程序。

7-3　MFC 中最基本的对话框类是哪个？请给出其派生关系。

7-4　什么是 DDX？什么是 DDV？编程时如何使用 MFC 提供的 DDX 功能？

7-5　什么是信息对话框？编程时可以调用哪些函数直接打开一个信息对话框？

7-6　DoModal()函数的主要功能是什么？请简要画出对话框的工作流程图。

7-7　进行对话框编程主要有哪些步骤？使用了哪些集成工具？

7-8　如何创建对话框模板资源？如何创建一个基于对话框模板资源的对话框类？

7-9　在内存中动态创建对话框模板需要定义哪一种数据结构？简述在内存中动态创建对话框模板的具体步骤。

7-10　如何向对话框模板资源添加控件，如何添加与控件关联的成员变量？

7-11　标准控件主要有哪些？MFC 封装这些控件的类是哪个？

7-12　动态创建控件的函数有哪几个？

7-13　如何在程序视图窗口显示一个控件？

7-14　如何设置控件的属性和大小？如何编排多个控件？

7-15　控件有哪些通用属性？它们代表了什么含义？

7-16　静态控件包括哪几种？分别有什么功能？如何为静态控件添加成员变量？

7-17　什么是编辑框？它有什么功能？请简述编辑框控件的主要属性。

7-18　按钮包括哪几种？如何设置一个默认按钮？

7-19 单选按钮与复选框有什么区别？设置单选按钮的属性和添加关联的成员变量时要注意什么事项？

7-20 列表框控件有哪几种风格？常用的通知消息有哪些？

7-21 什么是关联控件？如何通过控件 Properties 对话框设置旋转按钮的关联控件？如何动态设置旋转按钮的关联控件？

7-22 什么是滑块控件？与滚动条和旋转按钮相比,滑块控件有什么不同特点？

7-23 什么是进度条？进度条控件类 CProgressCtrl 常用的成员函数有哪些？

7-24 什么是标签控件？编程时如何在不同的标签页上显示不同的内容？

上机编程题

7-25 编写一个对话框应用程序,在对话框中显示文本串"Hello MFC Dialog!",并画出一个椭圆。

7-26 编写一个 SDI 应用程序,按以下要求编程：
(1) 执行"编辑|输入数据(I)…"菜单命令打开一个标题为"输入数据"的对话框,通过该对话框输入 X 和 Y 坐标值,要求输入值在 0~600。
(2) 在视图类中定义两个成员变量,单击对话框的"确定"按钮时接收输入数据,并赋值给视图对象的两个成员变量,调用 Invalidate() 函数刷新窗口。
(3) 在 OnDraw() 函数中添加代码,画一条从当前位置到输入坐标的直线。

7-27 若改在文档类中定义两个成员变量,如何实现习题 7-26 的程序功能？提示：为对话框类添加消息 WM_KILLFOCUS 的处理函数。

7-28 编写一个 SDI 应用程序,执行某菜单命令时打开一个对话框,通过该对话框输入要显示的字符串和坐标值,单击 OK 按钮在视图区指定位置显示输入的字符串。

7-29 编写一个程序,动态显示静态文本控件不同的标题。

7-30 编写一个对话框应用程序,程序启动后首先弹出一个用户身份确认对话框,当用户输入正确的口令后才能进入程序的主对话框界面。

7-31 改善例 7-7 中程序 Password 的口令验证功能,要求把正确的用户名和口令保存在一个文本文件中(例题原来的程序是将正确的用户名和口令嵌入在代码中)。

7-32 编写一个文档/视图结构应用程序,在客户区有一个数字时钟显示系统当前的时间,单击鼠标后弹出一个对话框,通过该对话框可以调整当前时间。

7-33 编写一个计算器程序,该计算器使用编辑框直接输入数据,使用命令按钮表示"＋""－""＊""/""="和"C"等运算符号。

7-34 编写一个对话框应用程序,对话框左边有一组单选按钮和一组复选框,当用户单击"确定"按钮时,在对话框右边显示用户所做选择的文本信息。

7-35 编写一个对话框应用程序,对话框中有 3 个标题为红、绿、蓝的单选按钮和一个具有自画属性的按键按钮,当用户单击代表不同颜色的单选按钮时,按键按钮将根据选择的颜色重绘自己。

7-36 编写一个对话框应用程序,对话框中有一个按键按钮,当单击该按钮时,根据按钮被按下的次数 N,按钮上的文本将变成"按下按钮 N 次"。

7-37 编写一个单文档应用程序,为程序添加一个工具栏按钮,当单击该按钮时弹出一个对话框。对话框中有 3 个标题为红、绿、蓝的复选框,单击"确定"按钮,程序将根据选择的组合颜色在视图区显示一行文本。

7-38 编写一个标准控件综合应用程序,执行程序的"标准控件应用"菜单命令后打开一个对话框,对话框中有 3 个标题分别为"对象""图形"和"参数"的组框。在"对象"组框中有"图"和"文本"两个单选按钮;在"图形"组框中有"直线""圆"和"矩形" 3 个复选框;在"参数"组框中有 5 个编辑框,分别用于输入绘图的坐标值和要显示的文本串。对话框上还有"确定"和"取消"按钮,当单击"确定"按钮,将根据用户对话框中的选择结果在视图区绘制图形或显示文本。要求在某些条件下,有些控件应该处于禁用状态,而且可以同时绘制 3 种图形。

7-39 编写一个列表框应用程序,在列表框中选择汽车的品牌并单击"确定"按钮后,在对话框上就会显示相应汽车的图片和文字信息。

7-40 编写一个单文档应用程序,执行"测试控件|列表框"菜单命令时打开一个对话框,对话框中有一个列出姓名的列表框、一个显示姓名和 4 门课成绩的编辑框及其他一些有用的按钮。当用户单击"添加列表项"按钮时,姓名被添加在列表框中;当用户单击"删除列表项"按钮时,列表框中当前选项被删除;单击列表框中一个列表项,该学生相关的数据会在编辑框中显示出来。

7-41 完善例 7-9 中的应用程序 ExmpList,在程序退出后再重新运行时,列表框能显示以前设置的列表项。

7-42 编写一个对话框应用程序,实现如下功能:当旋转按钮控件的值为某两个特定值时给出提示信息。

7-43 完善例 7-11 中应用程序 ExmpComctl,单击旋转按钮时,除了在编辑框显示线宽,还能够在对话框某个位置绘制出所选择样式的线条。

7-44 编写一个对话框应用程序,在对话框上以数字时钟的形式显示系统当前的时间,要求可以通过 3 个旋转按钮和关联的编辑框调整当前时间(小时、分、秒)。

7-45 修改习题 7-43 中的应用程序 ExmpComctl,删除对话框资源中的编辑框和旋转按钮控件,用一个滑块控件设置画笔的线宽,并实现相同的线型预览功能。

7-46 编写一个 SDI 应用程序,执行"测试控件|滑块控件"菜单命令时打开一个对话框,

对话框中有 3 个滑块控件,分别用于设置红、绿、蓝 3 种颜色分量的值,当单击"确定"按钮,程序将根据选择的组合颜色在客户区画一个填充的椭圆。

7-47 编写一个 SDI 应用程序,执行"测试控件|滑块控件"菜单命令时打开一个对话框,用 3 个滑块控件控制三原色的值,实时改变对话框的颜色。

7-48 编写一个对话框应用程序,对话框中有两个标题为"连续"和"单步"的按钮和一个进度条控件,单击"连续"按钮,进度条从头开始用小方块连续填充整个矩形窗口。单击"单步"按钮,进度条填充一个小方块。

7-49 编写一个 SDI 应用程序,执行"测试控件|进度条"菜单命令打开一个对话框。单击对话框的"播放"按钮在对话框上播放一段动画,并用进度条表示播放的进程。

7-50 对 10 000 个随机数从小到大进行排序,用进度条显示排序的进度。

7-51 编写一个单文档应用程序,执行"测试控件|标签控件"菜单命令打开一个标签对话框,对话框有两个标签页面,在每个页面分别显示习题 7-37 和习题 7-49 中的对话框,并完成与上述习题要求相同的程序功能。

第 **8** 章

MFC 原理与方法

　　MFC 采用面向对象编程思想,将大部分 Windows 功能函数封装于相关的 MFC 类中,并通过 MFC 应用程序向导创建应用程序框架。采用这种基于 MFC 的编程方式降低了 Windows 编程的难度,提高了应用程序的开发效率。但是,由于 MFC 应用程序结构的复杂性和透明性,要想完全掌握 MFC 的内部机制和熟练使用 MFC,需要程序员付出很大的努力。本书很多章节的内容都涉及 MFC,本章将对 MFC 进行系统的介绍,主要内容包括 Windows 编程基础及 MFC 的基本原理和使用方法。学习 MFC 只是一个过程、一个手段,最终目的是为了更好地运用 MFC。

8.1　Windows 编程基础

　　Windows 是一个多任务的图形用户界面(Graphics User Interface,GUI)操作系统,Windows 应用程序与 DOS 应用程序有很大的区别。无论是利用 Windows 应用程序接口(API)编程,还是利用 MFC 编程,首先都要知道 Windows 应用程序的编程机制,掌握窗口、资源、句柄、消息和事件驱动等基本概念。

8.1.1　Windows 编程特点

　　DOS 应用程序的用户界面一般为字符模式,其内部运行方式采用传统的顺序执行过程和中断机制。就如结构化程序设计语言所描述的那样,DOS 应用程序包括顺序结构、分支结构和循环结构 3 种基本结构,程序结构比较简单。在执行流程上,DOS 应用程序采用过程驱动的方式,程序根据用户输入条件,按照事先编写好的顺序运行。

　　Windows 是一个基于事件驱动、消息响应的操作系统,Windows 应用程序以图形窗口的形式出现,其内部采用消息处理机制。在执行流程上,Windows 应用程序采用事件驱动的方式,即程序不是按照事先安排好的顺序运行,而是按照"事件→消息→处理"的随机方式运行。事件的发生是随机的、不确定的,预先不能确定它们发生的顺序。当有某个事件(如单击鼠标、键盘输入和执行菜单命令等)发生时,Windows 会根据具体的事件产生对应的消息,并发送到指定应用程序的消息队列。应用程序从消息队列中取出消息,并根据不同的消息进行不同的处理,即调用对应的消息处理函数。

从程序执行的角度看,由于 Windows 是一个多任务的操作系统,多个 Windows 应用程序要共享系统资源,而不是像 DOS 应用程序那样独占系统资源。Windows 应用程序在使用资源前必须向 Windows 操作系统进行申请,由操作系统将资源分配给程序使用,程序使用结束后要释放资源,以便其他程序能够使用。

从程序设计的角度看,Windows 程序由源代码和需要使用的资源组成,两部分分开设计。程序员可以利用资源编辑器设计资源,然后通过资源编译程序将资源编译成应用程序所能读取的二进制数据结构,存放于应用程序的可执行文件中或动态链接库中。事实上,可以利用软件开发工具将这些资源从 EXE 或 DLL 文件中分离出来。

例如,Windows 自带的纸牌游戏中有很多纸牌图片,这些纸牌图片就是以位图资源的形式存储的,可以利用 Visual C++ IDE 将这些位图资源分离出来。在 Visual C++ IDE 中执行 File|Open 命令,文件类型选择 Execute Files(.exe; .dll;ocx),打开方式(Open as)选择 Resources,在 Windows 的 system32 目录下找到 cards.dll 文件。如图 8-1 所示,打开 cards.dll 文件后,就可以利用资源编辑器打开 Bitmap 目录下的几十幅纸牌位图,并可以对位图资源进行编辑修改。选择文件保存类型为 32-bit Resource File(.res),可将 cards.dll 二进制文件中的资源单独保存为 cards.res 资源文件;或用鼠标

图 8-1 以资源方式打开
DLL 二进制文件

右击 Bitmap 目录下的一个位图,执行 Export 命令将位图导出。其他程序需要使用位图时可以将其导入应用程序项目中。

资源与源代码的分离,使得可以在不修改源代码的情况下直接修改资源。例如,为了让一个软件适用于多种不同的语言(如英文、中文和日文等),可以将所有的字符串以资源的方式存储。如果要得到不同语言版的软件,只需从可执行文件中获取字符串资源,并进行语言翻译,无须修改源代码,这样就方便了软件产品的本地化。

8.1.2 应用程序编程接口(API)

利用 Windows API 编程的程序员都有这样的体会,即使编写一个简单的 Windows 应用程序也需要对 Windows 编程原理有深刻的理解,大量的代码需要程序员自己编写。因此,传统的 Windows API 编程模式对程序员的编程水平有很高的要求。

Windows API(Application Programming Interface,应用程序编程接口)常称为 API 函数,是 Windows 应用程序的编程接口,提供了上千个函数以及一些宏、消息和数据结构

的定义。API 函数的应用范围很广泛，在利用 C/C++、C♯、Java、Visual C++、Visual Basic 和 Delphi 等语言或开发工具编程时都可以调用 API 函数，应用程序可以通过调用底层的 API 函数来使用 Windows 系统提供的功能。

Windows API 函数定义在一些动态链接库 DLL(Dynamics Link Library)中，从功能上进行分类，主要包括 User32. dll、Gdi32. dll 和 Kernel32. dll。这 3 个库中的 API 函数都在 Windows. h 头文件中进行了声明，因此，若要调用 API 函数，首先必须使用♯include 指令将该头文件包含进来。

Kernel32. dll 作为 Windows 内核库，其中定义了实现操作系统核心底层功能的函数，包括文件、内存、进程和注册表等的管理，如文件复制 CopyFile( )、获取驱动器个数 GetLogicalDrives( )、创建进程 CreateProcess( )和获取计算机名称 GetComputerName( )、获取 CPU 信息 GetSystemInfo( )和获取内存状态信息 GlobalMemoryStatus( )等 API 函数。这些 API 函数的详细说明可以查阅 MSDN 中的 Platform SDK 库。

User32. dll 作为 Windows 用户界面库，其中定义了窗口管理函数，包括窗口、菜单、工具栏和光标等的管理，如创建窗口 CreateWindow( )、注册窗口 RegisterClassEx( )、关闭窗口 CloseWindow( )和获取窗口信息 GetWindowInfo( )等 API 函数。

Gdi32. dll 作为 Windows 图形设备接口库，其中定义了图形设备 GDI 函数，实现与设备无关的图形绘制功能，如获取设备环境 GetDC( )、设置映射模式 SetMapMode( )、定义窗口区域 SetWindowExtEx ( )和创建画笔 CreatePen( )等 API 函数。

Windows SDK(Software Development Kit)软件开发工具包对 API 函数进行了封装，传统意义上的 SDK 编程实质就是 Windows API 编程。从前几章可以看到，采用 MFC 编程模式没有过多考虑 Windows 程序的运行机制，只将精力放在程序具体功能代码的编写上，这样造成程序员对所编写程序的结构不完全清楚。而采用 API 编程模式，程序员必须自己动手实现程序各部分的功能，对程序的结构自然很清楚。

为了说明 API 应用程序的结构，下面采用 API 函数调用方式，利用 Visual C++ 编写一个 Windows 应用程序。编程的一般步骤是，首先利用 Win32 Application 向导建立一个 Windows 应用程序框架，然后根据需要向应用程序项目中添加一些头文件、实现源文件和资源文件，并编写具体的程序代码。

例 8-1　编写一个 API 应用程序 Hello，单击鼠标时弹出一个信息对话框。

【编程说明与实现】

(1) 在 Visual C++ 中选择 File|New 菜单命令，在 New 对话框的 Project 页面中选择 Win32 Application 项目类型，输入程序名 Hello。在向导第 1 步选择 A typital "Hello world!" application 项，单击 Finish 按钮得到一个 Windows 应用程序框架。

(2) 在窗口函数 WndProc( )的消息处理分支 switch-case 结构中添加鼠标单击消息 WM_LBUTTONDOWN 及其处理代码(见以下代码中的黑体部分)。

下面是 Hello 程序的主要源代码：

```
…
ATOM  MyRegisterClass(HINSTANCE hInstance);
                            // 函数声明,通过调用 API 函数 RegisterClassEx()注册窗口
BOOL  InitInstance(HINSTANCE, int);     // 函数声明,初始化应用程序实例
LRESULT CALLBACK  WndProc(HWND, UINT, WPARAM, LPARAM);            // 函数声明
int APIENTRY  WinMain(HINSTANCE hInstance, HINSTANCE hPrevInstance, // 主函数
                            LPSTR lpCmdLine, int nCmdShow)
{
    // TODO: Place code here
    MSG msg;
    …
    MyRegisterClass(hInstance);              // 调用自定义函数,注册窗口
    if (!InitInstance (hInstance, nCmdShow))   // 调用自定义函数,生成并显示窗口
    {
        return FALSE;
    }
    // Main message loop:
    while (GetMessage(&msg, NULL, 0, 0))        // 调用 API 函数,维护消息循环
    {
        if (!TranslateAccelerator(msg.hwnd, hAccelTable, &msg))
        {
            TranslateMessage(&msg);   // 把虚键码消息转换为字符消息,以满足键盘输入
            DispatchMessage(&msg);    // 将消息发给窗口函数(如 WndProc),以便调用它
        }
    }
    return msg.wParam;
}
…
BOOL InitInstance(HINSTANCE hInstance, int nCmdShow)        // 自定义函数
{
    HWND hWnd;
    hInst=hInstance;              // Store instance handle in our global variable
    // 创建窗口
    hWnd=CreateWindow(szWindowClass, szTitle, WS_OVERLAPPEDWINDOW,
        CW_USEDEFAULT, 0, CW_USEDEFAULT, 0, NULL, NULL, hInstance, NULL);
    …
    ShowWindow(hWnd, nCmdShow);       // 显示窗口
    UpdateWindow(hWnd);
```

```
        return TRUE;
}
// 窗口函数 WndProc(),回调函数
// PURPOSE: Processes messages for the main window
LRESULT CALLBACK   WndProc(HWND hWnd, UINT message, WPARAM wParam, LPARAM lParam)
                                                    // 自定义函数

{
    int wmId, wmEvent;
    ...
    switch (message)                                // 处理不同的消息
    {
    case WM_COMMAND:
        wmId=LOWORD(wParam);
        wmEvent=HIWORD(wParam);
        // Parse the menu selections:
        switch (wmId)
        ...
        break;
    case WM_PAINT:
        ...
        break;
    case WM_DESTROY:
        PostQuitMessage(0);
        break;
    case WM_LBUTTONDOWN:   // 手工添加代码：调用 API 函数显示信息对话框
        MessageBox(NULL, "You pressed the left button of mouse !","Message",NULL);
        break;
    default:                    // 调用默认的窗口处理函数,将程序不处理的消息发给 Windows
        return DefWindowProc(hWnd, message, wParam, lParam);
    }
    return 0;
}
...
```

为了实现与 Windows API 的动态链接,链接程序必须为应用程序准备一些 Import 函数库信息。执行 Project|Settings|Link 菜单命令可以看到默认设置中已经有对应的 Import 函数库,包括 kernel32.lib、user32.lib 和 gdi32.lib。执行 Build 命令就能得到一个满足设计要求的 Windows 应用程序。

　　下面对上述源代码进行简单的分析,了解一下 Windows API 应用程序的结构和运行机制,以便以后与 MFC 应用程序进行比较,了解它们之间的异同。

　　Win32 Application 向导生成的 WinMain() 函数的返回类型是 APIENTRY,其实也是 WINAPI 类型。在路径"…\Microsoft Visual Studio\VC98\Include\"下的 Mapiwin.h 头文件中可找到 APIENTRY 的宏定义,如下所示:

```
#define APIENTRY WINAPI
```

　　一个直接由 API 函数构造的 Windows 应用程序的运行脉络十分清晰,这种 Windows 应用程序的功能都是由 3 个部分支撑:入口函数、窗口函数和 Windows 系统。

　　每一个程序都有一个主函数,WinMain() 函数就是 Windows 应用程序的主函数(入口函数)。WinMain() 函数的主要任务是完成一些初始化工作并维护一个消息循环。当消息循环结束后,就退出 WinMain() 函数(也就退出了应用程序)。此外,WinMain() 函数还负责完成窗口的注册、创建和显示。在 WinMain() 函数中不能直接调用窗口函数,而是先通过窗口注册函数将窗口函数同窗口联系在一起,然后借助于 DispatchMessage() 函数的消息分发功能,由 Windows 去调用窗口所指定的窗口函数(如例 8-1 中的 WndProc 函数)。

　　Windows 应用程序以窗口的形式存在,在不同窗口之间传递消息是 Windows 与应用程序进行交流的主要形式。程序的具体功能由不同的窗口函数实现,它们根据窗口收到的消息进行相应的处理,例 8-1 中的 WndProc() 函数就是一个通用功能的窗口函数。窗口函数是一种回调函数(callback function),是被 Windows 调用的函数。

　　类的成员函数也可以被定义为 callback 函数,但由于 callback 函数是被 Windows 调用的,Windows 并不借助任何对象调用 callback 函数,因此,作为 callback 函数的成员函数必须加上 static 声明,使它成为类的静态成员函数。

　　有些 API 函数要求以 callback 函数作为它的一个参数,如 SetTimer()、LineDDA() 和 EnumObjects() 等。这种 API 函数一般用于在进行某种操作后或满足某种条件时调用参数所指定的 callback 函数。例如,LineDDA() 是一个用来实现动画功能的 API 函数,根据起点和终点参数在屏幕上确定一条直线,然后顺序计算出直线上每一个点的坐标。每计算出一个坐标,就通知 Windows 去调用参数 lpLineFunc 指定的 callback 函数,并将计算出来的坐标作为参数传递给 callback 函数。LineDDA() 函数的声明如下:

```
BOOL  LineDDA(int nXStart, int nYStart,          // 线段起点的 X 和 Y 坐标
             int nXEnd, int nYEnd,               // 线段终点的 X 和 Y 坐标
             LINEDDAPROC lpLineFunc,             // 指向 callback 函数的指针
             LPARAM lpData);                     // 程序自定义参数的指针
```

　　例 8-2　编写一个名为 HelloMFC 的单文档应用程序,程序运行后通过调用 API 函

数 LineDDA(),以动画的形式显示一行文本。

【编程说明与实现】

(1) 首先利用 MFC AppWizard[exe]应用程序向导创建 SDI 应用程序 HelloMFC,利用 ClassWizard 类向导为 CHelloMFCView 类生成消息 WM_PAINT 的消息处理函数,通过调用 API 函数 LineDDA()触发 Windows 去调用一个自定义的 callback 函数。

```
void CHelloMFCView::OnPaint()
{
    CPaintDC dc(this);                        // device context for painting
    // TODO: Add your message handler code here
    CRect rect;
    GetClientRect(rect);
    dc.SetTextAlign(TA_BOTTOM|TA_CENTER);
    ::LineDDA (0, 0, rect.right-50, rect.bottom, (LINEDDAPROC) ShowText,
               (LPARAM) (LPVOID) &dc);         // 触发 ShowText()函数
    // Do not call CView::OnPaint() for painting messages
}
```

如果一个全局的变量和函数不是 MFC 定义的全局变量和全局函数(MFC 一般用前缀 Afx 或 afx 表示全局属性),调用它们时必须使用作用域限定符“::”(见 2.6.3 节)。API 函数是不属于任何一个 MFC 类的全局函数,因此,在 MFC 派生类中调用 API 函数时需要加上作用域限定符“::”。

(2) 在视图类头文件 CHelloMFCView 的定义中声明成员函数 ShowText(),为了使成员函数能被 Windows 调用,函数 ShowText()被声明为 static(静态)成员函数。在视图类实现文件 HelloMFCView.cpp 中添加函数 ShowText()的实现代码。

```
static VOID CALLBACK  ShowText (int, int, LPARAM);      // 声明 callback 成员函数
VOID CALLBACK CHelloMFCView::ShowText(int x, int y, LPARAM lpdc)     // 函数实现
{
    char szText[]="Hello MFC !";
    ((CDC * )lpdc)->TextOut(x, y, szText, sizeof(szText)-1);
    ::Sleep(1);                                // 延迟 1ms
}
```

编译、链接并运行程序 HelloMFC,将看到以 45°斜线滑动显示的文本。

除了标准 Windows API,Windows 发展至今,逐渐加上了一些新的 API 函数库,如 Commdlg.dll、Mapi.dll 和 Tapi.dll 等。通常在项目的默认设置中没有包含所有 API 函数库,如果想在应用程序中使用某一种类型的 API 函数,必须在程序中包含含有这些函数声明的头文件,如 commdlg.h、mapi.h 和 tapi.h 等。链接时还得加上这些 DLL 所对应

的 import 函数库,如 comdlg32. lib、mapi32. lib 和 tapi32. lib 等。

8.1.3 Windows 消息

所谓消息(message)就是用于描述某个事件发生的信息,而事件(event)是用户操作应用程序所产生的动作或 Windows 系统自身产生的动作。事件和消息密切相关,事件是因,消息是果,事件产生消息,消息对应事件。例如,用户按下键盘或移动鼠标就标志发生键盘事件或鼠标事件,系统就会产生一条对应的键盘消息或鼠标消息。

Windows 是一个多进程的操作系统,多个应用程序之所以能够有序地运行,就在于 Windows 的事件驱动、消息响应的处理机制。所有的外部事件(如键盘操作、鼠标操作和定时器)都被 Windows 拦截,转换成消息后再发送到应用程序中的目标对象,应用程序对消息做出响应并进行相应的处理。消息处理机制是 Windows 编程的灵魂,Windows 应用程序利用消息与其他应用程序或 Windows 系统进行通信。

消息不仅可由 Windows 发出,也可由应用程序发出,在应用程序中还可以自定义消息。发送到每个应用程序窗口的消息都排成一个队列,这种队列称为消息队列。如图 8-2 所示,每一个应用程序都维护着自己的消息队列,当某种事件发生时,Windows 会判断当前事件属于哪个应用程序,进而将对应的消息加入到该应用程序的消息队列。应用程序轮流检测消息队列中的消息,但只对需要它处理的消息作出处理(由消息处理函数负责),其他消息由默认的窗口函数 DefWindowProc()处理(见例 8-1,DefWindowProc 函数会把应用程序不处理的消息发给 Windows 操作系统)。

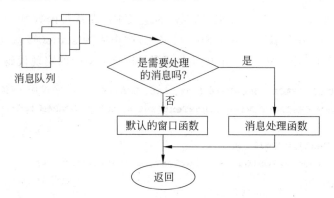

图 8-2　消息队列及在应用程序中的轮询处理

Windows 中的消息众多,可以将 Windows 消息分为以下几种类型:窗口消息、命令消息、控件通知消息和自定义消息。

(1) 窗口消息(window message):与窗口动作有关(如重绘、最大化、最小化和移动窗口等)以及与在窗口中进行操作(如键盘、鼠标操作)有关的消息。窗口消息以 WM_前缀开始(WM_COMMAND 除外),如 WM_PAINT、WM_CLOSE、WM_MOVE、WM_KEYDOWN 和 WM_MOUSEMOVE 等,它们一般由窗口类或视图类处理。

(2) 命令消息(command message):与用户交互命令有关的消息,是由菜单项、工具栏按钮和快捷键等用户交互对象发送的 WM_COMMAND 消息。命令消息可被更广泛的对象(如文档、文档模板、应用程序对象、窗口和视图等)处理。

(3) 控件通知消息(notification message):与操作控件有关的消息,是由控件或其他类型的子窗口向其父窗口发送的通知消息。控件通知消息的格式有 3 种,第一种是仿窗口消息的格式(因为控件也是窗口),如滚动控件消息 WM_HSCROLL;第二种是仿命令消息的格式,如当用户修改了编辑控件中的文本后,编辑控件向其父窗口发送 WM_COMMAND 通知消息,该消息中包含了控件通知码 EN_CHANGE(表示控件中的内容发生了改变);第三种是单独控件消息的格式,如消息 WM_NOTIFY。

与其他窗口消息一样,控件通知消息一般由窗口类或视图类处理,但有一个例外,单击按钮时发送的 BN_CLICKED 控件通知消息作为命令消息处理。

消息要携带一些与消息相关的信息,如消息标识和消息参数等。在 Windows 中,消息用一个 MSG 结构来表示,该结构的定义如下:

```
typedef struct tagMSG {
    HWND hWnd;                      // 目标窗口句柄(句柄概念见 8.1.4 节)
    UINT message;                   // 消息标识
    WPARAM wParam;                  // 消息参数 1(附加信息,16 位)
    LPARAM lParam;                  // 消息参数 2(附加信息,32 位)
    DWORD time;                     // 消息发送时间
    POINT pt;                       // 消息发送时鼠标的屏幕坐标
} MSG;
```

其中,目标窗口句柄 hWnd 说明该消息将发到哪一个窗口;消息标识 message 是利用 ♯define 宏定义好的消息名标识,如 WM_KEYDOWN,这些标识对应一个整数;消息参数 wParam 和 lParam 用于提供消息的附加信息,如键的编码、标志和鼠标的坐标。例如,在消息 WM_MOUSEMOVE 中,wParam 表示了 Ctrl、Shift 和鼠标左右键的状态,lParam 的低 16 位和高 16 位分别表示鼠标位置的 X 坐标和 Y 坐标。

键盘消息和鼠标消息之间的一个区别是:鼠标消息是发送到光标所在的窗口,而键盘消息是发送到输入焦点所在的窗口,通常是顶层窗口。常用的键盘消息有 WM_KEYDOWN(按下非系统键)、WM_KEYUP(释放非系统键)、WM_SYSKEYDOWN(按下系统键,即 Alt 组合键)、WM_SYSKEYUP(释放系统键)、WM_CHAR(输入非系统字符)和 WM_SYSCHAR(输入系统字符)。对键盘消息进行处理一般需要访问消息参数,如 WM_KEYDOWN 的消息参数 wParam,它表示所按键的虚键码(virtual-key code)。

例 8-3 为例 8-1 中的 Hello 程序添加键盘消息处理功能,程序运行后按下键盘时判断当前按下的键是不是 A 或 a 键,并给出相应的提示。

【编程说明与实现】

打开程序项目 Hello,在文件 Hello. cpp 的窗口函数 WndProc() 的 switch 消息处理分支中(default 语句前面)添加键盘消息及处理代码。

```
case WM_KEYDOWN:                     // 处理键盘消息
    if(wParam==0x41)                 // A 或 a 键的虚键码为 0x41H
        MessageBox(NULL, "The key you pressed is A or a !","KEYDOWN",NULL);
    else
        MessageBox(NULL, "The key you pressed is not A or a !","KEYDOWN",NULL);
    break;
```

Windows 程序首先识别消息标识 message,然后转到相应的处理语句,根据消息参数 wParam 和 lParam 的值对消息进行具体处理。这就是消息处理程序的实现机制。

8.1.4　句柄

句柄(handle)在 Windows 编程中是一个很重要的概念,在 Windows API 中大量使用句柄。在 Windows 中,句柄用以标识应用程序中不同的对象或同类对象中不同的实例,如一个具体的窗口、按钮、输出设备、画笔和文件等。通过句柄可以访问各种资源。句柄是一个 4 字节(64 位系统中为 8 字节)长的数值,常用的句柄类型及说明如表 8-1 所示。

表 8-1　常用句柄类型

句 柄 类 型	说　明	句 柄 类 型	说　明
HWND	窗口句柄	HDC	设备环境句柄
HINSTANCE	运行实例句柄	HFONT	字体句柄
HCURSOR	光标句柄	HPEN	画笔句柄
HICON	图标句柄	HBITMAP	位图句柄
HMENU	菜单句柄	HBRUSH	画刷句柄
HFILE	文件句柄	HPALETTE	调色板句柄

句柄并非对象的地址指针,而是作为一个标识来使用的系统内部表的索引值,该标识可以被系统重新定位到一个内存地址上。句柄由操作系统管理,利用句柄可以避免应用程序直接同对象的内存地址打交道,体现了 Windows 资源管理的优越性。例如,一个窗口打开后,对应内存中的一个内存块,这个窗口所在的内存块地址往往由 Windows 系统

作动态调整,但其句柄却不会随之变化。这样,程序员不必关心其地址的变化,而是通过作为窗口标识的句柄来访问这个窗口。如果一个应用程序有几个实例在同时运行,那么每个程序中的这种窗口的句柄各不相同。

句柄常作为 Windows 消息和 API 函数的参数,采用 API 方法编写 Windows 应用程序经常需要使用句柄。而采用 MFC 方法编写 Windows 应用程序,由于对应的 MFC 类已对句柄进行了封装,大多数情况下不再需要访问句柄。

如果需要获取某个 MFC 类对象的句柄,可以采用两种方法。一种方法是通过访问类的一个 public 属性的成员变量,如 CWnd 类的成员变量 m_hWnd 就是一个窗口对象的句柄。另一种方法是先定义一个句柄,然后调用 MFC 类的成员函数 Attach()将句柄与一个 MFC 类对象联系在一起,此时的句柄就成为该 MFC 类对象的句柄。但要注意,在退出对象作用域之前,要调用成员函数 Detach()将句柄和对象进行分离,因为在销毁对象时,其构造函数将自动销毁与它联系在一起的句柄,造成句柄的重复销毁,使系统发生异常。

以下是一段正确的示例代码:

```
BOOL CMyClass::MyMemberFunction()
{
    CWnd myWnd;                       // 定义一个窗口
    HWND hWnd;                        // 定义一个窗口句柄
    myWnd.Attach(hWnd);              // 将窗口句柄 hWnd 与窗口 myWnd 联系在一起
    ...                               // 使用窗口句柄 hWnd,如作为 API 函数的参数
    myWnd.Detach();                   // 在窗口对象 myWnd 销毁之前,分离窗口句柄 hWnd
    return TRUE;
}
```

即使没有将一个句柄同 MFC 类对象联系在一起,MFC 应用程序也将自动创建一个包含一个句柄的临时对象,可以通过调用 MFC 类的成员函数 FromHandle()获取包含该句柄的 MFC 类对象的指针。该函数是 static 静态成员函数,直接通过类名调用,如通过函数调用语句"CWnd::FromHandle(hWnd)"可以获取包含句柄 hWnd 的窗口对象。

8.2　微软基础类(MFC)

类库的概念很早就提出了,一个成熟的软件开发工具都有一个功能强大的类库与之匹配,Visual C++ 也一样,MFC 就是一个与它捆绑在一起的微软基础类库。MFC 将大部分 Windows API 封装于相关的 C++ 类中,实现了 Windows 编程的功能。采用 MFC 编程模式,程序员充分利用类的可重用性和可扩充性,大大降低了 Windows 编程的难度和工作负担,是对传统编程方法的一种创新。

8.2.1　MFC 概述

类库是一个可以在应用程序中被使用的一些类的集合,其中封装了大量有用的函数和数据结构。其他很多公司都提供了类库,如 SUN 公司的 Swing 和 AWT(Abstract Windowing Toolkit,Java 类库)、Borland 公司的 OWL(Object Windows Library)、VCL(Visual Component Library,Delphi 类库)、CLX(Component Library for cross-platform)和 IBM 公司的 OCL(Open Class Library),这些类库都是随编译器提供的。有些类库是由其他软件公司设计的(如用于数据库开发的 CodeBase),有些则是由用户自己开发的。

虽然程序的具体功能各不相同,但总的来说,程序设计一般都涉及用户界面设计、消息处理、对话框应用、文件操作(或数据库访问)、图形绘制和文档打印等任务,这些任务都可以通过一些类来实现。MFC 提供了一个标准化的程序框架和一些实现基本功能的类,方便了 Windows 编程。利用 MFC 编程,程序员设计 Windows 应用程序不必从头开始,而是"站在巨人肩膀上",从一个较高的起点编程,并将 Microsoft 公司专业人员的编程理念和技能融入自己的应用程序中。

MFC 作为一个 Windows 编程类库,其中包括 200 多个由 Microsoft 公司专业人员设计好的类,封装了 Windows 的大部分编程对象以及与它们有关的操作,所包含的功能涉及整个 Windows 操作系统。MFC 实际上是一个庞大的文件库,由几百个执行文件(如动态链接库的 DLL、LIB 文件)和源代码文件(如 C++ 语言的 h 头文件)组成。

MFC 起源于 Microsoft 公司 1989 年成立的 AFX(Application FrameWorks,X 没有什么实在意义,只是为了凑成一个好听的单词)开发小组。AFX 小组最初的目的是设计一个可移植的和高度抽象 Windows API 的类库,以适用于 Windows、OS/2 和 Apple Macintosh 等所有图形界面操作系统。AFX 小组采用自顶向下的设计方法,逐步将对象抽象出来,并施加到 Windows 上。结果发现这个类库偏离 Windows API 实在太远。过分抽象并没有太大的实用性,相反大大降低了应用程序的效率。

后来 AFX 小组干脆放弃了整个 AFX 类库,而采用了自底向上的方法,将类建立在 Windows API 对象基础上,在类中对 API 进行封装,将目标从多平台转向 Windows 系统,于 1992 年发布了第一个 MFC 版本即 MFC 1.0。1994 年 AFX 小组解散,成立了 MFC 小组,负责设计 MFC 的后续版本。从 MFC 中仍能发现 AFX 时期的痕迹,源程序中很多地方保留了 AFX 字样,如函数名 AfxGetApp()、消息处理函数标识 afx_msg、常量名 AFX_IDS_APP_TITLE 以及以 AFX 开头的宏等。

如果说 API 是 Windows 编程的标准接口,MFC 则是 Visual C++ 编程的主要接口。MFC 为 Windows API 做了一层透明的包装,将 API 函数封装于不同的类中,同时采用 API 的函数名称和风格。这样采用 MFC 编程,除了由于面向对象特性所带来的好处(如利用 MFC 派生出自己的类,实现代码重用),还具有以下一些优点。

（1）使用标准化的程序代码结构，有利于程序员之间的交流。MFC应用程序框架主要由应用程序对象、框架窗口、文档以及视图等几种类构成，MFC利用自己标准的代码结构将这些类的对象联系起来构成一个完整的应用程序。

（2）Visual C++为MFC提供了大量的工具支持，简化了编程难度，提高了编程效率。如可以利用MFC AppWizard应用程序向导创建MFC应用程序框架，自动生成同一类应用程序都需要的通用代码；利用Visual C++提供的ClassWizard类向导，程序员可以方便地对Windows消息进行处理。

（3）MFC应用程序的效率较高。实验结果表明，MFC应用程序的效率只比传统的Windows C程序低5％左右。并且，在MFC应用程序中还允许混合使用Windows API函数，这样可以使应用程序能以最小的规模实现最完整的功能，提高了运行效率。

（4）比较其他C++类库，MFC还具有以下优势：完全支持Windows API函数、控件、消息、菜单及对话框；具有良好的稳定性和可移植性。采用MFC开发出来的程序更符合微软的风格，如具有标准的工具条、状态条和对话框等。

多年来MFC推陈出新，先后发布了MFC 1.0、MFC 2.0、MFC 2.1、MFC 2.5、MFC 3.1、MFC 4.0、MFC 4.1、MFC 4.2和MFC 4.21等版本。MFC 4.21作为最终版，与Visual C++ 6.0及更高的版本集成在一起使用（即使在Visual Studio .NET中也仍然在使用）。

除了MFC，利用Visual C++ .NET编程还能够使用.NET Framework类库和公共语言运行库CLR。.NET Framework中的类库封装了对Windows、网络、文件和多媒体的处理功能，是所有.NET Framework语言都必须使用的核心类库。并且，为了便于语言之间进行交互操作，.NET Framework类库中的类型都是符合公共类型系统CLS的。.NET Framework在功能上与MFC类似，并提供了用户代码在CLR中执行时所需的功能支持，这种功能支持与所使用的编程语言无关。因此，可以选择任何一种支持.NET的编程语言开发应用程序，如C++、C♯和Visual Basic.NET等。

8.2.2　MFC体系结构

MFC作为一个包含很多文件的集合，虽然庞大又复杂，但在结构和逻辑上条理清晰。MFC主要包括类、宏和全局函数3个部分。

类是MFC中最主要的内容。虽然MFC中每个类都有自己独特的成员和功能，但类之间并不是毫无关系的，它们一般是以层次结构组织起来的。从派生关系看，可将MFC中的类分成两部分：派生于CObject的类和辅助类。CObject类是MFC的根类，是抽象基类，除了少数的辅助类，大多数的MFC类都是直接或间接地从根类CObject派生而来的。图8-3列出了常见的从根类CObject派生而来的MFC类。几乎每一个派生层次都与Windows程序的一个具体对象对应，如应用程序类、文档类、窗口类和视图类等。

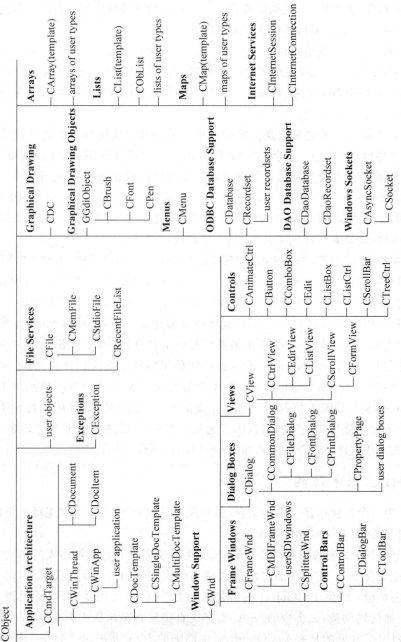

图 8-3 MFC 层次结构简图

更进一步对 MFC 中的类进行分类,可以有不同的方法。根据派生关系和实际应用情况,可将常用的 MFC 类分为以下几类:根类、应用结构类(包括消息发送类、应用程序类、线程类、文档类和文档模板类等)、窗口支持类(包括窗口类、框架窗口类、视图类、对话框类和控件类等)、菜单类、设备描述表和绘图类、数据类型类(包括字符串类、时间类、集合类和数组类等)、文件和数据库类(包括文件 I/O 类、ODBC 类和 DAO 类等)、调试和异常处理类、Internet 和网络支持类以及 OLE 类等。

宏是 MFC 的一个特色功能,MFC 宏也是 MFC 的一个重要组成部分。MFC 宏主要提供以下功能:消息映射、运行时对象类型识别、诊断服务和异常处理。在 8.5 节将对常用的 MFC 宏进行介绍。

在 MFC 中,若某个函数或变量不是一个类的成员,那么它就是一个全局函数或全局变量,可以在 MFC 应用程序中的任何地方使用。MFC 约定全局函数以 Afx 为前缀,全局变量以 afx 为前缀。常见的全局函数有 AfxGetApp(获得应用程序对象的指针)、AfxGetInstanceHandle(获得当前运行实例的句柄)、AfxGetMainWnd(获得程序主窗口的指针)和 AfxMessageBox(显示一个信息对话框)等。

8.2.3　学习 MFC 的方法

学习 MFC,首先需要具有一定的理论基础。要熟练掌握 C++ 面向对象程序设计方法,这样在学习 MFC 的具体类时,能够分析抽象、封装、继承和多态等特性在该类上是如何具体体现的。要对 Windows 编程概念和 API 函数有一定的了解,如 Windows API 有哪些功能和哪些常用的数据结构等。并且,MFC 并不是 Visual C++ 编程的全部内容,在很多场合,对 API 的调用还是必要的,或者说可以带来更高的效率。

学习 MFC,最重要的一点是抽象地把握问题,不要刚开始就试图掌握很多 MFC 类,要学会"不求甚解"。从理解和使用两个方面学习 MFC,理解 MFC 应用程序的框架结构,而不是强迫记忆大量的类、函数及参数。一般的学习方法是,先大体上了解 MFC 的概念、层次结构和基本规则后,从常用的类入手,结合程序设计,由浅入深,循序渐进,日积月累。刚开始学习 MFC 类时,只需知道类的一些常用方法和外部接口,不必去了解其内部实现细节,把它当作一个模块或黑盒子来用,这就是一种抽象的学习方法。在学习到一定程度后,再充分利用 MSDN 帮助文档对 MFC 作深入的研究。

MFC 具有很好的扩展性,编程时如果 MFC 某个类能完成所需要的功能,就可以直接调用已有类的方法(成员函数)。否则,程序员需要利用面向对象中"继承"的方法对 MFC 类的行为进行修改和扩充,利用 MFC 类派生出自己需要的类。

学习 MFC,另一点就是不要过分依赖于向导(wizard)工具。向导能做许多工作,但同时也掩饰了太多的细节。应当了解 MFC AppWizard(应用程序向导)和 ClassWizard(类向导)具体都做了哪些工作,深入分析 MFC 应用程序的运行机制。

8.3 MFC 应用程序框架

一般的类库只是一种可以嵌入到应用程序中的、提供一些特定功能的类的集合。而 MFC 不仅仅是一个类库,利用 MFC 应用程序向导还能够创建一个封装 MFC 类和对象的应用程序框架。MFC 应用程序框架是生成一般的 MFC 应用程序所需要的基本骨架,对 MFC 类进行了集成,定制了应用程序的结构和源代码。MFC 应用程序框架中的对象既相互独立又相互作用,形成一个有机的整体,共同完成应用程序的通用功能。

8.3.1 应用程序框架中的对象

MFC 应用程序框架构建了应用程序所需要的类,在程序运行时能够生成运行时类的对象,如代表应用程序的应用程序对象、代表数据的文档对象、与文档相关联的视图对象和用于包含视图的框架窗口对象。其中,应用程序对象 theApp 是一个唯一的全局变量,其主要功能是通过调用主函数启动程序运行。与其他 Windows 应用程序一样,MFC 应用程序也有一个类似于作为程序入口点的 WinMain() 主函数,但在源程序中看不见该函数,它在 MFC 中已定义好并与应用程序链接。该函数对应于 MFC 文件 Winmain.cpp 中的函数_tWinMain()或 AfxWinMain()。

MFC 应用程序框架主要对象之间的相互关系可用图 8-4 表示。当在 Windows 中启动程序后,应用程序通过文档模板对象管理文档、视图和框架窗口。图中表明了在应用程序中的一个对象如何获取其他对象。另外,程序中的一个对象可以通过调用全局函数 AfxGetApp() 或 AfxGetInstanceHandle() 获取应用程序对象,可以通过调用全局函数 AfxGetMainWnd()获得程序主窗口。

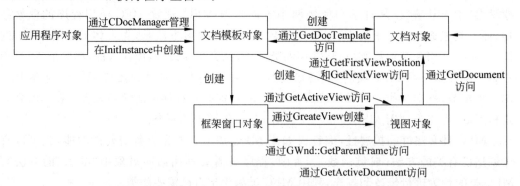

图 8-4 MFC 应用程序对象之间的关系

除了图 8-4 中列出的一些用于不同类对象之间进行交互的成员函数,相关类还定义了一些用于交互的成员变量。下面分别介绍。

类 CWinApp 定义了一个 CDocManager * 指针型成员变量 m_pDocManager,用于建立与文档模板的连接。

类 CDocManager 定义了一个 CPtrList 指针链表型成员变量 m_templateList,用来维护一系列文档模板。类 CDocManager 定义在路径"…\Microsoft Visual Studio\VC98\MFC\Include\"下的 MFC 头文件 Afxwin.h 中。

类 CDocTemplate 定义了 m_pDocClass、m_pFrameClass 和 m_pViewClass 三个 CRuntimeClass * 指针型的成员变量,分别用于指向新创建的文档、框架和视图对象;还定义了一个成员变量 m_nIDResource,表示显示文档时要采用的用户界面资源。

类 CDocument 定义了一个 CDocTemplate * 指针型的成员变量 m_pDocTemplate,用于回指创建文档的文档模板;还定义了一个 CPtrList 型的成员变量 m_viewList,用于表示可以同时维护的视图的列表。

类 CFrameWnd 定义了一个 CView * 指针型的成员变量 m_pViewActive,用于指向当前活动的视图。

类 CView 定义了一个 CDocument * 指针型的成员变量 m_pDocument,用于指向与视图相关联的文档。

框架窗口可以看成视图的父窗口。主框架窗口的指针存储在应用程序对象的成员变量 m_pMainWnd 中,该成员变量定义在应用程序类的基类 CWinThread 中。

8.3.2　MFC 应用程序的生存与消亡

在 MFC 应用程序中有一个 CWinApp 派生类的对象 theApp,这是一个全局变量,代表了应用程序运行实例(instance)的主线程。在程序的整个运行期间 theApp 都始终存在,它的销毁也意味着运行程序实例的消亡。

MFC 应用程序启动时,首先创建应用程序对象 theApp,这时将自动调用应用程序类的构造函数初始化对象 theApp,然后由应用程序框架调用 MFC 提供的 AfxWinMain()主函数。在 AfxWinMain()主函数中,首先通过调用全局函数 AfxGetApp()获取应用程序对象 theApp 的指针 pApp,然后通过 pApp 调用应用程序对象的有关成员函数,完成程序的初始化和启动工作,最后调用应用程序类 CWinApp 的成员函数 Run(),进入消息循环。函数 Run()首先收到 WM_PAINT 消息后,调用 OnPaint()函数绘制客户区。如果函数 Run()收到 WM_QUIT 消息,则退出其内部的消息循环,然后调用 ExitInstance()成员函数结束程序运行。图 8-5 说明了程序运行后各函数的执行顺序和调用关系。

在应用程序类(CWinApp 及派生类)的所有成员函数中,只有 InitInstance()函数是派生类唯一需要重载的函数。该函数负责应用程序的初始化工作,如初始化数据、创建文档模板(与文档、视图和框架窗口相关联)、处理命令行以及显示应用程序主窗口。

成员函数 Run()负责处理消息循环,通过不断检查消息队列中有没有消息实现消息

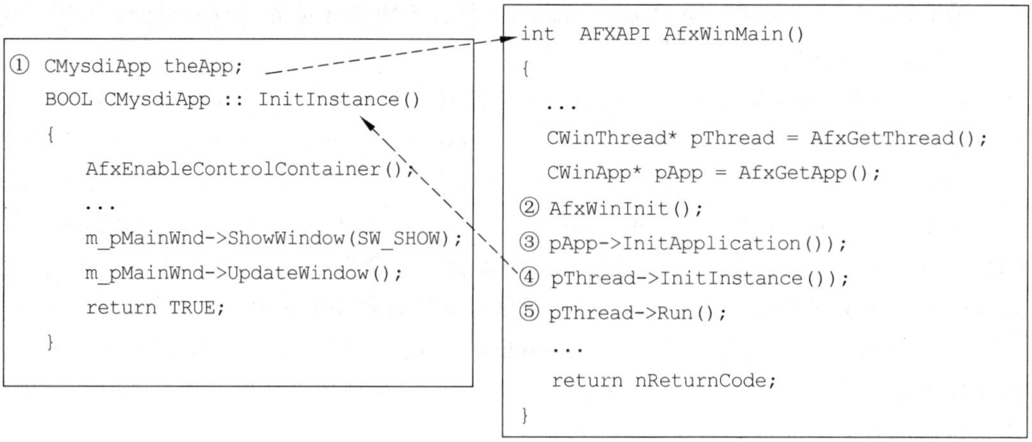

```
                                              int  AFXAPI AfxWinMain()
① CMysdiApp theApp;                           {
  BOOL CMysdiApp :: InitInstance()              ...
  {                                             CWinThread* pThread = AfxGetThread();
      AfxEnableControlContainer();              CWinApp* pApp = AfxGetApp();
      ...                                   ② AfxWinInit();
      m_pMainWnd->ShowWindow(SW_SHOW);      ③ pApp->InitApplication());
      m_pMainWnd->UpdateWindow();           ④ pThread->InitInstance());
      return TRUE;                          ⑤ pThread->Run();
  }                                             ...
                                                return nReturnCode;
                                            }
```

图 8-5 MFC 应用程序的启动

的处理。如果消息队列中没有消息,函数 Run()就调用函数 OnIdle()进行空闲时间的处理。如果消息队列中有消息且不是 WM_QUIT 消息,则将消息分发给 WindowProc()窗口函数,以便通过 MFC 消息映射宏调用指定对象的消息处理函数。如果该消息是 WM_QUIT,则结束消息循环。

Run()函数的执行过程可用如下伪代码描述:

```
for (;  ;)
{
    MSG msg;
    while (!GetMessage (&msg , …))        // 从消息队列中获得消息
    {
        OnIdle();                         // 消息队列中没有消息,进行空闲处理
    }
    if (msg.message !=WM_QUIT)
    {
        DispatchMessage(&msg);            // 将消息分发给窗口函数 WindowProc()
    }
    else
    {
        return ExitInstance();            // 收到退出消息,结束消息循环
    }
}
```

一般情况下,应用程序通过调用基类 CWinApp 的成员函数 ExitInstance()结束运行。但如果程序需要完成专门的清理工作,如释放指定的内存和 GDI 资源等,可以在派

生类中重载该函数。同样,如果需要在应用程序中执行某些后台操作,也可以重载 OnIdle()函数,在函数中完成一些优先级较低的任务。下面的例 8-4 就对 OnIdle()函数进行了重载,并说明了 MFC 应用程序中不同对象之间如何进行交互。

例 8-4　在应用程序类中重载 OnIdle()空闲处理函数,以统计程序总的运行时间、实际的空闲时间和所占的比例,并在客户区显示出来。

【编程说明与实现】

(1) 利用 MFC AppWizard(应用程序向导)创建一个 SDI 应用程序 SpareTime,然后在 Workspace(工作区)右击类 CSpareTimeApp,从弹出式菜单中选择命令 Add Member Variable,为类 CSpareTimeApp 添加如下的成员变量:

```
class CSpareTimeApp : public CWinApp
{
    ...                         // 向导生成的代码
    DWORD dwLast;               // 最后一次调用函数 OnIdle()时系统已运行的时间
    DWORD dwFirst;              // 第一次调用函数 OnIdle()时系统已运行的时间
    DWORD dwIdle;              // 实际的空闲时间
    DWORD dwTotal;             // 总的运行时间
};
```

在类 CSpareTimeApp 的构造函数中初始化成员变量 dwTotal 和 dwIdle。

```
CSpareTimeApp::CSpareTimeApp() : dwTotal(0), dwIdle(0) {  }
```

(2) 在 Workspace(工作区)右击类 CSpareTimeApp,从弹出式菜单中选择命令 Add Virtual Function,在随后出现的对话框中选择要添加的虚函数 OnIdle,单击 Add Handler 按钮。在生成的 CSpareTimeApp::OnIdle()成员函数中添加如下代码:

```
BooL CSpareTimeApp::OnIdle(LONG lCount)     // lCount 表示函数最近已经连续调用的次数
{
    // TODO: Add your specialized code here and/or call the base class
    if(dwTotal==0)                    // 第一次调用 OnIdle()函数
        dwFirst=GetTickCount();       // 调用时间库函数获得系统已运行的时间
    DWORD dwTemp=GetTickCount();
    dwTotal=dwTemp-dwFirst;           // 计算程序总的运行时间
    if(dwTotal==0)
        dwTotal++;                     // 防止开始调用函数时造成 dwTotal 等于 0
    if(lCount!=0)                      // 在两次调用 OnIdle()函数之间没有处理消息
        dwIdle+=dwTemp-dwLast;        // 累加所有的空闲时间
    dwLast=dwTemp;           // 保存当前调用 OnIdle()函数的时间,用于下一次计算空闲时间
    int nPercent=dwIdle * 100/dwTotal;     // 计算百分比
```

```
CString strInfo;
strInfo.Format("Idle: %1d ms, Total: %1d ms, %%: %d ",dwIdle,dwTotal,nPercent);
CMainFrame * pFrame= (CMainFrame * ) m_pMainWnd;   // 不同对象之间的交互
CSpareTimeView * pView= (CSpareTimeView * ) pFrame->GetActiveView();
pView->ShowIdleTime(strInfo);       // 显示运行时间、空闲时间和百分比,在后面定义
return TRUE;
// return CWinApp::OnIdle(lCount);
}
```

参数 lCount 是系统传进来的一个值,表示自上一次收到消息至今共调用了多少次 OnIdle()函数。当有新的消息到来时,该值重置为 0。上述时间计算方法的精确度不是很高,如果利用类 CTime 和 CTimeSpan 来计算空闲时间,其结果会精确些。

(3) 在 Workspace(工作区)右击类 CSpareTimeView,从弹出式菜单中选择 Add Member Function 命令,为视图类添加成员函数 CSpareTimeView::ShowIdleTime()。

```
void CSpareTimeView::ShowIdleTime(CString str)
{
CDC * pDC=new CClientDC(this);
pDC->TextOut(10, 10, str);
}
```

编译、链接后运行程序,程序将以很快的速度在窗口显示程序的运行时间、空闲时间及其百分比,显示的信息表明程序 SpareTime 所占用的时间绝大部分都花费在空闲处理上。当函数 Run()的消息循环获得一个消息时(如单击窗口标题栏或打开一个菜单),暂时不会调用空闲处理函数 OnIdle(),上述信息的显示也将暂时停止。

8.3.3 常用的 MFC 文件

利用应用程序向导创建 MFC 应用程序时,程序标准功能的实现借助了 MFC 的类定义头文件,MFC 应用程序框架中的 stdafx.h 头文件中包含了定义 MFC 类的头文件(.h 文件)。此外,MFC 应用程序框架还需使用 Windows 本身提供的功能文件和 API 函数。MFC 应用程序中常用到的 MFC 文件和 Windows 系统提供的 LIB 库文件如表 8-2 所示,这些文件分别用于应用程序与 MFC 类库、Windows API 函数库的链接。

被静态链接的函数通常保存在 OBJ 或 LIB 文件中。LIB 库文件也是用于连接动态链接库的关联文件,这时被称为 Import 函数导入库(见 10.2 节)。

MFC 中 DLL 和 LIB 的文件名表示了文件所实现的功能,如 MFC DLL 文件命名形式为 Mfc[S|O|D|N]XX[U][D].dll,其中,XX 是 MFC 的版本号,其他字母的含义可以从表 8-2 中去体会。

表 8-2 常用的 MFC 文件和 LIB 库文件

文 件 名 称	说 明
afxwin.h	声明 MFC 核心类,包含文件 afx.h、afxver_.h、afxv_w32.h 和 windows.h
afxext.h	MFC 扩展文件,声明工具栏、状态栏、拆分窗口和对话框视图等类
afxdisp.h	声明 OLE 类
afxdtctl.h	声明支持 IE 4 公用控件的 MFC 类,如 CImageList、CDateTimeCtrl 等
afxcmn.h	声明 Windows 公共控件类
Mfc42.lib	MfcXX.dll 的函数导入库(Release 版),XX 表示 MFC 的版本号
Mfc42D.lib	MfcXXD.dll 的函数导入库(Debug 版)
MfcS42.lib	MfcSXX.dll 的函数导入库(Static Release 版)
MfcS42D.lib	MfcSXXD.dll 的函数导入库(Static Debug 版)
Mfc42U.lib	MfcXXU.dll 的函数导入库(Unicode Release 版)
Mfc42UD.lib	MfcXXUD.dll 的函数导入库(Unicode Debug 版)
MfcO42D.lib	MfcOXXD.dll 的函数导入库(OLE Debug 版)
MfcD42D.lib	MfcDXXD.dll 的函数导入库(Database Debug 版)
Nafxcw.lib	MFC 静态链接库(Release 版)
NafxcwD.lib	MFC 静态链接库(Debug 版)
gdi32.lib	GDI32.dll 的函数导入库(Windows API)
user32.lib	USER32.dll 的函数导入库(Windows API)
kernel32.lib	KERNEL32.dll 的函数导入库(Windows API)

MFC 为了支持更广泛的 Unicode 编码标准,提供了对应的 DLL 库,如 MfcXXU.DLL。16 位应用程序使用 ANSI 编码,32 位应用程序可以使用 ANSI 或 Unicode 编码。中文采用两个字节存储一个字符,因此应用程序使用 Unicode 编码的好处是能够容易地使程序实现中文本地化。注意,MFC 的 Unicode 版本一般不会自动安装到计算机上,除非在进行 Custom 安装时选择了它们(语言)。用户如果没有安装 MFC Unicode 文件而建立一个 MFC Unicode 应用程序,将会出现错误。

一般是将 MFC DLL 动态链接到应用程序,但可以利用 MfcSXX[D].lib 将 MFC DLL 静态链接到应用程序。也可以将 MFC 静态链接库链接到应用程序。在路径"…\Microsoft Visual Studio\VC98\MFC\Include\"下的 MFC 头文件 Afx.h 中设置了需要使用的动态链接库和静态链接库。

下列给出相关的源代码：

```
...
#ifndef _AFXDLL                                        // 链接 MFC 静态链接库
    #ifndef _UNICODE
        #ifdef _DEBUG
            #pragma comment(lib, "nafxcwd.lib")        // 静态链接库(Debug 版)
        #else
            #pragma comment(lib, "nafxcw.lib")         // 静态链接库(Release 版)
        #endif
    ...
    #endif
#else                                                  // 链接 MFC 动态链接库
    #ifndef _UNICODE
        #ifdef _DEBUG
            #pragma comment(lib, "mfc42d.lib")         // 动态链接 MFC DLL
            #pragma comment(lib, "mfcs42d.lib")        // 静态链接 MFC DLL
        #else
            #pragma comment(lib, "mfc42.lib")          // 动态链接 MFC DLL
            #pragma comment(lib, "mfcs42.lib")         // 静态链接 MFC DLL
        #endif
    #else
        #ifdef _DEBUG
            #pragma comment(lib, "mfc42ud.lib")        // 动态链接 MFC DLL
            #pragma comment(lib, "mfcs42ud.lib")       // 静态链接 MFC DLL
        #else
            ...
#endif
...
#pragma comment(lib, "kernel32.lib")       // 动态链接 Windows API 函数库
#pragma comment(lib, "user32.lib")
#pragma comment(lib, "gdi32.lib")
#pragma comment(lib, "comdlg32.lib")       // 通用对话框库 comdlg32.dll 的函数导入库
#pragma comment(lib, "comctl32.lib")
                                // Windows 公共控件库 comctl32.dll 的函数导入库
...
```

对于上述编译预处理指令，编译程序将根据 Developer Studio 开发环境对应用程序项目的设置情况进行不同的处理，如利用条件编译指令判断是动态链接还是静态链接，以确定需要链接的函数导入库。除了在 MFC AppWizard 应用程序向导中设置 MFC 的链接方式，还可通过菜单命令 Project|Settings|General 进行相关的设置。

8.4 MFC 消息管理

MFC 消息管理主要包括消息发送和消息处理两个过程。对于消息发送,MFC 提供了类似于 API 函数功能的消息发送函数。对于消息处理,MFC 采用了消息映射机制,并利用 ClassWizard 类向导管理消息映射。MFC 消息处理的内部机制相对复杂,也是 MFC 的一个特色,是利用 MFC 编程需要掌握的一个重要内容。

8.4.1 MFC 消息映射机制

从例 8-1 可以知道,API 应用程序是采用 C/C++ 语言中的 switch-case 结构实现消息的分发。但由于应用程序窗口中有许多菜单、工具栏和控件,要处理的消息很多,如果使用 switch-case 结构,会造成程序分支众多,影响了程序的可读性和可维护性。

与 API 应用程序不同,MFC 应用程序采用一种新的机制取代 switch-case 结构来处理消息,即所谓的消息映射(message map)机制。这种消息映射机制是把一组消息映射宏(macro)组成一个消息映射表,其中一条消息映射宏把一个 Windows 消息与其消息处理函数连接起来。MFC 应用程序框架提供了消息映射功能,所有从 CCmdTarget 类派生出来的类都能够接收和处理消息,并可以定义自己的消息映射表。

采用消息映射宏处理消息时,要将所有的消息映射集中放在消息映射表中,在类的实现源文件中用 BEGIN_MESSAGE_MAP()和 END_MESSAGE_MAP()宏定义消息映射表。以下是 MFC 消息映射表的一个示例:

```
BEGIN_MESSAGE_MAP(TheClass, BaseClass)
    // {{AFX_MSG_MAP(TheClass)
    ON_WM_CREATE()                              // MFC 预定义消息的映射宏
    ON_COMMAND(ID_VIEW_MYMENU, OnViewMymenu)
    ON_MESSAGE(MyMessage, MemberFun)            // 用户自定义消息的映射宏
    ...
    // }}AFX_MSG_MAP
END_MESSAGE_MAP()
```

上例中,TheClass 是拥有消息映射的派生类名,BaseClass 是其基类名。消息映射宏以前缀 ON_开头,对于 MFC 预定义的消息,其后是消息名。例如,ON_WM_CREATE()是消息 WM_CREATE 的消息映射宏,ON_COMMAND()是消息 WM_COMMAND 的消息映射宏。自定义的消息映射宏为 ON_MESSAGE(),并带有参数,如示例中的参数 MyMessage(消息)和 MemberFun(消息处理函数)。与一般的宏一样,消息映射宏在预编译时会被具体的源代码替换。

在利用 MFC 应用程序向导生成应用程序标准功能的消息映射表和消息映射宏后（如上面示例中的 ON_WM_CREATE），可以利用 ClassWizard 类向导对消息映射进行管理，添加新的消息映射宏（如上面示例中的 ON_COMMAND）和对应的消息处理函数。特殊注解"// {{AFX_MSG_MAP"是 ClassWizard 类向导用于维护消息映射宏的标记，当利用 ClassWizard 添加或删除消息处理函数时，ClassWizard 会自动修改注解内的代码（用户不要轻易修改注解内的代码）。类似的注解还有"// {{AFX_MSG"（用于维护消息处理函数）和"// {{AFX_VIRTUAL(…)"（用于维护虚函数）等。

为了使用消息映射宏，还需要在类定义的结尾用 DECLARE_MESSAGE_MAP() 宏来声明使用消息映射宏，该宏对类实现源文件中所定义的消息映射进行初始化。这些工作也由 MFC 程序向导（创建程序时）或 ClassWizard 类向导（添加新类时）自动完成。

消息名决定了消息处理函数名，消息处理函数的命名规则是去除消息名的 WM_前缀，然后加上 On 前缀。在声明消息处理函数时，MFC 应用程序向导或 ClassWizard 类向导会在函数前面加上 afx_msg 标识。例如，以下分别是预定义消息 WM_CREATE 和用户自定义消息 MyMessage 的消息处理函数的声明。

```
afx_msg int OnCreate(LPSREATESTRUCT lpCreateStruct);
afx_msg void OnMyMessage();
```

例 8-5　利用 ClassWizard(类向导)为某个应用程序的框架类添加系统预定义消息 WM_CLOSE、WM_DESTROY 及菜单项 Edit|Copy(ID 为 ID_EDIT_COPY)的消息处理函数，分析 ClassWizard 类向导完成了哪些工作。

按下 Ctrl+W 快捷键启动 ClassWizard(类向导)，添加上述要求的 3 个消息处理函数，ClassWizard(类向导)将在类的实现源文件中添加 3 个消息映射宏和消息处理函数的定义(框架代码)。消息映射宏如下所示：

```
BEGIN_MESSAGE_MAP(CMainFrame, CFrameWnd)    // 消息映射宏的开始
    // {{AFX_MSG_MAP(CMainFrame)
    ON_WM_CREATE()                  // 由 MFC AppWizard 向导自动生成的消息映射宏
    ON_WM_CLOSE()                   // 由 ClassWizard 类向导添加的 3 个消息映射宏
    ON_WM_DESTROY()
    ON_COMMAND(ID_EDIT_COPY, OnEditCopy)
    // }}AFX_MSG_MAP
END_MESSAGE_MAP()                   // 消息映射宏的结束
```

ClassWizard 类向导还在类的定义中声明了消息处理函数，如下所示：

```
class CMainFrame : CFrameWnd
{
public:
```

```
    CMainFrame();
protected:
    // {{AFX_MSG(CMainFrame)                              // 声明消息处理函数
    afx_msg int OnCreate(LPCREATESTRUCT lpCreateStruct); // 由 AppWizard 自动生成
    afx_msg void OnClose();                              // 由 ClassWizard 添加
    afx_msg void OnDestroy();                            // 由 ClassWizard 添加
    afx_msg void OnEditCopy();                           // 由 ClassWizard 添加
    // }}AFX_MSG
    DECLARE_MESSAGE_MAP()                                // 声明使用消息映射宏
};
```

上述由向导生成的代码中,宏 ON_WM_CLOSE()指定消息 WM_CLOSE 的消息处理函数是 OnClose(),宏 ON_WM_DESTROY()指定消息 WM_DESTROY 的消息处理函数是 OnDestroy(),宏 ON_COMMAND()指定菜单项 ID_EDIT_COPY 的命令处理函数是 OnEditCopy()。

在 MFC 应用程序框架中,经常可以看到源程序中某些菜单命令并没有对应的消息映射宏和消息处理函数,但执行菜单命令后却可以完成相应的操作,这是因为 MFC 应用程序框架已经提供了默认的消息映射和消息处理函数。即如果接收的消息没有提供对应的映射入口,该消息就会被 MFC 应用程序框架的窗口函数 WindowProc()接收,并通过 OnWndMsg()函数转发给默认的对象,以便调用默认的消息处理函数。因此,程序员可以根据需要,灵活利用函数重载机制对消息进行处理,而很多不需要处理的消息仍然由 MFC 应用程序框架自动处理。

8.4.2　消息的发送

Windows 应用程序中不同对象之间或不同应用程序之间都可以相互发送消息,甚至应用程序还可以向 Windows 操作系统发送消息。发送消息到一个窗口可以采用传送(send)和寄送(post)两种方式,这两种方式之间的主要区别是消息被接收对象收到后是否立即被处理。根据两种方式,Windows 提供了多个发送消息的 API 函数,MFC 也对这些 API 函数进行了封装。

常用的消息发送 API 函数主要包括以下 3 个: SendMessage()、PostMessage()和 SendDlgItemMessage()。其中,SendMessage()函数用于向一个或多个窗口传送消息,直到目标窗口处理完收到的消息,该函数才返回。该函数声明如下:

```
LRESULT SendMessage (HWND hWnd,          // 接收消息的目标窗口的句柄
                     UINT Msg,           // 要发送的消息
                     WPARAM wParam,      // 消息的第一个参数
                     LPARAM lParam       // 消息的第二个参数
```

```
);
```

PostMessage()函数用于向一个或多个窗口寄送消息,该函数把消息放在创建目标窗口线程的消息队列中,然后不等消息处理就返回。目标窗口通过调用 GetMessage()函数或 PeekMessage()函数从消息队列中取出消息并进行处理。该函数声明如下:

```
BOOL PostMessage (HWND hWnd,            // 接收消息的目标窗口的句柄
                  UINT Msg,             // 要发送的消息
                  WPARAM wParam,        // 消息的第一个参数
                  LPARAM lParam         // 消息的第二个参数
);
```

SendDlgItemMessage()函数用于向对话框中指定的控件发送消息,直到目标控件处理完收到的消息,该函数才返回。该函数声明如下:

```
LONG SendDlgItemMessage (HWND hDlg,      // 包含目标控件的对话框的句柄
                         int nIDDlgItem, // 对话框控件的 ID
                         UINT Msg,       // 要发送的消息
                         WPARAM wParam,  // 消息的第一个参数
                         LPARAM lParam   // 消息的第二个参数
);
```

MFC 将以上 3 个 API 函数连同目标窗口句柄封装成 CWnd 窗口类的成员函数,可以向调用它们的窗口对象发送消息。例如,如下函数调用语句表示向指针 pMyView 所指的对象发送消息:

```
pMyView->SendMessage()
```

在 CWnd 类中,这 3 个发送消息的成员函数的声明如下:

```
LRESULT SendMessage(UINT message, WPARAM wParam=0, LPARAM lParam=0);
BOOL PostMessage(UINT message, WPARAM wParam=0, LPARAM lParam=0);
LRESULT SendDlgItemMessage(int nID, UINT message, WPARAM wParam=0,
                           LPARAM lParam=0);
```

与用户输入相关的消息(如鼠标消息和键盘消息)通常是以寄送的方式发送,以便这些用户输入可以由运行较缓慢的系统进行缓冲处理;而其他消息通常是以传送的方式发送。消息的发送在本质上与函数的调用是一样的。在 8.4.3 节中,将结合例子介绍在 MFC 应用程序中发送消息的编程方法。

8.4.3 自定义消息处理

采用 MFC 编程时一般直接利用 ClassWizard(类向导)添加消息和消息处理函数,并

且 Windows 系统已经定义了很多标准的消息,能够满足基本的程序设计需要。但从更高层次程序设计方法的角度看,只依赖菜单和命令产生的标准的 Windows 系统消息是不够的。由于程序逻辑设计结构的限制或不同窗口之间数据的同步,程序员需要手工自定义一些消息。通过按照 Windows 格式的要求自定义消息和添加消息处理函数,程序员就可以实现标准 Windows 系统消息不能处理的任务。例如,如果需要在指定时间间隔通知所有数据输出窗口重新取得数据,就可以在定时器中发送特殊的自定义消息。

Windows 将所有的消息值分为 4 段,0~WM_USER-1 消息值段用于 Windows 系统消息,WM_USER~0x7FFF 段用于用户自定义的窗口消息,0x8000~0xBFFF 段作为 Windows 保留值,0xC000~0xFFFF 段用于应用程序的字符串消息。其中,常量 WM_USER 代表用户第一个自定义消息,其值为 0x0400。程序员必须为每一个自定义消息定义一个相对于 WM_USER 的偏移值,偏移值不能超过 0x3FFF。

需要利用宏定义指令♯define 定义用户自定义消息,示例如下:

```
#define WM_USER1 WM_USER+0
#define WM_USER2 WM_USER+1
#define WM_MYMESSAGE WM_USER+2
```

也可以调用窗口消息注册函数 RegisterWindowMessage()来定义一个消息,其好处是不用考虑消息值是否超出范围,并且定义的消息在整个 Windows 系统中都有效,消息可向其他应用程序发送。该函数原型如下:

UINT RegisterWindowMessage (LPCTSTR lpString);

其中,参数 lpString 是要定义的消息的名称,调用成功后将返回该消息的 ID 值。

对于自定义消息,需要用户自己手工添加自定义消息映射宏,其格式如下:

ON_MESSAGE(message, MemberFun)

其中,message 是消息名,MemberFun 是对应的消息处理函数。例如,假设用户自定义消息 WM_MYMESSAGE 的消息处理函数为 OnMyMessage(),则该消息映射宏为

```
ON_MESSAGE(WM_MYMESSAGE, OnMyMessage)
```

消息映射宏要添加在 BEGIN_MESSAGE_MAP()和 END_MESSAGE_MAP()之间,并且最好写在注释"// {{AFX_MSG_MAP(…)"和"// }}AFX_MSG_MAP"的外面,否则如果写在其里面,ClassWizard(类向导)有可能不给任何提示就把自定义宏删除掉。

声明自定义消息处理函数时,与其他消息处理函数一样,必须在函数类型前面加上 afx_msg 标识,其形式如下:

afx_msg LRESULT MemberFun (WPARAM wParam, LPARAM lParam);

其中,参数 wParam 和 lParam 用于传递消息的两个附加信息。

例 8-6 编写一个自定义消息处理应用程序,程序启动后设置一个定时器,在消息 WM_TIMER 的消息处理函数中发送一个用户自定义消息,在对应的自定义消息处理函数中以动画的形式旋转显示一行文本。

【编程说明与实现】

(1) 首先利用 MFC AppWizard 应用程序向导创建一个名为 Rotate 的应用程序。利用 ClassWizard(类向导)为 CRotateView 类生成消息 WM_CREATE 的消息处理函数,通过设置定时器,在指定的时间间隔向窗口发送 WM_TIMER 消息。

```
int CRotateView::OnCreate(LPCREATESTRUCT lpCreateStruct)
{
    if (CView::OnCreate(lpCreateStruct)==-1)
        return-1;
    // TODO: Add your specialized creation code here
    SetTimer(1, 200, NULL);                    // 启动定时器,时间间隔为 200ms
    return 0;
}
```

(2) 在源文件 RotateView. cpp 开始位置定义一个用户自定义消息,如下所示:

```
#define WM_MYMESSAGE WM_USER+1                 // 用户自定义消息
```

利用 ClassWizard 类向导为 CRotateView 类生成消息 WM_TIME 的消息处理函数,在函数中发送自定义消息 WM_MYMESSAGE,代码如下所示:

```
void CRotateView::OnTimer(UINT nIDEvent)
{
    SendMessage(WM_MYMESSAGE);                 // 发送自定义消息 WM_MYMESSAGE
    CView::OnTimer(nIDEvent);
}
```

(3) 在源文件 RotateView. cpp 消息映射表 BEGIN_MESSAGE_MAP 和 END_MESSAGE_MAP 之间(注释"// }}AFX_MSG_MAP"其后)添加自定义消息映射宏。

```
ON_MESSAGE(WM_MYMESSAGE,OnMyMessage)          // 自定义消息映射宏
```

在文件 RotateView. h 类 CRotateView 的定义中声明自定义消息处理函数。

```
afx_msg LRESULT OnMyMessage(WPARAM wParam, LPARAM lParam);
```

(4) 在 RotateView. h 头文件 CRotateView 类的定义中声明一个 private 属性、int 型的成员变量 m_dEscapement,用于表示文本显示角度,并在 RotateView. cpp 实现文件类

CRotateView 的构造函数中初始化该成员变量。

```
CRotateView::CRotateView()
{
    m_dEscapement=0;                                    // 初始化文本显示角度
}
```

（5）在源文件 RotateView.cpp 中手工添加自定义消息处理函数的实现代码，完成以动画形式旋转显示一行文本（"不登高山，不知天之高也"）的功能。

```
LRESULT CRotateView::OnMyMessage(WPARAM wParam, LPARAM lParam)
{
    CClientDC dc(this);
    m_dEscapement= (m_dEscapement+100) %3600;
    CFont fontRotate;                                   // 准备创建旋转字体
    fontRotate.CreateFont(30, 0, m_dEscapement, 0,0,0,0,0,0,0,0,0,0);
    CFont * pOldFont=dc.SelectObject(&fontRotate);      // 设置新的字体
    CRect rClient;
    GetClientRect(rClient);                             // 得到客户窗口大小
    dc.FillSolidRect(&rClient, RGB(255,255,255));
                                      // 为了得到动画效果,将客户区置为白色
    dc.TextOut(rClient.right/2, rClient.bottom/2, "不登高山,不知天之高也");
    dc.SelectObject(pOldFont);                          // 恢复原来的字体
    return  0;
}
```

（6）利用 ClassWizard 类向导生成消息 WM_DESTROY 的消息处理函数，在销毁应用程序窗口时删除在成员函数 OnCreate()中创建的定时器。

```
void CRotateView::OnDestroy()
{
    CView::OnDestroy();
    KillTimer(1);                                       // 销毁定时器
}
```

Rotate 程序运行后，将看到文本"不登高山，不知天之高也"旋转的动画效果。

8.5 MFC 宏

在 C/C++ 语言中都能够使用宏，宏就是用宏定义指令 ♯define 定义一个标识符，用来表示一个字符串或一段源代码。MFC 宏作为 MFC 类库的一个组成部分在 MFC 应用

程序中经常出现。MFC 宏在路径"…\Microsoft Visual Studio\VC98\MFC\Include\"下的 Afxwin. h、Afx. h 及 Afxmsg_. h 等 MFC 头文件中分别进行了定义。

8.5.1 常用的 MFC 宏

MFC 提供的宏有很多,常用的 MFC 宏包括消息映射宏、运行时类型识别宏、序列化宏、调试宏和异常宏等。表 8-3 列出了编程时经常遇到的 MFC 宏,在本书其他章节也涉及了其中的一些,如 6.5 节中的序列化宏,8.4 节中有关消息映射的一些宏,10.1 节中的异常宏。8.5.2 节和 8.5.3 节将介绍有关运行时类型识别的宏和 MFC 调试宏。读者也许知道了一些 MFC 宏的用法,但未必认识其庐山真面目。要想真正了解 MFC 的内部机制并熟练运用 MFC,必须掌握 MFC 宏的基本原理和使用方法。

表 8-3 常见的 MFC 宏

宏 名 称	功 能
RUNTIME_CLASS	获得运行时类的 CRuntimeClass 结构的指针
DECLARE_DYNAMIC	提供基本的运行时类型识别(声明)
IMPLEMENT_ DYNAMIC	提供基本的运行时类型识别(实现)
DECLARE_DYNCREATE	动态创建(声明)
IMPLEMENT_DYNCREATE	动态创建(实现)
DECLARE_SERIAL	对象序列化(声明)
IMPLEMENT_SERIAL	对象序列化(实现)
TRACE	调试时跟踪输出
ASSERT	调试时根据断言条件决定程序的执行
VERIFY	条件验证宏(可以在 Release 版中使用)
DECLARE_MESSAGE_MAP	声明消息映射表
BEGIN_MESSAGE_MAP	开始建立消息映射表
END_MESSAGE_MAP	结束建立消息映射表
ON_COMMAND	命令消息映射宏
ON_MESSAGE	自定义消息映射宏
ON_WM_…	MFC 预定义消息映射宏
ON_BN_…,ON_CBN_…,ON_EN_…等	控件通知(notification)消息映射宏

8.5.2 运行时类型识别和动态创建

运行时类型识别(Runtime Type Information,RTTI)是指程序在运行时能够确定一个对象的类型。MFC 扩充了一般 C++ 中运行时类型识别的功能,当一个类支持 MFC 的运行时类型识别功能时,它允许程序获取对象的信息(如类名、所占存储空间大小及版本号等)和基类信息(Runtime Class Information,RTCI)。

1. 运行时类宏 RUNTIME_CLASS

RUNTIME_CLASS 宏的定义如下:

```
#define RUNTIME_CLASS(class_name)
        ((CRuntimeClass * )(&class_name::class##class_name))
```

RUNTIME_CLASS 宏返回参数 class_name 所指定类的静态成员变量 class##class_name 的指针,该指针指向一个 CRuntimeClass 结构。编程时,可以利用 RUNTIME_CLASS 宏在程序运行时动态创建类的实例(对象)。为了让这个宏起作用,定义的类必须是类 CObject 的派生类,并且在派生类的定义中必须使用宏 DECLARE_DYNAMIC、DECLARE_DYNCREATE 或 DECLARE_SERIAL,在派生类的实现源文件中使用宏 IMPLEMENT_DYNAMIC、IMPLEMENT_DYNCREATE 或 IMPLEMENT_SERIAL。这 3 个宏使 MFC 类及其派生类具有 3 个不同等级的功能。

2. 动态识别宏 DECLARE_DYNAMIC 和 IMPLEMENT_DYNAMIC

动态识别声明宏 DECLARE_DYNAMIC 的定义如下:

```
#define DECLARE_DYNAMIC(class_name) \           // 反斜线字符"\"表示续行
public: \
    static const AFX_DATA CRuntimeClass class##class_name; \
    virtual CRuntimeClass * GetRuntimeClass() const; \
```

动态识别实现宏 IMPLEMENT_DYNAMIC 的定义请参阅 MSDN。使用动态识别宏能够使 CObject 类的派生类对象具有基本的类型识别机能,可通过调用成员函数 CObject::IsKindOf(ClassName)测试对象与给定类 ClassName 的关系。

例 8-7 定义一个类 MyClass,使用 RUNTIME_CLASS 宏的基本对象识别功能。

```
// 在头文件 MyClass.h 中
class CMyClass : public CObject
{
    DECLARE_DYNAMIC(CMyClass)                    // 在派生类的定义中使用
```

```
public:
    void SomeFunction(void);
};
// 在实现源文件 MyClass.cpp 中
#include "MyClass.h"
IMPLEMENT_DYNAMIC(CMyClass, CObject)               // 在派生类的实现文件中使用
void CMyClass::SomeFunction(void)
{
    CObject * pObject=new CMyClass;                // 下面判断对象的类是否为类 CMyClass
    if(pObject->IsKindOf(RUNTIME_CLASS(CMyClass)))
    {
        CMyClass * pMyObject=(CMyClass *) pObject;
        AfxMessageBox("MyObject is an object of the class CMyClass");
    }
    else AfxMessageBox("MyObject is not an object of the class CMyClass");
    delete pObject;
}
```

3. 动态创建宏 DECLARE_DYNCREATE 和 IMPLEMENT_DYNCREATE

　　动态创建是动态识别的一个超集,除了基本的类型识别机能,使用动态创建宏能够使 CObject 类的派生类具有运行时动态创建对象的功能(动态创建宏的定义参见 MSDN 的相关主题文档)。注意,支持动态创建的类必须有一个默认的不带参数的构造函数,用于创建一个稳定的对象。MFC 应用程序框架利用这个机制动态创建新的对象,例如,当创建一个文档模板对象时(见 6.1.3 节),应用程序框架将利用文档类、视图类和框架类的动态创建机制来动态创建它们的运行时对象。

　　在 MFC 应用程序框架中,MFC AppWizard 应用程序向导为 MFC 派生类自动添加了这两个动态创建宏。例如,在向导生成的 CMainFrame 类定义的头文件使用了动态创建声明宏,在 CMainFrame 类实现的源文件中使用了动态创建实现宏,如下所示:

```
DECLARE_DYNCREATE(CMainFrame)                    // 在类定义的头文件中
IMPLEMENT_DYNCREATE(CMainFrame, CFrameWnd)       // 在类实现的源文件中
```

4. 序列化宏 DECLARE_SERIAL 和 IMPLEMENT_SERIAL

　　序列化是动态识别和动态创建的一个超集,除了基本的类型识别和动态创建机能,使用序列化宏能够使 CObject 类的派生类具有实现对象持久性的序列化功能。有关这两个

宏的用法请参阅 6.5 节。

8.5.3　MFC 调试宏

跟踪(trace)和断言(assert)在查找程序设计错误时是非常有用的。在调试运行程序时,通过跟踪可以在程序某个位置显示需要的程序运行数据,通过断言可以使程序在断言条件不成立时暂停程序的运行。MFC 提供了一些跟踪宏和断言宏用于程序的调试,本节介绍其中最常用的几个宏(包括 TRACE、ASSERT 和 ASSERT_VALID)的使用方法,其他一些有关程序调试的 MFC 宏可以参阅 MSDN。

1. TRACE(跟踪)宏

TRACE 宏的使用形式如下:

TRACE (<输出格式>,<表达式>)

TRACE 宏有输出格式和表达式两个参数,其形式与常用的输出函数 printf() 一样。TRACE 宏的功能是在调试运行时把表达式的值输出到 Output 调试窗口。TRACE 宏只在 MFC 应用程序 Debug 版的调试运行状态下才起作用,并且必须保证在 Developer Studio 环境中设置 Enable tracing 选项,通过执行 Tools|MFC Tracer 菜单命令设置选项。

例如,对于以下代码:

```
char* szName="LiMing";
int nAge=18;
TRACE("Name=%s, Age=%d \n", szName, nAge);
```

程序调试运行时在 Output 窗口将输出以下内容:

Name=LiMing, Age=18

2. ASSERT(断言)宏

ASSERT 宏的使用形式如下:

ASSERT (<表达式>)

执行该宏时,如果表达式为真,则程序继续执行;否则暂停程序的运行,并弹出一个对话框,告诉用户程序暂停运行的语句行及所在文件的信息。用户可选择终止运行、调试程序或继续运行。例如,在视图派生类的成员函数 GetDocument() 中,MFC 就使用了 ASSERT 宏判断当前文档是否是运行时类的对象。

例 8-8　设已经自定义了一个名为 CMyFrame 的框架窗口类(是 CFrameWnd 类的

派生类),构建了一个与 CMyFrame 相关联的文档模板对象,并为构建的文档模板创建框架窗口(参看例 6-16)。在使用框架窗口时可以利用 ASSERT 宏进行条件判断。

使用框架窗口的代码如下:

```
CMyFrame * pFrame= (CMyFrame * ) AfxGetMainWnd();            // 强制类型转换
ASSERT(pFrame->IsKindOf(RUNTIME_CLASS (CMyFrame)));      // 判断 pFrame 的类型
pFrame->DoSomeOperation();                        // 使用框架窗口,调用成员函数完成某些操作
```

AfxGetMainWnd()是一个全局函数,返回指向应用程序主窗口的指针,其类型为 CWnd *,必须进行强制类型转换。但是,如何判断转换是否成功了? CMyFrame 类也是 CObject 的派生类,可以调用成员函数 IsKindOf(),通过 ASSERT 宏来检查 pFrame 的类型。因此,在语句 pFrame->DoSomeOperation()之前使用 ASSERT 断言宏,就可以在运行时进行类型检查。当类型不匹配时,引发一个断言,可以中断程序的执行。

ASSERT 宏只在 Debug 版中才起作用,在 Release 版中是不会被编译的,而在 Release 版中可以使用 VERIFY 宏。VERIFY 宏与 ASSERT 宏在 Debug 版中的作用一致,区别在于在 Release 版中 VERIFY 宏仍然有效,会对参数表达式求值,但不管结果如何都不会暂停程序的运行。

为了避免给程序带来不良的后果,使用 ASSERT 宏时必须保证参数表达式中不能有函数调用语句,因为 ASSERT 宏中的函数调用语句在 Release 版中根本不存在。出现这种情况时,可以使用 VERIFY 宏取代 ASSERT 宏。

3. ASSERT_VALID(断言有效)宏

ASSERT_VALID 宏的使用形式如下:

ASSERT_VALID (<指针>)

ASSERT_VALID 宏用于检查指针和对象的有效性。对于一般指针,只检查指针是否为空。对于 MFC 类对象指针,通过调用 CObject 类的成员函数 AssertValid()判断对象的合法性。ASSERT_VALID 宏提示指针或对象无效的方式与 ASSERT 宏一样,也会弹出一个对话框。ASSERT_VALID 宏也只在 Debug 版中才起作用。

习　　题

问答题

8-1　Windows 应用程序与 DOS 应用程序相比有什么特点?

8-2　举例说明如何利用 Visual C++ IDE 从二进制可执行文件中获取资源。

8-3 什么是 Windows API? 它主要定义在哪 3 个动态链接库中? 使用它们需要包含哪一个头文件?

8-4 什么是 SDK? 采用 SDK 编程与采用 MFC 编程有什么实质区别?

8-5 什么是窗口函数? 什么是 callback 函数? 成员函数如何成为 callback 函数?

8-6 要使用一些非标准的 Windows API, 编写代码和进行项目设置时需要做哪些工作? 请举一个例子进行说明。

8-7 解释下列术语: (1)事件; (2)消息; (3)消息队列; (4)句柄。

8-8 Windows 消息分为哪几类? 它们之间有何异同? 请举例说明。

8-9 在 Windows 中, 消息用什么结构来表示? 说明该结构中主要成员的含义。

8-10 MFC 分为哪几个部分? 利用 MFC 编程有哪些优点? 简述学习 MFC 时重点要解决哪些问题。

8-11 什么是 MFC 应用程序框架? 它提供了哪些运行时类的对象?

8-12 传统的 Windows 应用程序和 MFC 应用程序的入口函数分别是哪一个?

8-13 简述 MFC 应用程序的启动和退出过程, 并详细说明相关函数 InitInstance()、Run()、OnIdle()和 ExitInstance()等的功能。

8-14 MFC 应用程序常用的 MFC 文件和外围文件有哪些?

8-15 什么是 Import 函数导入库? 它有什么作用?

8-16 MFC 应用程序同 MFC 链接有哪 3 种方式? 如何设置这些链接方式? 编译程序如何识别它们?

8-17 简述 MFC 的消息映射机制。MFC 消息映射宏有哪几种形式?

8-18 举例说明利用 ClassWizard(类向导)添加消息处理函数时, ClassWizard 具体做了哪些工作。

8-19 Windows 消息的发送有哪两种方式? 它们之间的主要区别是什么? MFC 如何封装消息发送函数?

8-20 如何添加一个用户自定义的消息和消息处理函数?

8-21 有关运行时类型识别 RTTI 的 MFC 宏有哪几个? 它们分别用于实现哪几个不同等级的功能?

8-22 MFC 提供了哪些调试宏和成员函数, 简述常用宏和成员函数的使用方法。

8-23 ASSERT 宏、ASSERT_VALID 宏和 VERIFY 宏之间有什么区别?

上机编程题

8-24 利用 API 函数 CopyFile()编写一个基于对话框的文件复制程序。

8-25 编写一个控制台应用程序, 调用相关的 API 函数, 输出计算机名称、CPU 类型、内存空间和空闲内存空间。(提示:使用 SYSTEM_INFO 和 MEMORYSTATUS 结构定义与 API 函数相匹配的参数。)

8-26 改写例 8-1 中的 Hello 程序,在 Help 主菜单中添加菜单项 Message,当执行菜单命令 Message 后弹出一个信息对话框,显示该菜单命令的执行次数。(提示:可以利用函数_itoa()将整数转换为字符串。)

8-27 利用 Win32 Application 向导创建一个 Windows 应用程序,在向导的第 1 步选择 A empty project 项,要求程序运行后显示文本串"Hello Win32 Application !"。

8-28 编写一个 MFC 应用程序,通过调用 API 函数 SetTimer()实现类似于例 8-2 中的程序 HelloMFC 的动画功能。

8-29 为例 8-1 中的程序 Hello 添加键盘输入消息 WM_CHAR 的处理代码,判断当前按下的键是不是 X 或 x 键,并给出相应的提示。

8-30 编写一个 SDI 应用程序,在"查看"主菜单中添加"我的窗口"菜单项,执行"我的窗口"菜单命令后弹出一个普通窗口,并将窗口移到屏幕左上角。(提示:使用全局函数 AfxRegisterWndClass()注册窗口类,使用 API 函数::CreateWindowEx()创建并显示窗口,使用成员函数 CWnd::MoveWindow()移动窗口,使用成员函数 CWnd::Attach()和 CWnd::Detach()封装和解封窗口句柄。)

8-31 在应用程序类中重载 OnIdle()空闲处理函数,以显示自上一次收到消息至今共调用了多少次 OnIdle()函数,并在空闲时播放一段声音。(提示:调用 Windows API 函数 PlaySound()和 Sleep(),注意包含头文件 mmsystem. h,加入库文件 winmm. lib。)

8-32 假设利用类 CTime 和 CTimeSpan 来计算空闲时间,实现例 8-4 的功能。

8-33 编写一个自定义消息应用程序,当左击鼠标或右击鼠标时发送不同的自定义消息,在自定义消息处理函数中计算单击鼠标的次数,并弹出一个信息对话框。

8-34 修改例 8-6 中的程序,程序运行后,当选择"旋转"菜单命令时启动定时器以发送用户自定义消息,在自定义消息处理函数中旋转显示一行文本。当选择"停止"菜单命令时停止旋转显示文本。

8-35 编程实现例 8-7 所要求的功能。

8-36 参照例 8-8 编写一个程序,自定义一个框架窗口类。在程序中创建框架窗口后利用 AfxGetMainWnd()函数获得该框架窗口,使用 ASSERT()宏结合 IsKindOf()函数判断所获得框架窗口的类型是否正确。

8-37 编写一个程序,在程序中定义一个 CObject 类的派生类 CVehicle,用于描述汽车的有关属性和方法。重载成员函数 AssertValid(),把汽车的速度限制在 0~200。并且,调试时利用成员函数 Dump()输出对象的有关数据成员的值。

8-38 在习题 8-37 程序中使用 RUNTIME_CLASS 宏,如在 OnDraw()函数中定义一个指向 CVehicle 类对象的指针,然后调用 IsKindOf()函数判断当前运行对象的类是否是参数所指定的类。(提示:在 CVehicle 类中使用动态支持宏。)

8-39　编写一个 SDI 应用程序,在"查看"主菜单中添加"等待光标"菜单项,执行"等待光标"菜单命令后首先将光标改为沙漏形状,然后进行 3 秒钟左右的某种操作,最后将光标恢复原状。

8-40　编写一个向其他程序发送消息的程序,并要求接收消息的程序收到消息后给出提示信息。(提示:利用∷RegisterWindowMessage( )、∷BroadcastSystemMessage( )和 CWnd∷Attach( )等函数,并使用路径"⋯\Microsoft Visual Studio\Common\Tools"下的名字生成器程序 Guidgen 为定义的消息生成一个唯一的字符串。)

第 **9** 章

图形绘制

　　Windows 是一个图形界面操作系统,显示器上所有显示的内容都是作为图形元素进行处理,绝大多数 Windows 应用程序都需要在显示器、打印机或其他设备上输出图形(包括文本)。为了方便图形绘制编程,Windows 提供了一个图形设备接口。前面几章中的一些程序已经涉及有关图形绘制的内容,只是程序中使用的是系统默认的绘图工具,绘制的图形没有颜色、线型和字体的变化。本章介绍有关图形绘制的基本原理,并结合实例介绍画笔、画刷和字体等绘图工具的编程方法。

9.1　图形设备接口

　　图形设备接口(Graphics Device Interface,GDI)是 Windows 提供的一个支持图形绘制的编程接口,其主要任务是负责 Windows 系统与应用程序之间的信息交换,处理应用程序的图形输出。应用程序通过 GDI 在显示器、打印机等输出设备上绘制图形,避免程序员直接对硬件进行操作,从而实现设备无关性。

9.1.1　概述

　　Windows 通过 GDI 管理图形的输出,当字处理软件将文本输出到显示器时,图形处理软件在显示器或打印机(绘图仪)上输出图形,以及屏幕保护程序启动图形画面时,所有这些功能的实现都需要使用 GDI。Windows 本身就是使用 GDI 来绘制视窗的各个界面元素,如菜单、工具栏和对话框等,甚至光标也是利用 GDI 来显示。

　　Windows 引入 GDI 的主要目的是为了实现设备无关性。所谓设备无关性,是指操作系统屏蔽了硬件设备的差异,程序员编程时一般无须考虑硬件设备的类型,如不同种类的显示器或打印机。当然,实现设备无关性的另一个重要环节是设备驱动程序,根据设备属性(如分辨率和颜色数量),不同设备需要提供不同的驱动程序。Windows 已经提供了多种显卡及打印机的驱动程序,大大方便了 Windows 编程。

GDI 作为一个 Windows 编程接口,提供了一系列的函数和相关的结构。GDI 函数定义在 Windows 的 3 个核心动态链接库之一的 Gdi32.dll 中,编程时可以通过调用 GDI 函数绘制不同形状、颜色和类型的图形,生成图形化的输出结果。Microsoft 公司在 Windows 2000 版本后推出了 GDI+,在功能上对原有的 GDI 进行了升级。

如图 9-1 所示,GDI 处于设备驱动程序的上一层,负责管理应用程序绘图时功能的转换。当应用程序调用某个绘图函数时,GDI 便会将 Windows 绘图命令传送给当前设备的驱动程序,以调用驱动程序提供的接口函数。驱动程序的接口函数将绘图命令转化为设备能够执行的输出命令,实现图形的绘制。不同设备具有不同的驱动程序,因此,设备驱动程序是设备相关的。

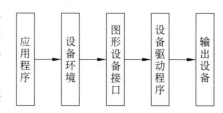

图 9-1　Windows 应用程序的绘图过程

MFC 对 GDI 函数和绘图对象进行了封装,因此,可以更方便地利用 MFC 中有关图形绘制的类进行图形绘制。当然,为了真正做到设备无关性,还必须注意以下几点:程序中不要涉及设备尺寸,不要设定程序运行时的显示器类型,不要假定某些颜色在所有的情况下都合适。

9.1.2　设备环境

Windows 为了实现设备无关性,应用程序的输出不直接面向显示器或打印机等物理设备,而是面向一个称为设备环境(Device Context,DC)的虚拟逻辑设备。设备环境也称设备描述表或设备上下文,是由 Windows 管理的一个数据结构。设备环境保存了绘图操作中一些共同需要设置的信息,如当前的画笔、画刷、字体和位图等图形对象及其属性,以及颜色、背景等影响图形输出的绘图模式。

形象地说,设备环境相当于一张画图用的画布,用户可以使用不同的画图工具在设备环境中绘制点、线、圆和文本。这里,设备环境中的"设备"是指任何类型的显示器或打印机等输出设备,绘图时用户不必关心所使用设备的绘图方法。因为所有的绘图操作必须通过设备环境进行间接的处理,Windows 会自动将设备环境所描述的结构映射到相应的物理设备上。

在使用 GDI 绘图时,必须先获取一个设备环境,应用程序每一次绘图操作均按照设备环境中设置的绘图属性进行。设备环境不像其他一些 Windows 的数据结构,程序不能直接存取设备环境,只能先获取设备环境的句柄 HDC,然后通过调用相关的 GDI 函数获取或设置设备环境数据结构中的各项属性,这些属性包括显示器高度、宽度、颜色数量和分辨率等。总之,获取设备环境句柄是使用 GDI 绘图的一个首要条件。

如果采用传统的 API 方法编程，获取设备环境句柄的方法有两种。通常应用程序是在响应 WM_PAINT 消息时进行绘图操作，此时可以通过调用 API 函数 BeginPaint() 获取设备环境句柄，使用结束后通过调用 API 函数 EndPaint() 释放设备环境。如果绘图操作不是在 WM_PAINT 消息处理函数中，则通过调用 API 函数 GetDC() 获取设备环境句柄，调用 API 函数 ReleaseDC() 释放设备环境。

如果采用 MFC 方法编程，由于 MFC 将 Windows 中不同类型的设备环境封装到不同的设备环境 DC 类，因此可以很方便地利用 DC 类获取设备环境。MFC 的每一个 DC 类都封装了设备环境句柄，并且它们的构造函数自动调用上述获取设备环境句柄的 API 函数，析构函数自动调用释放设备环境的 API 函数。因此，在程序中通过声明一个 DC 类的对象来自动获取一个设备环境，而当该对象被销毁时就自动释放获取的设备环境。并且，MFC 应用程序框架中的 OnDraw() 函数自动支持所获取的设备环境。

MFC 提供的 DC 类包括 CDC、CPaintDC、CClientDC、CWindowDC 和 CMetaFileDC 等，其中 CDC 类是 MFC 设备环境类的基类，其他的 MFC 设备环境类都是 CDC 类的派生类。下面对这几个设备环境类及功能进行简要介绍。

CDC 类既作为其他 MFC 设备环境类的基类，又可以作为一个普通的设备环境类使用。CDC 类是 MFC 中一个功能非常丰富的类，提供了 170 多个成员函数，利用 CDC 类可以访问设备属性和设置绘图属性。并且，CDC 类对 GDI 的所有绘图函数进行了封装，因此，可以通过调用 CDC 类的成员函数完成绘图操作。

CPaintDC 类是 OnPaint() 函数使用的设备环境类，代表一个窗口的绘图画面。如果添加 WM_PAINT 的消息处理函数 OnPaint()，就需要使用 CPaintDC 类来定义一个设备环境对象。在 CView 类的成员函数 OnPaint() 中就这样定义了一个设备环境：

```
void CView::OnPaint()
{
    // standard paint routine
    CPaintDC dc(this);                              // 定义一个设备环境 dc
    OnPrepareDC(&dc);
    OnDraw(&dc);
}
```

当用户改变了应用程序窗口的大小，或者当窗口恢复了先前被遮盖的部分，应用程序窗口就会收到 Windows 发来的 WM_PAINT 消息，然后调用基类 CView 的 OnPaint() 函数或程序员添加的消息处理函数 OnPaint()。程序可以在 OnPaint() 函数中重绘窗口中需要刷新的部分，但简单的处理方法是重绘整个窗口。由于基类 CView 的 OnPaint() 函数调用了 OnDraw() 函数，因此编程时经常在 OnDraw() 函数中输出图形。

CClientDC 类代表了客户区设备环境，客户区是指程序窗口中不包括边框、标题栏、菜单栏、工具栏和状态栏等界面元素的内部绘图区。当构造 CClientDC 类的对象时自动调用 API 函数 GetDC()获取设备环境句柄。当 CClientDC 类的对象被销毁时,自动调用 API 函数 Release()释放设备环境。当在客户区实时绘图时,需要利用 CClientDC 类定义一个客户区设备环境,就如以下鼠标消息处理函数中所示的那样。

```
void CMy GraphView::OnLButtonDown(UINT nFlags, CPoint point)
                                          // 左击鼠标消息处理函数
{
    // TODO: Add your message handler code here and/or call default
    CClientDC dc(this);                   // 定义客户区设备环境
    dc.LineTo(point);                     // 绘制线段
}
```

有时需要获取与一个客户设备环境相关联的窗口对象,由于 CClientDC 类把与之相关联的窗口的句柄放在成员变量 m_hWnd 中,可以通过调用函数 Attach()把这个句柄传递给一个窗口对象,该窗口就是与客户设备环境相关联的窗口。

CWindowDC 类代表了整个程序窗口设备环境,包括窗口边框、标题栏和菜单栏等非客户区和客户区,因此使用窗口设备环境可以在整个程序窗口区域绘图。

CMetaFileDC 类是用于创建一个 Windows 图元文件的设备环境。Windows 图元文件包含了一系列 GDI 绘图命令,使用这些命令可以重复创建所需的图形或文本。

此外,还有一个内存设备环境,这是一个没有设备与它关联的设备环境。最典型的应用是可以利用与某个标准设备环境兼容的内存设备环境把一个位图复制到显示器上,具体方法见相关参考文献。内存设备环境没有对应的 MFC 类,因为对内存设备环境来说,CDC 类已经足够用了,CDC 本身就是一个标准的设备环境类。唯一的区别是程序是在内存中绘图,除非把图形复制到显示设备环境,否则用户是看不到这些图形的。

9.1.3 GDI 坐标系和映射模式

绘图时需要一个参照坐标系,以便确定文本或图形的输出位置。GDI 支持两种类型的坐标系,即逻辑坐标系和设备坐标系。一般而言,GDI 的文本和图形输出函数使用逻辑坐标,而在客户区移动或按下鼠标所得到的鼠标位置采用设备坐标。

逻辑坐标系是面向设备环境的坐标系,这种坐标不考虑具体的设备类型。在实际绘图输出时,GDI 会根据当前设置的映射模式将逻辑坐标转换为设备坐标。

设备坐标系是面向显示器或打印机等物理设备的坐标系,这种坐标以像素或设备所能表示的最小长度单位为单位,X 轴向右为正方向,Y 轴向下为正方向。区别于逻辑坐标系,设备坐标系的原点位置$(0,0)$不限定在设备显示区域的左上角。根据设备坐标系的原点位置和使用范围可将设备坐标系统分为屏幕坐标系、窗口坐标系和客户区坐标系 3 种相互独立的坐标系。

屏幕坐标系以屏幕左上角为原点，一些与整个屏幕有关的函数均采用屏幕坐标，如创建窗口的函数 CreateWindow()、移动窗口的函数 MoveWindow()、获取光标位置的函数 GetCursorPos() 和设置光标位置的函数 SetCursorPos()。此外，弹出式菜单可以在屏幕任何位置使用，因此 WM_CONTEXTMENU 消息处理函数也使用屏幕坐标。

窗口坐标系以窗口左上角为坐标原点，包括窗口标题栏、菜单栏和工具栏等范围。一般情况下很少在上述范围区域绘图，因此这种坐标系很少使用。

客户区坐标系是最常使用的坐标系，它是以窗口客户区左上角为原点，主要用于客户区的绘图输出和窗口消息的处理。鼠标消息的坐标参数直接使用客户区坐标，而 CDC 类用于绘图的成员函数使用与客户区坐标对应的逻辑坐标。

编程时，有时需要根据当前的具体情况进行 3 种设备坐标之间或与逻辑坐标的相互转换。CWnd 类提供了两个成员函数 ScreenToClient() 和 ClientToScreen() 用于屏幕坐标与客户区坐标的相互转换，CDC 类提供了两个成员函数 DPtoLP() 和 LPtoDP() 用于设备坐标与逻辑坐标之间的相互转换。

例 9-1 修改例 6-15 中的程序 MyDraw，采用将设备坐标转换为逻辑坐标的方法实现滚动视图的功能。

【编程说明与实现】

Windows 鼠标位置使用设备坐标系，是以客户区窗口原点作为基准，而在 OnDraw() 函数中使用的是逻辑坐标。因此，为了在滚动视图中重绘图形，必须在存储线段起点和终点坐标之前将坐标转换为逻辑坐标。为了进行正确转换，首先需要调用 CScrollView 滚动视图类的成员函数 OnPrepareDC() 对设备环境进行调整。实质上，OnDraw() 函数由 OnPaint() 函数调用，在调用 OnDraw() 函数前，OnPaint() 函数已经调用 OnPrepareDC() 函数对设备环境进行了调整。

打开例 6-15 中的应用程序项目 MyDraw，按照上述要求修改单击鼠标和移动鼠标的消息处理函数，修改后的两个消息处理函数如下所示：

```
void CMyDrawView::OnLButtonDown(UINT nFlags, CPoint point)
{
    // TODO: Add your message handler code here and/or call default
    CClientDC dc(this);
    OnPrepareDC(&dc);                      // 调整设备环境的属性
    dc.DPtoLP(&point);                     // 将设备坐标转换为逻辑坐标
    SetCapture();                          // 捕捉鼠标
    ::SetCursor(m_hCross);                 // 设置十字光标
    m_ptOrigin=point;
    m_bDragging=TRUE;                      // 设置拖曳标记
```

```
//      CScrollView::OnLButtonDown(nFlags, point);
}
void CMyDrawView::OnMouseMove(UINT nFlags, CPoint point)
{
    // TODO: Add your message handler code here and/or call default
    if(m_bDragging)
    {
        CMyDrawDoc * pDoc=GetDocument();          // 获得文档对象的指针
        ASSERT_VALID(pDoc);                       // 测试文档对象是否运行有效
        CClientDC dc(this);
        OnPrepareDC(&dc);                         // 调整设备环境的属性
        dc.DPtoLP(&point);                        // 将设备坐标转换为逻辑坐标
        pDoc->AddLine(m_ptOrigin, point);         // 加入线段到指针数组
        dc.MoveTo(m_ptOrigin);
        dc.LineTo(point);                         // 绘制线段
        m_ptOrigin=point;                         // 新的起始点
    }
//      CScrollView::OnMouseMove(nFlags, point);
}
```

执行 Build 命令得到的应用程序同样具有滚动视图的功能。

一般而言,CWnd 类的大多数成员函数使用设备坐标,因为 CWnd 成员函数一般与设备环境无关,因此它们没有必要使用设备环境所用的逻辑坐标。而 CDC 类的大多数成员函数使用逻辑坐标,这些坐标在实时显示图形对象(不是重绘)时会自动转换为设备坐标,而逻辑坐标如何转换为设备坐标由当前的映射模式(mapping mode)所决定。

映射模式确定了在绘制图形时所依据的坐标系,它定义了逻辑单位的实际大小和坐标轴增长方向。所有映射模式的坐标原点均在设备输出区域(如客户区或打印区)的左上角。此外,对于某些映射模式,用户还可以自定义窗口的长度和宽度,设置视图区的物理范围。GDI 定义了 8 种映射模式,表 9-1 给出了这 8 种映射模式下的逻辑单位长度和坐标轴增长方向。使用映射模式的一个主要好处是程序员不必考虑输出设备的具体设备坐标系,而在一个统一的逻辑坐标系中进行图形的绘制。

在以上 8 种映射模式中,MM_TEXT 映射模式是系统默认的映射模式。可以通过调用 CDC 类的成员函数 SetMapMode()设置自己的映射模式,也可以通过调用 CDC 类的成员函数 GetMapMode()获取当前的映射模式。

不管采用哪一种映射模式,都可以重新设置原点的位置。可以通过调用 CDC 类的成员函数 SetWindowOrg()设置设备环境的窗口原点的坐标,通过调用 CDC 类的成员函数 SetViewportOrg()设置设备的视口原点的坐标。这里,窗口是对应于逻辑坐标系(设

表 9-1　GDI 映射模式

映 射 模 式	逻辑单位	坐标系设定
MM_TEXT	一个像素	X 轴向右为正方向，Y 轴向下为正方向
MM_LOMETRIC	0.1mm	X 轴向右为正方向，Y 轴向上为正方向
MM_HIMETRIC	0.01mm	X 轴向右为正方向，Y 轴向上为正方向
MM_LOENGLISH	0.01in	X 轴向右为正方向，Y 轴向上为正方向
MM_HIENGLISH	0.001in	X 轴向右为正方向，Y 轴向上为正方向
MM_TWIPS	一个 twip	X 轴向右为正方向，Y 轴向上为正方向
MM_ISOTROPIC	系统确定	X、Y 轴可任意调节，X 轴和 Y 轴的单位比例为 1∶1
MM_ANISOTROPIC	系统确定	X、Y 轴可任意调节，X 轴和 Y 轴的单位比例也可任意

备环境)由用户设定的一个区域,而视口是对应于实际输出设备由用户设定的一个区域。窗口原点是指逻辑窗口坐标系的原点在视口(设备)坐标系中的位置,视口原点是指设备实际输出区域的原点。

例如,语句 SetWindowOrg(50,50)表示将窗口坐标原点设置为(50,50),这时逻辑坐标(50,50)映射为设备坐标(0,0)。

除了映射模式,窗口和视口也是决定一个点的逻辑坐标如何转换为设备坐标的因素之一。一个点的逻辑坐标按照如下公式转换为设备坐标:

设备(视口)坐标=逻辑坐标−窗口原点坐标+视口原点坐标

例 9-2　分别在 OnDraw()函数中添加如下程序代码,设置不同的窗口原点和视口原点,观察结果有什么不同。

(1)

```
pDC->SetMapMode(MM_TEXT);
pDC->Rectangle(CRect(50, 50, 100, 100));
```

(2)

```
pDC->SetMapMode(MM_TEXT);
pDC->SetWindowOrg(50, 50);
pDC->Rectangle(CRect(50, 50, 100, 100));
```

(3)

```
pDC->SetMapMode(MM_TEXT);
pDC->SetViewportOrg(50, 50);
```

```
pDC->Rectangle(CRect(50, 50, 100, 100));
```

（4）

```
pDC->SetMapMode(MM_TEXT);
pDC->SetViewportOrg(50, 50);
pDC->SetWindowOrg(50, 50);
pDC->Rectangle(CRect(50, 50, 100, 100));
```

输出结果如图 9-2 所示,其中,第(1)和第(4)种输出结果完全相同。

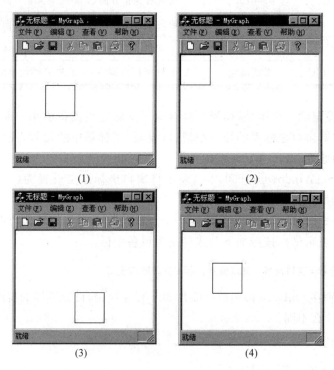

图 9-2   例 9-2 的 4 种输出结果

不同于 MM_TEXT 映射模式的 Y 轴方向,MM_LOMETRIC、MM_HIMETRIC、MM_ LOENGLISH、MM_HIENGLISH 和 MM_TWIP 映射模式的 Y 轴正方向都向上。MM_TWIPS 映射模式常常用于打印机,一个 twip 相当于 1/20 磅,而 1 磅等于 1/72 英寸,因此 MM_TWIPS 映射模式的一个逻辑单位为 1/1440 英寸。前 6 种映射模式称为"固定比例"的映射模式,它们之间唯一的区别是实际的比例因子。固定比例映射模式只可以改变它的原点,不能改变一个逻辑单位所对应的实际物理长度。

映射模式 MM_ISOTROPIC 和 MM_ANISOTROPIC 的原点坐标和比例因子都允许

用户改变,被称为"可变比例"的映射模式,这种映射模式根据窗口与视口两个矩形区域的大小自动导出比例因子和坐标方向。GDI 用视口的宽度除以窗口的宽度得到水平比例因子,用视口的高度除以窗口的高度得到垂直比例因子,把窗口原点映射到视口原点,将窗口宽度和高度分别映射到视口宽度和高度,以此来确定坐标的方向。

选择 MM_ISOTROPIC 和 MM_ANISOTROPIC 映射模式时,必须先调用 CDC 类成员函数 SetWindowExt()定义窗口的大小,然后调用 CDC 类成员函数 SetViewportExt()定义视口的大小。

映射模式 MM_ISOTROPIC 和 MM_ANISOTROPIC 的区别在于:MM_ISOTROPIC 映射模式的纵横比总是 1∶1,无论比例因子如何变化,窗口中对称的图形映射到视口时仍是对称的;而 MM_ANISOTROPIC 映射模式的水平比例因子和垂直比例因子是相互独立的,窗口中对称的图形映射到视口时可能是不对称的。

例 9-3　在一个程序的 OnDraw()函数中添加如下程序代码,比较 MM_ISOTROPIC 和 MM_ANISOTROPIC 两种映射模式有何区别。

```
void CMyGraphView::OnDraw(CDC * pDC)
{
    CMyGraphDoc * pDoc=GetDocument();
    ASSERT_VALID(pDoc);
    // TODO: add draw code for native data here
    CRect rectClient;
    GetClientRect(rectClient);                          // 得到客户区窗口
    pDC->SetMapMode(MM_ANISOTROPIC);                    // 映射模式设置为 MM_ANISOTROPIC
    pDC->SetWindowExt(800, 800);                        // 定义逻辑窗口
    pDC->SetViewportExt(rectClient.right,-rectClient.bottom);  // 定义输出视口
    pDC->SetViewportOrg(rectClient.right/2, rectClient. bottom/2);
                                                        // 设置视口原点
    pDC->Ellipse(CRect(-200,-200, 200, 200));          // 在逻辑窗口绘圆
    pDC->SetMapMode(MM_ISOTROPIC);                      // 映射模式设置为 MM_ISOTROPIC
    pDC->SetWindowExt(800, 800);
    pDC->SetViewportExt(rectClient.right,-rectClient.bottom);
    pDC->SetViewportOrg(rectClient.right/2, rectClient. bottom/2);
    pDC->Ellipse(CRect(-200,-200, 200, 200));          // 在逻辑窗口绘圆
}
```

当映射模式为 MM_ANISOTROPIC 时,函数 Ellipse()虽然在逻辑窗口绘制一个圆,但由于将逻辑窗口(800,800)映射到客户区,如果客户区不是正方形,则看到的图形是一个椭圆。而当映射模式为 MM_ISOTROPIC 时,要求纵横比为 1∶1,因此在逻辑窗口绘

制的圆映射到设备输出视口时也是一个圆。程序的运行结果如图 9-3 所示。

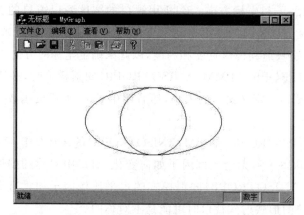

图 9-3　MM_ISOTROPIC 和 MM_ANISOTROPIC 映射模式的差异

9.1.4　颜色的设置

在绘制图形时,颜色是一个需要考虑的因素。Windows 提供了图像颜色管理(Image Color Management,ICM)技术,保证用户绘制的图形以最接近于原色的颜色在显示器或打印机等设备上输出。GDI 用 COLORREF 类型的数据存放颜色,实际上这是一个 32 位 4 个字节的整数。任何一种颜色都由红、绿、蓝 3 种基本色组成,COLORREF 类型数据的低位第一个字节存放红色强度值,第 2 个字节存放绿色强度值,第 3 个字节存放蓝色强度值,第 4 个字节为 0,每一种颜色分量的取值范围为 0～255。如果显卡能支持,利用 COLORREF 数据类型定义颜色的种类可以超过 1600 万。

直接设置 COLORREF 类型的数据不太方便,一般使用 RGB 颜色模式。RGB 代表红、绿、蓝 3 个通道的颜色,通过对红(R)、绿(G)、蓝(B)3 个颜色通道的变化以及它们相互之间的叠加来得到各式各样的颜色。RGB 颜色标准几乎包括了人类视力所能感知的所有颜色,通过 3 种颜色不同分量值的混合,可以在屏幕上重现 16 777 216 种颜色。目前的显示器大都采用了 RGB 颜色标准。

GDI 提供设置颜色的 RGB 宏,将其中的红、绿、蓝分量值转换为 COLORREF 颜色类型。RGB 宏的使用形式如下:

RGB(byRed, byGreen, byBlue)

其中参数 byRed、byGreen 和 byBlue 分别表示红、绿、蓝分量值(范围为 0～255)。例如,RGB(0,0,0)表示黑色,RGB(255,0,0)表示红色,RGB(0,255,0)表示绿色,RGB(0,0,255)表示蓝色。表 9-2 列出了一些常用颜色的 RGB 值。

表 9-2 常用彩色的 RGB 值

颜　　色	RGB 分量值	颜　　色	RGB 分量值
浅红	255,0,0	深红	128,0,0
浅绿	0,255,0	深绿	0,128,0
浅蓝	0,0,255	深蓝	0,0,128
浅黄	255,255,0	深黄	128,128,0
浅青	0,255,255	深青	0,128,128
紫色	255,0,255	灰色	192,192,192
白色	255,255,255	黑色	0,0,0

很多涉及颜色的 GDI 函数都需要使用 COLORREF 类型的参数,如设置背景色的成员函数 CDC∷SetBkColor()和设置文本颜色的成员函数 CDC∷SetTextColor()。下面的代码说明了如何设置背景色和设置文本颜色:

```
COLORREF rgbBkClr=RGB(192, 192, 192);        // 定义灰色
pDC->SetBkColor(rgbBkClr);                    // 设置背景色为灰色
pDC->SetTextColor(RGB(0, 0, 255));           // 设置文本颜色为蓝色
```

9.2　画笔和画刷

进行绘图除了需要作为画布使用的设备环境,还需要一些绘图工具。画笔(pen)和画刷(brush)是 GDI 中两种最重要的绘图工具,画笔用于绘制各种直线和曲线(包括几何图形的边线),画刷用于填充封闭几何图形的内部区域,这些绘图工具又统称为 GDI 对象。在默认状态下,当程序获取一个设备环境并在其中绘图时,系统使用设备环境默认的绘图对象及其属性。如果要使用不同风格和颜色的绘图对象进行绘图,必须重新为设备环境设置自定义的画笔和画刷等绘图对象。

9.2.1　GDI 对象

Windows GDI 提供了一些绘图对象,这些 GDI 对象是面向设备环境的抽象绘图工具,程序通过 GDI 对象来设置绘图的工具和风格。除了画笔和画刷,其他 GDI 对象还包括字体、位图和调色板(palette)。MFC 对 GDI 对象进行了很好的封装,提供了封装 GDI 对象的类,如 CPen、CBrush、CFont 和 CPalette 等。图 9-4 给出了相关类的派生关系,这些绘图类都是 GDI 对象类 CGdiObject 的派生类。

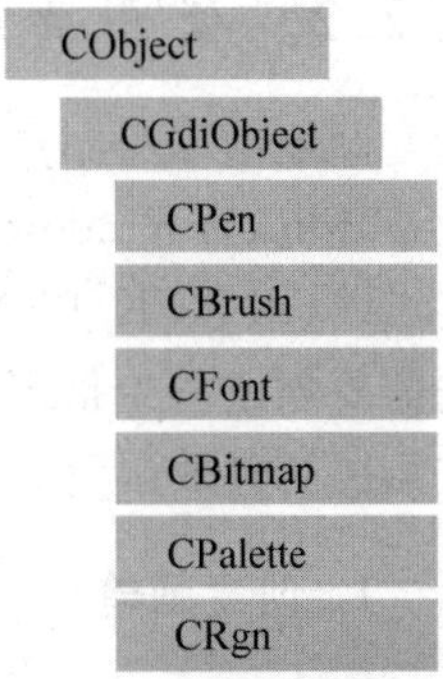

CObject

CGdiObject

CPen

CBrush

CFont

CBitmap

CPalette

CRgn

图 9-4　GDI 对象类

将一个 GDI 对象与一个设备环境相关联通常称为为设备环境选择一个 GDI 对象,即为设备环境提供特定的绘图工具。一个设备环境拥有一组默认的 GDI 对象,如画笔、画刷和字体,可以直接使用它们进行绘图输出。

MFC 的 CDC 类提供了成员函数 SelectObject()用于选择用户自己创建的 GDI 对象。该函数有多种重载形式,可以选择用户已定制好的画笔、画刷、字体和位图等不同类型的 GDI 对象,如下列常用的重载形式所示:

```
CPen* SelectObject(CPen* pPen);
CBrush* SelectObject(CBrush* pBrush);
virtual CFont* SelectObject(CFont* pFont);
CBitmap* SelectObject(CBitmap* pBitmap);
```

上述函数的参数是一个指向用户已定制好的 GDI 对象的指针,选择操作成功时函数将返回以前 GDI 对象的指针,否则返回 NULL。

绘图工具的使用包括创建 GDI 对象、选择 GDI 对象、使用 GDI 对象绘图和使用后释放 GDI 对象等步骤,具体的编程方法将在本章随后的内容中进行介绍。

画笔和画刷是 GDI 对象中最常用的两个绘图对象,它们在绘图时同时使用。其中,画笔用于设置画线的方式,包括点、直线和曲线以及封闭几何图形周围的边线(如矩形和椭圆);画刷用于设置封闭图形内部区域的绘制方式。

当然,绘图的最终效果不完全取决于画笔和画刷的设置,还可以通过设置绘图模式进行修正。CDC 类的成员函数 SetROP2()用于设置绘图模式,该函数声明如下:

```
int SetROP2(int nDrawMode);
```

其中,函数参数 nDrawMode 为 R2_BLACK 时表示像素为黑色,为 R2_WHITE 时表示像素为白色,为 R2_NOP 时表示像素是无色的,为 R2_NOT 时表示像素为背景色的取反颜色,为 R2_COPYPEN 时表示像素为画笔的颜色,为 R2_NOTCOPYPEN 时表示像素为画笔颜色的取反颜色。函数的返回值为原来的绘图模式。

9.2.2 使用画笔

画笔用于绘制点、线、矩形、椭圆和多边形等几何图形。当程序获取一个用于绘图的设备环境时,Windows GDI 将自动为该设备环境提供一个宽度为一个像素单位、风格为实黑线(BLACK_PEN)的默认画笔。如果要在设备环境中使用用户自己的画笔绘图,首先需要创建一个指定风格的画笔,然后将创建的画笔选入设备环境,最后在使用该画笔完成绘图后释放画笔。下面介绍使用画笔的编程步骤和基本方法。

1. 创建画笔

创建画笔最简单的方法是调用 CPen 类的一个带参数的构造函数来构造一个 CPen

类的画笔对象,例如,以下代码创建了一个红色虚线画笔:

```
CPen PenNew (PS_DASH, 1, RGB(255, 0, 0));
```

该构造函数的第一个参数用于指定画笔样式,画笔的样式及说明如表 9-3 所示,一般要求当画笔宽度为 1 时这些样式的设置才有效;第 2 个参数用于指定画笔宽度,其实际单位长度取决于映射方式;第 3 个参数用于指定画笔颜色。

表 9-3 画笔的基本样式及说明

样　　式	说　　明	样　　式	说　　明
PS_SOLID	实线	PS_DASHDOTDOT	双点画线
PS_DOT	点线	PS_NULL	空的边框
PS_DASH	虚线	PS_INSIDEFRAME	边框实线
PS_DASHDOT	点画线		

创建画笔的另一种方法是首先构造一个没有初始化的 CPen 类的画笔对象,然后调用 CPen 类的成员函数 CreatePen()创建定制的画笔工具,如下列代码所示:

```
CPen PenNew;
PenNew.CreatePen(PS_DASH, 1, RGB(255, 0, 0));
```

CreatePen()函数的参数类型与带参数的 CPen 类的构造函数完全一样。当画笔对象的声明与创建不在同一个地方时(如需要多次改变画笔的属性)只有采用这种方法。

2. 选择创建的画笔

不管采用哪种方法,创建画笔后必须调用 CDC 类的成员函数 SelectObject()将创建的画笔选入当前设备环境。如果选择成功,函数 SelectObject()将返回以前画笔对象的指针。为了在使用新画笔结束后能够恢复设备环境原来的画笔,选择新的画笔时应该保存以前的画笔对象,如下列代码所示:

```
CPen * pPenOld
pPenOld=pDC->SelectObject(&PenNew);          // 保存原来的画笔
```

3. 还原画笔

创建和选择画笔后,程序就可以使用该画笔绘图。绘图结束后应该通过调用 CDC 类的成员函数 SelectObject()恢复设备环境以前的画笔,并通过调用 CGdiObject 类的成员函数 DeleteObject()释放 GDI 对象所占的内存资源,如下列代码所示:

```
pDC->SelectObject(pPenOld);                      // 恢复设备环境 DC 中原来的画笔
PenNew.DeleteObject();                           // 删除底层的 GDI 对象
```

DeleteObject()函数用于删除底层的 GDI 对象(CPen、CBrush 等类的基类)。当创建的 GDI 对象被销毁时(如退出生命周期或执行 delete 运算)会自动删除底层的 GDI 对象,否则需要调用 DeleteObject()函数删除底层的 GDI 对象。需要注意的是,如果当设备环境还在使用 GDI 对象时调用 DeleteObject()函数删除该 GDI 对象,将引起应用程序崩溃或出现难以解释的运行错误。

例 9-4 编写一个单文档应用程序,绘制不同风格、宽度和颜色的直线。

【编程说明与实现】

利用 MFC AppWizard 应用程序向导创建一个 SDI 应用程序 UsePen,在 OnDraw()函数中添加如下所示的代码,根据创建的不同风格的画笔绘制直线。

```
void CUsePenView::OnDraw(CDC * pDC)
{
    CUsePenDoc * pDoc=GetDocument();
    ASSERT_VALID(pDoc);
    // TODO: add draw code for native data here
    CPen * pPenOld, PenNew;
    int nPenStyle[]={PS_SOLID,                          // 实线
                     PS_DOT,                            // 点线
                     PS_DASH,                           // 虚线
                     PS_DASHDOT,                        // 点画线
                     PS_DASHDOTDOT,                     // 双点画线
                     PS_NULL,                           // 空的边框
                     PS_INSIDEFRAME,                    // 边框实线
    };
    char * strStyle[]={"Solid", "Dot", "Dash", "DashDot", "DashDotDot",
                       "Null", "InsideFrame"};
    pDC->TextOut(60, 10, "用不同样式的画笔绘图");
    for(int i=0; i<7; i++)                              // 用不同样式的画笔绘图
    {
        if(PenNew.CreatePen(nPenStyle[i], 1, RGB(0, 0, 0)))    // 创建新画笔
        {
            pPenOld=pDC->SelectObject(&PenNew);                // 选择创建的画笔
            pDC->TextOut(10, 30+20 * i, strStyle[i]);
            pDC->MoveTo(100, 40+20 * i);
            pDC->LineTo(200, 40+20 * i);
            pDC->SelectObject(pPenOld);                        // 恢复设备环境中原来的画笔
            PenNew.DeleteObject();                             // 删除底层的 GDI 对象
```

```
        }
        else
        {
            MessageBox("不能创建画笔!");
        }
    }
    char * strWidth[]={"1", "2", "3", "4", "5", "6", "7"};
    pDC->TextOut(260, 10, "用不同宽度的画笔绘图");
    for(i=0; i<7; i++)                                      // 用不同宽度的画笔绘图
    {
        if(PenNew.CreatePen(PS_SOLID, i+1, RGB(0, 0, 0)))   // 创建新画笔
        {
            pPenOld=pDC->SelectObject(&PenNew);             // 选择创建的画笔
            pDC->TextOut(260, 30+20 * i, strWidth[i]);
            pDC->MoveTo(300, 40+20 * i);
            pDC->LineTo(400, 40+20 * i);
            pDC->SelectObject(pPenOld)                       // 恢复设备环境中原来的画笔
            PenNew.DeleteObject();                           // 删除底层的 GDI 对象
        }
        else
        {
            MessageBox("不能创建画笔!");
        }
    }
    char * strColor[]={"红", "绿", "蓝", "黄", "紫", "青", "灰"};
    COLORREF rgbPenClr[]={RGB(255, 0, 0), RGB(0, 255, 0), RGB(0, 0, 255),
        RGB(255, 255, 0), RGB(255, 0, 255), RGB(0, 255, 255), RGB(192, 192, 192)};
    pDC->TextOut(460, 10, "用不同颜色的画笔绘图");
    for(i=0; i<7; i++)                                      // 用不同颜色的画笔绘图
    {
        CPen * pPenNew=new CPen(PS_SOLID, 2, rgbPenClr[i]);
                                                            // 创建画笔的另一种方法
        pPenOld=pDC->SelectObject(pPenNew);                 // 选择创建的画笔
        pDC->TextOut(460, 30+20 * i, strColor[i]);
        pDC->MoveTo(500, 40+20 * i);
        pDC->LineTo(600, 40+20 * i);
        pDC->SelectObject(pPenOld);                         // 恢复设备环境中原来的画笔
        delete pPenNew;                                     // 自动删除底层的 GDI 对象
    }
}
```

编译、链接并运行程序 UsePen,得到如图 9-5 所示的结果。

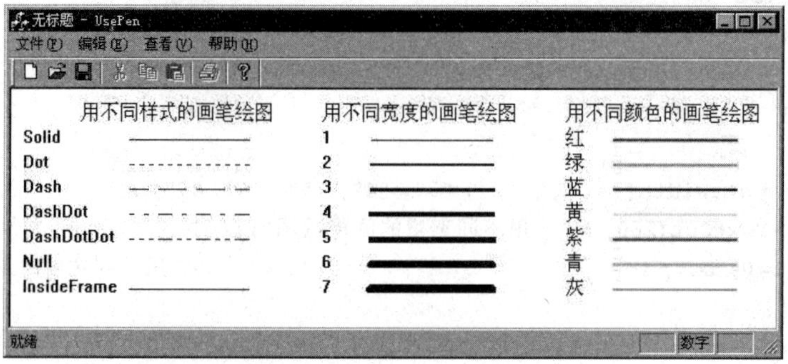

图 9-5　使用不同风格、宽度和颜色的画笔

9.2.3　使用画刷

当绘制矩形、椭圆和多边形等封闭的几何图形时,除了使用画笔,还必须使用画刷。画刷是用指定的颜色和图案来填充几何图形的内部区域。当获取一个绘图用的设备环境时,该设备环境使用 GDI 提供的默认画刷,其填充色为白色(WHITE_BRUSH)。与画笔一样,可以利用 MFC 画刷类 CBrush 创建自己的画刷,用于填充图形的绘制。

画刷有 3 种基本类型:纯色画刷、阴影画刷和图案画刷。因此,区别于画笔,CBrush 类提供了多个不同重载形式的构造函数。以下代码说明了通过调用 CBrush 类 3 个不同的构造函数创建 3 种不同类型的画刷。

```
CBrush brush1(RGB(255, 0, 0));                  // 创建纯色画刷
CBrush brush2(HS_DIAGCROSS, RGB(0, 255, 0));    // 创建阴影画刷
CBrush brush3(&bmp);                            // 创建图案画刷
```

上述 3 个构造函数中,第 1 个构造函数的参数指定画刷的颜色;第 2 个构造函数的参数指定画刷阴影的样式和颜色,共有 6 种阴影样式,如表 9-4 所示;第 3 个构造函数的参数指定画刷所使用的位图,该位图必须先装入内存中。

表 9-4　画刷阴影样式

样　　式	说　　明	样　　式	说　　明
HS_CROSS	水平和垂直交叉的阴影线	HS_VERTICAL	垂直阴影线
HS_DIAGCROSS	45°十字交叉的阴影线	HS_BDIAGONAL	45°从右到左的阴影线
HS_HORIZONTAL	水平阴影线	HS_FDIAGONAL	45°从左到右的阴影线

创建画刷时,也可以首先构造一个没有初始化的 CBrush 类的画刷对象,然后调用 CBrush 类的初始化成员函数创建定制的画刷工具。不同于 CPen 类,CBrush 类提供的创建画刷的成员函数有 6 个,常用的有以下几个: CreateSolidBrush()函数用指定的颜色创建一个纯色画刷;CreateHatchBrush()函数用指定的阴影样式和颜色创建一个阴影画刷,阴影样式如表 9-4 所示;CreatePatternBrush()函数用指定的位图创建一个图案画刷;函数 CreateSysColorBrush()使用系统默认颜色创建一个指定阴影样式的画刷。

例如,以下代码创建了一个填充色为红色、图案为垂直相交阴影线的画刷:

```
CBrush BrushNew;
BrushNew.CreateHatchBrush(HS_CROSS, RGB(255, 0, 0));
```

选择创建的画刷和使用结束后恢复原来画刷的方法与画笔工具完全一样,有关这方面的内容可以参阅例 9-7。

例 9-5　编写一个对话框应用程序,并重新设置对话框的背景色。

【编程说明与实现】

(1) 利用 MFC AppWizard 向导创建一个基于对话框的应用程序 UseBrush,为对话框类 CUseBrushDlg 添加一个 CBrush 类型的成员变量 m_BrushBkClr。在对话框初始化成员函数 OnInitDialog()中创建一个自定义颜色的画刷。

```
BOOL CUseBrushDlg::OnInitDialog()
{
    ...
    // TODO: Add extra initialization here
    m_BrushBkClr.CreateSolidBrush(RGB(0, 0, 255));    // 创建一个自定义蓝色画刷
    return TRUE;             // return TRUE unless you set the focus to a control
}
```

(2) 利用 ClassWizard(类向导)为对话框类 CUseBrushDlg 添加 WM_CTLCOLOR 的消息处理函数,返回程序创建的画刷 m_BrushBkClr。

```
HBRUSH CUseBrushDlg::OnCtlColor(CDC * pDC, CWnd * pWnd, UINT nCtlColor)
{
    // HBRUSH hbr=CDialog::OnCtlColor(pDC, pWnd, nCtlColor);  // 不使用默认的画刷
    // TODO: Return a different brush if the default is not desired
    return m_BrushBkClr;
}
```

执行 Build 命令得到的对话框应用程序就具有自定义颜色的背景。

9.2.4　使用 GDI 堆对象

Windows GDI 预定义了一些简单的标准风格绘图对象,应用程序无须创建这些绘图

对象就可以直接在当前的设备环境中使用,这些绘图对象称作为 GDI 堆(stock)对象。堆对象包括堆画笔、堆画刷和堆字体等。

通过调用 CDC 类的成员函数 SelectStockObject()可以选择一个堆对象,以下代码把一个堆画笔和一个堆画刷作为当前的绘图工具:

```
pPenOld= (CPen * ) pDC->SelectStockObject(NULL_PEN);        // 使用堆画笔对象
pBrhOld= (CBrush * ) pDC->SelectStockObject(LTGRAY_BRUSH);  // 使用堆画刷对象
```

如果选择操作成功,SelectStockObject()函数将返回以前的 CGdiObject 对象的指针,需要将返回值转换为相匹配的 GDI 对象的指针。函数参数用于指定 GDI 堆对象的类型,具体样式如表 9-5 所示。

表 9-5 堆画笔和堆画刷的样式及说明

GDI 堆对象	说　明	GDI 堆对象	说　明
BLACK_PEN	黑色画笔	WHITE_PEN	白色画笔
NULL_PEN	空画笔	NULL_BRUSH	空画刷
WHITE_BRUSH	白色画刷	BLACK_BRUSH	黑色画刷
GRAY_BRUSH	灰色画刷	DKGRAY_BRUSH	深灰色画刷
LTGRAY_BRUSH	浅灰色画刷	HOLLOW_BRUSH	虚画刷

可以利用 CGdiObject 类的成员函数 CreateStockObject()将一个堆对象设置为自定义的 GDI 对象,这样就可以通过调用 CDC 类的成员函数 SelectObject()将自定义的堆对象选入当前的设备环境,如下列代码所示:

```
CBrush * pBrhOld, BrhNew;
BrhNew.CreateStockObject(LTGRAY_BRUSH);         // 创建堆画刷对象
pBrhOld=pDC->SelectObject(&BrhNew);             // 选择创建的堆画刷对象
```

例 9-6　编写一个 SDI 单文档应用程序,使用堆画笔和堆画刷绘制图形。

【编程说明与实现】

利用 MFC AppWizard 应用程序向导创建一个 SDI 单文档应用程序 UseStock,利用 ClassWizard(类向导)为类 CUseStockView 添加 WM_PAINT 消息处理函数 OnPaint(),在函数中添加如下代码。

```
void CUseStockView::OnPaint()
{
    CPaintDC dc(this);                    // device context for painting
    // TODO: Add your message handler code here
```

```
CPen * pPenOld, PenNew;
CBrush * pBrhOld, BrhNew;
pPenOld= (CPen * )dc.SelectStockObject(BLACK_PEN);          // 选入堆画笔对象
pBrhOld= (CBrush * )dc.SelectStockObject(GRAY_BRUSH);       // 选入堆画刷对象
dc.Rectangle(100, 100, 300, 300);                          // 用堆对象绘制正方形
PenNew.CreateStockObject(NULL_PEN);                        // 创建堆画笔对象
dc.SelectObject(&PenNew);                                  // 选入创建的堆画笔对象
BrhNew.CreateStockObject(LTGRAY_BRUSH);                    // 创建堆画刷对象
dc.SelectObject(&BrhNew);                                  // 选入创建的堆画刷对象
dc.Ellipse(400, 100, 600, 200);                           // 用创建的堆对象绘制椭圆
dc.SelectObject(pPenOld);                                 // 恢复系统原来的 GDI 对象
dc.SelectObject(pBrhOld);
dc.Ellipse(400, 210, 600, 310);                          // 用原来的 GDI 对象绘制椭圆
// Do not call CView::OnPaint() for painting messages
}
```

按 F7 键,执行 Build 命令得到应用程序,该程序分别使用不同的堆画笔、堆画刷和系统原来的 GDI 对象绘制一个正方形和两个椭圆。

9.2.5 基本几何图形的绘制

获取设备环境、设置绘图属性和选择 GDI 绘图对象后,就可以绘制各种类型的几何图形,GDI 可以绘制的基本几何图形包括点、直线、曲线、矩形、椭圆、弧、扇形、弦形和多边形等。GDI 提供了绘制这些基本几何图形的函数,而 MFC 将这些函数封装在 CDC 类中。表 9-6 列出了 CDC 类中常用的绘图函数和功能,其他绘图函数的使用说明可参阅 MSDN 帮助文档。注意,这些绘图函数使用的坐标都是逻辑坐标。

表 9-6 CDC 类中基本的绘图成员函数

函　　数	功　　能
SetPixel()	用指定的颜色在指定的坐标画一个点,函数返回像素点实际被设置的 RGB 值
MoveTo()	移动当前位置到指定的坐标,函数返回以前位置的坐标
LineTo()	从当前位置到指定位置画一条直线,如果画线成功函数返回非 0,否则返回 0
Polyline()	从当前位置开始,根据函数参数绘制多条折线
PolyBezier()	根据两个端点和两个控制点绘制贝济埃(Bezier)曲线
Rectangle()	根据指定的左上角和右下角坐标绘制一个矩形,成功函数返回非 0,否则返回 0
RoundRect()	绘制一个圆角矩形

续表

函　　数	功　　能
Ellipse()	根据指定的矩形绘制一个内切椭圆,如果成功函数返回非 0,否则返回 0
Arc()	根据指定的矩形绘制内切椭圆上的一段弧,画弧方向是逆时针从起点到终点
ArcTo()	该函数功能与 Arc()函数相同,不同之处在于画弧成功后,当前位置是弧的终点
Pie()	绘制扇形,扇形是一条弧和从弧的两个端点到中心的连线所组成的封闭图形
Chord()	绘制弦形,弦形是一条椭圆弧和其对应的弦所组成的封闭图形
Polygon()	根据两个或两个以上顶点绘制一个多边形,如果成功函数返回非 0,否则返回 0
DrawIcon()	在指定位置画一个图标,如果成功函数返回非 0,否则返回 0

例 9-7　编写一个绘图程序,利用表 9-6 中的成员函数绘制几种常见的几何图形。

【编程说明与实现】

利用 MFC AppWizard 应用程序向导建立单文档应用程序 MyGraph,在 OnDraw()
函数中添加如下程序代码:

```
void CMyGraphView::OnDraw(CDC * pDC)
{
    CMyGraphDoc * pDoc=GetDocument();
    ASSERT_VALID(pDoc);
    // TODO: add draw code for native data here
    for(int xPos=20;xPos<100;xPos+=10)
        pDC->SetPixel(xPos, 30, RGB(0, 0, 0));              // 绘制像素点
    POINT polylpt[5]={{10, 100}, {50, 60}, {120, 80}, {80, 150}, {30, 130}};
    pDC->Polyline(polylpt, 5);                              // 绘制 5 条折线
    POINT polybpt[4]={{150, 160}, {220, 60}, {300, 180}, {330, 20}};
    pDC->PolyBezier(polybpt, 4);                            // 绘制贝济埃曲线
    CBrush * pBrhOld;
    pBrhOld= (CBrush * )pDC->SelectStockObject(LTGRAY_BRUSH); // 选择浅灰色堆画刷
    pDC->RoundRect(400, 30, 550, 100, 20, 20);             // 绘制圆角矩形
    pDC->Arc(20, 200, 200, 300, 200, 250, 20, 200);        // 绘制椭圆弧
    pDC->Pie(220, 200, 400, 380, 380, 270, 240, 220);      // 绘制扇形
    pDC->Chord(420, 120, 540, 240, 520, 160, 420, 180);    // 绘制弦形
    POINT  polygpt[5]={{450, 200}, {530, 220}, {560, 300}, {480, 320}, {430, 280}};
    pDC->Polygon(polygpt, 5);                              // 绘制五边形
    pDC->SelectObject(pBrhOld);                            // 恢复系统默认的画刷
}
```

编译、链接并运行程序 MyGraph,得到如图 9-6 所示的结果。

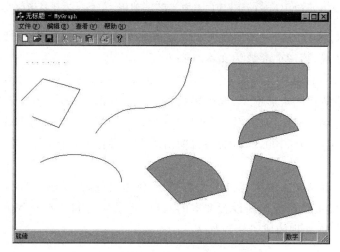

图 9-6　程序 MyGraph 的运行结果

9.3　文本与字体

很多 Windows 应用程序都需要显示文本,并且文本还是一些应用程序的主要处理对象,如微软 Office Word。文本与字体密切相关,字体决定了输出文本的外观特性,合适的字体可以增强文本的表现力。Windows 为文本的显示提供了多种字体支持,而在应用程序中可以创建不同风格的逻辑字体来输出文本。

9.3.1　绘制文本

以图形方式进行文本的输出是 Windows 操作系统的一个特性,文本输出实际上是按照指定的字体样式将文本中的每个字符在物理设备上绘制出来。Windows GDI 提供了很多有关文本输出的函数,与绘图函数一样,MFC 的 CDC 类对这些 GDI 文本输出函数进行了封装。

最简单的文本输出函数是 TextOut()函数,该函数只能用来输出单行文本,因为在输出文本时不能自动换行。要输出多行文本可以使用 DrawText()函数,该函数常用于在某个矩形区域内输出多行文本。此外,另一个函数 ExtTextOut()可以用一个矩形框对输出文本进行裁剪。使用函数 DrawText()和 ExtTextOut()的简单例子如下所示:

```
pDC->DrawText("Visual C++面向对象编程\n使用 DrawText()函数",
              CRect(10, 10, 200, 100), DT_CENTER);
```

```
pDC->ExtTextOut(10, 100, ETO_CLIPPED, CRect(45, 100, 200, 200),
        "Visual C++面向对象编程\n 使用 ExtTextOut()函数", NULL);
```

DrawText()函数的第一个参数表示要输出的文本串,可以使用换行符"\n";第二个参数指定矩形区域;第三个参数为文本对齐方式。

ExtTextOut()函数的第一、二个参数指定输出文本的坐标;第三个参数为裁剪方式;第 4 个参数指定裁剪的矩形框;第 5 个参数表示要输出的文本串,换行符"\n"不起作用;最后一个参数为字符间距数组,为 NULL 时按默认值处理。上面的 ExtTextOut()函数调用语句中,用矩形(45,100,200,200)对输出的文本进行了裁剪,因此在屏幕上只能看到部分输出文本。

默认情况下输出文本的颜色是黑色,背景颜色是白色,背景模式为不透明模式。可以通过调用 CDC 类成员函数重新设置文本的颜色、背景颜色和文本对齐方式等文本属性。CDC 类中有关文本处理的成员函数如表 9-7 所示。

表 9-7　CDC 类中有关文本处理的成员函数

函　　数	功　　能
TextOut()	在函数参数指定的位置显示文本
DrawText()	在函数参数指定的矩形区域内显示文本
ExtTextOut()	根据参数指定的矩形框裁剪显示文本
SetTextColor()	设置显示文本的颜色
GetTextColor()	获得当前文本的颜色
SetBkColor()	设置显示文本的背景颜色
GetBkColor()	获得当前文本的背景颜色
SetBkMode()	设置文本的背景模式,有不透明(OPAQUE)和透明(TRANSPARENT)两种模式
GetBkMode()	获得当前文本的背景模式
SetTextAlign()	设置显示文本的对齐方式,如 TA_CENTER(居中对齐)、TA_LEFT(左对齐)和 TA_RIGHT(右对齐)等
GetTextAlign()	获得当前文本的对齐方式
SetTextCharacterExtra()	设置显示文本的字符间距
GetTextCharacterExtra()	获得当前文本的字符间距
GetTextMetrics()	获得字体的基本规格
GetDeviceCaps()	获得物理设备的各种规格

9.3.2 字体概述

显示器和打印机输出的文本都与字体密切相关,输出文本的大小和外观由字体描述。字体(font)是指采用某种字样的一套字符,每一种字体都有字符集,包括所有可显示的字符,如大小写字母、数字、汉字和其他一些符号。决定字体的 3 个要素是字样、风格和大小。字样是字符的样式和外观,字体的风格是字体的粗细和倾斜度。

Windows 支持光栅字体、矢量字体和 TrueType 字体 3 种类型的字体。光栅字体即点阵字体,这种字体的每一个字符都是以固定的位图形式存储在字库中。矢量字体则是把字符分解为一系列线段而存储起来。TrueType 字体的字符原型是一系列直线和曲线绘制命令的集合。光栅字体依赖于具体设备的分辨率,是与设备相关的字体。矢量字体和 TrueType 字体都是与设备无关的字体,可以任意缩放。Windows 提供的 TrueType 字体主要有 Time New Roman、Arial、Courier 和 Symbol 等,可以通过 Windows 的"控制面板|字体"浏览系统中已安装的字体。

在输出文本时,默认情况下使用了系统提供的默认字体,如果需要可以改变显示文本的字体。与画笔和画刷一样,字体也是一种 GDI 对象,MFC 的 CFont 类对 GDI 字体对象进行了封装,可以利用 CFont 类创建自己的字体,然后把创建的字体选入设备环境,以用于在设备环境中绘制文本。

输出时可以选择任意尺寸 TrueType 字体,也可以选择固定尺寸的 Windows 系统字体(堆字体)。当选择堆字体作为输出文本的字体时,无须创建字体对象,只需简单地调用 CDC 类的成员函数 SelectStockObject()将堆字体对象选入设备环境。

Windows 提供了以下 6 种堆字体对象:ANSI_FIXED_FONT(ANSI 标准的等宽字体)、ANSI_VAR_FONT(ANSI 标准的非等宽字体)、SYSTEM_FONT(Windows 默认的非等宽系统字体,用于菜单、对话框控件等界面文本的显示)、SYSTEM_FIXED_FONT(Windows 等宽系统字体)、DEVICE_DEFAULT_FONT(当前设备字体)和 OEM_FIXED_FONT(与 OEM 相关的等宽字体)。

例如,选用 ANSI_FIXED_FONT 字体的语句为:

```
pDC->SelectStockObject(ANSI_FIXED_FONT);
```

输出文本时,Windows 使用一个矩形框以绘图的方式绘制出每一个字符的形状。文本的显示是以像素为单位,有时需要精确地知道文本的详细属性,如高度、宽度等。编程时可以通过访问 TEXTMETRIC 结构来获取显示器关于字符的属性信息,因为每一种字体的信息由数据结构 TEXTMETRIC 描述。调用 CDC 类的成员函数 GetTextMetrics()可得到当前字体的 TEXTMETRIC 结构。

TEXTMETRICS 结构定义如下:

```
typedef struct tagTEXTMETRIC {
    int tmHeight;                    // 字符的高度
    int tmAscent;                    // 字符基线以上的高度
    int tmDescent;                   // 字符基线以下的高度
    int tmInternalLeading;           // 字符高度的内部间距
    int tmExternalLeading;           // 两行之间的间距 (外部间距)
    int tmAveCharWidth;              // 字符的平均宽度
    int tmMaxCharWidth;              // 字符的最大宽度
    int tmWeight;                    // 字体的粗细
    BYTE tmItalic;                   // 指明斜体,零值表示非斜体
    BYTE tmUnderlined;               // 指明下画线,零值表示不带下画线
    BYTE tmStruckOut;                // 指明删除线,零值表示不带删除线
    BYTE tmFirstChar;                // 字体中第一个字符的值
    BYTE tmLastChar;                 // 字体中最后一个字符的值
    BYTE tmDefaultChar;              // 字库中所没有的字符的替代字符
    BYTE tmBreakChar;                // 文本对齐时作为分隔符的字符
    BYTE tmPitchAndFamily;           // 给出所选字体的间距和所属的字库族
    BYTE tmCharSet;                  // 字体的字符集
    int tmOverhang;                  // 合成字体 (如斜体和黑体) 的附加宽度
    int tmDigitizedAspectX;          // 设计字体时的横向比例
    int tmDigitizedAspectY;          // 设计字体时的纵向比例
} TEXTMETRIC;
```

9.3.3 创建字体

Windows 提供了丰富的字体,编程时直接选用其中的字体就能满足一般的需要。也可以根据 Windows 提供的字体创建自己的字体,但创建自定义字体并不是创建一种新的物理字体,而是创建一种逻辑字体。物理字体是为具体物理设备设计的,是与设备相关的。逻辑字体是一种抽象的字体描述,是用与设备无关的方式来描述字体,其应用也更广泛。逻辑字体只定义了字体的一般特征,如高度、宽度、旋转角度、黑体、斜体及下画线等宏观特性,并没有描述字体详细的微观特性,也没有对应的字库文件。

值得注意的是,有时不知道系统是否安装了需要的字体,因此程序运行时显示文本的字体可能并不是想要的字体。实际上,在程序中创建一种字体并不是真正创建一种完全满足程序要求的字体,而是仅寻找匹配的 Windows 字体并与之相关联。

MFC 提供的 CFont 类对 Windows 中的逻辑字体进行了封装,当利用 CFont 类创建逻辑字体并利用 CDC 类的成员函数 SelectObject()将字体选入设备环境时,GDI 字体映射器根据逻辑字体给出的特性,从现有的物理字体中选择与之最匹配的物理字体,这就是

所谓的字体实现(font realization)。

创建字体最简单的方法莫过于使用 CFont 类的成员函数 CreatePointFont(),该函数需要传递 3 个参数:字体的高度(为实际像素的 10 倍)、字体的名称和使用字体的设备环境。下列代码说明了如何利用 CreatePointFont()函数创建自己的字体。

```
CClientDC dc(this);                              // 获取设备环境
CFont fntZdy, * pfntOld;
VERIFY(fntZdy.CreatePointFont(200, "Arial", &dc));
                                                 // 创建 Arial 字体,高度为 20 像素
pfntOld=dc.SelectObject(&fntZdy);                // 选入设备环境
dc.TextOut(100, 100, "Hello! This is 20 Pt Arial Font.");
                                                 // 利用创建的字体输出文本
dc.SelectObject(pfntOld);                        // 恢复原来字体
fntZdy.DeleteObject();                           // 删除自定义字体
```

对于创建的 TrueType 字体,它和当前的映射模式关系不大,创建时可以简单地指定字体的高度,Windows 会自动选取与之最接近的 TrueType 字体来与之相匹配。

也可以使用 CFont 类的成员函数 CreateFontIndirect()创建字体,该函数只需要传递一个参数:指向 LOGFONT 结构的指针。LOGFONT 结构用于说明一种字体的所有属性,其单位长度采用逻辑单位。

LOGFONT 结构定义如下:

```
typedef struct tagLOGFONT {
  LONG lfHeight;          // 以逻辑单位表示的字体高度,为 0 时采用系统默认值
  LONG lfWidth;           // 以逻辑单位表示的字体平均宽度,为 0 时由系统根据高度取最佳值
  LONG lfEscapement;      // 整个文本行的倾斜度,以 1/10 度为单位
  LONG lfOrientation;     // 每个字符的倾斜度,以 1/10 度为单位
  LONG lfWeight;          // 字体粗细,取值范围为 0~1000,为 0 时使用默认粗细
  BYTE lfItalic;          // 非零时表示创建斜体字体
  BYTE lfUnderline;       // 非零时表示创建下画线字体
  BYTE lfStrikeOut;       // 非零时表示创建删除线字体
  BYTE lfCharSet;         // 字体所属字符集,如 ANSI_CHARSET、DEFAULT_CHARSET 等
  BYTE lfOutPrecision;    // 指定输出精度,一般取默认值 OUT_DEFAULT_PRECIS
  BYTE lfClipPrecision;   // 指定裁剪精度,一般取默认值 CLIP_DEFAULT_PRECIS
  BYTE lfQuality;         // 指定输出质量,一般取默认值 DEFAULT_QUALITY
  BYTE lfPitchAndFamily;  // 指定字体间距和所属的字库族,一般取默认值 DEFAULT_PITCH
  TCHAR lfFaceName[32];   // 指定匹配的字样,如果为 NULL,则使用独立于设备的字样
} LOGFONT, * PLOGFONT;
```

使用 CreateFontIndirect()函数和 LOGFONT 结构创建字体的代码如下所示:

```
CFont font;
LOGFONT LogFnt;
memset(&LogFnt, 0, sizeof(LOGFONT));            // 清零结构 LogFont
LogFnt.lfHeight=22;                             // 字体高度为 22 像素
strcpy(LogFnt.lfFaceName, "Courier");           // 匹配字体为 Courier
VERIFY(font.CreateFontIndirect(&LogFnt));       // 创建字体
CClientDC dc(this);                             // 获取设备环境
CFont * def_font=dc.SelectObject(&font);        // 选入设备环境
dc.TextOut(100, 130, "Hello! This is 22-pixel-height Courier Font.");
dc.SelectObject(def_font);
font.DeleteObject();
```

类似于 CreateFontIndirect()函数,CFont 类还提供了字体创建函数 CreateFont(),该函数参数的个数很多,其参数类型与 LOGFONT 结构完全一致。调用该函数时,参数为 0 时表示使用系统默认的合理值。字体对象的创建、选择、使用和删除的步骤与其他 GDI 对象类似,具体内容请参看例 9-8。

例 9-8　编写一个文本输出程序 UseFont,采用不同方法创建字体,并根据创建的字体输出不同的文本串。

【编程说明与实现】

建立一个名为 UseFont 的 SDI 应用程序,在 OnDraw()函数中添加如下代码:

```
void CUseFontView::OnDraw(CDC* pDC)
{
    CUseFontDoc* pDoc=GetDocument();
    ASSERT_VALID(pDoc);
    // TODO: add draw code for native data here
    TEXTMETRIC tm;                              // 字体信息结构
    int y=10;                                   // 输出文本的 Y 坐标
    CFont fntZdy, * pfntOld;
    pfntOld= (CFont* )pDC->SelectStockObject(DEVICE_DEFAULT_FONT);   // 选堆字体
    pDC->TextOut(10, y, "Hello! This is Device Default Font.");
    pDC->GetTextMetrics(&tm);                   // 获取字体信息 tm
    y=y+tm.tmHeight+tm.tmExternalLeading;
    // 创建 Time New Roman 字体,高度为 20 像素
    fntZdy.CreatePointFont(200, "Time New Roman", pDC);
    pfntOld=pDC->SelectObject(&fntZdy);         // 选入设备环境
    pDC->SetTextColor(RGB(0, 0, 255));          // 设置文本颜色为蓝色
    pDC->TextOut(10, y, "Hello! This is 20 Pt Time New Roman Font.");
    pDC->GetTextMetrics(&tm);
    y=y+tm.tmHeight+tm.tmExternalLeading;
```

```
    fntZdy.DeleteObject();                          // 删除创建的字体
    LOGFONT LogFnt={                                // 定义新的字体
        30,                                         // 字体高度为 30 像素
        24,                                         // 字体宽度为 24 像素
        0, 0,                                       // 文本不倾斜 (文本行和字符)
        FW_HEAVY,                                   // 字体的粗细度, FW_HEAVY 为最粗
        1,                                          // 字体为斜体
        1,                                          // 输出时带下画线
        0,                                          // 无删除线
        ANSI_CHARSET,                               // 所用字符集为 ANSI_CHARSET
        OUT_DEFAULT_PRECIS,                         // 输出精度为默认精度
        CLIP_DEFAULT_PRECIS,                        // 裁剪精度为默认精度
        DEFAULT_QUALITY,                            // 输出质量为默认值
        DEFAULT_PITCH,                              // 字间距使用默认值
        "Arial"                                     // 匹配的字体
    };
    fntZdy.CreateFontIndirect(&LogFnt);             // 创建字体
    pDC->SelectObject(&fntZdy);
    pDC->SetTextColor(RGB(255, 0, 0));              // 设置文本颜色为红色
    pDC->TextOut(10, y, "Hello! This is LOGFONT Font.");
    pDC->GetTextMetrics(&tm);
    y=y+tm.tmHeight+tm.tmExternalLeading;
    fntZdy.DeleteObject();
    fntZdy.CreateFont(35, 0, 0, 0, FW_BOLD, 0, 0, 0, 0, 0, 0, 0, 0, "Courier");
                                                    // 创建字体
    pDC->SelectObject(&fntZdy);
    pDC->SetTextColor(RGB(0, 255, 0));              // 设置文本颜色为绿色
    pDC->DrawText("Hello! This is LOGFONT Font, \nUse CreateFont().",
                  CRect(10, y, 600, y+100), DT_LEFT);
    fntZdy.DeleteObject();
    pDC->SelectObject(pfntOld);                     // 恢复系统原来字体
}
```

执行编译、链接命令(F7 键)得到可执行程序,运行后的输出结果如图 9-7 所示。

为了更灵活地使用字体,Windows 还提供了一个通用字体对话框(通用对话框的内容参阅相关文献),很多程序都利用它来选择不同的字体,并可以设置字体的大小和颜色。封装通用字体对话框的 MFC 类是 CFontDialog 类,可以通过访问 CFontDialog 类的有关成员变量或调用成员函数获得用户所选择的字体及其属性,在程序中无须具体定义这种字体就可以通过调用 CreateFontIndirect()函数创建字体。

图 9-7　文本输出程序 UseFont 的运行结果

例 9-9 编写一个单文档应用程序 FontDlg,当执行命令"查看|字体"时,使用通用字体对话框动态设置需要的字体。

【编程说明与实现】

(1) 首先利用 MFC AppWizard 应用程序向导创建 SDI 应用程序 FontDlg,在"查看"主菜单中添加菜单项"字体",其 ID 为 ID_VIEW_FONT。

(2) 在视图类 CFontDlgView 的定义中添加以下两个成员变量:

```
private:
    CFont m_fontDlg;                                // 保存用户所选择的字体
    COLORREF m_clrText;                             // 保存用户所选择的颜色
```

(3) 利用 ClassWizard 类向导为菜单项 ID_VIEW_FONT 添加如下命令处理函数:

```
void CFontDlgView::OnViewFont()
{
    // TODO: Add your command handler code here
    CFontDialog dlgFont;
    if(dlgFont.DoModal()==IDOK)
    {
        m_fontDlg.DeleteObject();
        LOGFONT LogFnt;
        dlgFont.GetCurrentFont(&LogFnt);           // 获得用户所选择的字体
        m_fontDlg.CreateFontIndirect(&LogFnt);     // 创建用户所选择的字体
        // 或 m_fontDlg.CreateFontIndirect(dlgFont.m_cf.lpLogFont);
        m_clrText=dlgFont.m_cf.rgbColors;          // 获得用户所选择的颜色
        // 或 m_clrText=dlgFont.GetColor();
        Invalidate();
    }
}
```

（4）在重绘函数 OnDraw()中添加如下代码：

```
void CFontDlgView::OnDraw(CDC * pDC)
{
    CFontDlgDoc * pDoc=GetDocument();
    ASSERT_VALID(pDoc);
    // TODO: add draw code for native data here
    CFont * pfntOld=pDC->SelectObject(&m_fontDlg);        // 设置字体
    pDC->SetTextColor(m_clrText);                         // 设置文本颜色
    pDC->TextOut(10,10,"使用通用字体对话框动态设置字体");
    pDC->SelectObject(pfntOld);
}
```

执行编译、链接命令（F7键）得到可执行程序，执行"查看|字体"菜单命令时的运行结果如图9-8所示。

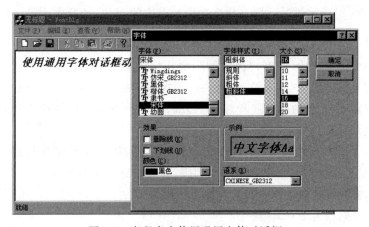

图 9-8　在程序中使用通用字体对话框

习　　题

问答题

9-1　名词解释：(1)GDI；(2)设备环境；(3)映射模式。

9-2　MFC 提供了哪几种设备环境类？ MFC 将 GDI 绘图函数封装在哪个类中？

9-3　可以在哪两个函数中重绘视图？ 它们之间有何区别？

9-4　什么是逻辑坐标系？ 什么是设备坐标系？ GDI 何时使用何种坐标？

9-5　GDI 定义了哪几种映射模式？ 如何设置映射模式？

9-6　什么是窗口？ 什么是视口？ 如何定义窗口大小和视口大小？

9-7 试写出将逻辑坐标转换为设备坐标的公式,并举例说明。

9-8 使用 RGB 宏需要给出哪几种颜色分量? 请列出一些常用颜色的 RGB 值。

9-9 MFC 如何对 GDI 对象进行封装? 如何选择用户自己创建的 GDI 对象?

9-10 画笔主要完成什么绘图功能? 简述画笔的使用方法及步骤。

9-11 画刷有哪几种类型? 简述画刷的使用方法及步骤。

9-12 什么是堆对象? 如何使用堆对象? 列出常见的堆画笔和堆画刷。

9-13 文本输出函数有哪些? 它们之间有什么区别?

9-14 什么是字体? 决定字体的三要素是什么? Windows 支持哪 3 种类型的字体?

9-15 如何使用堆字体? Windows 提供了哪几种堆字体对象?

9-16 TEXTMETRIC 结构有何作用? 如何得到当前字体的 TEXTMETRIC 结构?

9-17 逻辑字体与物理字体有何不同?

9-18 CFont 类中创建字体的成员函数有哪几个? 简述使用字体的编程步骤。

9-19 Windows 通用字体对话框有什么功能? 对应的 MFC 类是哪个?

上机编程题

9-20 编写一个应用程序,在客户区绘制一些几何图形。图形刷新时要求只重绘窗口中重新可见的部分,而不重绘整个窗口。(提示: 使用结构 PAINTSTRUCT。)

9-21 修改习题 6-35 中的画直线程序 MyLine,采用将设备坐标转换为逻辑坐标的方法实现滚动视图的功能。

9-22 编写一个 SDI 应用程序,在 OnPaint()函数中按以下 4 种情况设置窗口原点和视口原点,分别绘制一个半径为 100 的圆,并分析结果有何不同。

(1) 不重新设置窗口原点和视口原点;

(2) 窗口原点为 200;

(3) 视口原点为 200;

(4) 窗口原点和视口原点均为 200。

9-23 编写一个应用程序,绘制一个边长为 200 的正方形,并在其内嵌入一个圆。初始时采用 MM_TEXT 映射模式,单击鼠标左键后采用 MM_ISOTROPIC 模式,单击鼠标右键后采用 MM_ANISOTROPIC 模式。3 种映射模式的结果有何不同?

9-24 编写程序在客户区显示一行文本,要求文本颜色为紫色,背景色为绿色。

9-25 编写一个 SDI 应用程序,在客户区绘制不同风格、线宽和颜色的椭圆。

9-26 编写一个对话框应用程序,将对话框的背景色设置为蓝色。

9-27 编写一个程序,在客户区绘制一个填充色为灰色、图案为水平阴影线的矩形。

9-28 编写程序,利用堆画笔和堆画刷绘制一个填充色为深灰色、无边框的矩形。

9-29 试编制一个单文档程序,在客户区使用不同的画笔和画刷绘制点、折线、曲线、圆角矩形、弧、扇形、弦形和多边形等几何图形。

9-30 编写一个对话框应用程序,根据用户从组合框中选择的填充样式(如水平线、垂直线、十字线、交叉线和斜线等),在对话框的空白区域绘制一个矩形。

9-31 编写一个应用程序,程序运行后出现一个圆心沿正弦曲线轨迹移动的实心圆,圆的半径为正弦曲线幅值的 1/3。要求每隔 1/4 周期,圆的填充色出现改变。

9-32 编写一个应用程序,在客户区利用 DrawText() 函数显示 3 行文本。

9-33 编程利用 CreatePointFont() 函数创建 Arial 字体,字体高度为 30 像素。

9-34 编写一个 SDI 应用程序,执行"斜体"命令后,利用 CreateFontIndirect() 函数创建 Arial 斜体字体并显示文本,斜体字体的高度为 40 像素,宽度为 35 像素。执行"删除线字体"命令后,利用 CreateFont() 函数创建带删除线的 Arial 字体并显示文本,删除线字体的高度为 25 像素。

9-35 试编制一个单文档应用程序,在客户区使用不同的逻辑字体输出文本串,要求至少使用 6 种字体。

9-36 改写例 9-9 中的程序 FontDlg,通过访问 CFontDialog 类的成员变量获得用户所选择的字体,通过调用 CFontDialog 类的成员函数获得用户所选择的颜色。

9-37 编写一个应用程序,修改程序图标,要求修改后的程序图标在资源管理器窗口的各种显示方式下都能出现。程序运行后在客户区显示图标。

9-38 编写一个单文档应用程序,将 Visual C++ 集成开发环境的图标作为应用程序的图标。(提示:在 Visual C++ IDE 中以 Resources 方式打开 Visual C++ IDE 可执行文件(.exe 文件),用鼠标右击 Icon 资源目录下的一个图标,执行 Export 命令将图标导出,以供其他应用程序使用。)

9-39 编写一个应用程序,通过发送消息 WM_SETICON 显示自己创建的图标。

9-40 编写一个应用程序,程序在执行一个时间较长的过程中需要打开一个对话框,要求对话框在打开之前和关闭之后,光标均处于等待状态。提示:显示对话框后调用函数 RestoreWaitCursor() 将光标还原为等待状态。

9-41 编写一个程序,程序运行后,当光标移到客户区时变为 Windows 预定义十字光标。打开 About 对话框后,当光标移到 About 对话框时变为自定义的形状。

第10章

Visual C++ 编程深入

Visual C++ 除了用于编写一般的 Windows 应用程序,还可用于编写一些专业性很强的应用程序。完成这些专业性应用程序的设计,需要程序员掌握相关领域的理论知识及编程技巧。本章通过一些简短的实例介绍异常情况处理、动态链接库和非模态对话框编程方法,这些编程方法可以应用于实际的软件开发中。

10.1 异常处理

异常(exception)是指在程序运行过程中发生的非正常事件。一般情况下,出现异常后操作系统将给出一些提示信息,并关闭发生异常的程序。但也可能由于发生无法恢复的错误,如无限的资源分配(内存和 CPU)而产生的资源漏洞,造成系统崩溃。异常处理是程序设计的一种安全机制,用于处理程序运行后可能发生的各种异常,即在编程时就预先考虑到各种可能出现的异常情况,当程序运行逻辑偏离正常运行方向时进行容错处理,防止由于出现未知错误后而产生不良后果。

10.1.1 C++ 异常处理

异常可能源于程序本身的设计错误,也可能源于系统软硬件故障。一个优秀的程序员在编写程序时,应考虑到用户在实际操作过程中可能发生的误操作和可能出现的系统故障,对程序执行过程中可能出现的各种错误进行处理。常见的错误包括用户非法的输入、内存空间不够、数组越界、数据库名不正确、除数为 0、浮点溢出及无效的内存地址等。异常处理机制的好处是不用再绞尽脑汁去考虑各种错误,只为处理某一类错误提供了一个有效的途径。即发生异常时,控制流程跳转到关联的异常处理程序,在程序中给出提示信息、保存用户数据或释放系统资源等。

事实上,程序员在进行程序设计时就会自然想到利用 if-else 语句对错误进行处理。

例如,当打开一个文件时,可能出现文件打开不成功的情况,如文件名或路径不正确,这时应该对错误给出提示信息。下面是一段打开文件操作的程序代码,其中就考虑了文件打开不成功的情况。

```
CFile f1
if(f1.Open("C: \\ My Documents \\ readme.txt", CFile::modeRead))
{
    ...                                          // 文件打开成功
}
else
{
    cout<<"Error opening file! \n";              // 文件打开不成功
}
```

采用 if-else 分支结构处理异常的缺点是不适合处理大量的异常,更不能处理不可预知的异常。C++ 语言提供了专门的异常处理语句: try-catch 结构。采用 try-catch 结构简化了异常处理的流程,并能处理不可预知的异常。

try-catch 结构的一般形式如下所示:

```
try                                          // 可能发生异常
{
    ...                                      // 可以使用 throw 语句抛出异常
}
catch(异常类型 [,参数])                        // 捕获异常,可以有多个 catch 块
{
    ...                                      // 处理异常
}
```

与 if-else 结构相比,try-catch 异常处理的逻辑结构非常清晰,并且能在一个 catch 块中处理多个异常。编程时将可能发生异常的语句放在 try 块中,将处理异常的语句放在 catch 块中。当程序运行时,如果在 try 块中发生了异常,就会抛出一个异常,这时程序就会改变执行流程,转为执行 catch 块。catch 块接收异常,并对异常进行处理。catch 块内的代码只能由异常的引发而执行,不能通过其他方式执行异常处理代码。

一般而言,catch 块中的异常处理主要包括以下 5 个方面:

(1) 给出正确操作的提示信息,并且在退出程序之前保存可能会被破坏的数据。

(2) 根据 throw 语句传递的异常信息进行相应的处理。

(3) 如果需要,可以返回一个有效值给主调函数。

（4）重新尝试执行最初的语句。

（5）对于处理不了的异常，尽可能将它转变成能够被另一个异常处理程序处理的形式，并抛出该异常。

例 10-1　编写一个 Win32 控制台程序 OpenFile，模拟文件操作时的异常处理。

【编程说明与实现】

利用 Win32 Console Application 向导创建一个名为 OpenFile 的控制台项目，并加入一个 C++ 源文件，其代码如下所示：

```cpp
#include<afx.h>          // 在 Win32 控制台应用程序中使用 MFC 的类需要包含头文件 afx.h
#include<iostream.h>
void main(void)
{
CFile f1, f2, f3;
    BOOL  b1, b2, b3;
    try
    {
        b1=f1.Open("C:\\My Documents\\readme1.txt", CFile::modeRead);
        if(!b1)  throw "Error opening readme1.txt!"; // 引发一个异常，执行 catch 块
        b2=f2.Open("C:\\My Documents\\readme2.txt", CFile::modeRead);
        if(!b2)  throw "Error opening readme2.txt!"; // 引发一个异常，执行 catch 块
        b3=f3.Open("C:\\My Documents\\readme3.txt", CFile::modeRead);
        if(!b3)  throw "Error opening readme3.txt!"; // 引发一个异常，执行 catch 块
    }
    catch (char * pszError)                          // 异常处理
    {
        cout<<pszError<<"\n";
    }
    if(b1)
    {
        cout<<"Success opening readme1.txt! \n";     //输出成功信息
        f1.Close();                                  // 关闭文件
    }
    if(b2)
    {
        cout<<"Success opening readme2.txt! \n";     //输出成功信息
        f2.Close();                                  // 关闭文件
    }
```

```
        if(b3)
        {
            cout<<"Success opening readme3.txt! \n";        // 输出成功信息
            f3.Close();                                     // 关闭文件
        }
    }
```

在 C++ 程序中使用了 MFC 的类,需要对项目进行有关设置:执行 Project|Settings 菜单命令,在 Link 页面设置 Microsoft Foundation Classes 项,可以将该项设置为 Use MFC in a Shared DLL 或 Use MFC in a Static Library。然后执行编译、链接命令即可得到可执行程序,程序运行后能够在控制台窗口输出有关的异常信息。

需要说明的是,例 10-1 中的异常处理只是在 catch 块中输出出错信息。如果需要完成释放资源等清理工作,可以在 catch 块中添加相应的代码。在 catch 块执行后,执行流程转到 catch 块后的第 1 条语句,即执行 if(b1){…}。

10.1.2 Win32 异常处理

应用程序中发生的异常也可能源于操作系统,如除数为 0、越界访问内存和运算结果溢出等,这些异常称为 Win32 异常。当 Win32 异常发生时,如果程序没有提供对应的异常处理块,Windows 就会给出一个信息对话框,告诉用户由于非法操作程序将被关闭。例 10-2 中的程序将产生一个由于除数为 0 而引发的 Win32 异常,为了观察 Windows 对 Win32 异常的处理过程,程序并没有进行异常处理。

例 10-2 编写一个单文档应用程序 Win32Expt,在 OnDraw()函数中产生一个因除数为 0 而引发的 Win32 异常。

【编程说明与实现】

利用 MFC AppWizard 应用程序向导创建一个单文档应用程序 Win32Expt,在视图类的成员函数 OnDraw()中编写如下代码:

```
void CWin32ExptView::OnDraw(CDC * pDC)
{
    CWin32ExptDoc * pDoc=GetDocument();
    ASSERT_VALID(pDoc);
    // TODO: add draw code for native data here
    int iNum, nZero;
    nZero=0;
    iNum=1/nZero;
}
```

编译、链接并运行程序 Win32Expt，屏幕上出现一个信息对话框，告诉用户由于非法操作该程序将被关闭。

例 10-2 中的程序 Win32Expt 中因除数为 0 而引发的 Win32 异常是由 Windows 处理的，程序员可以在程序中设置自己的异常处理块，这样就能截获 Win32 异常并进行处理，避免由于除数为 0 而引起的程序关闭。

例 10-3　修改例 10-2 中的程序 Win32Expt，当发生除数为 0 的 Win32 异常时显示程序给出的信息对话框。

【编程说明与实现】

区别于例 10-2，由于除数为 0 异常是源于 Windows，在 try 块中无须使用 throw 语句抛出异常。只需将可能发生异常的语句放在 try 块中，并添加 catch 异常处理块。

```
void CWin32ExptView::OnDraw(CDC * pDC)
{
    CWin32ExptDoc * pDoc=GetDocument();
    ASSERT_VALID(pDoc);
    // TODO: add draw code for native data here
    try
    {
        int iNum,nZero;
        nZero=0;
        iNum=1/nZero;
    }
    catch(...)                              // catch 块可以没有参数
    {
        MessageBox("Integer divide by zero !","Win32 Exception", MB_ICONERROR);
    }
}
```

程序 Win32Expt 运行后将出现一个如图 10-1 所示的信息对话框，其标题和内容都是由程序 Win32Expt 给出的。关闭该对话框，程序 Win32Expt 并没有终止运行。

图 10-1　程序给出的信息对话框

例 10-3 中的程序 Win32Expt 还有一个不足，不管发生哪一种异常，它都给出同一个信息对话框，程序没有确定发生了哪一种异常。

在 Windows.h 头文件中定义了 Win32 异常类型代码，表 10-1 列出了常见的 Win32 异常类型代码及其说明。可以定义一个 Win32 异常类型翻译函数，将异常类型代码翻译成代表其含义的字符串。例 10-4 说明了异常类型翻译函数的定义和使用方法。

表 10-1　常见的 Win32 异常类型

异常类型代码	说　明
EXCEPTION_ACCESS_VIOLATION	企图越界访问内存
EXCEPTION_FLT_DIVIDE_BY_ZERO	浮点除法中除数为 0
EXCEPTION_FLT_INVALID_OPERATION	一般浮点运算错误
EXCEPTION_FLT_OVERFLOW	浮点运算结果溢出
EXCEPTION_INT_DIVIDE_BY_ZERO	整数除法中除数为 0
EXCEPTION_INT_OVERFLOW	整数运算结果溢出

例 10-4　修改例 10-3 中的程序 Win32Expt，在程序中确定发生的 Win32 异常类型，并显示对应内容的信息对话框。

【编程说明与实现】

（1）在 Win32ExptView.cpp 源文件中编写一个异常类型翻译函数 ThrowExpt()，函数名和参数名可以任意，但其类型不能任意。在函数 ThrowExpt() 中根据异常类型代码 nExCode 再抛出一个异常，其参数是说明异常类型的字符串。该异常被 OnDraw() 函数中的 catch 块处理。注意，函数 ThrowExpt() 的定义应放在 OnDraw() 函数的前面。

```
void ThrowExpt(unsigned int nExCode, _EXCEPTION_POINTERS * ptrExPtrs)
{
    switch (nExCode)
    {
    case EXCEPTION_INT_DIVIDE_BY_ZERO:
        throw "Integer divide by zero !";
        break;
    case EXCEPTION_INT_OVERFLOW:
        throw "Integer overflow !";
        break;
    case EXCEPTION_FLT_OVERFLOW:
        throw "Float overflow !";
        break;
    default:
        throw "Other exception !";
    }
}
```

（2）在 OnDraw() 函数中，通过调用_set_se_translator() 函数将异常类型翻译函数的函数指针传递给 Windows。

```
void CWin32ExptView::OnDraw(CDC * pDC)
{
    CWin32ExptDoc * pDoc=GetDocument();
    ASSERT_VALID(pDoc);
    // TODO: add draw code for native data here
    _set_se_translator(ThrowExpt);                 // 传递异常类型翻译函数的函数指针
    try
    {
        int iNum, nZero;
        nZero=0;
        iNum=1/nZero;
    }
    catch(char * pszExceptionName)
    {                           // 不同类型的异常给出不同的 pszExceptionName 字符串内容
        MessageBox(pszExceptionName, "Win32 Exception", MB_ICONERROR);
    }
}
```

这样，程序 Win32Expt 就能确定发生的 Win32 异常类型，可以进行不同的处理。要注意，_set_se_translator()函数是在 eh.h 头文件中声明的，因此必须在 Win32ExptView.h 头文件中包含 eh.h 头文件，即加上语句：♯include ＜eh.h＞。

10.1.3　MFC 异常宏和异常类

MFC 对 C++ 异常处理结构 try-catch 进行了改进，以宏的形式支持异常处理功能，定义了 MFC 异常宏和 MFC 异常类。MFC 异常宏将发生的异常情况与 MFC 类联系在一起，能够分门别类地检测并抛出不同类型的异常，以便程序员进行不同的处理。MFC 异常宏和异常类使异常处理更灵活，可处理的异常类型更广泛，可执行性更好。

MFC 异常宏的语法结构如下：

```
TRY
{
    ...                                          // 引发异常
}
CATCH (ExceptionClass1, pe)
{
    ...                                          // 异常类 1 的处理代码
}
```

```
AND_CATCH (ExceptionClass2, pe)                    // AND_CATCH 块可有多个或省略
{
    ...                                            // 异常类 2 的处理代码
}
END_CATCH
```

与 C++ 中的 try-catch 结构相比,MFC 异常宏能让程序获取有关错误原因的更为详细的信息。CATCH 宏有两个参数:参数 ExceptionClassN 指定与异常情况对应的异常类(见表 10-2);参数 pe 指向异常类的对象,该对象由 MFC 异常宏建立,程序不需要声明。可以通过指针 pe 访问异常对象,获取异常信息。

常用的 MFC 异常类如表 10-2 所示。对于 MFC 异常类,在程序中可以直接使用它们,也可以根据 MFC 异常基类 CException 派生出自己的异常类。

表 10-2　常用的 MFC 异常类

异 常 类	功 能
CException	所有异常类的基类,可用它派生自己的异常类
CMemoryException	处理内存异常(内存越界、溢出)
CFileException	处理文件系统异常
CArchiveException	处理序列化过程产生的异常
CResourceException	处理资源异常
CUserException	处理用户产生的异常
CNotSupportedException	处理请求一个未被支持的操作的异常
COleException	处理 OLE 异常
CDbException	处理访问 ODBC 数据库引起的异常

MFC 异常宏与 try-catch 结构一样,异常需要引发才能进入到 CATCH 块中进行处理,MFC 提供以下两种引发异常的机制:

(1) 由于执行 TRY 块中产生异常的语句而引发的异常。这种异常具有一定特征值,其引发是自动的,发生异常时会自动进入对应的异常类进行处理。

(2) 使用 THROW 宏或者 AfxThrowXXXXException()函数直接抛出异常,这些异常是与类相关的。THROW 宏的参数是一个指向异常对象(CException 的派生类)的指针。XXXX 表示与异常情况对应的异常类。

10.1.4　MFC 异常处理

由 10.1.3 节知道,MFC 定义了异常宏和一系列异常类,并提供了 THROW 抛出异常宏和 AfxThrowXXXXException()函数。因此,编程时如果需要进行异常处理,可以在 TRY 块中根据具体情况,利用 THROW 宏或 AfxThrowXXXXException()函数抛出不同的异常,从而执行对应的异常类的处理代码。本节主要以 MFC 文件异常处理为例介绍 MFC 异常处理的方法。

MFC 提供了一个有关文件系统的异常类 CFileException,CFileException 包含一些公共数据成员和成员函数,用于判断出现什么类型的异常,哪个文件出现异常。

CFileException 类的定义如下:

```
class CFileException : public CException
{
    DECLARE_DYNAMIC(CFileException)
public:
    enum {                          // m_cause 的值
        none,                       // 没有发生异常
        generic,                    // 未说明的一般错误
        fileNotFound,               // 没有发现文件
        badPath,                    // 无效的路径
        tooManyOpenFiles,           // 打开的文件过多
        accessDenied,               // 不能访问文件
        invalidFile,                // 文件句柄无效
        removeCurrentDir,           // 试图删除当前工作目录
        directoryFull,              // 目录已满
        badSeek,                    // 不能设置文件读写指针
        hardIO,                     // 硬件错误
        sharingViolation,           // 共享区被锁
        lockViolation,              // 试图锁住一个已经加锁的区域
        diskFull,                   // 磁盘空间不足
        endOfFile                   // 已到文件结尾
    };
    CFileException(int cause=CFileException::none, LONG lOsError=-1,
                        LPCTSTR lpszArchiveName=NULL);

    // Attributes
    int m_cause;                    // 通用的错误代码,对应集合 enum 的枚举值
    LONG m_lOsError;                // 与操作系统有关的错误代码
    CString m_strFileName;          // 与异常相关的文件名
```

```
    // Operations
    // convert an OS dependent error code to a Cause
    // 把错误代码转换成构造函数所要求的格式
    static int PASCAL OsErrorToException(LONG lOsError);
    static int PASCAL ErrnoToException(int nErrno);
    // helper functions to throw exception after converting to a Cause
    // 抛出另一个异常
    static void PASCAL ThrowOsError(LONG lOsError, LPCTSTR lpszFileName=NULL);
    static void PASCAL ThrowErrno(int nErrno, LPCTSTR lpszFileName=NULL);
public:
    virtual ~CFileException();
    ...

};
```

m_cause 存放通用的错误代码,其值是 CFileException 类中集合 enum 的枚举值,其含义参看上述类定义中的注释。m_IosError 存放与操作系统有关的错误代码,其含义参看该操作系统的技术手册。数据成员 m_strFileName 存放与异常相关的文件名。

成员函数 OsErrorToException() 和 ErrnoToException() 用于把异常类型代码转换成其构造函数所要求的格式。ThrowOsError() 和 ThrowError() 函数以当前的异常类型代码为基础去抛出一个文件异常。

建议用全局函数 AfxThrowFileException() 抛出 CFilcExccption 异常,该函数的声明如下所示:

void AfxThrowFileException(int cause, LONG IosError=-1, LPCTSTR lpszFileName=NULL);

函数参数 cause、IosError 和 LpszFileName 的含义与前述类似。调用该函数时,第 2 和第 3 个实参可以使用默认值。

例 10-5 以文件异常处理为例说明如何利用 MFC 宏和异常类来进行异常处理。编写一个单文档应用程序 MyFile,当执行"文件|打开文本文件"菜单命令时,弹出一个对话框,在对话框中输入文件名。程序要求打开文件名的后缀是.txt。文件打开成功后给出打开成功的提示信息,出现异常情况时进行相应的异常处理。

【编程说明与实现】

(1) 首先利用 MFC AppWizard 应用程序向导创建一个单文档应用程序 MyFile。执行 Insert|Resource 菜单命令加入一个对话框资源,添加对话框控件,如一个 Edit Box 控件。利用 ClassWizard 创建一个对话框类 CFileDlg,为 Edit Box 控件定义 CString 类型的数据成员 m_filename。

(2) 将"文件"菜单中的"打开"菜单项改为"打开文本文件"。利用 ClassWizard 为该菜单命令 ID_FILE_OPEN 添加消息处理函数 CMyFileView::OnFileOpen()。在源文件

MyFileView.cpp 中包含 FileDlg.h 头文件。OnFileOpen()函数如下：

```cpp
#include "FileDlg.h"
void CMyFileView::OnFileOpen()
{
    CString strFile, strFileR4;
    CString strMessage;
    CFile myFile;
    CFileDlg dlg;
    if(dlg.DoModal()==IDOK)                        // 输入要打开的文件名(包括后缀)
    {
        TRY
        {
            strFile=dlg.m_filename;                // 得到要打开的文件名
            strFileR4=strFile.Right(4);
            strFileR4.MakeUpper();
            if(strFileR4.Compare(".TXT")!=0)      // 引发异常
                AfxThrowFileException(CFileException::generic);
            if(!myFile.Open(strFile, CFile::modeRead))
                AfxThrowFileException(CFileException::fileNotFound);
            MessageBox("Open successfully !");
            myFile.Close();
        }
        CATCH(CFileException, pe)
        {
            switch(pe->m_cause)
            {
            case CFileException::generic:
                strMessage=strFile+" file is a non_TXT file !";   // 文件类型不正确
                break;
            case CFileException::fileNotFound:
                strMessage=strFile+" file isn't found !";         // 文件不存在
                break;
            default:
                strMessage="Error of not captured !";             // 未捕获的文件错误
            }
            MessageBox(strMessage,"File Exception");
        }
        END_CATCH
    }
}
```

首先将 ReadMe.txt 文本文件复制到 MyFile 程序所在目录,运行程序后执行"文件 | 打开文本文件"菜单命令弹出一个对话框,在对话框中输入不同的文件名(包括后缀),就能看到程序具有所要求的异常处理功能。

在 MyFile 程序中简单处理了以下 3 个方面的异常:

(1) CFileException∷generic 异常。

(2) CFileException∷fileNotFound 异常。

(3) 其他非上述两个异常的异常。

如果希望对文件其他类型的异常进行处理,可以参照上述方法,首先分析可能发生的异常类型,再编写相应的异常处理代码。其他 MFC 异常类如 CMemoryException、CResourceException 等也是经常需要用到的异常类,其使用方法与 CFileException 异常类类似,可参阅它们的类定义。

10.2 动态链接库

为了提高系统内存资源的使用效率,每一个应用程序应该尽量少占用内存空间。在多任务环境下,同时运行的多个应用程序有时要调用相同的函数,如标准的数学函数和 Windows 环境下的窗口维护函数。可以设想,当有多个应用程序同时运行并且都调用同一个函数时,则这些应用程序应该可以共享这个函数在内存中的执行代码,这样就减少了程序对内存的占用。动态链接库便是这一设想的具体实现。

10.2.1 动态链接库概述

动态链接库(Dynamics Link Library,DLL)是一个包含了若干个导出函数的可执行文件。与静态链接库(Static Link Library,SLL)类似(如 C 语言的运行函数库),动态链接库也是一个函数库,但与静态链接库的主要区别是库代码的链接时机。静态链接库是在编译、链接应用程序时就同程序相链接,而动态链接库则是在应用程序运行时才同程序相链接。前者称为"静态链接",链接工作由链接器 LINK 来完成,后者称为"动态链接",链接工作由 Windows 操作系统来完成。

应用程序中要使用静态链接库,必须在 Visual C++ IDE 中执行 Tool | Option 菜单命令,在 Directories 页面设置 Library files 静态链接库文件所在的路径。而使用动态链接库可以采用两种不同的链接方法,详细内容将在 10.2.3 节中介绍。

静态链接是把静态链接库代码直接复制到应用程序中,这样就增加了应用程序最终可执行代码的长度。静态链接库在多任务环境下运行时效率可能很低,如果两个应用程序同时运行并且调用了库中的同一个函数,那么内存中就存在该函数的两个副本,这样就降低了内存的使用效率。区别于静态链接库,动态链接库不是把动态链接库代码复制到应用程序中,而是通过动态加载方式,动态链接库代码被映像到调用进程的地址空间。动态链接库允许多个应用程序共享某个函数的一个副本,因为动态链接库中的函数不管被多少程序调用,在内存中只运行该函数的一个副本。

动态链接库除了实现代码的共享,还可以实现资源的共享。并且,动态链接库具有模块封装特性,只要导出的函数名相同,应用程序运行同一个DLL的不同版本时,不必重新编译和链接。这就使得软件产品在更新或升级时,客户程序无须进行修改(为了避免版本冲突,可以将不同版本的DLL放到应用程序所在的文件夹而不是系统文件夹)。在开发软件产品时,对于通用功能的函数,一般以DLL的形式来实现。Windows的设备驱动程序就是体现上述特点的动态链接库。

运行使用DLL的应用程序要注意一点:当该程序在其他计算机上运行时必须保证这台计算机上提供相应的DLL。例如在MFC AppWizard[exe]应用程序向导的第5步如果采用共享动态链接库的方式(即选择As a shared DLL),则要求运行应用程序的计算机上需要安装MFC动态链接库(如Mfc42d.dll等文件)。

Windows库大量采用动态链接库,如Windows API函数库的图形设备GDI函数(gdi32.dll)、窗口管理函数(user32.dll)和系统服务函数(kernel32.dll)都是DLL。动态链接库文件的扩展名一般为dll,也可以是exe、drv、ocx和sys等,如gdi.exe、sound.drv、comdlg32.ocx和win32k.sys。

利用Visual C++能够建立基于MFC的动态链接库、Win32 API动态链接库和Win32 API静态链接库。基于MFC的动态链接库分为常规DLL和MFC扩展DLL。常规DLL只可以用于建立基于MFC的库函数,Win32和MFC应用程序都可以使用常规DLL中的库函数。MFC扩展DLL除了可以用于建立基于MFC的库函数,还可以用于建立MFC的派生类,应用程序除了使用其中的库函数,还可以使用它导出的类,如作为MFC基类来定义自己的派生类。但只有MFC应用程序才能使用MFC扩展DLL。

本节着重介绍常规DLL的建立和使用方法。建立MFC扩展DLL要比建立常规DLL复杂得多,需要进行导出类的处理,如导出成员函数、数据等。有关MFC扩展DLL的内容请参阅相关的参考文献。

10.2.2　创建动态链接库

动态链接库的编制与具体的编程语言和编译器无关,只要遵循约定的DLL接口规范和调用方式,用各种语言(如Visual Basic、Visual C++和Delphi等)编写的DLL都可以相互调用。利用MFC AppWizard[dll]向导可以创建基于MFC的常规DLL和MFC扩展 DLL。下面以创建一个简单的动态链接库为例说明编写常规 DLL 的方法。

例 10-6   编写一个名为 Mymfcdll 的动态链接库,在该动态链接库中定义一个导出函数 GetDateAndTime(),通过该函数获取系统当前日期和时间。

【编程说明与实现】

(1) 执行 File|New 菜单命令,选择 Project 页面,选择 MFC AppWizard[dll]项目类型,项目名称为 Mymfcdll。单击 OK 按钮打开 MFC AppWizard-Step 1 of 1 对话框,在对话框中选择要创建 DLL 的类型和链接 MFC DLL 的方式,包括以下 3 种选择。

- Regular DLL with MFC statically linked:用于创建常规 DLL,并在创建的动态链接库中以静态链接的方式链接 MFC 库。Win32 和 MFC 应用程序都可以使用该动态链接库中定义的函数。
- Regular DLL using shared MFC DLL:用于创建常规 DLL,并在创建的动态链接库中以共享动态链接的方式链接 MFC 库。与上面一样,Win32 和 MFC 应用程序都可以使用该动态链接库中定义的函数。
- MFC Extension DLL [using shared MFC DLL]:用于创建 MFC 扩展 DLL,并在创建的动态链接库中以共享动态链接的方式链接 MFC 库。区别上面两种情况,只有 MFC 应用程序才能使用该动态链接库中定义的类和函数。

本例使用第二个选项,即 Regular DLL using shared MFC DLL。单击 Finish 按钮,MFC AppWizard[dll]将生成动态链接库 Mymfcdll 的框架文件。然后就可以向框架添加导出函数的实现代码和导出声明。

(2) 在源文件 Mymfcdll.cpp 中编写一个函数 GetDateAndTime(),以获取系统当前日期和时间,并转换成字符串返回给主调函数。具体实现如下面的黑体代码所示:

```
// Mymfcdll.dll 的源文件 Mymfcdll.cpp
#include "stdafx.h"
#include "Mymfcdll.h"
#ifdef _DEBUG
#define new DEBUG_NEW
#undef THIS_FILE
static char THIS_FILE[]=__FILE__;
#endif
// Note!
// If this DLL is dynamically linked against the MFC
// DLLs, any functions exported from this DLL which
// call into MFC must have the AFX_MANAGE_STATE macro
// added at the very beginning of the function
// 如果用户的 DLL 以动态链接的方式链接 MFC 库,则任何使用 MFC 的导出函数
```

```
// 必须在函数的第 1 条语句位置处添加 AFX_MANAGE_STATE 宏,如下所示
    ...
// The one and only CMymfcdllApp object
CMymfcdllApp theApp;
// 导出函数 GetDateAndTime()的实现
_declspec(dllexport) char * WINAPI GetDateAndTime()        // 非成员函数
{
    AFX_MANAGE_STATE(AfxGetStaticModuleState());          // 作为函数的第 1 条语句
    char * szDateTime;
    struct tm * newtime;                                  // tm 是结构类型,存储时间信息
    time_t   long_time;                                   // time_t 是长整型,用于表示时间值
    time(&long_time);                                     // 获得时间值,用长整型表示
    newtime=localtime(&long_time);                        // 转换成当地时间
    szDateTime=asctime(newtime);                          // 转换成字符串,作为返回值
    return szDateTime;
}
```

（3）为了使类和函数在文件外部可见,即可以被其他可执行文件调用,必须在类或函数头前使用导出关键字_declspec(dllexport)进行声明,以便与主调函数进行正确的链接。在头文件 Mymfcdll. h 中添加导出函数 GetDateAndTime()的声明,如下所示:

```
// Mymfcdll.dll 的头文件 Mymfcdll.h
#ifndef __AFXWIN_H__
    #error include 'stdafx.h' before including this file for PCH
#endif
#include "resource.h"                    // main symbols
// 导出函数 GetDateAndTime()的声明
_declspec(dllexport) char * WINAPI GetDateAndTime();
// // // // // // // // // // // // // // // // // // // // // // // // // // // // // // //
// CMymfcdllApp
// See Mymfcdll.cpp for the implementation of this class
class CMymfcdllApp : public CWinApp
{
    ...
};
```

对项目进行编译、链接就生成了动态链接库 Mymfcdll. dll 和导入库 Mymfcdll. lib。将 Mymfcdll. dll 复制到 Windows 的 system 子目录,程序就能调用 Mymfcdll. dll 中的函数 GetDateAndTime()。10. 2. 3节将通过两个例子测试已建立的动态链接库。

10.2.3 使用动态链接库

动态链接库与应用程序的链接方式分为隐式链接(implicit linking)和显式链接(explicit linking)两种。隐式链接是指在应用程序运行时,由 Windows 操作系统将要使用的 DLL 自动加载到应用程序。显式链接是指应用程序在执行的过程中,程序本身通过专门的函数(如 LoadLibrary)调用来动态加载 DLL。

采用隐式链接方式时,除了 DLL,还需要提供 DLL 的导入库文件(即 LIB 文件),并且需要在 Visual C++ IDE 中设置 Project 的有关选项。例 10-7 具体说明了如何采用隐式链接方式使用动态链接库。

例 10-7 编写一个应用程序 DLLDemo,采用隐式链接方式调用在例 10-6 中创建的动态链接库函数 GetDateAndTime()。程序工具栏上有一个时钟按钮,单击该按钮弹出一个消息框,显示系统的当前日期和时间。

【编程说明与实现】

(1) 首先利用 MFC AppWizard 应用程序向导创建一个单文档应用程序 DLLDemo。打开 ResourceView 中的工具栏编辑器,添加一个时钟按钮,双击工具栏上该按钮,将其属性 ID 设为 ID_DATEANDTIME。

(2) 利用 ClassWizard 为类 CMainFrame 添加按钮 ID_DATEANDTIME 的命令处理函数 OnDateandtime(),并编写如下代码。

```
void CMainFrame::OnDateandtime()
{
    char * szDT;
    szDT=GetDateAndTime();                 // 调用例 10-6 创建的动态链接库中的函数
    AfxMessageBox(szDT, MB_OK, 0);
}
```

(3) 在 MainFrm.h 文件中类 CMainFrame 定义之前将函数 GetDateAndTime()声明为外部定义(extern)的函数,以便正确地编译和链接。

```
extern char * WINAPI GetDateAndTime();    // 声明要调用的动态链接库中的函数
class CMainFrame : public CFrameWnd
{
    ...
}
```

(4) 将 Mymfcdll.dll 文件复制到 Windows 的 system 子目录,将 Mymfcdll.lib 文件复制到程序 DLLDemo 所在的 Debug 目录。为了隐式链接 DLL,必须指定 Mymfcdll.lib。执行 Project|Settings 菜单命令,在 Link 页面的 Object/library modules 编辑框中输

入导入库的路径和文件名：Debug/Mymfcdll.lib，如图 10-2 所示。

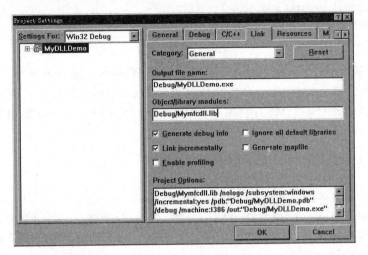

图 10-2　指定导入库 Mymfcdll.lib

编译、链接并运行程序 DLLDemo，单击时钟按钮弹出一个显示系统当前日期和时间的信息框，程序运行结果如图 10-3 所示。

如果采用显式链接方式，区别于隐式链接方式，应用程序不需要 DLL 的导入库文件（LIB 文件）。DLL 中的导出函数必须在模块定义文件（DEF 文件）中进行 EXPORTS 说明。在程序中通过函数调用动态加载和卸载 DLL，并通过函数指针调用导出函数。例 10-8 说明了如何采用显式链接方式使用动态链接库。

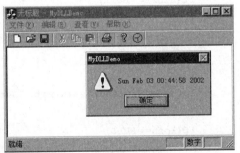

图 10-3　程序 DLLDemo 的运行结果

例 10-8　编写一个应用程序 DLLDemo2，采用显式链接方式实现例 10-7 的功能。

【编程说明与实现】

（1）当显式链接 DLL 时，首先必须在原 Mymfcdll 项目中设置 EXPORTS 说明。打开例 10-6 中的项目 Mymfcdll，打开模块定义文件 Mymfcdll.def，在 EXPORTS 下面添加要导出的函数 GetDateAndTime，如下所示：

```
;Mymfcdll.def : Declares the module parameters for the DLL.
;Mymfcdll.def 文件：说明 DLL 模块参数
LIBRARY        "Mymfcdll"
DESCRIPTION    'Mymfcdll Windows Dynamic Link Library'
```

```
EXPORTS
    ;Explicit exports can go here
    ;以下添加显式链接导出的函数名
    GetDateAndTime
```

编译、链接 Mymfcdll，将 Mymfcdll.dll 复制到 Windows 的 system 子目录。

(2) 与例 10-7 一样，创建一个单文档应用程序 DLLDemo2，在工具栏上添加一个时钟按钮(ID_DATEANDTIME)，利用 ClassWizard 为类 CMainFrame 添加按钮的命令处理函数 OnDateandtime()，代码如下所示：

```
void CMainFrame::OnDateandtime()
{
    // TODO: Add your command handler code here
    typedef char * (* GETDT) ();            // 声明一个指向函数的指针类型
    GETDT GetDT;                            // 声明一个指向函数的指针变量
    FARPROC lpfn=NULL;
    HINSTANCE hinst=NULL;
    hinst=LoadLibrary("C:\\WINDOWS\\SYSTEM\\Mymfcdll.dll");   // 动态加载 DLL
    if(hinst==NULL)
    {
        AfxMessageBox("不能加载动态链接库!");
        return;
    }
    lpfn=GetProcAddress(hinst, "GetDateAndTime");
                                            // 获取函数 GetDateAndTime()的地址
    if(lpfn==NULL)
        AfxMessageBox("不能加载所需的函数!");
    else
    {
        GetDT=(GETDT) lpfn;                 // 类型转换
        char * szDT;
        szDT=GetDT();
        AfxMessageBox(szDT, MB_OK, 0);
        FreeLibrary(hinst);                 // 卸载 DLL
    }
}
```

编译、链接程序，程序 DLLDemo2 的运行结果与程序 DLLDemo 相同。

10.3　非模态对话框

在很多 Windows 应用程序中都使用非模态对话框,例如,Visual C++ 集成开发环境和 Office Word 中的查找和替换对话框就是一个非模态对话框。非模态对话框打开后仍然允许用户操作其他窗口,大大方便了用户的使用。与一般对话框相比,非模态对话框的运行机制和工作流程都有所不同。非模态对话框的创建、显示和退出都有自己的一套处理方式,其编程方法也相对复杂一些。

10.3.1　模态对话框与非模态对话框

尽管不同对话框的外观、大小和对话框上的控件千差万别,但从对话框的工作方式上看,对话框可分为模态对话框(modal dialog)和非模态对话框(modeless dialog)两种。以前程序中所涉及的对话框都属于模态对话框,这种对话框在关闭之前,不允许用户切换到程序的其他窗口。模态对话框拥有自己的消息循环,模态对话框和控件产生的消息不会参与主窗口的消息循环。

区别于模态对话框,当用户打开非模态对话框后,不需要关闭它就可以在程序其他窗口进行操作。并且,可以在非模态对话框和程序其他窗口之间自由进行切换。例如,在 Office Word 中打开查找对话框后,用户可以一边查找,一边修改文章。

非模态对话框与应用程序共用同一个消息循环,这样非模态对话框就不会垄断用户的操作。如果关闭非模态对话框的父窗口,非模态对话框一般也自动被关闭。从线程角度来看,模态对话框实际上是阻塞型线程模式,在创建对话框子线程之后,父窗口线程就被阻塞了;而非模态对话框不是阻塞型线程模式,父子线程可以并行运行。

对于非模态对话框,利用对话框编辑器创建对话框模板资源和利用 ClassWizard 添加对话框类、成员变量和消息处理函数的方法与模态对话框完全一样,但在程序中创建和退出对话框的方式有所不同。在创建模态对话框时,是由系统自动为对话框分配内存空间,因此在退出对话框时,对话框对象自动删除,并自动调用了 CDialog 类的成员函数 EndDialog()。而在创建非模态对话框时,需要利用 new 运算符为对话框动态分配内存,在退出时需要利用 delete 运算符删除对话框。并且,在删除对话框之前,要调用 CWnd 类的成员函数 DestroyWindow()先销毁非模态对话框窗口。

10.3.2　非模态对话框工作流程

非模态对话框的运行机制和工作流程都与模态对话框有所不同。非模态对话框的实例应声明为全局对象,而不能像模态对话框那样作为局部对象使用。非模态对话框的工作流程要比模态对话框(见图 7-5)复杂一些,其工作流程如图 10-4 所示。图中假设对话框派生类是 CMyModeless,右侧的矩形框表示函数调用,双向箭头表示调用关系。

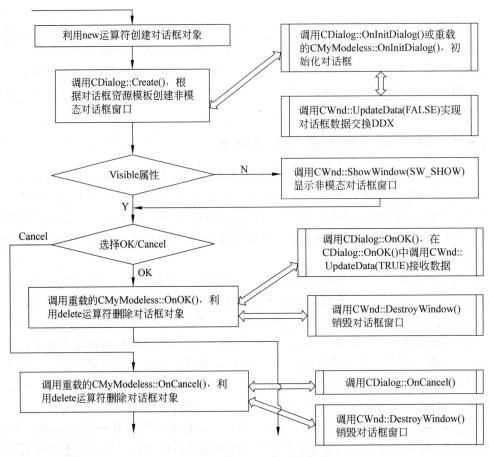

图 10-4 非模态对话框工作流程

区别于模态对话框,非模态对话框利用 new 运算生成对象后,不是调用 CDialog 类的成员函数 DoModal(),而是调用 CDialog 类的成员函数 Create()装入对话框资源,并创建和显示对话框。Create()函数有两个重载形式,其函数原型如下:

```
BOOL Create (LPCTSTR lpszTemplateName, CWnd * pParent=NULL);
BOOL Create (UINT nIDTemplate, CWnd * pParentWnd=NULL);
```

Create()函数参数的形式与 CDialog 构造函数相似,其中,lpszTemplateName 是对话框模板资源的指针,nIDTemplate 是对话框模板资源 ID 标识,pParent 为对话框父窗口的指针。值得说明的是,Create()函数在创建非模态对话框后就立即返回,而 DoModal()函数是在模态对话框被关闭之后才返回。

　　调用 Create() 函数创建非模态对话框窗口时,一般没有设置对话框 Visible 属性,这时还需要调用 CWnd 类的成员函数 ShowWindow() 显示对话框窗口。另外,在 CDialog 类的成员函数 OnOK() 和 OnCancel() 中,只是调用了 CDialog 类的成员函数 EndDialog() 隐藏对话框,并没有删除对话框。因此,最好在派生类中重载 OnOK() 和 OnCancel() 函数,在函数中调用 DestroyWindow() 函数删除对话框窗口,并用 delete 运算符删除对话框对象。也可以在消息 WM_DESTORY 的处理函数中删除对话框对象。

　　例 10-9　采用非模态对话框的方式重新编写例 7-4 中的 Mysdi 程序。

【编程说明与实现】

　　(1) 打开例 7-4 中的应用程序项目 Mysdi,向 IDD_RADIUS_DIALOG 对话框中添加一个按钮(Button) 控件,其 Caption 为"应用",ID 标识为 IDAPPLY。

　　(2) 利用 ClassWizard 类向导在对话框类中为 IDOK、IDCANCEL 和 IDAPPLY 按钮控件分别添加消息 BN_CLICKED 的消息处理函数。为了接收对话框中编辑框控件的值,在 OnOK() 和 OnApply() 函数中调用函数 UpdateData()。为了将接收到的数据送给视图对象显示,在 3 个函数中都分别向当前视图发送一个参数不同的自定义消息。

```cpp
void CRadiusDialog::OnOK()
{
    // TODO: Add extra validation here
    UpdateData(TRUE);                              // 将编辑框中的数据传递到成员变量
    if(m_nRadius>=0 && m_nRadius<=500)             // 判断数据是否在规定的范围之内
    {
        CFrameWnd * pFrame=GetParentFrame();       // 获得父窗口框架
        CView* pView=pFrame->GetActiveView();      // 获得当前视图
        pView->PostMessage(WM_DIALOG, IDOK);       // 向视图发送消息,参数为 IDOK
    }
    // CDialog::OnOK();
}
void CRadiusDialog::OnCancel()
{
    // TODO: Add extra cleanup here
    CFrameWnd * pFrame=GetParentFrame();
    CView* pView=pFrame->GetActiveView();
    pView->PostMessage(WM_DIALOG, IDCANCEL);       // 向视图发送消息,参数为 IDCANCEL
    CDialog::OnCancel();
}
void CRadiusDialog::OnApply()
```

```
    {
        // TODO: Add your control notification handler code here
        UpdateData(TRUE);
        if(m_nRadius>=0 && m_nRadius<=500)
        {
            CFrameWnd * pFrame=GetParentFrame();
            CView * pView=pFrame->GetActiveView();
            pView->PostMessage(WM_DIALOG, IDAPPLY); // 向视图发送消息,参数为 IDAPPLY
        }
    }
```

在对话框头文件 RadiusDialog.h 的开头位置定义消息 WM_DIALOG,如下所示:

```
#define WM_DIALOG WM_USER+1
```

(3) 为了避免每次执行"编辑|输入半径"菜单命令时重复打开一个非模态对话框,必须有一个标志记录当前非模态对话框是否已打开。通常可以使用指向非模态对话框对象的指针作为这种标志,当对话框没有打开或打开后又关闭时,将该指针值设为 NULL。因此,在视图类 CMysdiView 的定义中添加一个类型为 CRadiusDialog * 的指针型成员变量 pModelessDlg,并在构造函数中将该指针初始化为 NULL。

```
CMysdiView::CMysdiView()
{
    // TODO: add construction code here
    m_nCViewRadius=0;
    pModelessDlg=NULL;
}
```

将源文件 MysdiView.cpp 中的文件包含语句(#include "RadiusDialog.h")移到头文件 MysdiView.h 的开头位置。

(4) 改写菜单项 ID_EDIT_INPUTRADIUS 原来的命令处理函数,当 pModelessDlg 指针为 NULL 时,首先利用 new 运算符生成非模态对话框对象,然后调用 CDialog 类的成员函数 Create()创建非模态对话框,最后调用 CWnd 类的成员函数 ShowWindow()显示对话框。当 pModelessDlg 指针非 NULL 时,表明该对话框已经打开了,这时只需要调用 CWnd 类的成员函数 SetActiveWindow()激活原来已打开的非模态对话框。

```
void CMysdiView::OnEditInputradius()
{
    // TODO: Add your command handler code here
    if(pModelessDlg==NULL)
```

```
    {
        pModelessDlg=new CRadiusDialog;
        pModelessDlg->m_nRadius=100;                          // 设置编辑框显示的初始值
        pModelessDlg->Create(IDD_RADIUS_DIALOG, NULL); // IDD_是对话框资源 ID
        pModelessDlg->ShowWindow(SW_SHOW);
    }
    else
        pModelessDlg->SetActiveWindow();
}
```

（5）在文件 MysdiView.h 类 CMysdiView 的定义中声明自定义消息处理函数。

afx_msg LRESULT OnDialog(WPARAM wParam, LPARAM lParam);

在文件 MysdiView.cpp 中消息映射 BEGIN_MESSAGE_MAP 和 END_MESSAGE_ MAP 之间添加自定义消息映射宏，如下所示：

ON_MESSAGE(WM_DIALOG, OnDialog)

在文件 MysdiView.cpp 中手工添加自定义消息处理函数的实现代码，根据收到的消息参数进行不同的处理。当参数为 IDOK 和 IDCANCEL 时，必须销毁对话框窗口和删除对话框对象，而当参数 IDAPPLY 时必须使对话框保留在视图窗口上。

```
LRESULT CMysdiView::OnDialog(WPARAM wParam, LPARAM lParam)
{
    switch(wParam)
    {
    case IDOK:
        m_nCViewRadius=pModelessDlg->m_nRadius;    // 获得对话框编辑控件成员变量的值
        pModelessDlg->DestroyWindow();             // 销毁对话框窗口
        delete pModelessDlg;                       // 删除当前的非模态对话框对象
        pModelessDlg=NULL;                         // 设置非模态对话框不存在标志
        break;
    case IDCANCEL:
        pModelessDlg->DestroyWindow();
        delete pModelessDlg;
        pModelessDlg=NULL;
        break;
    case IDAPPLY:                                  // 保留模态对话框
        m_nCViewRadius=pModelessDlg->m_nRadius;
        break;
    }
```

```
    Invalidate();                                    // 刷新视图
    return 0;
}
```

例 7-4 成员函数 OnDraw() 中原有的绘圆语句仍保留不变, 编译、链接并运行程序, 执行"编辑|输入半径"菜单命令就打开了一个非模态对话框。

由于在销毁对话框窗口时会自动调用 CWnd 类的成员函数 PostNcDestroy(), 因此在例 10-9 中可以采用另一种方法删除非模态对话框, 即在对话框类中对 PostNcDestroy() 函数进行重载, 并在函数中删除非模态对话框对象, 如下列代码所示:

```
void CRadiusDialog::PostNcDestroy()
{
    delete this;
}
```

当非模态对话框对象的生存期与框架窗口相同时, 可以将非模态对话框对象的建立放在框架窗口类的构造函数中(执行 new 运算), 而将非模态对话框对象的删除放在框架窗口类的析构函数中(执行 delete 运算)。在程序其他地方不调用 DestroyWindow() 函数销毁对话框窗口, 而代之调用函数 ShowWindow(SW_HIDE) 隐藏对话框窗口。这样, 下次打开对话框窗口时只需调用函数 ShowWindow(SW_SHOW)。

习　　题

问答题

10-1　C++ 采用什么结构处理异常? 每个块分别完成什么功能?

10-2　什么是 Win32 异常? 在应用程序中如何处理 Win32 异常?

10-3　MFC 异常宏与 try-catch 结构有何差别?

10-4　简述 MFC 异常处理的方法, 常用的 MFC 异常类有哪些?

10-5　什么是动态链接库? 它与静态链接库有何区别?

10-6　创建的动态链接库放在哪个文件目录下才能被应用程序使用?

10-7　利用 Visual C++ 能够建立哪几种类型的动态链接库? 简述它们之间的区别。

10-8　应用程序使用动态链接库有哪两种链接方式? 它们之间有何区别?

上机编程题

10-9　参照例 10-3 编写程序, 在程序中产生一个由于浮点运算结果溢出而引发的异常, 并显示对应的信息对话框。

10-10　建立一个基于对话框的应用程序, 在对话框中输入文件名, 要求打开的文件名的后缀是 RTF。文件打开成功后,显示打开成功的提示信息;出现异常情况时,利用类 CFileException 进行异常处理。

10-11 编写一个基于对话框的应用程序,对话框上有一个时钟按钮,单击该按钮弹出一个信息对话框框,显示系统的当前日期和时间。要求调用例 10-6 所建立的动态链接库中的 GetDateAndTime() 函数,通过该函数获取系统当前日期和时间。

10-12 创建一个动态链接库,在该动态链接库中添加一个导出函数用于绘制正弦曲线。编写一个应用程序调用该函数,在屏幕上绘制一条正弦曲线。

10-13 编写一个 SDI 应用程序,程序有一个"对话框"主菜单,其中有"显示""隐藏"和"退出"3 个菜单项,当执行"显示"命令时显示一个对话框,对话框中显示一行文本串"这是一个对话框!"。当执行其他菜单命令时完成相应的功能。

10-14 修改例 10-9 中程序 Mysdi,通过调用 CWnd 类的成员函数 GetWindowText() 获得编辑框中的数据。提示:利用函数 atoi() 将字符串转换为 int 整型数值。

10-15 采用非模态对话框的方式编写习题 7-28 中的应用程序。

10-16 以非模态对话框的方式实现例 7-11 中应用程序 ExmpComctl 的功能。

常用术语索引

参 考 文 献

[1] 王育坚. Visual C++ 面向对象编程教程. 3 版. 北京：清华大学出版社,2013.

[2] Stephen Prata. C++ Primer Plus. 6 版. 北京：人民邮电出版社,2015.

[3] Bruce Eckel. Thinking in C++ . USA：Prentice Hall, 2003.

[4] Bjarne Stroustrup. The C++ Programming Language . 4th ed. USA：Addison-Wesley, 2013.

[5] Ivor Horton. Visual C++ 2010 入门经典 . 5 版. 苏正泉，李文娟，译. 北京：清华大学出版社, 2010.

[6] 侯俊杰. 深入浅出 MFC. 2 版. 武汉：华中科技大学出版社, 2001.

[7] 吕凤翥. C++ 语言程序设计. 3 版. 北京：电子工业出版社,2011.

[8] 郑莉，董渊，何江舟. C++ 语言程序设计. 4 版. 北京：清华大学出版社,2010.

[9] 郑阿奇，丁有和. Visual C++ . NET 程序设计教程. 2 版. 北京：机械工业出版社,2013.

[10] 阎光伟，彭文，徐琳茜. 基于案例的 Visual C++ 程序设计教程. 北京：清华大学出版社,2012.

[11] 郑阿奇，丁有和，郑进，等. Visual C++ 实用教程. 4 版. 北京：电子工业出版社,2012.

[12] 曹飞飞，赵永发，吴绪铎. Visual C++ 程序开发范例宝典. 3 版. 北京：人民邮电出版社,2012.

[13] 黄维通，贾续涵. Visual C++ 面向对象与可视化程序设计. 3 版. 北京：清华大学出版社,2011.

[14] 冯博琴，贾应智，姚全珠，等. Visual C++ 与面向对象程序设计教程. 3 版. 北京：高等教育出版社, 2010.

[15] Microsoft. MSDN Library—July 2000. USA：Microsoft Corporation, 2000.

[16] Microsoft. Visual C++ 6.0 运行库参考手册. 北京：清华大学出版社,1999.